养殖小区规划设计丛书

生猪养殖小区规划设计图册

主 编

陈顺友　陈颖钰

编著者

陈顺友　陈颖钰　潘　飞　刘志鹏

邱　敏　刘　艳　熊　沙　李　敏　管智敏

金盾出版社

内 容 提 要

本书由畜牧专家陈顺友高级畜牧师及其工作室成员共同完成。以 CAD 图例形式配合简明扼要的文字,详细介绍了生猪养殖小区规划设计的综合知识。内容包括:生猪养殖小区规划设计技术要求、种猪扩繁场工艺设计、万头商品生猪养殖小区工艺设计、"三位一体"人工授精站工艺设计、产品展示车间工艺设计、引种隔离车间工艺设计、隔离及无害化处理车间工艺设计、单班产 5 000t 饲料加工车间工艺设计、供水设施工艺设计、环境保护与 3 000t 有机复合肥厂工艺设计、辅助生产及办公设施工艺设计、60 系统小单元养殖模式工艺设计、"厚垫料"养殖模式车间工艺设计等,并且附有相关养殖设备图例。适合生猪养殖企业管理和技术人员以及农村规模养殖户参考,亦可供各农业院校相关专业师生阅读。

图书在版编目(CIP)数据

生猪养殖小区规划设计图册/陈顺友,陈颖钰主编.--北京:金盾出版社,2010.12
(养殖小区规划设计丛书)
ISBN 978-7-5082-6614-5

Ⅰ.①生… Ⅱ.①陈…②陈… Ⅲ.①猪—养殖场—规划—图集②猪—养殖场—设计—图集
Ⅳ.①S828-64

中国版本图书馆 CIP 数据核字(2010)第 179427 号

金盾出版社出版、总发行

北京太平路 5 号(地铁万寿路站往南)
邮政编码:100036　电话:68214039　83219215
传真:68276683　网址:www.jdcbs.cn
封面印刷:北京蓝迪彩色印务有限公司
彩页正文印刷:北京金盾印刷厂
装订:永胜装订厂
各地新华书店经销
开本:787×1092 1/16　印张:16.75　彩页:4　字数:184 千字
2010 年 12 月第 1 版第 1 次印刷
印数:1～8 000 册　定价:28.00 元

序　言

随着当今中国经济的快速发展,人民生活日渐富裕,膳食结构日趋优化,对于肉、蛋、奶等动物源性食品的需求与日俱增,对食品安全的要求也不断提升。虽然我国猪肉、禽蛋的产量多年位居世界第一,畜牧业占农业总产值的比重已达36%,个别发达地区达到50%,但总体水平与发达国家相比仍相对偏低。主要存在专业人员数量不足,技能水平有待提高;疫病防治难度加大;畜产品价格波动频繁,供求矛盾较为明显等问题。然而,我国畜牧业发展仍具有很大的空间。如何抓住机遇,应对挑战,使畜牧业又好又快地发展,需要各界人士共同努力。

"科学技术是第一生产力"的真谛,揭示了我国畜牧产业化发展的巨大潜力。在促进畜牧业经济增长方式和生产方式转型的重要变革时期,国家推行畜禽标准化养殖小区建设的意义十分重大。然而在"畜禽标准化养殖小区建设"这一新兴领域,尚缺少专业的工具书供从业人员参考。应金盾出版社之约,陈顺友老师携其工作室其他技术人员潜心编著了"畜禽养殖小区规划设计丛书",系统地介绍了畜禽养殖小区规划设计技术,并附有一些应用型新技术研究专利成果,以飨读者,回馈社会。

这套丛书包括《生猪养殖小区规划设计图册》、《蛋鸡养殖小区规划设计图册》、《肉鸡养殖小区规划设计图册》、《肉牛养殖小区规划设计图册》等,囊括了现代畜禽养殖场规划设计的基本理论和方法,蕴藏着丰富的实践技能。其内容具有科学性、先进性、实用性,对现代畜禽养殖具有重要的指导作用。

我相信,"畜禽养殖小区规划设计丛书"的出版发行,必将有利于从根本上改善动物的生存环境从而提高动物福利,并且有利于提高我国畜禽标准化养殖水平,为推动畜牧业持续、稳定、健康地发展发挥更加重要的作用。

中国工程院院士
中国畜牧兽医学会理事长　陈焕春

前　言

　　常言道"民以食为天，食以猪为先"，"猪粮安天下"。猪肉是菜篮子的主要品种，关系国计民生和社会稳定。5000 年的农耕文明、庭院养殖、副业型地位，逐步为现代农业产业化、标准化所取代。

　　当下时逢我国生猪养殖业发展机遇期，为了有效地推动当前畜牧业发展，受金盾出版社之约，高级畜牧师陈顺友及其工作室成员编撰了《生猪养殖小区规划设计图册》一书，以 10 多年来服务于养猪业积累的丰富资源和素材为基础，融合了专业理论与实践，力求为我国养猪业持续、稳定、健康发展起到积极的指导作用。

　　本图册以"生猪健康养殖"和"安全食品"为着力点，践行科学规划布局，重视环境调控，力推设施养殖，倡导效率优先。跟踪国外科技前沿，紧密联系我国生产实际，以 CAD 图例形式将生猪养殖小区规划设计直观表现，适合于多层次技术人员的学习。图册的最大看点是：以图立意，图文并茂；识图、读数、习文理性处理；以图为重，平、立、剖兼容完整，解析图册设计之秘。

　　本图册详细介绍了生猪养殖小区规划设计的综合知识，既有一定的理论基础，又关注了科技发展前沿，深入探究了实践操作技术，覆盖内容尤为广泛。该书适合于大中专院校师生、养殖企业管理者和技术人员以及农村规模养殖户参阅。愿我们的倾情力作能为我国养猪业的发展起到应有的推动作用。

　　编写过程中，由于时间仓促和水平有限，疏漏之处在所难免，敬请读者批评指正，我们将不胜感激！

编著者

目　录

第一章　生猪养殖小区规划设计技术要求……………………… 1

一、场址选择的原则 …………………………………………… 1

　(一)地形地貌 ……………………………………………… 1

　(二)板块要求 ……………………………………………… 2

　(三)水源、水质条件 ……………………………………… 3

　(四)交通运输条件 ………………………………………… 4

　(五)绿化、美化要求 ……………………………………… 4

　(六)生物安全要求 ………………………………………… 5

二、场区规划设计要求 ………………………………………… 5

　(一)功能区划分 …………………………………………… 5

　(二)附属用房 ……………………………………………… 6

　(三)道路设施 ……………………………………………… 6

　(四)供电、供水要求 ……………………………………… 6

　(五)车间内环境要求 ……………………………………… 7

　(六)废弃物资源化利用 …………………………………… 9

三、养殖工艺流程与标准化设计 ……………………………… 10

　(一)工艺流程 ……………………………………………… 10

　(二)建设主要内容 ………………………………………… 13

　(三)车间要求 ……………………………………………… 14

四、养殖车间结构 ……………………………………………… 14

　(一)墙体 …………………………………………………… 14

　(二)屋面 …………………………………………………… 15

　(三)地面 …………………………………………………… 15

　(四)门 ……………………………………………………… 15

　(五)窗 ……………………………………………………… 15

　(六)猪栏 …………………………………………………… 15

五、养猪设备 …………………………………………………… 16

　(一)妊娠母猪设备 ………………………………………… 16

　(二)分娩栏 ………………………………………………… 17

　(三)仔猪培育栏 …………………………………………… 17

　(四)内环境控制设备 ……………………………………… 19

　(五)饲料输送饲喂系统 …………………………………… 19

　(六)种猪测定系统 ………………………………………… 20

　(七)猪栏类型及要求 ……………………………………… 20

　(八)食槽基本参数 ………………………………………… 21

　(九)饮水设备 ……………………………………………… 21

（十）漏缝地板主要参数 ………………………………………………… 21

（十一）清粪设备 ………………………………………………………… 22

（十二）猪舍通风设备 …………………………………………………… 23

（十三）其他辅助设备 …………………………………………………… 24

第二章　种猪扩繁场工艺设计 ………………………………………… 25

一、场区规划设计 ………………………………………………………… 25

（一）总体规划布局 ……………………………………………………… 25

（二）场区绿化布局图 …………………………………………………… 27

（三）供水、供电线路图 ………………………………………………… 28

（四）排水、排污线路图 ………………………………………………… 29

（五）场区道路断面图 …………………………………………………… 30

（六）负压湿帘降温系统图 ……………………………………………… 31

（七）正压送风雾化降温系统图 ………………………………………… 32

二、养殖车间设计 ………………………………………………………… 32

（一）空怀配种车间 ……………………………………………………… 32

（二）单体妊娠限位车间 ………………………………………………… 40

（三）产仔哺乳车间 ……………………………………………………… 46

（四）仔猪保育车间 ……………………………………………………… 54

（五）后备公猪测定车间 ………………………………………………… 60

（六）后备母猪培育车间 ………………………………………………… 67

（七）同胞肥育测定车间 ………………………………………………… 74

（八）生长肥育车间 ……………………………………………………… 81

第三章　万头商品生猪养殖小区工艺设计 …………………………… 88

一、空怀配种车间 ………………………………………………………… 88

（一）半敞开式 …………………………………………………………… 88

（二）封闭式 ……………………………………………………………… 88

二、单体妊娠限位车间 …………………………………………………… 99

（一）封闭式 ……………………………………………………………… 99

（二）全敞开式 …………………………………………………………… 106

三、产仔哺乳车间 ………………………………………………………… 114

（一）封闭式 ……………………………………………………………… 114

（二）半敞开式 …………………………………………………………… 122

（三）全敞开式 …………………………………………………………… 122

四、仔猪保育车间 ………………………………………………………… 132

（一）半敞开式 …………………………………………………………… 132

（二）封闭式（刮粪板清污） …………………………………………… 137

（三）封闭式（干清粪） ………………………………………………… 142

五、生长肥育车间 ………………………………………………………… 148

（一）封闭式 ……………………………………………………………… 148

（二）半敞开式 …………………………………………………………… 153

（三）全敞开式 ……………………………………………………… 157
第四章 "三位一体"人工授精站工艺设计 ………………………… 162
第五章 产品展示车间工艺设计 …………………………………… 170
第六章 引种隔离车间工艺设计 …………………………………… 176
第七章 隔离及无害化处理车间工艺设计 ………………………… 181
第八章 单班产 5 000t 饲料加工车间工艺设计 …………………… 188
第九章 供水设施工艺设计 ………………………………………… 195
第十章 环境保护与 3 000t 有机复合肥厂工艺设计 ……………… 197
　一、环境保护工艺设计 …………………………………………… 197
　二、3 000t 有机复合肥厂工艺设计 ……………………………… 201
第十一章 辅助生产及办公设施工艺设计 ………………………… 214
　一、行政技术办公楼 ……………………………………………… 214
　二、职工食堂 ……………………………………………………… 218
　三、职工宿舍 ……………………………………………………… 222
　四、场区道路、大门、值班室及消毒池 ………………………… 224
第十二章 60 系统小单元养殖模式工艺设计 ……………………… 227
第十三章 "厚垫料"养殖模式车间工艺设计 ……………………… 237
　一、"厚垫料"养殖技术要求 ……………………………………… 237
　（一）技术来源 …………………………………………………… 237
　（二）工艺特点 …………………………………………………… 237
　（三）技术要求 …………………………………………………… 237
　（四）养殖效果 …………………………………………………… 238
　二、"厚垫料"养殖模式"三位一体"人工授精站 ……………… 239
　三、"厚垫料"养殖模式空怀配种车间 …………………………… 244
　四、"厚垫料"养殖模式仔猪保育车间 …………………………… 248
　五、"厚垫料"养殖模式生长肥育车间 …………………………… 251
第十四章 养殖设备图例 …………………………………………… 255
　一、母猪妊娠车间养殖设备 ……………………………………… 255
　二、母猪产仔设备 ………………………………………………… 256
　三、仔猪保育设备 ………………………………………………… 256
　四、生长肥育设备 ………………………………………………… 257
　五、"三位一体"人工授精站设备 ………………………………… 257
　六、生猪养殖小区常用设备 ……………………………………… 258

第一章 生猪养殖小区规划设计技术要求

2003 年我国农业部提出要求推进标准化畜禽养殖小区建设,把发展畜禽养殖小区与畜牧业生产方式转变、结构调整和畜产品优势区域布局规划紧密结合起来,按照"因地制宜、合理布局、适度规模、规范管理"的原则,制定科学、可行的标准化养殖小区发展规划,制定切实可行的建设方案,稳步推进小区建设;在此基础上,大力推广标准化生产技术,严格实行统一规划、统一建设、统一良种、统一饲料、统一防疫和统一操作,精心打造养殖小区产品的无公害和标准化。强化畜禽养殖小区的粪污处理,积极推广"三改两分再利用"模式,即改水冲清粪为干式清粪、改无限用水为控制用水、改明沟排污为暗道排污,实现固液分离、雨污分离,粪污无害化处理后再利用到农田或果园。同时,要做好畜禽废弃物和病死畜禽的无害化处理工作,使养殖小区成为畜禽健康养殖的园区。

畜禽养殖小区是指生产企业或专业户在一定条件下,通过资金、劳动力、饲料、技术、设备等生产要素的投入和资源的有效配置,在追求提高生产效率的基础上保持较大养殖规模,并能获得规模效应的一种生产组织方式。而生猪养殖小区是指远离村镇居民点,专门从事生猪养殖,按统一标准建设与管理,具有相应规模和较好经济效益的养殖经济体。

一、场址选择的原则

以生猪繁殖生理学和农业环境工程学为基础,遵循猪群生长发育与繁殖基本规律,以"生态健康型养殖"和"动物食品安全"为重点,在生猪养殖小区规划设计过程中,切实关注人、畜、禽相处的公共卫生安全和生态环境保护,倡导人与自然和谐相处的科学理念,促进养猪生产方式的转变;并将生猪规模化养殖融合于农业种植和社会经济协调发展的循环经济领域。在此基础上,养殖小区场址选择应根据生产性质、养殖特点、规模大小、饲养方式、管理要素及生产集约化程度等实际情况,全面系统地考察地形、地貌、土质、水源、环境,以及周围居民点位置、交通、电力、物资供应及当地气候条件等因素,做出科学、合理的布局规划。

(一)地形地貌

生猪养殖小区建设场地的选择,要求在距离村镇居民点 1km 以上的下风向,与主要交通道路相接,四周开阔,地形整齐,环境优良,有一定的植被覆盖,空气新鲜;地势应高位、平坦、干燥、坚实,无自然灾害的历史记载;朝向为坐北向南、北高南低,缓坡平展地坡度在 25% 以下,背风向阳,避免选择山坳盆地、直线无回流风向处;在丘陵山区被选板块坡度较大时,由北向南用人工方法顺坡整理成以 20～30m 间距为一个平面的阶梯状,其东西两侧适宜于对半处理成两个具有一定落差(小于 1m)的板块。这样,既能满足生态环保要求,又能节省平整土地的基础设施工程费用。

一般来说,地势较高有利于场区雨水和污水的排放,也有利于节省生猪养殖小区建设时排水设施的投资,使场区湿度相对较低。病原微生物、寄生虫及蚊蝇等有害生物繁衍孳生受到限制,猪舍环境控制的难度相对减小,卫生防疫方面的费用也相对降低。而地势低洼的场地则易于积水,潮湿泥泞,夏季通风不良,空气闷热,导致蚊蝇和微生物繁殖;冬季则阴冷,内外环境状况不良,易于诱发多种传染性疾病。同时,低洼潮湿还会降低畜舍保温隔热性能和使用年限。因此,场地应高且干燥,利于排水,至少要高出属地历史洪水线以上。地下水位宜在地表 2m以下,便于修筑便捷、通畅的排渍水系统。阴坡地不仅背光,且冬季迎风寒冷,夏季避风炎热,对于生猪养殖小区小气候环境十分不利。同时,阴坡场地较少接受阳光,土壤热湿状况和自净能力较差。选择背阴场地会因缺少太阳辐射或湿度过大影响猪群健康。

拟建设场地的形状、大小和地物(房屋、树木、河流、沟坎等)状况,是选择场址不可忽视的条件。除要求地形整齐开阔和有足够的空间之外,还要求利于科学布置生猪养殖小区建筑及其他设施,有利于充分利用场地。一般来说,空旷开阔的地形对于生猪养殖小区通风采光,施工运输物料和常态管理尤为重要,地形过于狭长往往影响建筑物合理布局,拉长了养殖区作业线路和养殖场排污坡降,特别是在平原湖区生猪养殖小区的有机废弃物外排难度加大,也给场内运输物料和生产管理造成不便。地形不规则或边角太多,会使建筑物布局零散,且边角部分无法利用,狭长的地形会因边界拉长使建筑物布局、卫生防疫和环境保护等方面增加不必要的投入。

场区土壤结构对家畜影响较大。透气性和透水性差的土壤,一般持水力和毛细管作用强,降水后易潮湿、泥泞,导致场区空气湿度较大。同时,被粪便、尿液等有机物污染后,经好氧或厌氧分解后易产生有害气体污染场区空气环境,且自净能力较差,污染物不易消除;而且污染物通过水的流动和渗滤,容易污染地表水和浅层地下水。另外,潮湿土壤易造成多种微生物、寄生虫、蚊蝇孳生,使建筑物受潮,降低其保温隔热性能和使用年限。透气、透水性好的土壤,持水力和毛细管作用较差,不潮湿、易干燥,受污染后容易氧化分解而达到自净,场区空气卫生状况较好,抗压能力较大,不易冻胀,建筑物也不易受潮。一般来说,沙土透气、透水性好,不潮湿、不泥泞,自净作用好,其导热性强,热容量小,热状况差;黏土则与沙土相反。沙壤土和壤土的性能介于沙土和黏土之间,是生猪养殖小区最理想的土壤类型。但在一定地区内,由于受客观条件的限制,选择最理想的土壤不容易,不宜过分强调土壤种类和物理特性,应着重考虑化学和生物学特性,注意地方病和疫情的调查。对土壤的要求是透气性好,易渗水,热容量大,这样可抑制微生物、寄生虫和蚊蝇的孳生,也使场区昼夜环境温差较小。

(二)板块要求

大型生猪养殖小区建设选址时,尽可能避让政府国土资源部门所规定的《基本农田保护区用地》,尽量避免人、畜争地的矛盾。建议选择闲置山坡地建场,便于粪尿排除和防疫安全保障。在没有足量的平坦场地供选时,可选择坡度在 25%以下,避开风口、向阳的东南向或南向缓坡地带作为备选。万头生猪养殖小区标准化车间布局宜双列式排列,要求南北长 240~260m,东西宽 150~170m,小区面积 53 360~66 700m²(80~100 亩)。板块朝向是坐北朝南、偏东南 13°~15°。场地坡度大于 25%时,不仅加大施工量和物料运输,而且易于造成场区地表层的雨水冲刷。切忌将生猪养殖小区建在山顶、谷地或风口处,以免造成不必要的自然灾害损失。理想的生猪养殖小区场址周围要有广袤的种植板块,有利于吸纳和转化利用大量的粪污,使有机废弃物经过处理达标后能够循环利用。根据我国农业种植用水、用肥基本标准是灌溉用水 30~50t,有机肥 3t,1 个万头规模生猪养殖小区年产肥水 15 000t,有机肥 3 000t 左右,需要配备农业种植用地 67 ha(1 000 亩)。在选择场址时,必须严格遵守国家有关规定,禁止在旅游风景区、自然保护区、人口密集区、水源保护区和环境公害污染严重区域及国家规定的禁养区建设畜禽养殖场。场地面积应根据畜禽种类、饲养方式、集约化程度和饲料供应情况等确定,同时应预留足够的发展空间。

根据国家有关规定,生猪养殖小区场址选择必须事前经过环保专门机构对环境保护、土地资源、水资源、公众卫生环境管理协同畜牧主管部门联合做出"畜禽养殖环境影响评价",并在一定程度向区域范围民众进行公众调查和公示确认。

(三)水源、水质条件

生猪养殖属于耗水型畜牧业范畴,要求水源充足、水质良好、无污染,符合绿色农产品和无公害食品卫生质量要求,且要便于取用和卫生防护。其中水源充足是指必须能满足猪群饮用、绿化、防火及生活要求。根据我国畜产品质量无公害认证条件要求,猪群饮水尽可能选用与居民生活用水相同等级的水源,清洁猪舍时冲洗栏圈的用水,尽可能选用清洁卫生的地下水。所以,生猪养殖小区应远离矿区、化工厂等污染源,避免水源受到污染。畜禽场饮用水必须经过相关检验部门的卫生质量鉴定确认合格后方能使用。

生猪养殖小区选择地下水源冲洗栏圈主要基于节省资源成本的原则。掘井开采地下水资源需要计算用水量和供给能力,从而对所需付出的一次性投资和维持费用进行测算,作为选择何种水源的依据。这样,在场区必须铺设两条独立的供水管线,即饮用水管线和冲洗用水管线,避免产生污染。当然,冲洗用水也要经常进行净化消毒处理和水质监测,做到合理利用与节约用水。

生猪养殖小区饮用水适宜容量应根据猪群日饮用水量计划供给。在开凿水井之前,取水检测,其水质要求达到《无公害食品 畜禽饮用水水质》(NY 5027—2001)标准,年出栏1万头商品猪养殖小区饮水需要量为80~100t。一般情况下,需要建造300~500m³贮备水塔,以备足3~5d用水和防止停电缺水。

饮水品质问题,不仅对畜禽生长发育和繁殖有重要作用,同时对畜产品质量和安全有直接影响。随着城乡居民对畜产品食品卫生安全意识的不断增强,大型养殖企业畜产品的市场准入制度正在逐步建立和完善。根据有关规定,农产品进入大中型超市销售必须通过"绿色无公害产品认证",为达到这一特殊要求,必须考虑畜禽养殖饮水质量的直接影响。通常情况下,饮水品质评价的三大指标有:①感官性状及一般化学指标;②细菌学指标;③毒理学指标。一般在建场初期提前抽样检查和经常性定期抽样监测,确保水质符合饮用标准,严格控制水质污染。畜禽饮用水水质标准见表1-1。

表 1-1 畜禽饮用水水质标准

项 目		标准值	
		畜	禽
感官性状及一般化学指标	色,(°)≤	色度不超过30°	
	浑浊度,(°)≤	不超过20°	
	臭和味≤	不得有异臭、异味	
	肉眼可见物 ≤	不得含有	
	总硬度(以 CaCO₃ 计),mg/L≤	1500	
	pH	5.5~9	6.8~8
	溶解性总固体,mg/L≤	4000	2000
	氯化物(以 Cl⁻ 计),mg/L≤	1000	250
	硫酸盐(以 SO₄²⁻ 计),mg/L≤	500	250

项　目		标准值	
		畜	禽
细菌学指标	总大肠菌群,个/100mL≤	成年畜 10,幼畜和禽 1	
毒理学指标	氟化物(以 F⁻计),mg/L≤		
	氰化物,mg/L≤	0.2	0.05
	总砷 L,mg/L≤	0.2	0.2
	总汞,mg/L≤	0.01	0.001
	铅,mg/L≤	0.1	0.1
	铬(六价),mg/L≤	0.1	0.05
	镉,mg/L≤	0.05	0.01
	硝酸盐(以 N 计),mg/L≤	30	30

(四)交通运输条件

生猪养殖小区在饲料、产品、生产物资和废弃物运输方面任务较为繁重,万头出栏规模的养殖小区常年物资进出量大约在 10 000t,因此具备较好的交通物流条件显得十分重要。鉴于近年来大型生猪养殖小区猪群健康状况堪忧,猪病频繁发生,使企业蒙受重大经济损失,并在对外的人员、物料交往过程中存在着隐患,出于防疫、卫生安全和环境保护的要求,建议大型生猪养殖小区应选择建设在较安静、偏僻的地方,不可过于靠近主要交通干道。这样,在保证交通方便的前提下,可适当地确定生猪养殖小区与主要交通道路的距离。

一般来说,生猪养殖小区距离交通主干道应不少于 1km,与居民点距离在 1~2km,与其他畜禽场的距离不少于 2~3km,周围要有便于生产和生活污水处理后达标排放的水系。生猪养殖小区必须设有专用道路与公路相连,避免在紧靠公路的两侧建养殖场,防止噪声、粉尘和病原微生物污染。最好设立防疫沟、隔离林带或围墙等屏障将生猪养殖小区与周边环境隔开,也可适当减少间距,便于运输和与外界相连。

(五)绿化、美化要求

基于生态学理念和要求,生猪养殖小区建筑物容积率在 40% 左右,园林绿化面积占 30%以上,既能绿化、美化、净化厂区空气环境,又能调节畜禽养殖小气候。同时,利于建立缓冲区及生物安全防疫屏障。树种选择多以适于当地栽种的常年生灌木绿叶树种为主,不宜栽种果树、葡萄等果实类含糖度高的树种。避免野生动物、昆虫、鸟类、啮齿类动物栖息和蚊蝇孳生而影响防疫。

一般情况下,夏季树木遮荫可使场区建筑物墙面和屋面太阳照射热量大为减少,茂密的树冠可挡住 70%~80% 的太阳辐射热,但过度地树木遮荫又不利于透光和通风,还会影响防疫。这里以草坪降温增湿效果为例,经测定草坪局部小气候日平均温度比广场低 4.8℃,空气相对湿度比广场高 12.8%,这对养殖场环境改善十分有利。同时,可以调节气流,绿化林带又能阻挡寒风和台风袭击,降低风速、改变气流方向。在林带高度 1 倍距离内,可减低风速 60%,10倍距离时可减低 20%。在静风时,绿化林带可促进气流交换。夏季因绿地内气温较低,可能造成地区环流,产生微风,有利于新鲜空气的交换。此外,还有净化空气的作用,大规模和高密度养殖场,不断排出大量的有害气体,如二氧化碳、硫化氢和氨气,而绿化植物可吸收25%的有害气体,还能吸收二氧化碳放出氧气,起到净化空气和保护环境的作用。畜禽舍内排出的粉尘是畜禽疾病的又一主要传染源,绿化植物能够通过阻挡、过滤和吸附作用,减少空气中的细菌含量。有些植物如香樟、桉树等还能分泌具有杀菌作用的有机物质,这些物质挥发到空气中,能够起到消毒和灭菌的作用。

(六)生物安全要求

从生物安全和控制净化疫病方面考虑,新建生猪养殖小区必须经过实地调查研究,不得在曾经发生过传染性疾病或周边疫情复杂的地段建场。针对近年来各地多发的猪传染性疾病,如高致病性蓝耳病、猪瘟、Ⅱ型圆环病毒病、口蹄疫、伪狂犬病、副猪嗜血杆菌病、传染性胸膜肺炎等对生猪养殖造成重大危害,规模养猪更应该重视生物安全体系建设,对各类养猪车间、消毒室(更衣、洗澡、消毒)、消毒池、药房、兽医室、病死猪处理室、出猪台、维修室及仓库、值班室、病猪隔离及死猪无害化处理车间、粪便处理区等建立生物安全防范系统。这就要求场址选择应符合人、畜相处公共卫生和生物安全的原则,应选择在城镇居民点常年主导风向的下风向或侧风向,避免气味、废水及粪肥堆置干扰周边居民区生活环境。考虑到风向的关系,必要时可到当地气象部门取得风向图有助于做出合理的选择。生猪养殖小区距离村镇居民点、集贸市场以及工厂或其他畜禽场应在1km以上,避免相互干扰。

在养殖场规划建设过程中设立专门防疫围墙、开挖防疫沟或营造绿化隔离防护林带,既能起到绿化、美化、防风固沙的作用,又能净化养殖场的空气环境。同时,加强畜禽养殖场卫生消毒和兽医防疫卫生保健,通过卫生消毒保持养殖场清洁卫生,降低病原体密度,抵御外部病原菌的入侵,净化生产环境,有效地建立良好的生物安全体系,这对于保障动物健康,减少疾病发生,提高养殖生产效益具有特别重要的作用。生猪养殖小区还要配备卫生消毒设施设备,消毒更衣室(沐浴更衣室)应建在养殖场生产区大门旁,供生产人员进场消毒或更衣。室内应有更衣柜、消毒洗手池,根据室内面积安装适量紫外线灯管。有条件时可设立沐浴更衣室、低毒高效药液雾化消毒间供员工入场沐浴后换穿场内专用工作服和胶鞋。入场消毒通道地面应建有消毒池并安装旋转门和消毒池,供工作人员进入生产区时消毒使用。在大门入口处备有大型消毒池,供本场车辆出入生产区时消毒用。其规格一般宽度应与大门同宽、长度应为最大车轮周长的1.5倍,深度不少于10cm。最好在消毒池顶搭盖遮阳棚,池四周地面应低于池沿。车间入口处设立小型消毒池,供人员出入猪舍时消毒脚底,一般建于猪舍大门处,其宽度多与猪舍内走道相等,长度以人不能跃过即可,深度不少于10cm。

二、场区规划设计要求

(一)功能区划分

生猪养殖小区应按生产性质、特点和功能任务的不同分区建设,遵循科学规划、合理布局、规范操作的要求,便于专业化管理和人员合理流动。功能区划分的基本原则是:重点规划布局养殖区,服从于健康养殖和要素有效配置的需要;合理规划辅助生产区,使饲料物流便捷;优化生活办公区,重视人、畜相处公共卫生;专门建设隔离环保区,关注生物安全和防疫。基于以上原则,生猪养殖小区规划为四大功能区,即养殖区、辅助生产区、生活办公区和隔离环保区。

"四区"又以园林绿化或栅栏围网隔离,每区相距30～50m或以上,以满足各个区域生产操作和特定功能要求,实行人流、物流和猪群流动在一定范围内进行。通常情况下,"四区"由北向南排列顺序为养殖区、辅助生产区、生活办公区,间距在150m以上的隔离环保区宜布局在南端或侧风向。养殖区可按照养殖工艺流程按种繁区、保育区、肥育区排列,这3个养殖小区的间距适宜在30～50m范围。

生猪养殖小区根据生产任务和经营性质不同,分为原种猪养殖小区、种猪扩繁小区和商品肉猪养殖小区几类。在养殖区布局上,对于生猪养殖车间由北向南依次为种公猪车间(人工授精站)、空怀母猪车间、单体妊娠母猪车间、产仔哺乳车间、仔猪保育车间、后备公猪车间、后备母猪车间、生长肥育车间、病猪隔离观察及剖检车间。年出栏量万头以上的养殖小区,在土地资源条件许可情况下,建议推行欧美国家"早期断奶隔离式饲养"系统(即S.E.W系统),在相距1km以上的区间分成3个板块建设种猪繁育、仔猪保育和生长肥育养殖小区,这项措施在一定程度上有利于控制疫病的发生和流行,有利于保障猪群健康。

(二)附属用房

生猪养殖小区的生活办公区建筑面积在1 300～1 500m²,主要包括行政办公室、接待室、会务培训室、畜牧兽医工作室、实验室、职工宿舍、职工食堂、职工活动室以及供水设施、供电设施、车库等。在区内还应设立财务管理室、信息资料室、饲料营养检测室,兽医诊断室配备冰箱、消毒锅、诊疗器械等设备及常用药物库存间。职工生活区应位于场区上风向,靠近主干道路。辅助生产区主要包括饲料加工或原料、成品库存间,建筑面积在800～1 000m²。

(三)道路设施

生猪养殖小区物料运输的主干道以"村村通"道路等级要求建设。主干道宽5.5m,可承载30～40t车辆;养殖小区内道路(净道)宽不少于3.5m,能承载20～30t车辆;场内四周循环专用出粪道(污道)宽2.8m,能承载3～5t农用车;养殖车间清粪道宽1.3m,便于人力车通行。

(四)供电、供水要求

生猪养殖小区每日每万头猪的电源供给应达到100～120kW·h,电力负荷等级定为三级,供电不足三级时,应按全场总电量的1/3配置自备电源,以备应急之需。

养殖小区的供水根据猪群日饮用水量标准供应,万头养殖小区日饮用水为80～100t,夏季炎热用水高峰期需增加20%。要求做到定时、定量、保质、保量。为了保证在供电紧缺应急条件下有充足的水源供应,万头规模场应备足300～500t的贮备量。猪群日饮用水量参数见表1-2。

表1-2　猪群日饮用水量参数

群　别	每日需水量(L/头)
成年种猪	25(470头)
带仔母猪	60(140头)
断奶仔猪	5(1000头)
4月龄以上肥育猪	15(3500头)
合　计	80～100t

(五)车间内环境要求

养殖车间的内环境十分重要。要求达到环境优良、空气新鲜、温度适宜、光照充足、降低有害气体浓度和粉尘及病原微生物的污染,创造适于猪群生长发育和繁殖的优越环境。尽量减缓夏季高温、高湿和冬季低温、湿冷两种极差温度的应激,节省饲料消耗和减少不必要的浪费,避免在不良环境条件下可能引起的传染性疾病的发生和危害。

1. 温度要求 温度是猪群最基本的环境质量参数。表 1-3 中的温度和湿度范围为猪群生存的临界范围,高于该范围上限值或低于其下限值时,猪的生产力可能会受到明显影响。成年猪(包括肥育猪)舍的温度,在最热月份平均温度≤28℃的地区,允许上限提高 1℃~3℃,最冷月份平均温度低于−5℃的地区,允许温度降低 1℃~5℃。

表 1-3 中哺乳仔猪的温度标准系指 1 周龄内的生存临界范围,2 周龄、3 周龄和 4 周龄时下限温度可分别降至 26℃、24℃和 22℃。即出生时适宜温度是 34℃,以后每周相应降低 1℃,最低温度是 28℃。所以,超过或低于这一温度范围时,有必要采取相应措施。

表 1-3 猪舍内温度和相对湿度范围

猪群类别	空气温度(℃)	相对湿度(%)
种公猪	10~25	40~80
成年母猪	10~27	40~80
哺乳母猪	16~27	40~80
哺乳仔猪	28~34	40~80
培育仔猪	16~30	40~80
肥育猪	10~27	40~85

2. 空气质量要求 猪舍空气质量是直接影响其生长发育和繁殖以及关系到生存的关键性指标。猪舍空气中的氨(NH_3)、硫化氢(H_2S)、二氧化碳(CO_2)浓度超出规定范围时,严重时必将引起猪群咳嗽、打喷嚏、流眼泪、呕吐、黏膜发绀、呼吸困难、共济失调、缺氧、昏迷甚至窒息死亡。长期生存在不良的环境状态下,必然引起猪只生长迟缓、发育受阻、增重缓慢、疾病增多、消耗加剧、经济效益低下。当车间内出现空气污浊、环境恶劣、细菌总数和粉尘含量超过表 1-4 规定值时,也必然会使呼吸系统、消化系统和其他多种器官和系统疾病发生机会增多,给猪群健康造成严重影响。特别是在规模化生产条件下,存栏密度大、猪群周转快,养殖车间处于封闭式环境条件下,更应引起重视。

表 1-4 猪舍空气卫生要求

猪群类别	氨(mg/m³)	硫化氢(mg/m³)	二氧化碳(%)	细菌(万个/m³)	粉尘(mg/m³)
种公猪	26	10	0.2	≤6	≤1.5
成年母猪	26	10	0.2	≤10	≤1.5
哺乳母猪	15	10	0.2	≤5	≤1.5
哺乳仔猪	15	10	0.2	≤5	≤1.5
培育仔猪	26	10	0.2	≤5	≤1.5
肥育猪	26	10	0.2	≤5	≤1.5

为保持猪舍空气卫生状况良好,必须进行合理通风,改善饲养管理环境,采用合理的通风

换气措施,改进车间内的清粪工艺和设备,及时清除和处理粪便、污水,保持猪舍清洁卫生,严格执行卫生消毒制度。

3. 采光要求 充分利用太阳红外光照射的消毒杀菌和热力作用,是一种最直接、最经济、最有效改善养殖环境的手段。通常是以猪舍"窗地比"作为建筑参数。若以猪舍门窗等透光构件的有效透光面积为1,其与舍内地面积之比详见表1-5。辅助照明是指猪舍自然光照不足,设置人工照明以备夜晚工作照明用。人工照明一般用于无窗猪舍。猪舍光照须保证均匀。自然光照设计须保证入射角≥25°,采光角(开角)≥5°;人工照明灯具设计按灯距3m左右布置。猪舍的灯具和门窗等透光构件需经常保持清洁卫生,照度恰当。一般来说,入射角指窗上沿至猪舍跨度中央一点的连线与地面水平线形成的夹角;采光角(开角)指窗上、下沿分别至猪舍跨度中央一点的连线的夹角。猪舍自然光照或人工照明设计应符合表1-5的要求。

表1-5 猪舍采光要求

猪群类别	窗地比	自然光照 (lx)	人工照明	
			光照强度(lx)	光照时间(h)
种公猪	1:10~12	50~75	50~100	14~18
成年母猪	1:12~15	50~75	50~100	14~18
哺乳母猪	1:10~12	50~75	50~100	14~18
哺乳仔猪	1:10~12	50~75	50~100	14~18
培育仔猪	1:10	50~75	50~100	14~18
肥育猪	1:12~15	50~75	30~50	8~12

4. 猪舍通风 猪舍风速指猪所在位置与猪体高度的夏季适宜值和冬季最大值。在最热月份平均温度≤28℃的地区,猪舍夏季风速可酌情加大,但不宜超过2m/s,哺乳仔猪不得超过1m/s。表1-6的标准适用于机械通风猪舍,可供自然通风和自然与机械混合通风猪舍设计时参考。

通常情况下,猪舍通风主要包括自然通风、负压机械通风(横向或纵向)和正压机械通风。跨度小于12m的猪舍一般宜采用自然通风,跨度大于8m的猪舍以及夏季炎热地区,自然通风应设地窗和屋顶风管,或采用自然与机械混合通风或机械通风,为克服横向和纵向机械通风的某些缺点,可考虑正压机械通风。采用横向通风的有窗猪舍,设置在风机一侧的门窗应在风机运转时关闭。

猪舍通风必须保证气流分布均匀,无通风死角。在气流组织上,冬季应使气流由猪舍上部流入,而夏季则应使气流流经猪体。猪舍理想通风量(每千克活重每小时所需空气立方米数)应符合表1-6的规定。

表1-6 猪舍理想通风量 （$m^3/h \cdot kg$）

猪群类别	体重(kg)	冬 季	春秋季	夏 季
断奶仔猪	5~14	3.4	17	43
保育猪	14~34	5	51	60
生长猪	34~68	12	41	128
肥育猪	68~100	17	60	204
妊娠母猪	>100	20	68	255
泌乳母猪	180	34	136	580
种公猪	180	24	85	510

各类猪舍的生产噪声或外界传入的噪声不得超过80分贝，并应避免突然的强烈噪声引起猪群应激反应。

(六)废弃物资源化利用

生猪养殖小区有机废弃物处理与资源化利用应坚持构建"绿色家园"、"绿色田园"、"绿色水源"、"清洁化生产"和"三个分离"的原则,切实将养殖园区布局绿化、净化、美化和无害化及资源化与健康养殖有机地结合起来。所谓"三个分离"是指养殖场区布局做到净(道)污(道)分开,互不交叉,净道供人、车、料、猪通行,污道为病猪和出粪车专用通道;雨(水)污(水)分离,雨水经密闭式管道流入蓄水池,不得放任自流或混入污水池,增加污水压力和处理成本,污水经密闭式专门管道进入到收集池和沉淀池;固(态)液(态)分离,将固态鲜干粪或高浓度流体污物经机械分离后用于制作沤肥或生物发酵有机肥,液态污水进入厌氧发酵过程生产沼气,作为清洁化能源或入网发电。在规划设计过程中,将粪污处理设施和病死畜禽无害化处理设施按夏季主导风向设在远离生产区的下风向或侧风向位置。

在生猪养殖小区规划设计建设过程中,应建立与养殖区保持一定间距的有机废弃物及环保区(相距200～300m),采用物理学和生物学处理工艺,包括流体状污物蓄积池、撇渣池、三级沉淀池、固液分离场、鲜干粪贮积场、污泥干化场、厌氧发酵塔、沼气贮存塔、脱硫脱水装置、能源利用装置(照明或发电)、好氧迂回沟、生物氧化塘以及沼液贮存塔和沼液密闭式输送管网等。

有机废弃物处理工艺流程、主体内容构建、设施场地规模、固液态物贮存能力以及投资规模,可根据表1-7各类猪群日粪尿排泄量参数确定。

表1-7　猪群日粪尿排泄量参数

猪只类别	粪尿混合物(L/头)	粪便(kg/头)
种　猪	10	3
后备种猪	9	3
哺乳母猪	14	2.5
仔　猪	1.5	1
幼　猪	3	1
肥育猪	6	2.5

有资料显示,年出栏万头生猪规模场排放有机固态废弃物年处理量约2000t、液态物处理量约15 000t,即使减量化处理,每日污物处理量也在40～50t。

根据生猪养殖小区排放有机废弃物处理"四化"(减量化、无害化、资源化、生态化)原则,采用目前国内先进的"七段式"工艺流程,即鲜干猪粪人工收集、少量水冲洗蓄积沉淀、固液分离、三级过滤、厌氧发酵、好氧曝气、生物塘氧化技术,将处理后的猪粪肥水用于浇灌农田;将人工收集的鲜干猪粪和分离后的固形物与粉碎后的植物纤维混合发酵处理制成有机复合肥用于种植农作物、蔬菜、瓜果、苗木等,最终达到将有机固形物和液态物经处理后达到无害化、资源化、生态化利用的目的。

生猪养殖小区有机废弃物处理方法是:鲜干猪粪人工收集(占55%),少量用水冲洗,猪舍污水收集后用密闭式管道外排,与雨水分两个管系排放。能源生态型处理方式主要是以高浓度粪污中温发酵产生沼气,作为生活能源或用于发电,液态物足量稀释后用于农业种植转化利用；能源环保型处理方式主要是以低浓度粪污常温发酵产生沼气，作为生活能源或用于发电，液态物以一定比例稀释用于农业种植转化利用；能源环保型处理采用高分子复合材料的红泥覆皮塑料储气袋 500～600m³，处理生猪养殖小区有机废弃物液态肥 10 000t，年产有机复合肥料 3 000t，作为 67 公顷农业种植的肥源。有机废弃物的处理工艺如下。

1. 废水设计流量　40～50m³/d。

2. 设计废水水质　化学需氧量为 10 000mg/L，生化需氧量为 4 000mg/L，悬浮固体为 8 000mg/L；氨氮为 400mg/L。

3. 最终排放水质标准　达到国家 2003 年 3 月 1 日实施的《畜禽养殖业污染物排放标准》，即化学需氧量≤400mg/L，生化需氧量≤150mg/L，悬浮固体≤200mg/L，氨氮≤80mg/L。

粪污处理工艺流程见图 1-1。

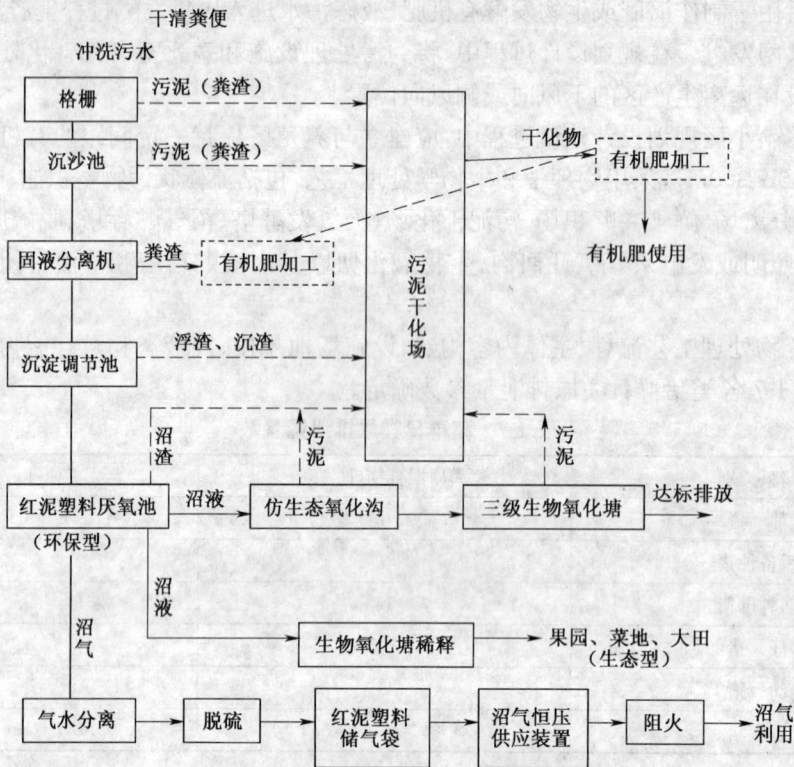

图 1-1　粪污处理工艺流程

三、养殖工艺流程与标准化设计

(一)工艺流程

养殖工艺流程，是指畜禽规模化生产在类似工业化生产条件下所形成的专业化养殖过程。针对动物生长发育与繁殖过程对环境的要求，按阶段性、批量化、有节律和标准化生产。在这里，将其分为"大群体、大循环"和"小群体、小循环"构建大规模养殖两种工艺类型。

繁殖节律是指规模养殖企业制定生产计划，为获得规定数量产品，以组建繁殖母猪群形成

10

的配种、妊娠和产仔的时间间隔。万头生猪养殖小区繁殖节律多以"周"为单位,有计划地组织生产、周转、空栏、消毒、备用时间,以适应"周日制"工作制度要求,便于精心组织和合理安排从周一至周日的工作任务。例如,周一例行组织生产检查和计划安排本周工作,周二组织落实生产任务和猪群调整方案,周三认真组织人力、物力做好猪群调整和栏圈清洗消毒,周四对移动后的猪群进行现场观察和栏圈消毒维修,周五组织猪群免疫和集中处理本周未能完成事项,周六(或周五)进行劳动作业和猪群量化考核及组织产品销售,周日在保证正常生产需要的前提下,适当安排职工休息或轮休。同时,养殖企业在遵循繁殖节律和生产计划的前提下,还需要认真组织饲养管理、配种接产、猪群换料、保健治疗、空栏消毒、生产考核等经常性工作,以最大限度地利用猪群、栏舍和设备,准确地计算群体规模和栏位设施。

在确立繁殖节律的基础上,将猪群按性质划分成不同的工艺群、规划其存栏数,并给予配置相应的专门车间及栏位,组织实施生产计划。不同规模生猪养殖小区猪群结构参数,见表1-8。

表 1-8　规模生猪养殖小区猪群结构参数

猪群类别	繁殖母猪数量(头)				
	100	200	300	600	900
空怀母猪	25	46	70	140	210
妊娠母猪	53	106	160	320	480
分娩母猪	23	46	70	140	210
后备母猪	10	17	26	52	78
种公猪	4	8	12	24	36
哺乳仔猪	200	400	600	1200	1800
保育仔猪	219	438	654	1308	1962
肥育猪	495	1005	1500	3015	4500
合计存栏	1029	2070	3098	6211	9294
全年上市商品猪	1700	3000	5000	10000	15000

根据生猪养殖小区性质和特点确定配种方式及种公猪数量。一般来说,商品肉猪生产场若采用人工授精繁殖方式,则按公母比例为1∶200～300比例配套,而种猪养殖小区则按1∶30～50比例配套,且需留足相应血统数。

1. 大群体、大循环养殖工艺　即将600头能繁母猪组成一条循环养殖生产流水线,年产10 000头商品猪,又称为600养殖系统。这种"五段式"工艺流程,将猪群分为空怀配种、单体妊娠、产仔哺乳、仔猪保育和生长肥育5个主要阶段。按照母猪待配(7d)、妊娠(114d)、产仔(21～28d)、保育(35～42d)、肥育(120～130d)的生产节律和空栏消毒、维修备用时间安排,精心组织和计划生产,建设5种专业化类型标准养殖车间,即空怀配种车间、单体妊娠车间、产仔哺乳车间、仔猪保育车间和生长肥育车间。在遵循猪群繁殖节律的前提下,计划猪群所需要建筑面积、舍面积、栏面积、头面积,使之达到常年配种、四季产仔、循环生产、平衡周转、应时上市的要求。其生产工艺流程见图1-2。

一般情况下,600养殖系统专业化养殖车间的配置可按照表1-9进行。

图1-2　600养殖系统工艺流程

表1-9　600养殖系统专业化养殖车间的配置

车间类型	栏位(个)	存栏量(头)	设施要求
空怀配种车间	120	120	平养、局部漏缝板
单体妊娠车间	320	320	专业车间、限位饲养
产仔哺乳车间	140	140(140)	专业车间、高床养殖
仔猪保育车间	140	1300~1400	专业车间、高床养殖
生长肥育车间	200	3000	平养、局部漏缝板

根据养猪生产要求,600养殖系统专业化养殖车间的工艺参数详见表1-10。

表1-10　600养殖系统专业化养殖车间的工艺参数

车间类型	存栏(头)	车间规格(m)	栏圈规格(m)	建筑形式	内环境控制
公猪授精站	10	35×8×2.8 (280m²)	3.5×3×1.2	封闭式,外墙1.2m以下做砖墙,上做塑钢窗,南为梭窗	负压湿帘降温,热水暖床
空怀配种车间	140	55×6×2.8 ×2栋 (660m²)	4.5×2.5×0.9 室外3×2×0.9	半敞开式,有外运动场。外墙0.9m以下做砖墙,南面为梭窗	冷却器降温,热水暖床
单体妊娠限位车间	320	55×8.2×2.8 ×2栋 (902m²)	2.2×0.65×1 (成套限位栏)	全封闭双列式,排污沟用翻斗水箱	冷却器降温,热水暖床
产仔哺乳车间	140	55×9.7×2.8× 3栋 (1600.5m²)	2.2×1.85×1 (幼猪栏0.6m高的成套猪栏)	全封闭双列式。每栋两单元,排污沟用虹吸式水箱冲洗	负压湿帘降温。冬季为热水暖床加保温箱
保育车间	140	55×9.7×2.8 ×3栋 (1600.5m²)	2.2×1.85×1.3 (猪床底板离地0.6m,用成套栏)	全封闭双列式。每栋两单元,虹吸式水箱冲洗	负压湿帘降温;冬季为热水暖床加保温箱
肥育车间	4400	55×9.7×2.8 ×11栋 (5868.5m²)	室内为单列, 4.1×5×0.9	全封闭式,室内南北内墙处有排污水沟,有排污冲洗水箱	冷却器降温,热水暖床
病死猪隔离剖检	150	35×6×2.8 (1栋,8个栏,210m²)	室内为单列, 4.5×2.5×1.2 室外为3×2×1.2	半敞开式,有外运动场,外墙0.9m以下做砖墙,上做塑钢窗,南为梭窗	冷却器降温,热水暖床
合　计	—	11121.5m²	—	—	—

2. 小群体、小循环养殖工艺　小群体、小循环构建大规模养殖方式,又称之为60养殖系统。即将600养殖系统划分成以60头母猪为1个单元组合,每个组合年产1000头猪作为一条生产线的循环养殖系统。这种养殖方式关键在于将空怀配种、单体妊娠、产仔哺乳和仔猪保育4个阶段构成一个养殖组合,并在同一标准车间内使4种猪群在车间内循环,这样有效地减少了养殖车间之间猪群调整带来的染病机会,相应地减少了疾病发生和流行,有利于严格控制

疾病交叉感染概率。此种养殖方法经生产实践证明，可以减少猪只周转过程的工作量，减少了每头或同栋猪只由于转群而招致疫病异群感染的概率。其生产工艺流程详见图1-3。

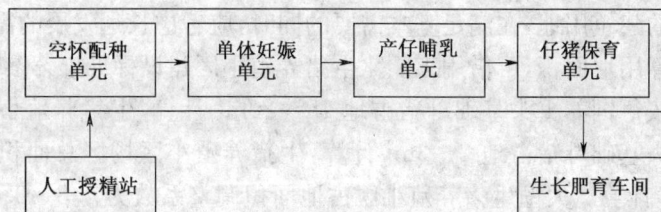

```
┌──────────┐   ┌──────────┐   ┌──────────┐   ┌──────────┐
│ 空怀配种 │──▶│ 单体妊娠 │──▶│ 产仔哺乳 │──▶│ 仔猪保育 │
│   单元   │   │   单元   │   │   单元   │   │   单元   │
└──────────┘   └──────────┘   └──────────┘   └──────────┘
     ▲                                             │
     │                                             ▼
┌──────────┐                                 ┌──────────┐
│ 人工授精站│                                 │ 生长肥育 │
└──────────┘                                 │   车间   │
                                             └──────────┘
```

图1-3　60养殖系统工艺流程

60养殖系统小单元组合式养殖栏位及设施配置详见表1-11。

表1-11　60养殖系统小单元组合式养殖栏位及设施配置

猪群类型	栏位（个）	存栏量（头）	设施要求
空怀母猪	12	12	平养、局部漏缝板
单体妊娠	32	32	单元化、限位饲养
产仔哺乳	14	14（140头）	单元化、高床养殖
仔猪保育	14	130~140	单元化、高床养殖
生长肥育	20	300	平养、局部漏缝板

60养殖系统小单元组合式养殖车间的工艺参数详见表1-12。

表1-12　60养殖系统小单元化组合式养殖车间的工艺参数

猪群类型	存栏量（头）	车间规格（m）	栏圈规格（m）	建筑形式	内环境控制
空怀配种单元	14	10×10.5×3.2	4.5×2.5	平养	雾化风机
单体妊娠单元	36	15×10.5×3.2	2.2×0.65	限位饲养	雾化风机
产仔哺乳单元	16（140头）	18.5×10.5×3.2	2.2×1.975	高床饲养	正压送风
仔猪保育单元	130~140	16.5×10.5×3.2	2.2×1.98	高床饲养	负压抽风

(二)建设主要内容

根据所建生猪养殖小区的性质、任务和规模，确定建设内容（表1-13）。

表1-13　生猪养殖小区建设项目构成

类　别	养殖主体建筑	辅助生产建筑	管理、生活建筑
原种场	种公猪车间、空怀母猪车间、妊娠车间、产仔车间、保育车间、测定公猪车间、测定母猪车间、生长肥育车间、隔离车间、饲料加工厂	淋浴消毒室、兽医检验室、急宰室、焚烧室、消毒门廊、水源井、泵房、空压机房、锅炉房、变电站、发电机房、地磅房、垫草库、汽油库、饲料库、物料库、油库、机修车间、蓄水构筑物、洗衣间、包装品洗涤消毒室、污水粪便处理设施	办公室、电脑室、其他实验室、家属宿舍、职工宿舍、食堂、门卫围墙等
扩繁生猪养殖小区	种公猪车间、空怀母猪车间、妊娠车间、产仔车间、保育车间、杂交试验车间、生长肥育车间、隔离车间、饲料加工厂		
商品肉生猪养殖小区	种公猪车间、空怀母猪车间、妊娠车间、产仔车间、保育车间、生长肥育车间、隔离车间、饲料加工厂		
人工授精站	种公猪饲养车间、采精室、精液检验室	根据需要而定	

注：非独立生猪养殖小区可以有选择性地建设辅助生产管理及生活用房

(三)车间要求

生猪养殖小区的建筑用地,在满足基本需要的同时,应考虑长远发展的需要。选择养生猪养殖小区场址时测算用地面积,可借用工厂化生猪养殖小区建设标准推荐参数。

猪舍建筑面积按每饲养 1 头基础母猪占地 $15\sim20m^2$ 计算,生猪养殖小区其他辅助建筑总面积按每饲养 1 头基础母猪占地 $2\sim3m^2$ 计算,生猪养殖小区场区总面积按饲养 1 头基础母猪占地 $60\sim70m^2$ 计算。大型生猪养殖小区占地面积调整系数为 $0.8\sim0.9$,中型场为 1、小型场为 $1.1\sim1.2$。生猪养殖小区占地面积要求可参考表 1-14。

表 1-14　生猪养殖小区占地面积要求

类　别		饲养规模(万头)	占地面积(m²)	建筑面积(m²/头)
种猪养殖小区	原种猪养殖小区	1	66 700	1.4
	扩繁种猪养殖小区	1	60 030	1.3
商品肉猪养殖小区		1	53 360	1.2

考虑猪群性质和养殖区间合理间距的要求,不同类群应给予相应建筑面积的参考值(表1-15)。

表 1-15　各类猪群建筑面积参考值

猪群种类	有效面积(m²/头)	饲养方式
种公猪	$9.5\sim12.5$	平　养
空怀配种母猪	$2.5\sim3$	平　养
单体妊娠母猪	1.3	限位饲养
产仔哺乳母猪	1.3	高床养殖
哺乳仔猪	0.3	高床养殖
保育幼猪	0.4	高床养殖
生长肥育猪	$0.9\sim1$	平　养

我国现阶段生猪养殖小区规模等级按照养殖存量大体分为大、中、小 3 种类型。年出栏量 1 万头以上,属大型生猪养殖小区,占地面积为 $5.3\sim6.7ha$,适于规模化养殖场和养殖小区建设;小型生猪养殖小区指年出栏商品猪 5 000 头以下的生猪养殖小区,占地面积约 4ha,适于私营股份合作制企业或乡村建设;年出栏 5 000～10 000 头的,属中型生猪养殖小区,占地面积为 $5.3\sim6ha$。

四、养殖车间结构

养殖车间的整体结构,是指从建筑学意义上具有完整养殖功能的三维空间结构组合体,是营造良好养殖内环境和保证冬暖夏凉的重要条件。养殖车间的结构要求是:满足养殖需要,空间结构合理,建筑坚实耐用,经济、美观、实用,其各部构件的建筑组合体由屋面、墙体、门、窗、隔栏、地面、走道、地沟(槽)等部分构成。随着畜禽养殖健康环境要求的提高和建筑材料科学技术的进步,所选用的材料向轻型坚实、防暴晒、防冻裂和经久耐用、节能环保、经济实用转型。

(一)墙　体

要求坚固耐用和保温隔热性能优良。选用的材料决定了墙体的坚固性和保温性。现阶段规模养殖场的养殖车间在距地面砖墙0.9m之上采用轻钢结构墙体,具有良好的隔热和保温作用。改变了沿袭使用砖、木、瓦结构屋面或单一砖体墙体的建筑形式。山区使用的草泥或土坯墙,虽然造价低、保温性能好,但易于被雨水冲塌和猪群拱坏,消毒和清洁卫生极为不便,解决的办法是加砖砌500～600mm高的培基。山区多产石料,石墙坚固耐用,但导热性强、保温性能差,易于在墙上凝结水气,解决办法是在外墙附加50～60mm厚的木本植物纤维墙皮,以增加其保温防潮性能。

(二)屋 面

屋面是猪舍散热和吸热最广的部位,通常屋面占整个车间可能吸热量的3/4。屋面要求结构简单,经久耐用,保温和隔热性能好。有条件的规模养殖场建议采用轻钢结构屋面,具有良好的隔热和保温性能,能保证养殖车间冬暖夏凉,使用期可达15～20年。同时,也便于空栏密闭熏蒸消毒。

(三)地 面

猪舍地面(包括运动场地)要求保温防潮、平坦坚实、光而不滑、渗水性好、易于清扫、便于消毒。采用石料水泥地面,具有坚固、平整,易于清扫消毒等优点,但质地过硬、密度大,导热性强,对猪群保健不利,易导致猪群发生感冒、风湿症和支气管炎等疾病,且造价也高。相对而言,水泥地面或高床养猪效果更好。对于有条件的养殖企业提倡使用"地坪下热水循环供暖"的方式,即用复合材料DN15(PE-RT)管埋植地坪下30～40mm处,采用无压锅炉以燃煤或沼气作为热源,通过温差助推热水循环散热,使1～1.2m幅宽的水泥地面成为受热区。同时,扩散的热源可使整个猪舍温度得到升高。

(四)门

猪舍门扇要求坚固结实,耐腐蚀、防锈蚀,并且要有利于保持舍内温度,便于出入和安全。双列猪舍中间过道用双扇门,宽度不小于1.5m,高度在2m左右;单列猪舍的走廊门要求宽度不少于1m,高度在1.8～2m。各种猪舍的圈栏门,要求宽度在0.8m左右,无论是何种猪舍用门,一律要向外开。在寒冷地区,通道口还应加设门斗,以防外界寒风、冷气急速侵入猪舍,并减缓猪舍向外散热。

(五)窗

封闭式猪舍均开设南北对应窗户,以保证舍内有充足的光线和良好的通风效果。一般窗户大小以采光面积对地面面积之比计算,种猪舍要求1∶8～10,肥育猪舍为1∶15～20。窗户规格为2.4m×1.8m或2.4m×2.1m,窗台距地面高度为0.6m,窗顶距屋檐0.5m或0.8m,两窗间隔为其宽度的2倍。为防止寒风袭入,猪舍北窗的大小可较南窗小些,也可以同等宽度,以起到通风透光的作用。在养殖面积大、密度高、采用水冲式清洁方法湿度大的车间,窗户主要选择塑钢型材质,可起到防潮、防锈蚀和防变形作用。

(六)猪 栏

除通栏圈舍外,在一般猪舍内均需设置隔栏。隔栏所需的材料可就地取材,用砖砌水泥抹面或采用金属铁制栅栏均可。种公猪和肥育猪的隔栏应建造砖砌矮墙形式,避免彼此干扰。

其他猪群所用的隔栏,纵隔栏应为固定式栅栏,横隔栏可做活动式栅栏,以便于调节栏圈面积,视生产需要,既可单圈饲养,又可群饲。一般来说,种公猪、妊娠母猪、后备公猪采用单栏饲养,其他猪群可群饲。各种猪群所用的隔栏要求高度适中、坚固耐用和便于通风透气。种公猪隔栏可在 0.9m 高的 1/2 砖墙上焊接 0.3m 的铁栅栏;母猪隔栏可在 0.6m 高的 1/2 砖墙上焊接 0.3m 的铁栅栏;保育猪隔栏可在 0.4m 高的 1/2 砖墙上焊接 0.2m 的铁栅栏;肥育猪隔栏可在 0.6m 高的 1/2 砖墙上焊接 0.3m 的铁栅栏。猪栏可采用管径为 40～50mm 的钢管制作,亦可采用预制漏缝钢筋混凝土或水泥砂浆双面抹灰的 1/4 砖墙。

五、养猪设备

根据生猪养殖小区生产流程选定工艺技术方案,在确立工艺流程方案基础上,选择适宜的设施、设备。工艺设施和设备选型应遵循的原则是:满足种猪选育、商品肉猪生产、生产辅助的要求;符合猪群繁殖与生理特性和行为学需要,有利于实行小气候环境调控,关注动物福利,减少猪只不适、呻吟、烦躁不安的痛苦和应激反应,降低发病率;便于清洗消毒、安全卫生,有利于生猪养殖小区的卫生防疫要求;有利于粪、尿、污水减量化、无害化处理和环境保护;有利于控制舍内环境,便于观察和处置猪群;力求经济实用,有利于提高劳动生产率。

以全年出栏计划总量测算确立猪群的繁殖节律,母猪分周或分旬、分批配种分娩,对猪群按不同阶段分批饲养,做到同步发情、同期配种、同期分娩、同期断奶、全进全出,提高劳动生产率和栏位利用率。按照以上生产工艺流程配置相应设备,这些设备可根据具体情况进行选择。

生猪养殖小区设备所有铸件表面应光滑,不得有气孔、夹砂、疏松等结构和材质上的缺陷。所有焊合件要焊接牢固,不能有虚焊、烧伤,焊缝应平整光滑;各种钣金件表面应光滑、平整,不得有起皱、裂纹、毛边的现象;管道弯曲加工表面不得出现龟裂、皱折、起泡等。设备表面不能有任何伤害猪和操作人员的明显粗糙点、凸起部位、锋利刃角和毛刺,表面应进行防腐处理,处理后不应产生残留毒性。生猪养殖小区设备应工作可靠,操作方便,使用安全,不得伤害各类猪只,不撒漏饲料,不漏水;能满足饲喂、饮水、粪尿清除,以及各类猪群生理和环境卫生的要求。

生猪养殖小区设备的安装要与地面、墙壁连接牢固、可靠、整齐、平直;各转动部件应运转灵活,不得有卡死和异常声响;饮水器安装高度应符合各类猪群的要求;电器设备的安装要符合用电安全规范;漏缝地板安装在粪沟上,要求平整,不得出现凸起和凹陷等,与地面的间隙要用水泥砂浆填缝抹平,避免死角和残留污垢。

生猪养殖小区所有塑料件应采用 PVC 无毒塑料或复合材料 DN15(PE-RT)管,其材质应符合 HG/T 2903—1997 标准要求,表面应光洁,不得有毛边、毛刺及其他缺陷。所有橡胶件和装饰材料、涂料应为无毒。

(一)妊娠母猪设备

1. 母猪限位栏 单体妊娠车间内所用设备为金属结构限位架(图 1-4),其规格与所需套件数(按万头规模计算,下同)为 320 套(件),分为 2 种规格,即 2.2m×0.65m×1m 的成年猪限位架和 2m×0.55m×0.9m 的后备猪限位架,这样更加适合于大、小两种规格体型猪的养殖需要。两种规格限位架的配置方案是:成年猪限位架 220 套(件),后备猪限位架 100 套(件)。限位架上所有的焊合件要焊接牢固,不得有虚焊、烧伤,焊缝应平整光滑。

2. 辅助设备 铸铁漏缝地板，包括后置地面漏缝地板，其规格为 0.6m×0.65m，共需 320 件，用于粪便的排出；前置地面漏缝地板，其规格为 0.3m×0.65m，共需 320 件，用于前置地面排放残水和污物。所有铸铁件表面应光滑，不允许有气孔、夹砂、疏松等缺陷。

3. 冲洗设备 为了保持车间内的清洁卫生，需要使用冲洗设备。可配备畜禽舍压差虹吸式冲洗水箱（专利号 ZL 200820066242.0）16 套，以冲洗畜舍内的污物。可根据排污沟宽窄

图 1-4 金属结构限位架

选择 500L、250L、125L 多种规格。各种水箱钣金件表面应光滑、平整，不得有起皱、裂纹、毛边等现象，管道弯曲加工表面不得出现龟裂、皱折、起泡等，设备表面不能有任何伤害猪和操作人员的明显粗糙点和凸起部位、锋利刃角和毛刺，表面应进行防腐处理，处理后不应产生残留毒性。

4. 铜质自动饮水器 有大、小两种规格，可根据栏位数量确定。

5. 自动食槽 采用金属铸铁浇铸或水泥浇筑，共需 320 套。

6. 环控设备 夏季配备雾化降温系统由喷头、管线、加压泵、风机和地下凉水组成，也可以配备滴水系统（滴水管道＋管道送风）；封闭式猪舍可以采用负压湿帘降温系统。冬季采用"地坪下热水循环供暖"方式，使用复合材料 DN15（PE-RT）管植埋地坪下 30～40mm 处，利用无压锅炉以燃煤或沼气作为热源，借助热冷温差助推式热水循环供暖。

（二）分娩栏

用于母猪分娩、仔猪保暖和补料，并可限制母猪起卧活动，减少母猪压死、踩死仔猪的栏架称为分娩栏。分娩栏分高床和地面两种类型，高床分娩栏是采用金属或塑料等漏缝地板将分娩栏架设在粪沟或斜坡地面上（图 1-5），每个栏位饲养头母猪及同窝哺乳仔猪，一般饲养 3～4 周。金属结构的高床分娩栏规格为 2.2m×1.85m×0.9m（仔猪栏高 0.6m），共配备 140 套（件）。

图 1-5 金属结构高床分娩栏

另外，配备母猪用饮水器 140 个（大号），仔猪用饮水器 140 个（小号）；压差虹吸式冲洗水箱 6 套。

分娩栏夏季采用滴水降温方式（滴水管道＋管道送风）。封闭式猪舍可采用"负压湿帘降温系统"；冬季采用"地坪下热水循环供暖"方式。

规格为 0.9m×0.7m×0.3m，功率为 80～120W 的电热板（图 1-6），用于仔猪局部供暖。

规格为 1m×0.8m×0.5m 的玻璃钢保温箱（图 1-7），用于产床仔猪的局部保温。

（三）仔猪培育栏

又称断奶仔猪培育高床，包括自动饮水器和自由采食料箱（图 1-8）。培育栏多采用金属

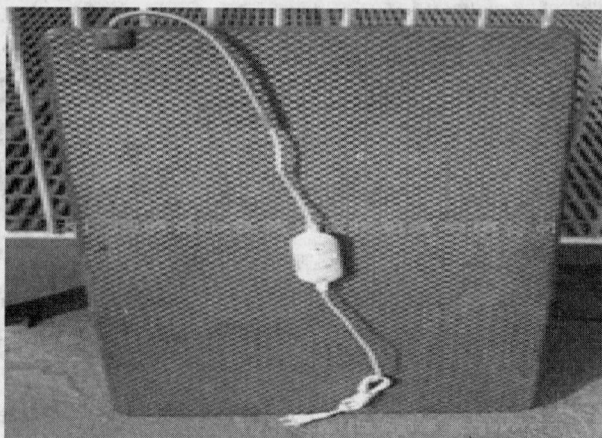

图1-6 电热板

图1-7 玻璃钢保温箱

栅栏、塑料或铸铁、水泥漏缝地板,保育高床距地面50～60cm,饲养期为5～6周。金属结构的仔猪保育床规格为2m×1.8m×0.7m,配备140套(件)。另外,配备压差虹吸式冲洗水箱6套。

图1-8 仔猪培育栏

仔猪培育车间夏季采用"负压湿帘降温系统",冬季采用1/2水泥地面的"地坪下热水循环供暖"方式。

其他辅助设备包括仔猪用饮水器 140 个(小号);电热板(规格 0.9m×0.7m×0.3m,功率为 80～120W),用于仔猪局部供暖。

(四)内环境控制设备

现代养猪采用的工艺流程是高密度存栏、快速周转、流水式作业的循环养殖方式。因此,车间内的小气候环境调控显得尤为重要。要求夏季凉爽、冬季暖和、舍内空气新鲜。同时,重点考虑产仔哺乳车间、仔猪保育车间、人工授精车间的内环境调控。

1. 负压湿帘降温系统 适于封闭式人工授精站、空怀配种车间、妊娠限位车间、产仔哺乳车间、仔猪保育车间、生长肥育车间等。这种降温方式的基本原理是:以空气作为介质,抽起井水注入高分子聚合材料制成的蜂窝湿帘组织,浸透蜂窝湿帘组织形成水化膜,使养殖车间在密闭状态下产生负压,利用井水与自然温差在负压作用下加湿降温。一般选择"小波纹"湿帘使其扩展面积达到 1∶20 比例,厚度要求在 15～20cm,图 1-9 为负压湿帘降温系统模式。

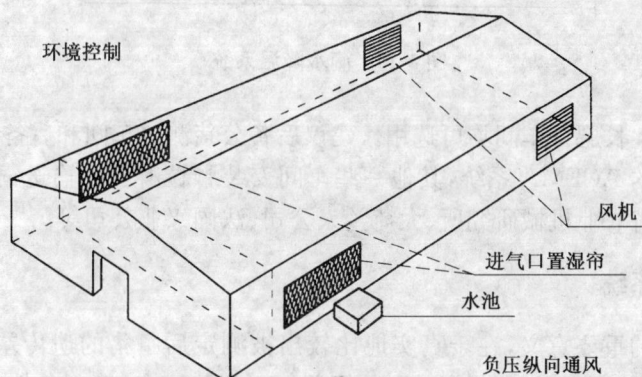

图 1-9 负压湿帘降温系统

值得注意的是,养殖车间封闭性要好,井水温差要大,风机应选配小功率、低风速、大风量、噪声小、可连续工作的产品。车间内最大风速控制在 1m/s,通风量在 90 000m³/h,可降温 3℃～5℃。

2. 滴水降温系统 适用于单体母猪限位栏和产仔哺乳母猪栏,使母猪接受滴水而调整下丘脑体温调节中枢的热兴奋过程,减缓热应激反应。

滴水降温系统安装在母猪限位栏上方,具体模式见图 1-10。

冬季车间内供暖和保暖必须对应起来,才能达到增温、节能、降耗和环保的要求。一般有集中供暖和局部供暖两种形式。集中供暖车间供热采暖面积与选配锅炉功率要一致,热水管线、散热器应达到低损耗、高效率的要求。根据生猪养殖小区规模有选择性地利用沼气或燃煤作为热源,供暖方式宜采用"地坪下热水循环供暖"方式,其发生的热效值高、损耗低,维持时间长,效果好。仔猪直接接触导热地坪腹感温度好,又保持了车间的清洁卫生。无论采取哪种供暖方式,必须始终保持定期换气,使空气新鲜。

(五)饲料输送饲喂系统

在我国劳动力成本日渐加大的情况下,提高规模养殖劳动生产效率,节约活化劳动消耗,降低生产成本,成为养殖企业增收节支的重要措施。特别是对饲养密度大、饲料消耗量大、劳动负荷大的养殖车间,配置自动输送饲喂系统尤为重要。在母猪空怀配种车间、单体妊娠车

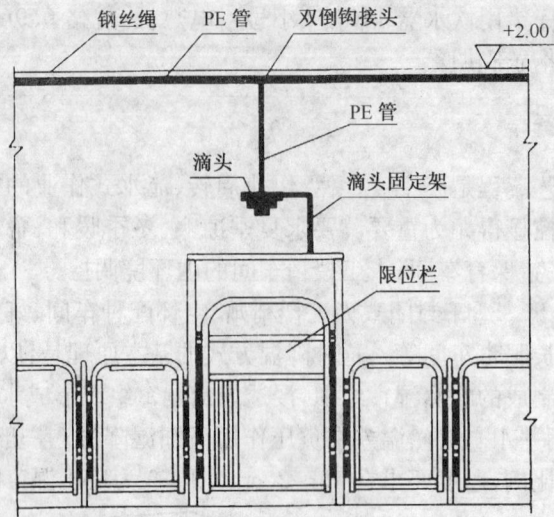

图 1-10　滴水降温系统

间、仔猪保育车间、生长肥育车间均可选用。建议后备公猪测定车间和后备母猪培育车间选用法国兴业公司制造的 ACEMA 系统,其他一些车间安装颗粒料自动输送饲喂系统,可供选择的生产厂家有广东省农业机械研究所、大荷兰人公司、法国兴业公司等。

(六)种猪测定系统

开展种猪测定的重要意义,在于真实地比较出被测定后备猪的遗传差异性。根据"表现型＝基因型＋环境"的原理,创造猪舍、饲料、饲养、小气候、采食、管理条件相对一致的生存环境,缩小环境方差。在此基础上,便于系统地考查猪只日增重、饲料转化率、耗料量等关键指标,以客观、平等、真实、准确地科学选育种猪。法国兴业公司提供的 ACEMA 系统,使用电脑终端联网录入、计量、分析比较,每套设备可测定 15～17 头,引进 5～8 套设备,可同期测定80～100 头后备猪。

(七)猪栏类型及要求

猪栏类型可分为栏栅式和实体式两种,但生产中常用栏栅式。按饲养猪只类别分为公猪栏、配种栏、母猪单体栏、母猪小群栏、分娩栏、仔猪培育栏、仔猪育成栏、肥育栏,其基本结构和技术参数应符合表 1-16 的规定。

表 1-16　猪栏的基本结构和技术参数

猪栏种类	每头猪占用面积(m²)	栏高(mm)	栅栏间隙(mm)
公猪栏	5.5～7.5	1200	100
配种栏	5.5～7.5	1200	100
母猪单体栏	1.2～1.4	1000	2000～2100
母猪小群栏	1.8～2.5	1000	90
分娩栏	3.5～4.2	1000	550～650
母猪栏	——	1000	2000～2100

猪栏种类	每头猪占用面积(m²)	栏高(mm)	栅栏间隙(mm)
仔 猪	——	——	35
培育栏	0.3～0.4	700	55
育成栏	0.5～0.7	800	80
肥育栏	0.7～1	900	90

(八)食槽基本参数

饲喂设备主要包括喂料机和食槽。喂料机分为固定式和移动式两种类型,固定式喂料机主要由饲料塔、饲料输送机等组成;移动式喂料机即为手推饲料车。食槽分为限量食槽和不限量自动落料食槽两种。食槽的基本结构和技术参数应符合表 1-17 和表 1-18 的规定。

表 1-17　食槽的基本结构和技术参数

猪群种类	高度(mm)	采食间隙(mm)	前缘高度(mm)
培育仔猪	620	140	150(自动落料食槽)
育成猪	950	160	160(圆形金属自动落料食槽)
肥育猪	1100	200～240	200(水泥自动落料食槽)
分娩母猪	500	310	

表 1-18　长方形金属限量食槽标准尺寸

前缘高度(mm)	宽度(mm)	外缘高度(mm)	前栏距外缘内距离(mm)	前栏距前缘内距离(mm)
150	460	250	110	230

(九)饮水设备

饮水设备由供水管道和饮水器组成,饮水器分为鸭嘴式饮水器和杯式饮水器。饮水器的基本参数应符合表 1-19 的规定。

表 1-19　饮水器基本参数

主水管压力	移动阀杆	允许渗漏范围	连接管螺纹	ml/min	MPa	N滴/min
鸭嘴式饮水器	1000～3000	0.05～0.2	15	0.1	G	1/2
杯式饮水器		0.05～0.2	15	0.1	G	1/2

(十)漏缝地板主要参数

漏缝地板主要有金属编织网漏缝地板、塑料漏缝地板、铸铁漏缝地板、水泥漏缝地板 4 种类型。漏缝地板的漏缝间隙宽度应符合表 1-20 的要求。

表 1-20　漏缝地板间隙宽度主要参数

项　目	公猪栏	母猪栏	分娩栏	培育栏	育成栏	肥育栏
漏缝间隙宽度(mm)	20～25	20～25	10	10	15～20	20～25

(十一)清粪设备

1. 水流式冲洗设备 即利用水的冲击作用来输送粪便,是清粪系统的一种形式。在猪栏漏缝地板下面有纵向粪尿沟,沟底坡度为 0.5‰～1‰,使粪液顺向流动,在粪尿沟侧壁装有水管和冲洗喷头,喷头朝着流送方向,每隔 8～10m 安装 1 个。在猪栏清扫之后向粪尿沟内放水冲洗 1～2 次,每次冲洗时间为 0.5～2min。水流式冲洗系统的主要缺点是耗水量大,环保压力大,污水处理成本高,不提倡使用。

2. 阀式冲水器 由水箱、浮子、放水阀等构成,冲水器水池进水及水面高度由浮子控制,放水阀利用杠杆人工控制。清粪时打开放水阀,水池里的水在几秒钟内可全部流入粪尿沟,在强大的水流冲击下,沟内粪便被全部冲走。这种冲水器优点是结构简单、造价低、操作方便,缺点是密封可靠性差,容易漏水。

3. 倾翻水箱式自动冲水器 专用水箱由 6～8mm 厚的钢板和角钢焊合而成,端面由螺钉固定可以调位的轴颈架,由 2 根轴支承在两侧支承墙上。水箱两侧壁焊有角钢挡板以限制水箱倾翻,控制摆动。水箱上方装有进水龙头,由阀门控制其流量。工作时根据每天需要冲洗的次数调好进水龙头流量,随着水流入水箱内时水面不断升高,重心不断改变,当水箱重心偏移至轴颈中心以上位置时水箱便自动向一侧倾翻,在几秒钟内将水全部倒入粪尿沟,然后靠自重自动恢复原位。调节轴颈架位置可改变水箱一次性冲洗水量。

4. 压差虹吸式冲洗水箱 畜禽舍压差虹吸式冲洗水箱,是由笔者及其课题组研制,并获得"国家实用技术新型专利"(专利号 ZL 200820066242.0)。本产品是应用流体动力学原理设计的机械产品,一般来说,虹吸管的直径越大,影响虹吸现象发生的因素越多,虹吸现象就越难于发生。压差虹吸式冲洗水箱是一种 U 型管虹吸式自动冲水器,主要由水箱、虹吸帽、U 型管、排水管等构成。水池上方有一水龙头向水池中加水,工作时随着水流入水池中液面逐渐上升,虹吸帽内的液面也上升,液面上升至一定高度时虹吸帽上的排气孔被封闭,此时虹吸帽内与液面之间就形成了一个密闭的气室,随着水池液面的继续上升,密闭气室的压力不断升高。当液面超过虹吸帽顶 150mm 左右时,排气管中残留的水和密闭气室中的空气沿排气管迅速排出,密闭气室的压力迅速下降,从而导致虹吸帽内的液面迅速上升,越过 U 型管管顶流入 U 型管,连同整个水池中的水迅速从 U 型管中排出,形成强大的水流冲入粪尿沟内。调节水龙头的流水量可以控制每天的冲洗次数。这种冲水器的主要优点是结构简单,没有运行部件,工作可靠、耐用、故障少,排水迅速(排放 1.5m³ 水只需 12s),水的冲力大,冲洗效果好,采用这种冲水器自动化程度高,管理方便。缺点是耗用金属较多,新建工程较大,投资大。

本产品通过机械设计增加核心部件把不容易发生虹吸现象的流体分成两个工作段,第一个工作段是存水的水箱段(这个工作段的作用是蓄积水量,保证相应冲力),第二个工作段是产生虹吸现象的虹吸管。两个工作段通过密封空气柱连接起来并通过密封空气柱传递大气压力,产生的压力差形成发生虹吸现象的条件,从而达到全自动、大冲力、节水的目的。本发明的核心部件有 2 个:一是 U 型管,作用是产生密封空气柱,传递大气压力,使虹吸管内产生大气压力差,形成发生虹吸现象的条件。二是翻水斗,作用是间歇式产生水位差,保证虹吸管一次形成虹吸现象,达到节水的目的。本产品不需用电和手工操作,完全应用大气压力差工作,是一个节能、省力的全自动产品。该产品的发明在当前我国可利用水资源严重缺乏的情况下具有十分重要的意义。

畜禽舍压差虹吸式冲洗水箱是一种标准型通用产品,可广泛应用于畜禽养殖污水沟冲洗和城市公共厕所便槽冲洗,分大、中、小 3 种规格,其技术参数见表 1-21。

表 1-21　压差虹吸式冲洗水箱技术参数

型　号	水箱尺寸 (mm)	虹吸管直径 (mm)	水量 (L)	翻水斗 容积(L)	适用范围
HN·KY-500	1000×600×900	90	500	7	污水沟最大长度 50m,最大宽度 0.5m,最小坡度 0.5%
HN·KY-250	800×500×700	76	250	5	污水沟最大长度 25m,最大宽度 0.4m,最小坡度 0.5%
HN·KY-125	600×400×550	60	125	4	污水沟最大长度 15m,最大宽度 0.3m,最小坡度 0.5%

畜禽舍压差虹吸式冲洗水箱完全改变了《中、小型集约化养猪设备》(GB/T 17824.3—1999)中收录的"虹吸胆式结构虹吸水箱"、"手动拉杆式虹吸水箱"、"翻斗式水箱"的工作原理,应用了流体动力学原理和生产制造技术,成本低、经济效益显著,同时避免了以上三种水箱的一些缺点。

第一,虹吸胆式结构的虹吸水箱虹吸管的直径不能大于 50mm,限制了水的冲力;虹吸胆容易老化,密封效果不好,漏水浪费水资源;虹吸管管口不易打开,产品性能不好,产品使用寿命短,经济效益差。

第二,手动拉杆式虹吸水箱使用时占有饲养员一定的工作时间,增加饲养员的工作负担,漏水、磨损现象严重。

第三,翻斗式水箱占用畜禽舍的面积大,设备及部件易受损。而畜禽舍压差虹吸式冲洗水箱的虹吸管直径能够达到 100mm,增加了水的冲力,实现了大冲力的目的,冲洗效果好。产品为全金属钢体结构,产品性能可靠,使用寿命长(设计使用寿命 20 年),经济效益好;全自动过程无需人工操作,减少了饲养员的工作量;当注水达到压力差位平衡状态时,翻水斗一次下水即时发生虹吸现象,节约用水,是一个节水型的新产品。

(十二)猪舍通风设备

当自然通风未能满足猪舍环境要求时,必须采用强制性通风。机械通风设备按高温季节猪舍通风方式和原理计算出通风量,再按通风量选配国内已定型生产的风机,确定风机台数。在通风的同时,配备冷水喷淋装置,实现舍内降温。

1. 夏季猪舍通风量及风机选型　在夏季采用纵向通风时,可根据猪只适宜的风速要求,按下列公式计算通风量。

$$通风量(m^3/h)=3\,600×适宜风速(m/s)×猪舍横断面积(m^2)$$

各类猪群夏季适宜的风速为:成年猪 1m/s,哺乳仔猪 0.4m/s,断奶仔猪 0.6m/s,生长肥育猪 0.7~0.8m/s。生产实际中还应考虑猪舍长短情况,猪舍较长、空间较大时,通风量宜偏大一些;猪舍较短、空间较小时,风量可偏小一些。以上测算通风量为常年通风系统运行最大通风量,根据这个数据,可以选配风机规格型号。注意选配风机时,应考虑运行中调节风量的要求,以便于分组运行。冬季应调节至最小通风量,一般冬季最小通风量为夏季最大通风量的 1/8~1/5。风机性能参数见表 1-22。

表 1-22　风机性能参数

风机型号	叶轮直径 (mm)	叶轮转速 (r/min)	静压(Pa)							电机功率 (kW)
			0	12	25	32	38	45	55	
			风量(m³/h)							
9FJ5.6	560	930	10500	10200	9700	9300	9000	8700	8100	0.25

风机型号	叶轮直径 (mm)	叶轮转速 (r/min)	静压 (Pa)							电机功率 (kW)
			0	12	25	32	38	45	55	
			风量(m³/h)							
9FJ6.0	600	930	12000	11490	11150	10810	10470	10130	9640	0.37
9FJ7.1	710	635	13800	13300	13000	12780	12600	12400	11800	0.37
9FJ9.0	900	440	20100	19000	18000	17300	16700	16000	15100	0.55
9FJ10.0	1000	475	26000	24800	23270	22420	21570	20720	19200	0.55
9FJ12.5	1250	320	33000	31500	30500	28500	27000	25000	21000	0.75
9FJ14.0	1400	340	57000	55470	53770	52750	51400	50040	45500	1.5

注:风量一般可按静压 25Pa 一栏确定

2. 湿帘降温系统设计与运行参数 湿帘面积按以下公式计算。

湿帘面积(m²)＝通风量(m³/s)/通过湿帘的平均风速(m/s)

通过湿帘的平均风速可取 1～2m/s。注意这里通风量(m³/s)的单位与前一式(m³/s)不同。

一般湿帘厚度为 150mm,高度分为 1.5m 和 1.8m 两种,如安装在猪舍现成的窗洞口,也可根据窗洞口尺寸确定高度,但不能高于 2m。

湿帘高度确定以后,所需湿帘总宽度就可按下式计算。

湿帘总宽度＝湿帘面积/湿帘高度

3. 水泵选择 选用扬程为 10～15m 的离心式抽水泵。按每米宽湿帘需 0.1～0.5m³/h 的水量确定水泵流量。

例如,猪舍的宽度为 10m,高度为 4m,长度为 30m,根据上述公式,总风量约 140 000m³/h,可考虑选用 4 台直径 1250mm 的风机与 2 台直径 600mm 的风机,总风量约 144 000m³/h。冬季 2 台小风机运行时风量约 22 000m³/h,是夏季风量的 1/7～1/6,湿帘配置 15～20m²。

(十三)其他辅助设备

猪舍清洁消毒设备可分为水冲清洁、喷雾消毒和火焰消毒。水冲清洁设备一般选配国产高压清洗机或由高压水泵、管线、带快速连接水枪组成的高压冲水系统。消毒设备一般选配国产机动背负式超低量喷雾机、手动背负式喷雾器或踏板式喷雾器,当在疫情严重的情况下,可选配以沼气作热源的火焰消毒器。

另外,配备仔猪转运车、电子称猪器、粪便污水处理设备、电子赶猪器、套口器、耳号钳、断尾器等其他设备。

第二章　种猪扩繁场工艺设计

一、场区规划设计

(一)总体规划布局

种猪扩繁场场区总体规划布局如图 2-1 所示。种猪扩繁场分为养殖生产区、辅助生产区、生活办公区和隔离环保区。养殖生产区(含绿化)总面积为 36 365m²,其中种猪繁育区、仔猪保育区、后备种猪培育和生长肥育区面积分别为 3 291.1m²、1 319m²、1 170m²、3 783m²。在这里种猪繁育区包括空怀配种车间、单体妊娠限位车间、产仔哺乳车间三大部分,其中空怀配种车间面积为 695.5m²/栋,单位栏圈面积为 11.5m²,附属用房面积为 53.5m²,饲养密度为 2.87m²/头;单体妊娠限位车间面积为 638.3m²/栋,单位栏圈面积为 1.43m²,附属用房面积为 53.5m²,饲养密度为 1.43m²/头;产仔哺乳车间面积为 539.5m²/栋,栏圈面积为 4.35m²,附属用房面积为 53.5m²,母猪饲养密度为 1.43m²/头,仔猪饲养密度为 0.22m²/头。仔猪保育区的保育车间面积为 539.5m²/栋,栏圈面积为 4.356m²,附属用房面积为 53.5m²,饲养密度为 0.43m²/头。后备种猪培育区包括后备公猪培育车间和后备母猪培育车间,其中后备公猪培育车间面积为 552.5m²/栋,栏圈面积为 10.5m²,附属用房面积为 53.5m²,饲养密度为 1.75m²/头;后备母猪培育车间面积为 617.5m²/栋,栏圈面积为 12m²,附属用房面积为 53.5m²,饲养密度为 1.2m²/头。生长肥育区的肥育车间面积为 630.5m²/栋,栏圈面积为 20.5m²,附属用房面积为 34m²,饲养密度为 1.02m²/头。公猪人工授精站面积为 161.5m²,栏圈面积为 8.75m²,附属用房面积为 44m²,饲养密度为 8.75m²/头。展示车间面积为 250m²。辅助生产区包括:饲养加工厂,面积为 500m²;生活办公区,面积为 1 000m²,包括行政办公楼、员工宿舍、职工食堂及生产辅助用房,办公楼和员工宿舍楼面积为 600m²,食堂及生产辅助用房面积为 350m²。隔离环保区总面积为 6 520m²,包括病猪隔离及剖检(急宰)室、焚烧室或无害化处理车间;粪污处理环保区的设施中病猪隔离车间面积为 204m²,栏圈面积为 21m²,有室外运动场。各车间间隔 10~15m,各养殖小区间隔 20~30m,生活办公区与隔离环保区间隔 200~300m。附属用房指锅炉房、员工休息室、贮藏间等。

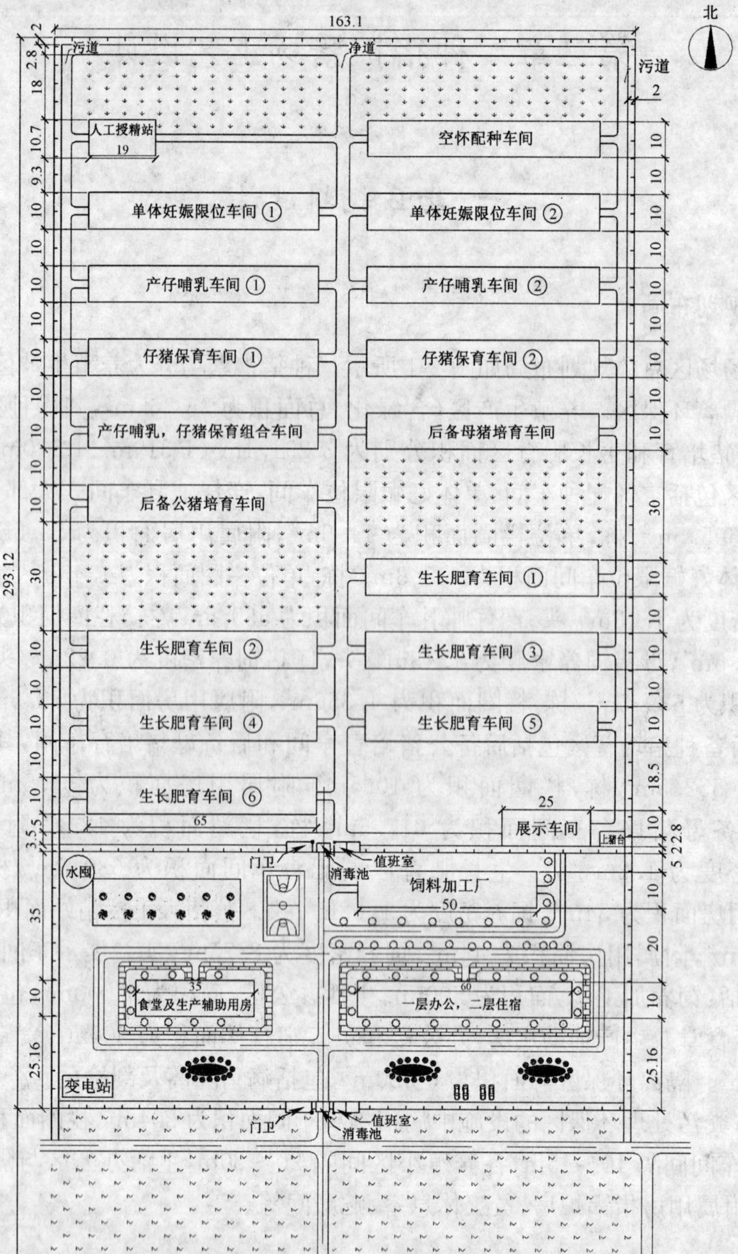

图 2-1　总体规划布局图　（单位：m）

(二)场区绿化布局图 见图 2-2。

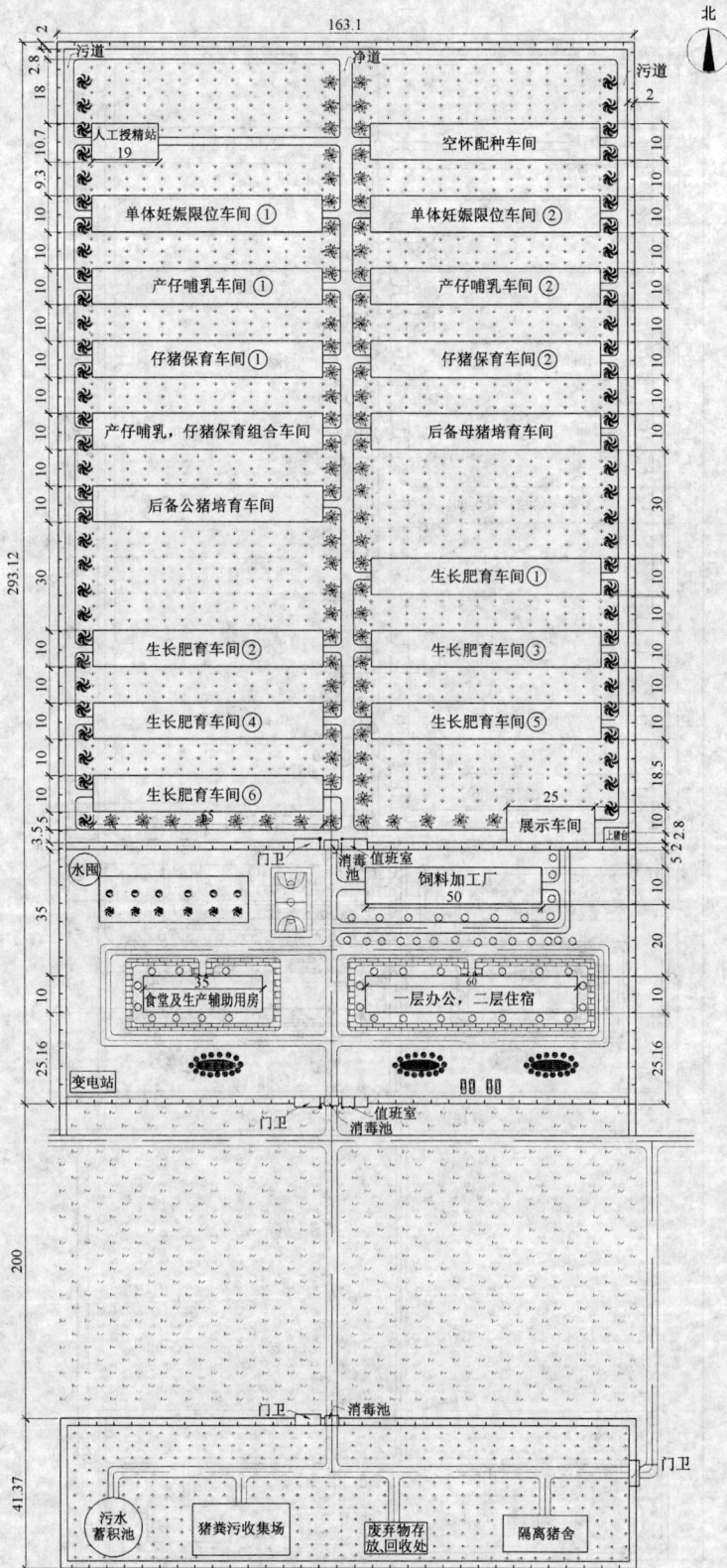

图 2-2　场区绿化布局图　（单位：m）

(三)供水、供电线路图 见图2-3。

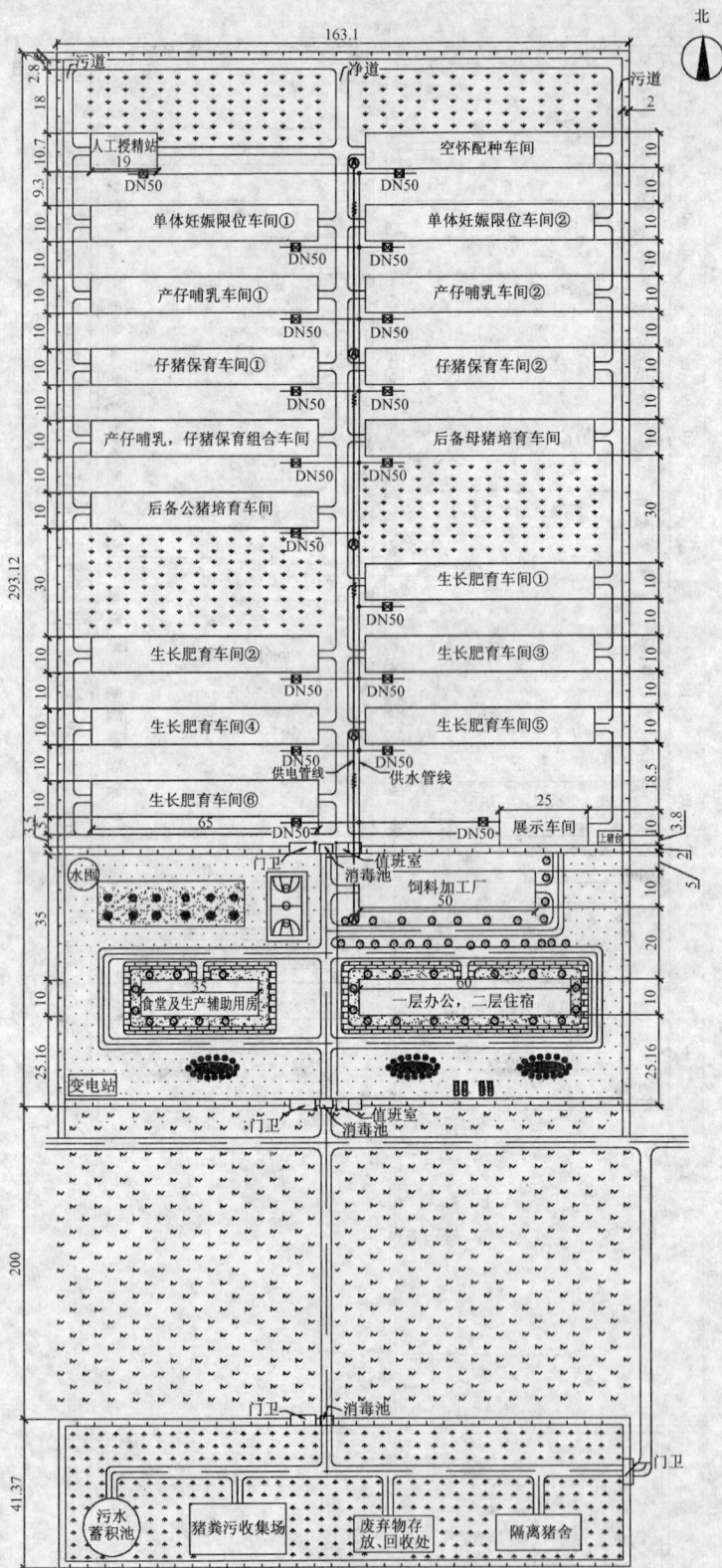

图2-3 供水供电线路图 (单位:m)

(四)排水、排污线路图 　见图 2-4。

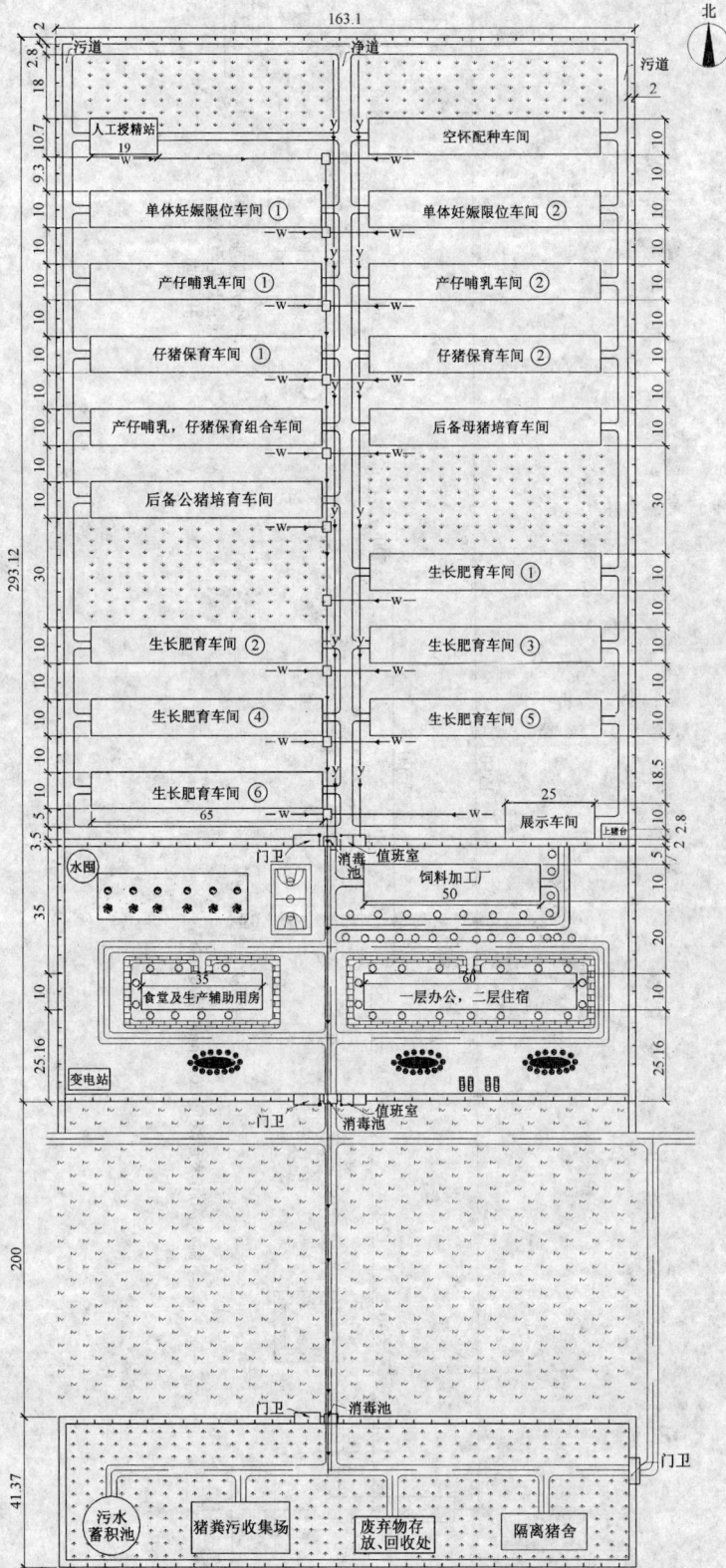

北

| 污道 | 净道 | 污道 |

163.1

人工授精站
19

空怀配种车间

单体妊娠限位车间 ①

单体妊娠限位车间 ②

产仔哺乳车间 ①

产仔哺乳车间 ②

仔猪保育车间 ①

仔猪保育车间 ②

产仔哺乳、仔猪保育组合车间

后备母猪培育车间

后备公猪培育车间

生长肥育车间 ①

生长肥育车间 ②

生长肥育车间 ③

生长肥育车间 ④

生长肥育车间 ⑤

生长肥育车间 ⑥
65

展示车间
25
上猪台

水围

门卫

消毒池

值班室

饲料加工厂
50

食堂及生产辅助用房
35

一层办公，二层住宿
60

变电站

门卫

值班室

消毒池

污水蓄积池

猪粪污收集场

废弃物存放、回收处

隔离猪舍

门卫

消毒池

门卫

图 2-4　排水排污线路图　（单位:m）

29

（五）场区道路断面图　见图 2-5。

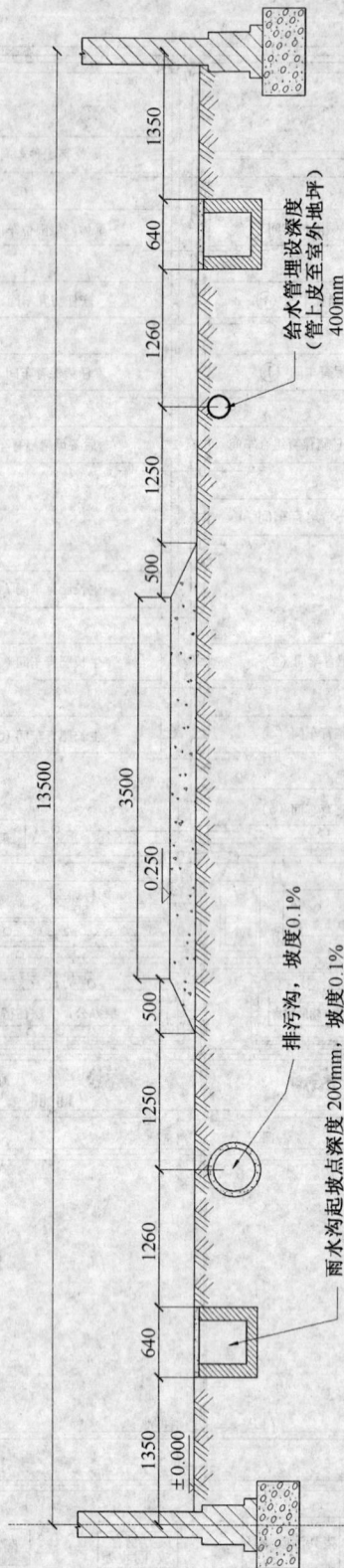

图 2-5　场区道路断面图　（单位：mm）

（六）负压湿帘降温系统图　见图 2-6。

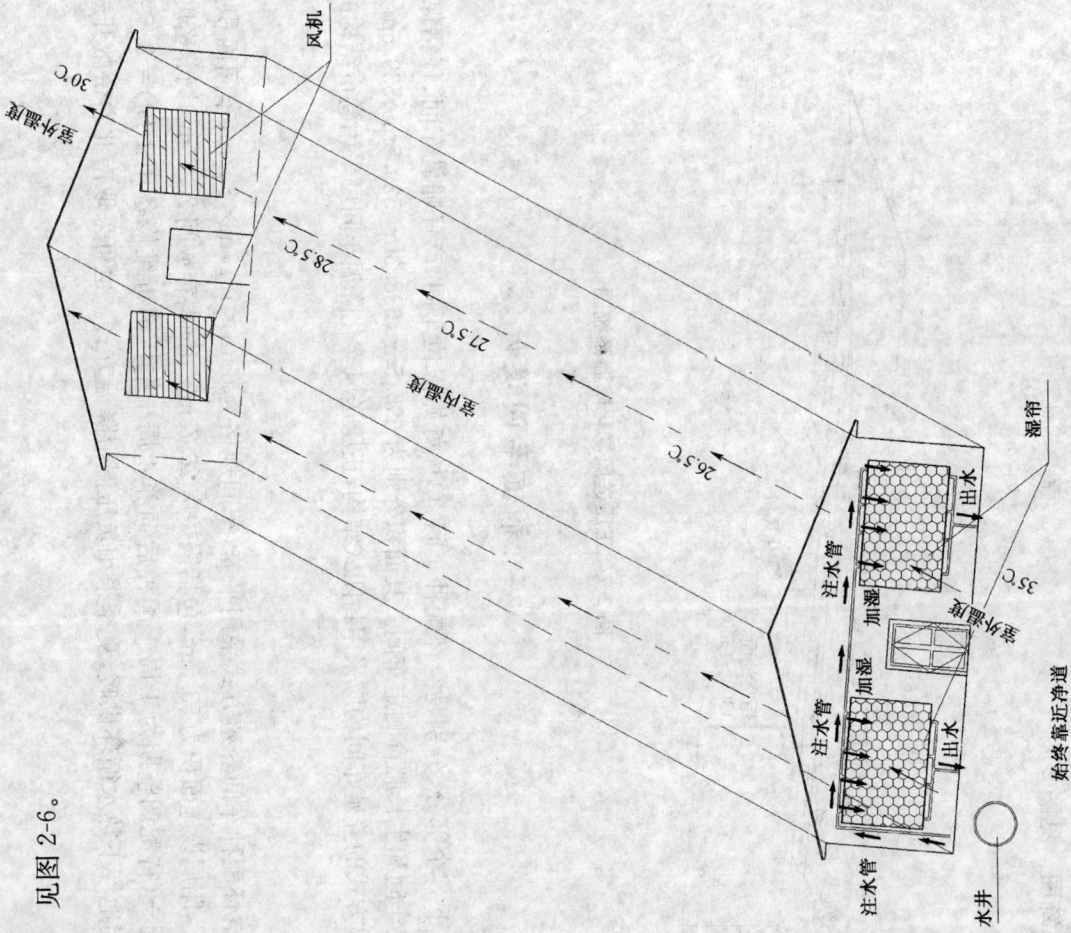

图 2-6　负压湿帘降温系统图

（七）正压送风雾化降温系统图　见图2-7。

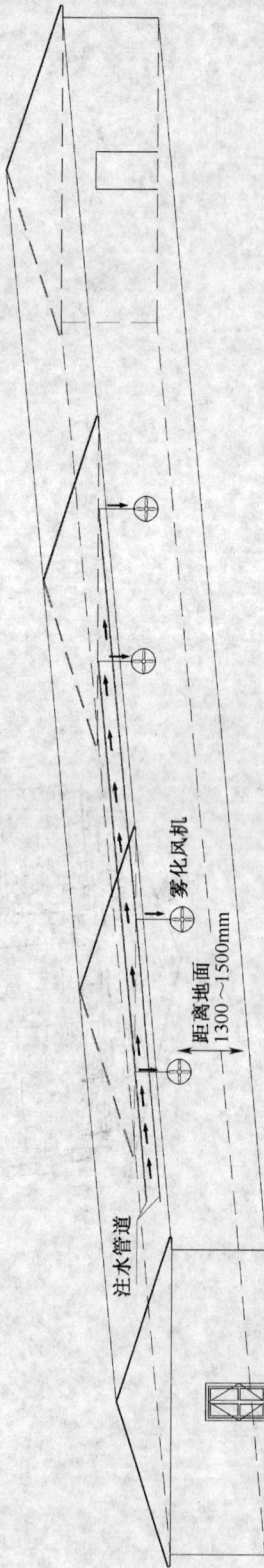

注水管道

雾化风机

距离地面1300~1500mm

图2-7　正压送风雾化降温系统图

二、养殖车间设计

养殖车间类型大体包括以下8个部分，分别是空怀配种车间，单体妊娠限位间，产仔哺乳车间，仔猪保育车间，后备母猪测定车间，后备公猪测定车间，同胞肥育测定车间和生长肥育测定车间。其面积分别为695.5m²,638.3m²,539.5m²,552.5m²,617.5m²和630.5m²。凡采用负压湿帘降温方式的养殖车间均应采用封闭式结构，正压送风雾化降温车间可采用卷帘结构的半敞开或全敞开式结构。

（一）空怀配种车间

如图2-8至图2-14所示，空怀配种车间养殖方式采用平养，车间规格为65m×10.7m×3.2m，车间面积为695.5m²，栏圈规格为2.5m×4.6m×0.9m，栏圈面积为11.5m²，附属设施面积为53.5m²，包括锅炉房26.75m²和饲料储存间26.75m²，饲养密度为2.87m²/头。适宜容量为192头/批，年周转利用次数为52周÷（待配种+配种后饲养4周+空栏消毒维修备用1周）=8.5批次/年，年循环饲养周转量为1632头。该类型车间冬采用地坪下热水循环供暖，夏季采用负压湿帘降温方式。也可采取南北卷敞开式结构，夏季采用正压送风雾化降温方式。

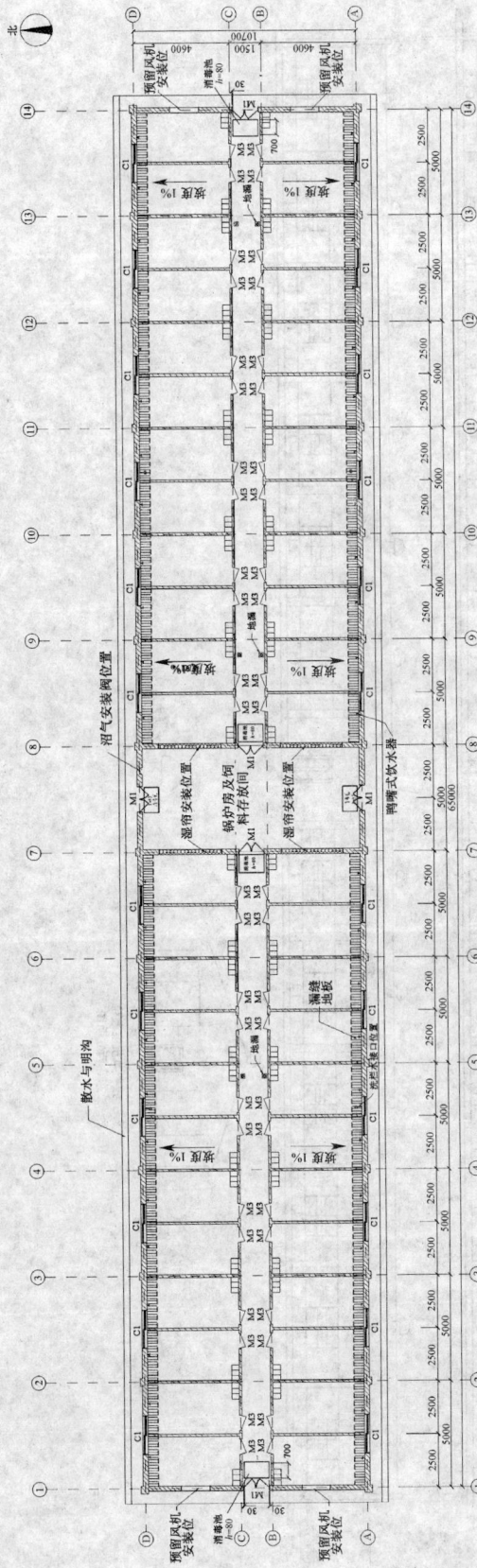

图 2-8 空怀配种车间平面图 （单位：mm）

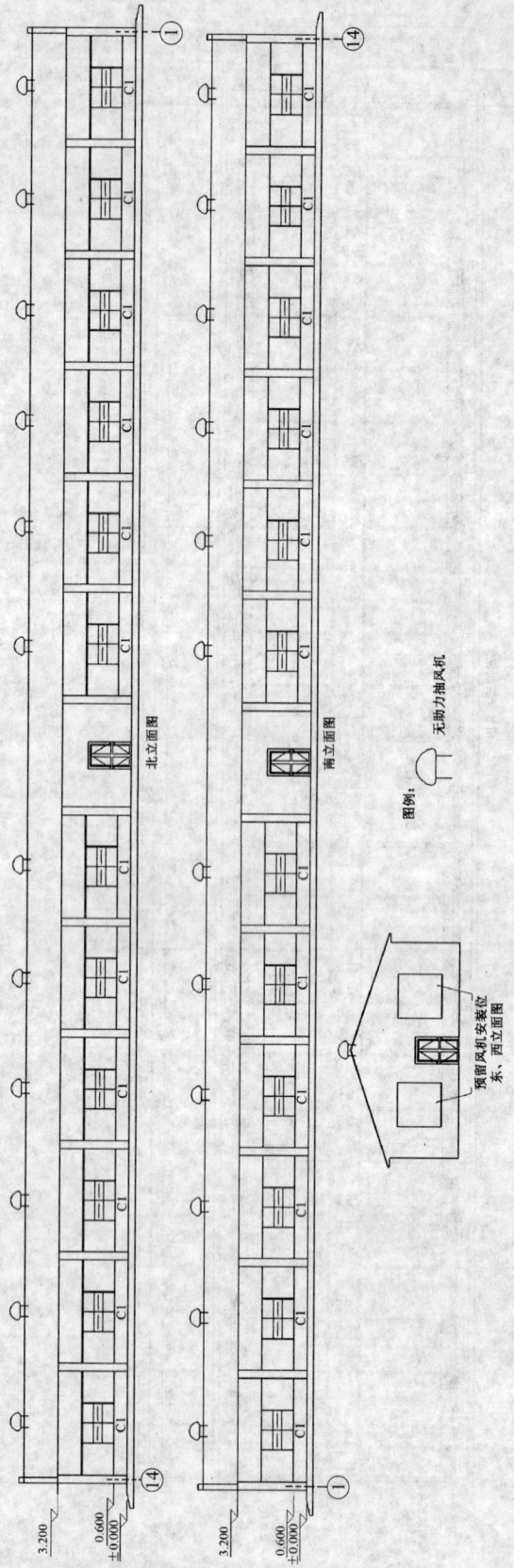

图2-9 空怀配种车间立面图

北立面图

南立面图

图例：

无动力油风机

预留风机安装位
东、西立面图

3.200

0.600
±0.000

34

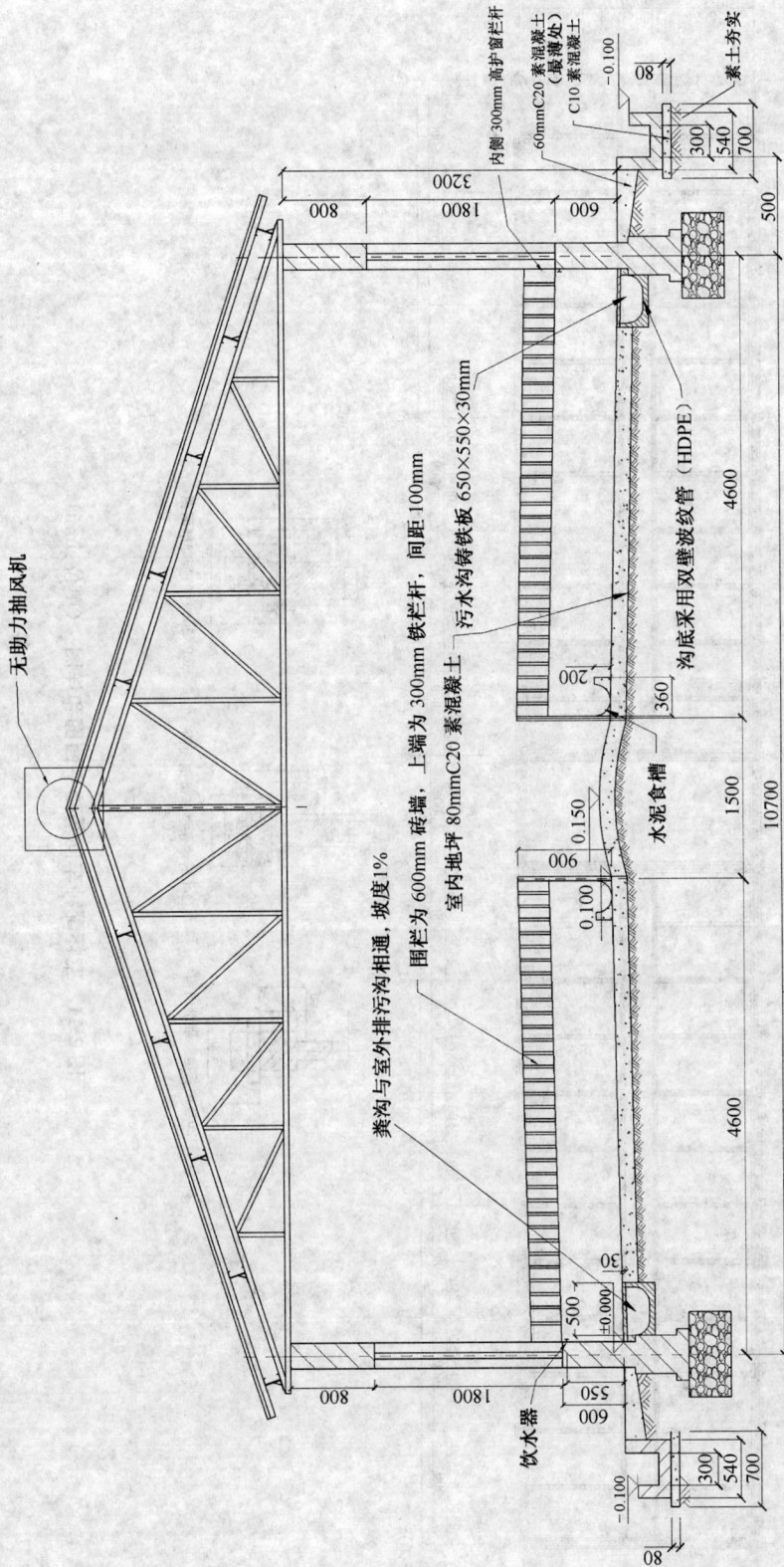

图 2-10 空怀配种车间剖面图 （单位：mm）

无助力抽风机

粪沟与室外排污沟相通，坡度1%

围栏为600mm砖墙，上端为300mm铁栏杆，间距100mm

室内地坪 80mmC20 素混凝土

饮水器

污水沟铸铁板 650×550×30mm

水泥食槽

沟底采用双壁波纹管 （HDPE）

内侧 300mm 高护窗栏杆

60mmC20 素混凝土 （最薄处）

C10 素混凝土

素土夯实

800

1800

600

3200

500

700

540

300

−0.100

4600

200

360

1500

10700

0.150

900

006

0.100

4600

30

500

+0.000

550

1800

800

600

700

540

300

−0.100

08

08

35

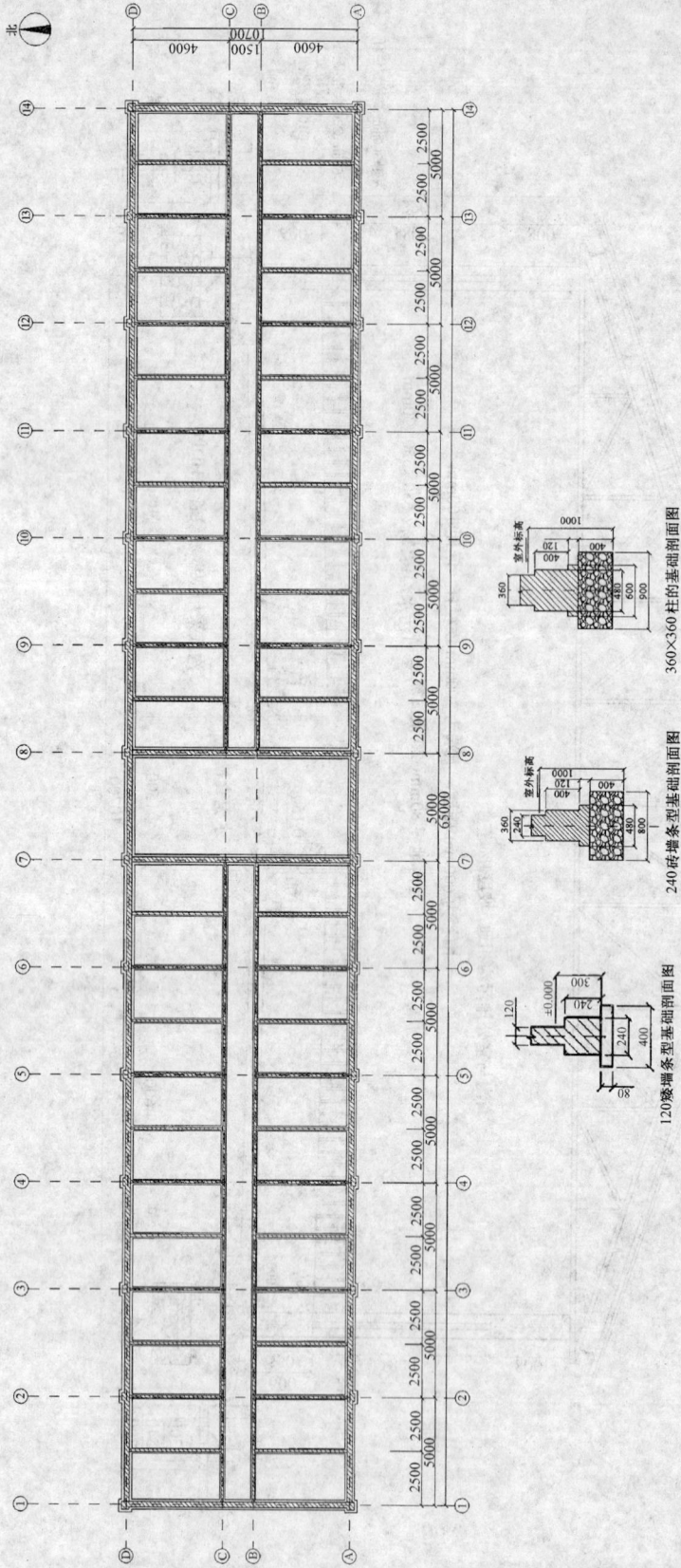

图 2-11 空怀配种车间基础平面图和详图（单位：mm）

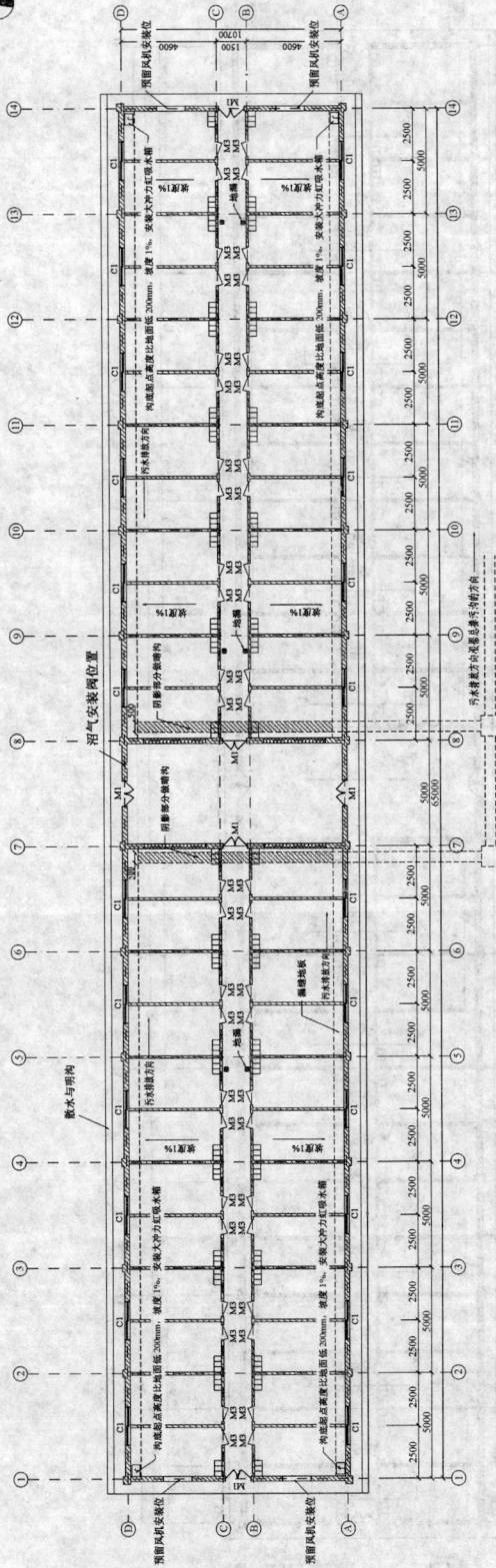

图 2-12 空怀配种车间排水排污平面图 （单位：mm）

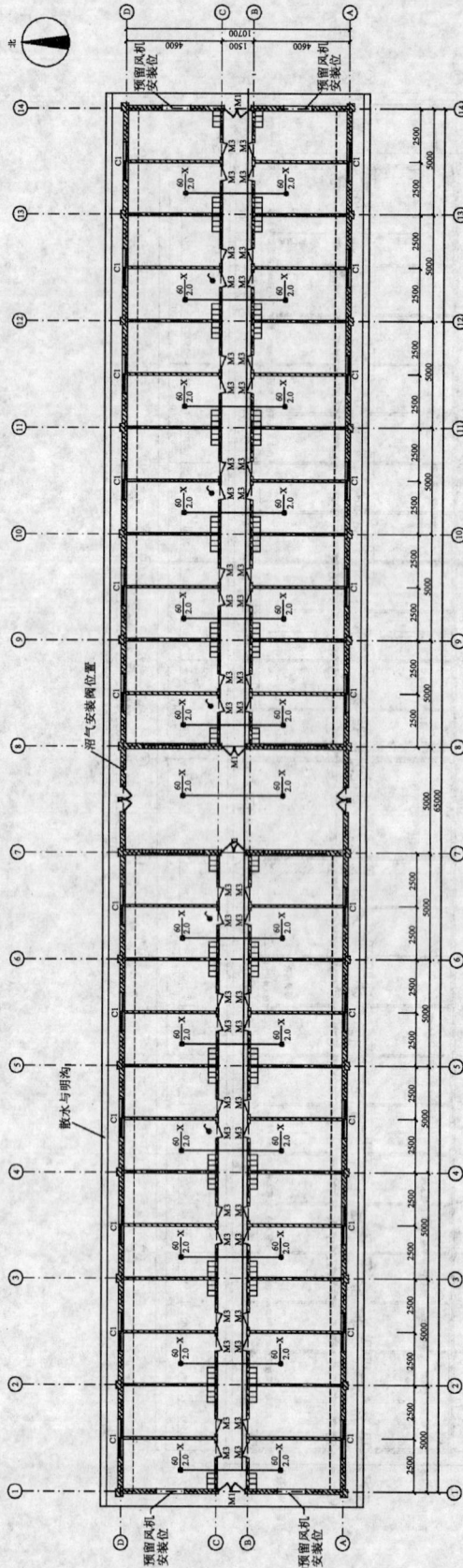

图 2-13　空怀配种车间室内照明平面图（单位：mm）

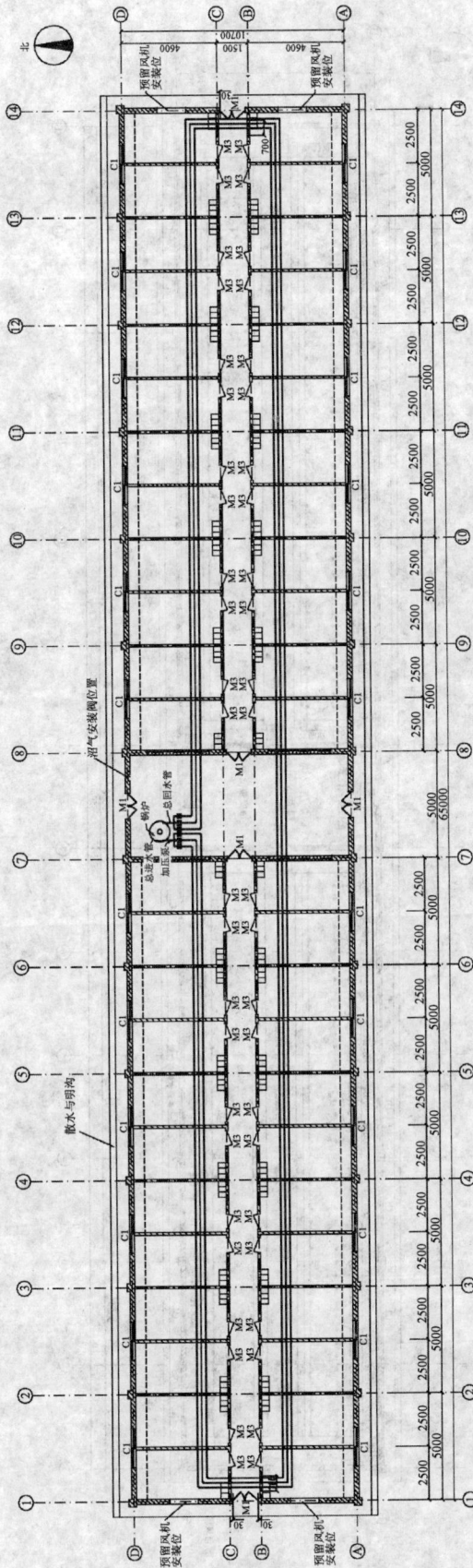

图 2-14 空怀配种车间室内供暖平面图 （单位：mm）

39

(二)单体妊娠限位车间

如图 2-15 至图 2-22 所示，单体妊娠限位车间养殖方式采用限位饲养，车间规格为 65m×9.82m×3.2m，车间面积为 638.3m²，栏圈规格为 2.2m×0.65m×1m，栏圈面积为 1.43m²，栏圈规格为 2.2m×0.65m×1m，栏圈面积为 1.43m²，适宜容量为 168 头/批，年周转利用次数为 52 周÷(饲养期 11 周＋空栏消毒 1 周)＝4 批次/年，年出栏量为 672 头。该类型车间冬季采用地坪下热水循环供暖，夏季采用负压湿帘降温方式。也可采取南北卷帘式结构，夏季采用正压逆风雾化降温方式。头。适宜容量为 168 头/批，年周转利用次数为 52 周÷(饲养期 11 周＋空栏消毒 1 周÷12 周)＝4 批次/年，年出栏量为 672 头。该类包括锅炉房设施面积为 49.1m²，和饲料存放间 24.55m² 和饲料炉房 24.55m²，饲养密度为 1.43m²/头。

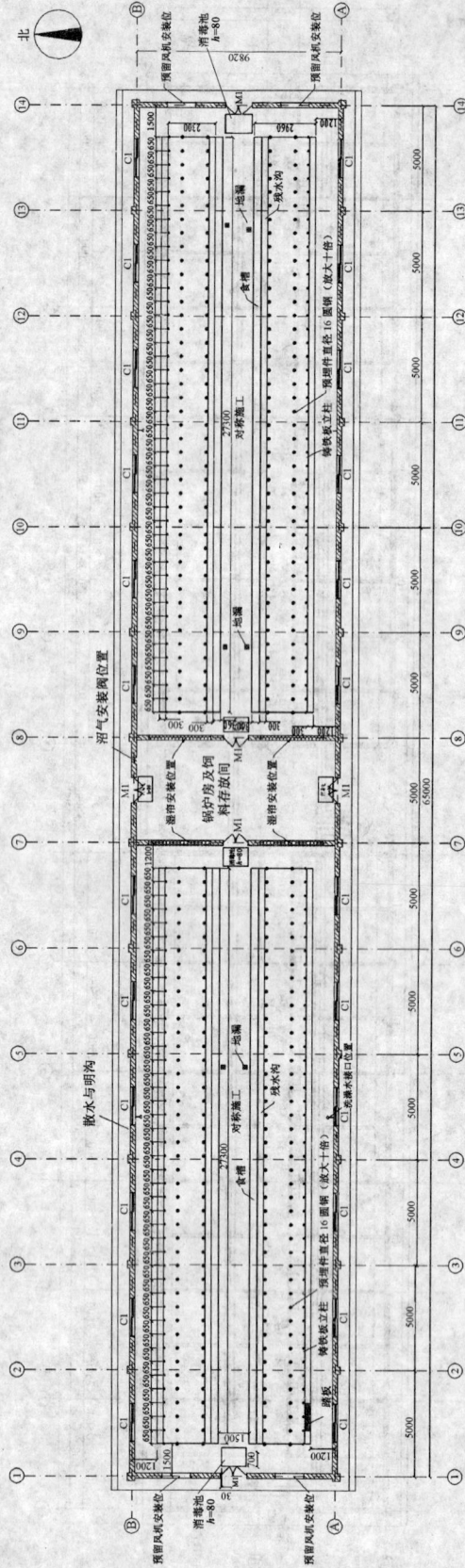

图 2-15　单体妊娠限位车间平面图　(单位:mm)

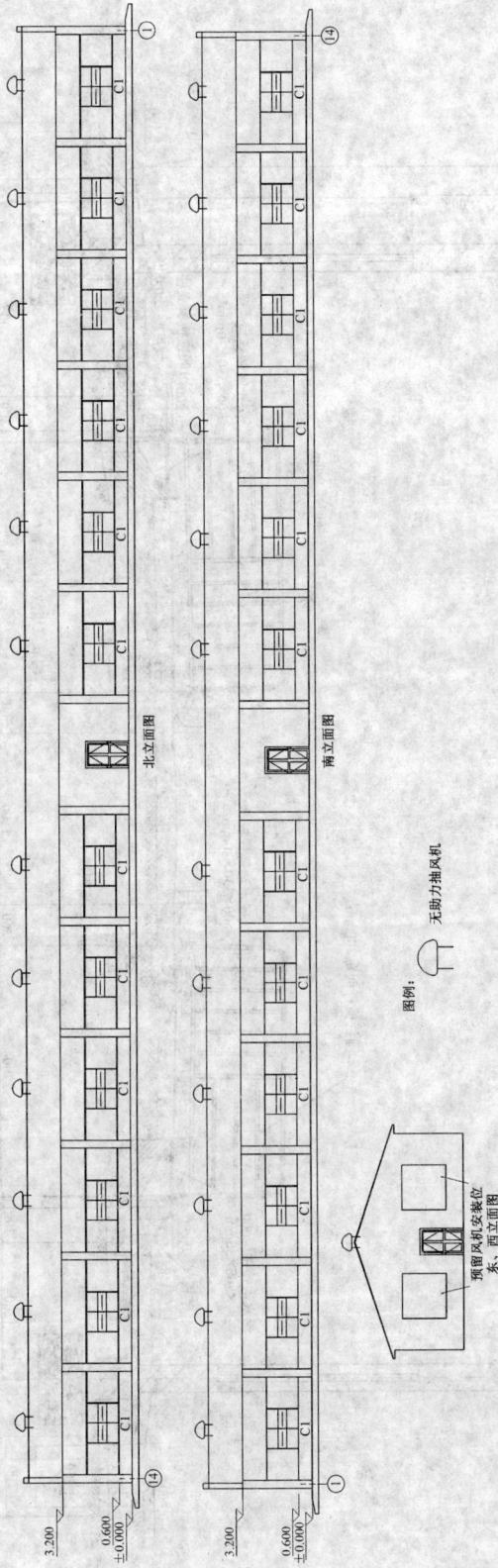

北立面图

南立面图

东、西立面图

图例：

⌒ 无动力抽风机

预留风机安装位

C1

3.200

0.600
±0.000

图 2-16　单体妊娠限位车间立面图

41

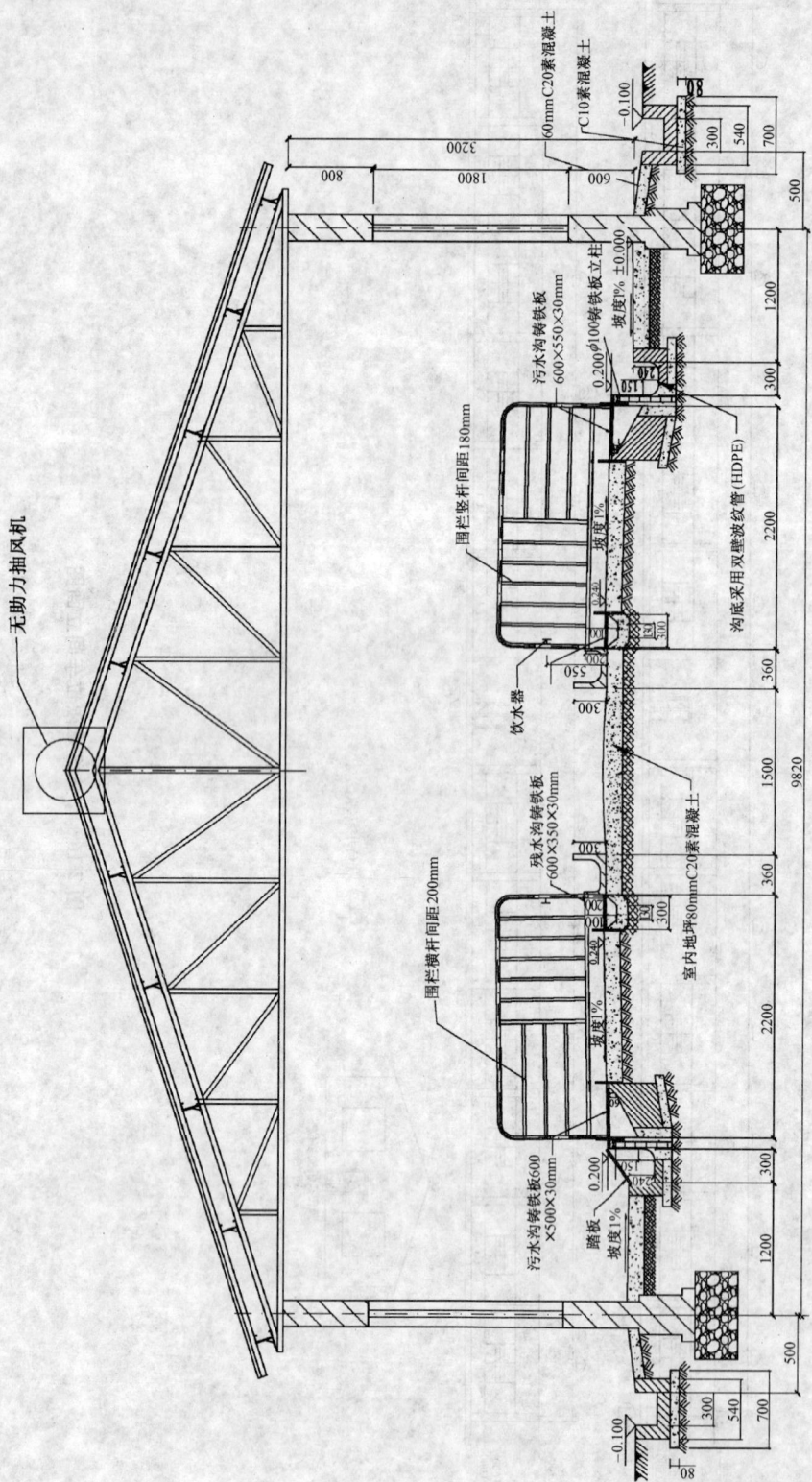

图 2-17 单体妊娠限位车间剖面图 （单位：mm）

无助力抽风机

围栏竖杆间距180mm

围栏横杆间距200mm

污水沟铸铁板
600×550×30mm

残水沟铸铁板
600×350×30mm

污水沟铸铁板600
×300×30mm

饮水器

坡度1%

坡度1%

坡度1%

坡度1%

沟底采用双壁波纹管（HDPE）

室内地坪80mmC20素混凝土

60mmC20素混凝土

C10素混凝土

±0.000

0.200 Ø100铸铁板立柱

0.200

0.200

踏板

3200

800

1800

600

1200

300

2200

360

1500

360

2200

9820

1200

500

500

300

540

700

-0.100

300

540

700

-0.100

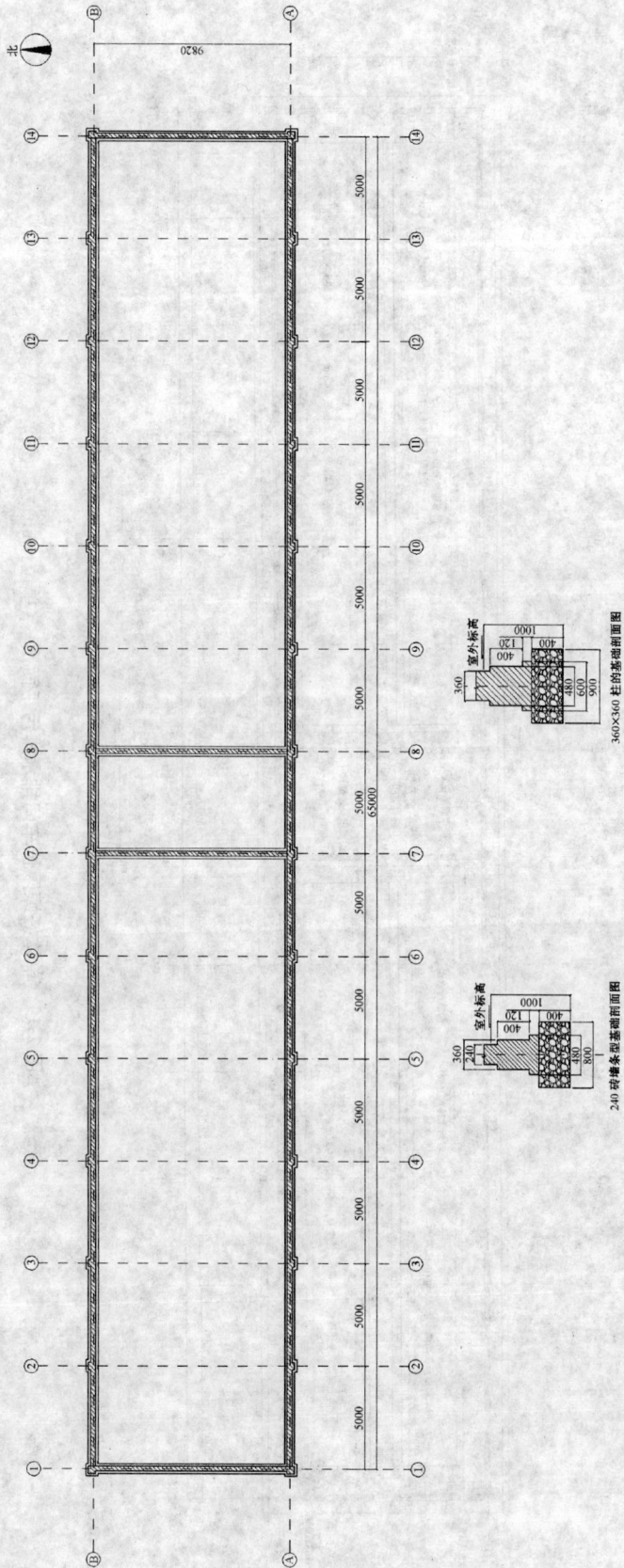

图 2-18 单体延嫔限位车间基础平面图和详图 （单位：mm）

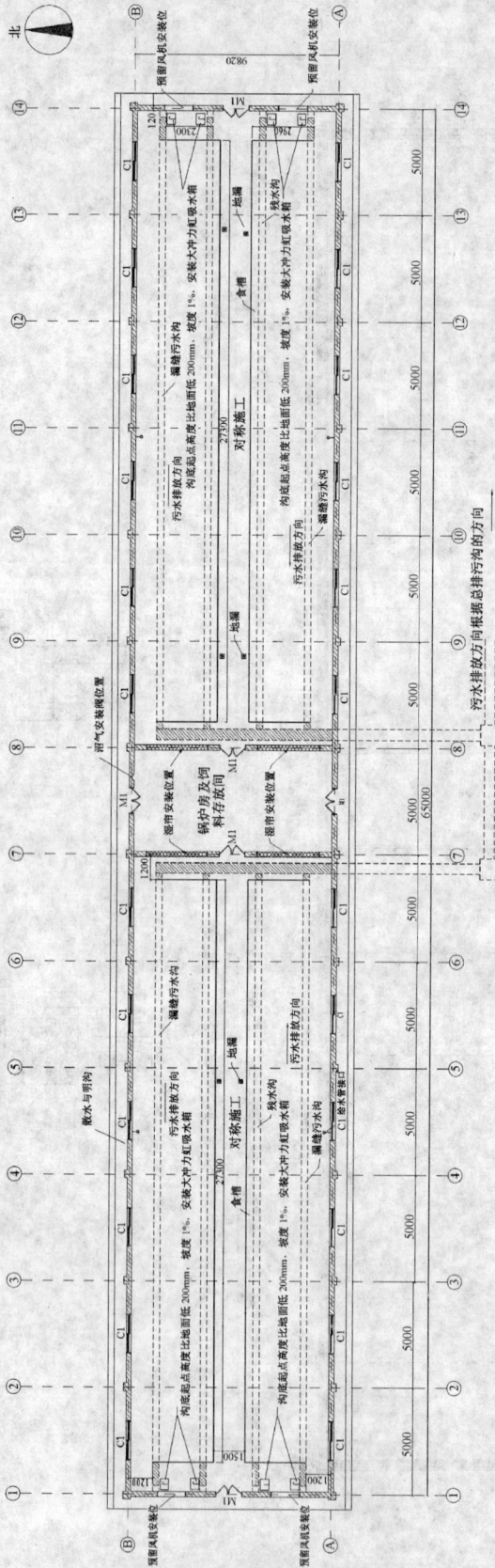

图 2-19 单体妊娠限位车间排水排污平面图 （单位：mm）

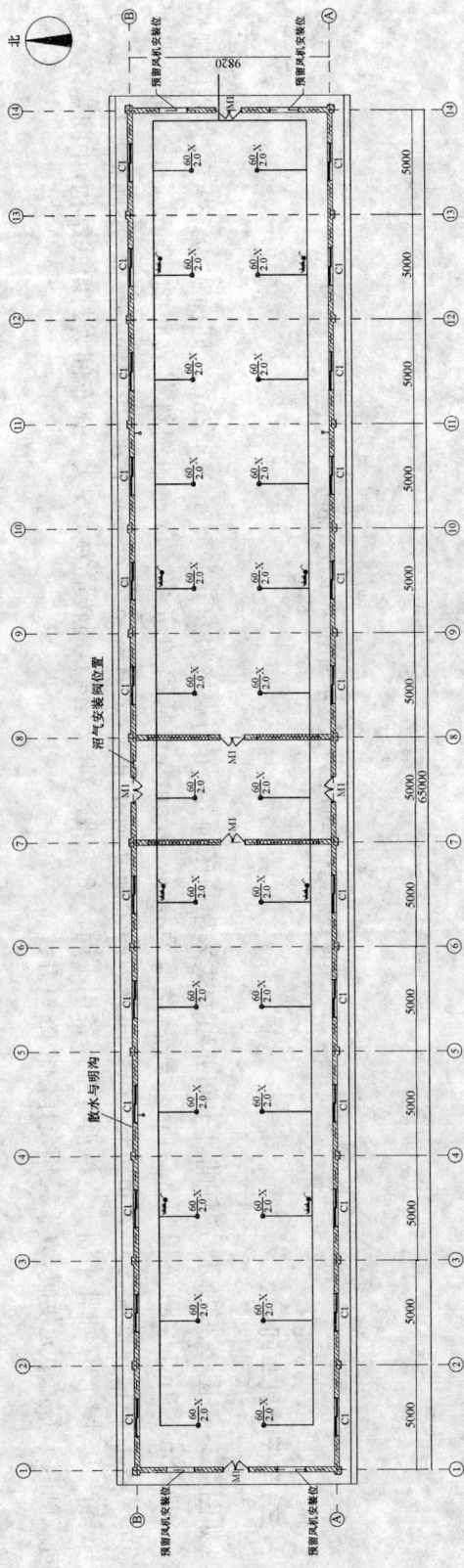

图 2-20 单体妊娠限位车间室内照明平面图 （单位：mm）

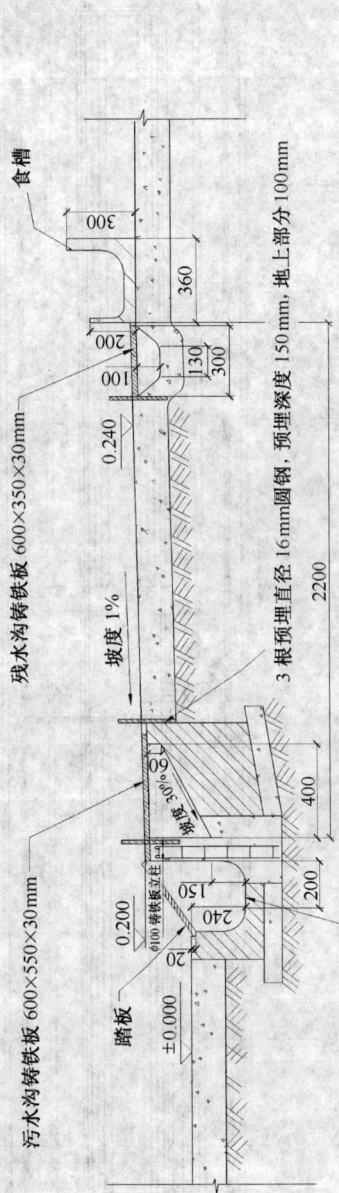

图 2-21 单体妊娠限位车间施工详图 （单位：mm）

沟底采用双壁波纹管（HDPE）

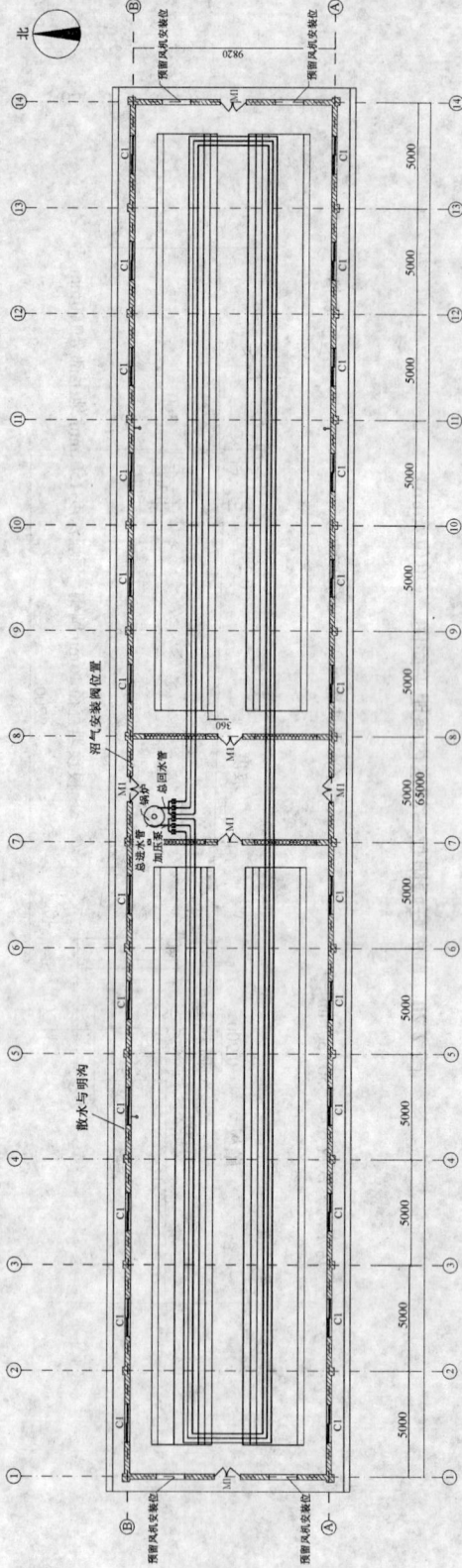

图 2-22 单体妊娠限位车间室内供暖平面图 （单位：mm）

（三）产仔哺乳车间

如图 2-23 至图 2-29 所示，产仔哺乳车间养殖方式采用高床饲养，车间规格为 65m×8.3m×3.2m，车间面积为 539.5m²，栏圈规格为 2.2m×1.98m×1m，栏圈面积为 4.345m²，附属设施面积为 41.5m²，包括锅炉房 20.75m² 和饲料存放间 20.75m²，母猪饲养密度为 1.43m²/头、仔猪饲养密度为 0.22m²/头。该车间分为两个独立饲养单元，适宜容量为 28 头/单元，共计 56 头/栋，车周转利用次数为 52 周=(待产 1 周+产仔哺乳 4 周+空栏消毒维修备用 1 周)=8.5 批次/年，年饲养周转量为 476 头。该车间为封闭式结构，中间走道安装锅炉向双侧两个养殖单元供暖，夏季采用负压湿帘常湿常降温方式。

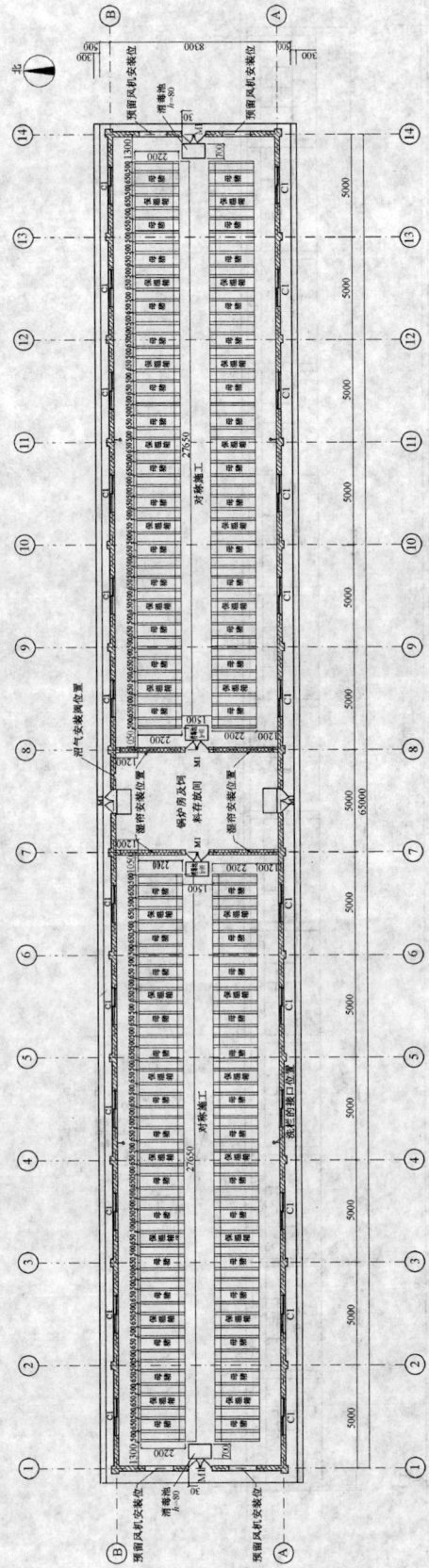

图 2-23 产仔（仔哺乳）车间平面图（单位：mm）

47

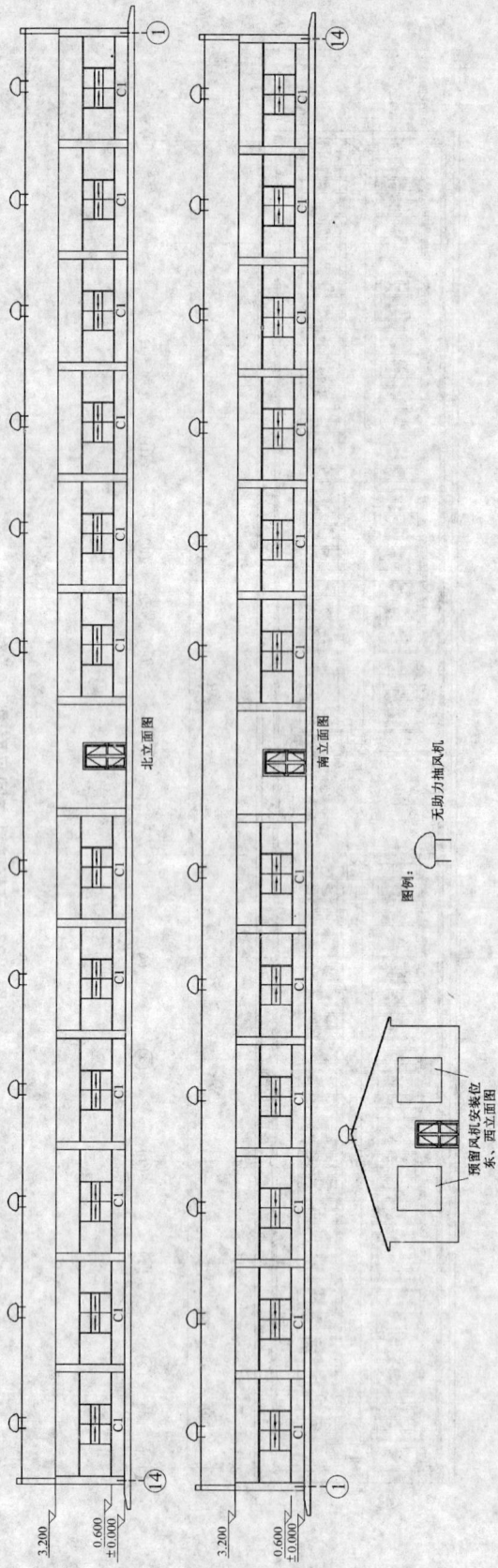

图例：

无助力抽风机

预留风机安装位
东、西立面图

北立面图

南立面图

图 2-24 产仔哺乳车间立面图

3.200

0.600

±0.000

3.200

0.600

±0.000

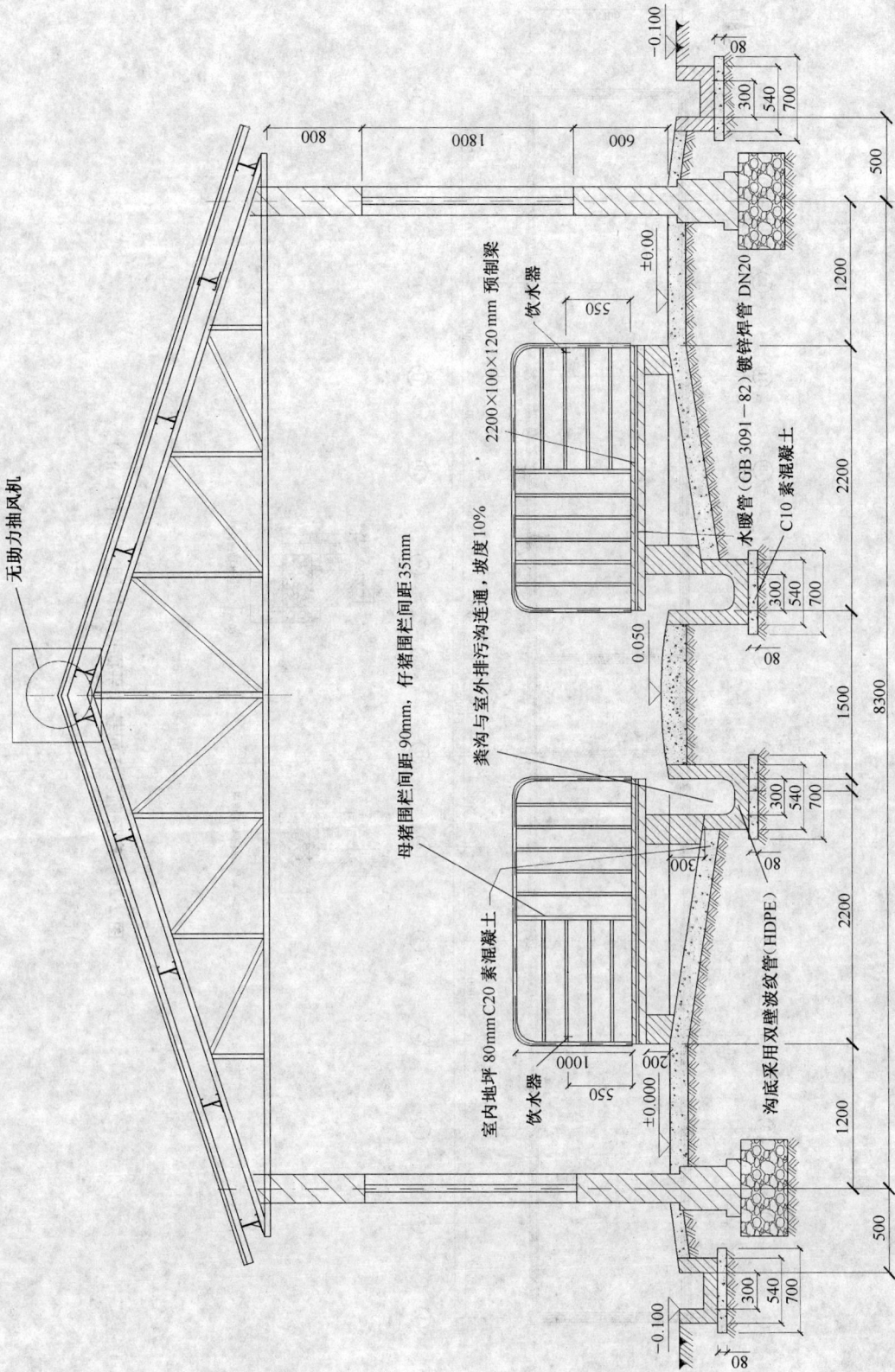

图 2-25 产仔哺乳车间剖面图 （单位：mm）

无动力抽风机

母猪围栏间距 80mm，仔猪围栏间距 35mm

母猪围栏间距 80mm C20 素混凝土

饮水器

室内地坪 80mm C20 素混凝土

2200×100×120 mm 预制梁

粪沟与室外排污沟连通，坡度 10%

饮水器

水暖管（GB 3091—82）镀锌焊管 DN20

C10 素混凝土

沟底采用双壁波纹管（HDPE）

49

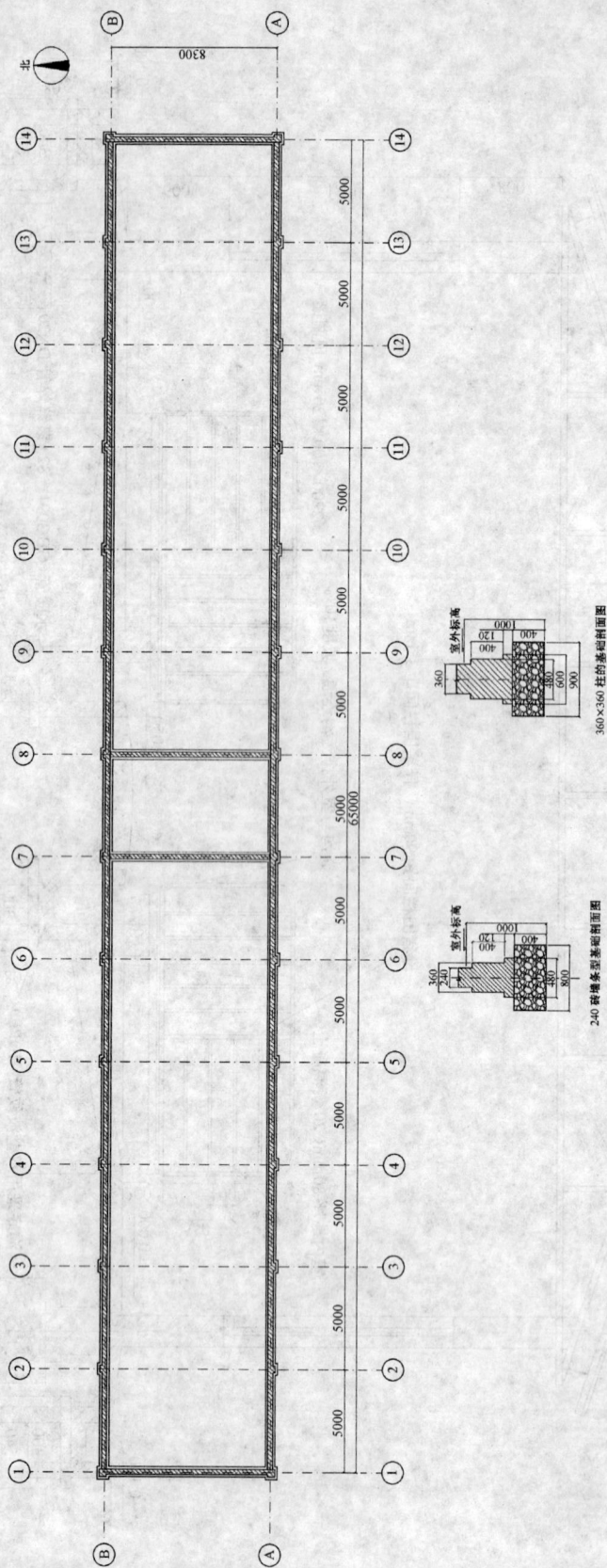

图 2-26 产仔哺乳车间基础平面图和详图 （单位：mm）

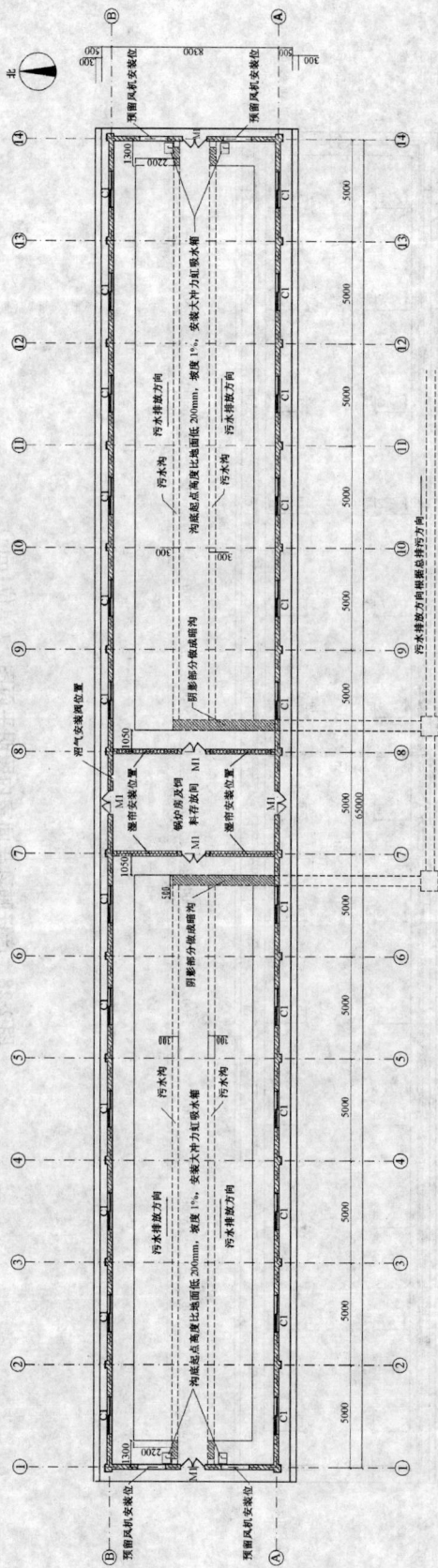

图 2-27 产仔哺乳车间排水排污平面图 （单位：mm）

51

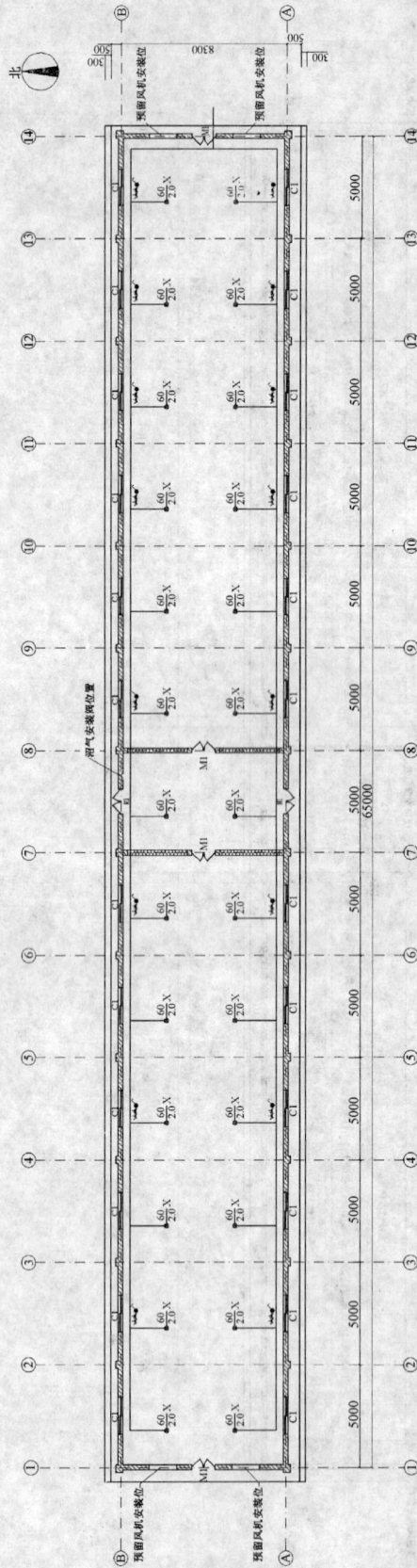

图 2-28　产仔哺乳车间室内照明平面图　（单位：mm）

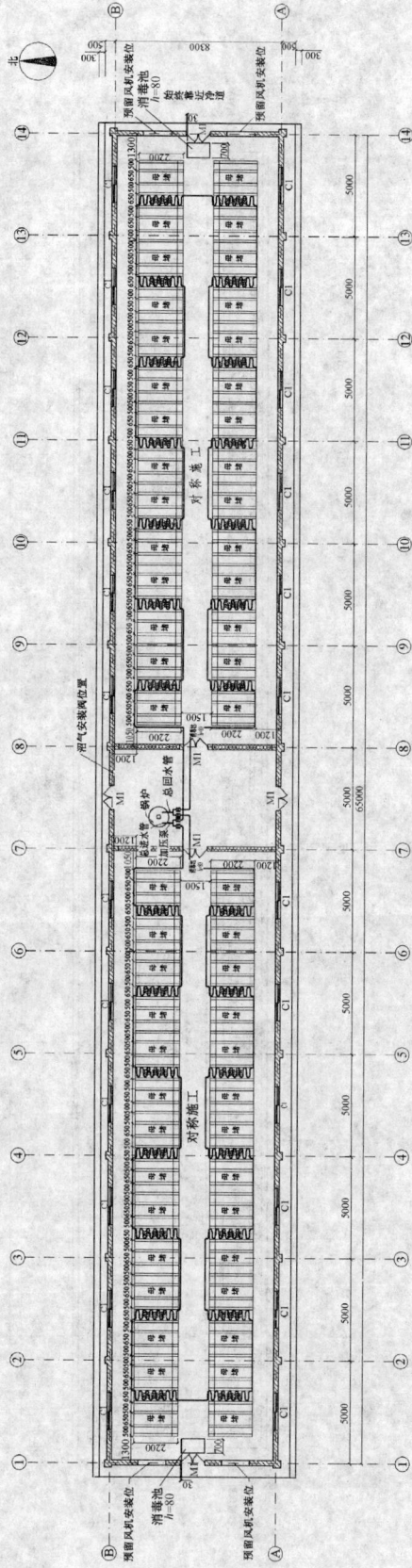

图 2-29 产仔仔哺乳车间室内供暖平面图 （单位：mm）

53

(四)仔猪保育车间

如图 2-30 至图 2-36 所示,仔猪保育车间养殖方式为高床饲养,车间规格为 65m×8.3m×3.2m,车间面积为 539.5m²,栏圈规格为 2.2m×1.98m×0.7m,附属设施面积为 4.356m²,栏圈面积为 41.5m²,包括锅炉房 20.75m² 和饲料存放间 20.75m²。该车间分为两个独立饲养单元,适宜容量为 28 窝/单元,共计 56 窝/栋;转群时间为 28~70 日龄,转群体重为 7.5~28kg。车间周转利用次数为 52 周÷(保育期 5 周+空栏消毒维修备用 1 周)=8.5 批次/年,车间周转量为 4 437 头/年。该车间为封闭式结构,中间走道安装锅炉向双侧两个养殖单元供暖,夏季采用负压湿帘降温方式。

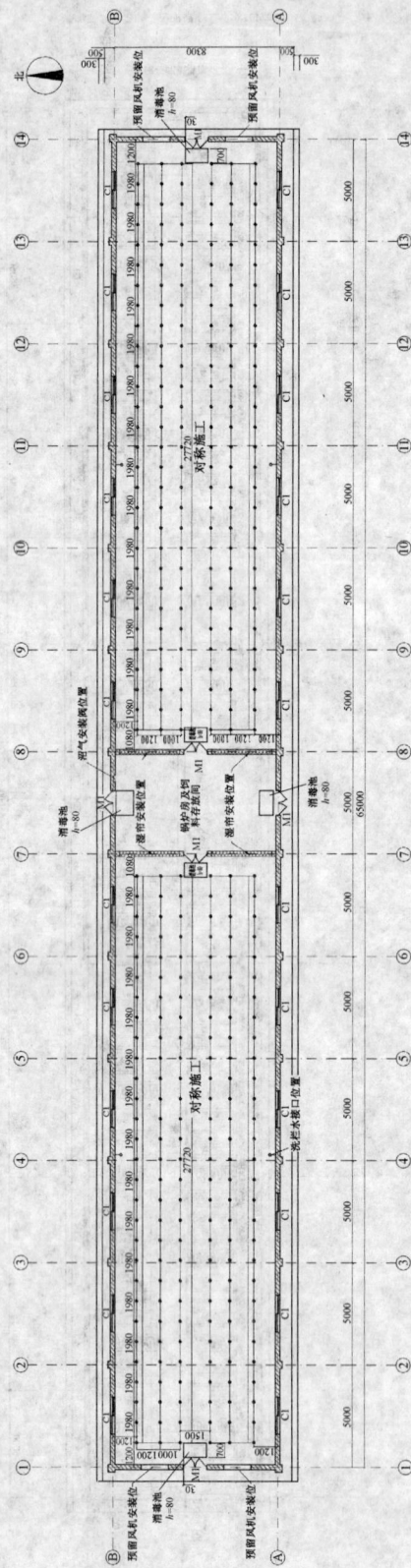

图 2-30 仔猪保育车间平面图 (单位:mm)

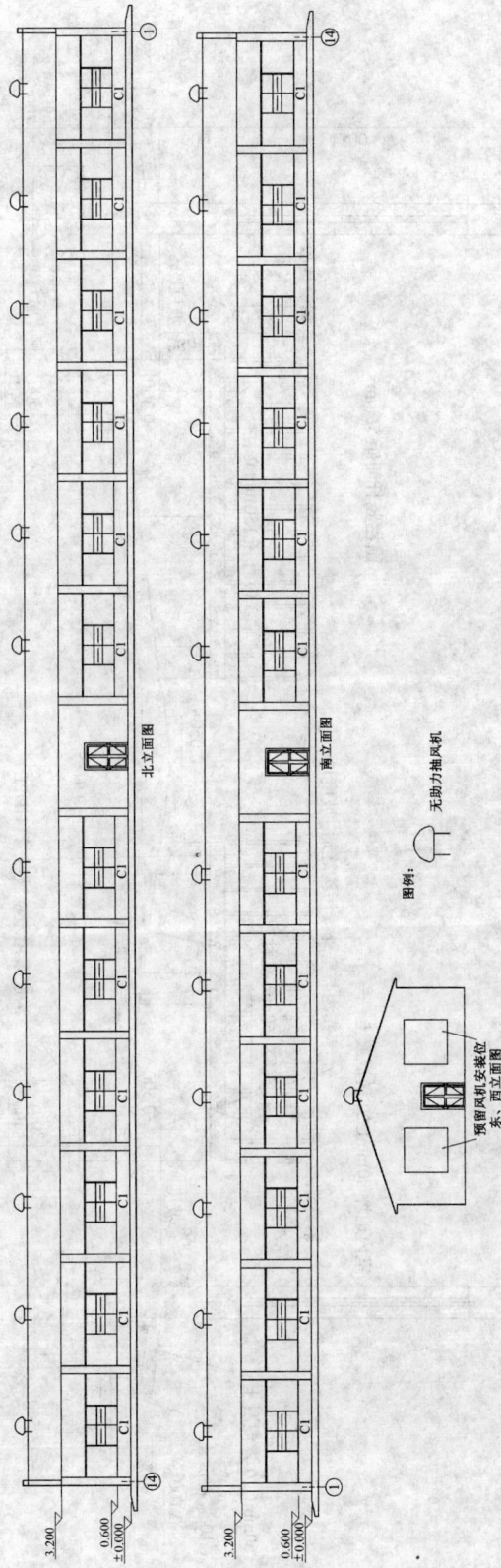

图例：⌂ 无助力抽风机

预留风机安装位
东、西立面图

图 2-31 仔猪保育车间立面图

北立面图

南立面图

3.200
0.600
±0.000

3.200
0.600
±0.000

55

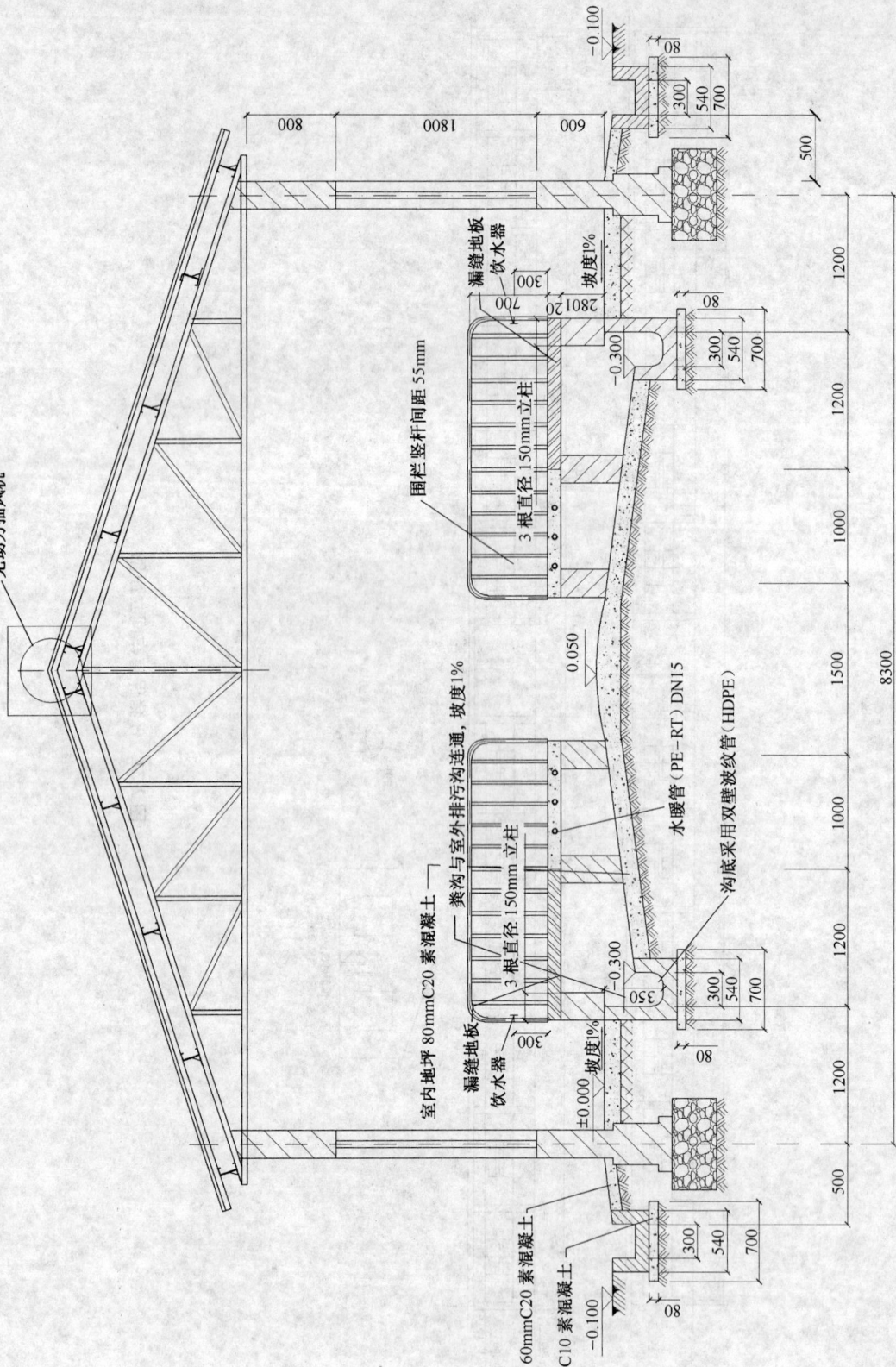

图 2-32　仔猪保育车间剖面图　（单位：mm）

无助力抽风机

室内地坪 80mmC20 素混凝土

围栏竖杆间距 55mm

漏缝地板
饮水器

3 根直径 150mm 立柱

粪沟与室外排污沟连通，坡度1%

漏缝地板
饮水器

3 根直径 150mm 立柱

水暖管（PE－RT）DN15

沟底采用双壁波纹管（HDPE）

60mmC20 素混凝土

C10 素混凝土

坡度1%

坡度1%

北

8300

B A

14 13 12 11 10 9 8 7 6 5 4 3 2 1

5000 5000 5000 5000 5000 5000 5000 5000 5000 5000 5000 5000 5000

65000

室外标高
360
400 120
400
1000
480 600
900
360×360 柱的基础剖面图

室外标高
360
240
400 120
400
1000
480
800
240 砖墙条形基础剖面图

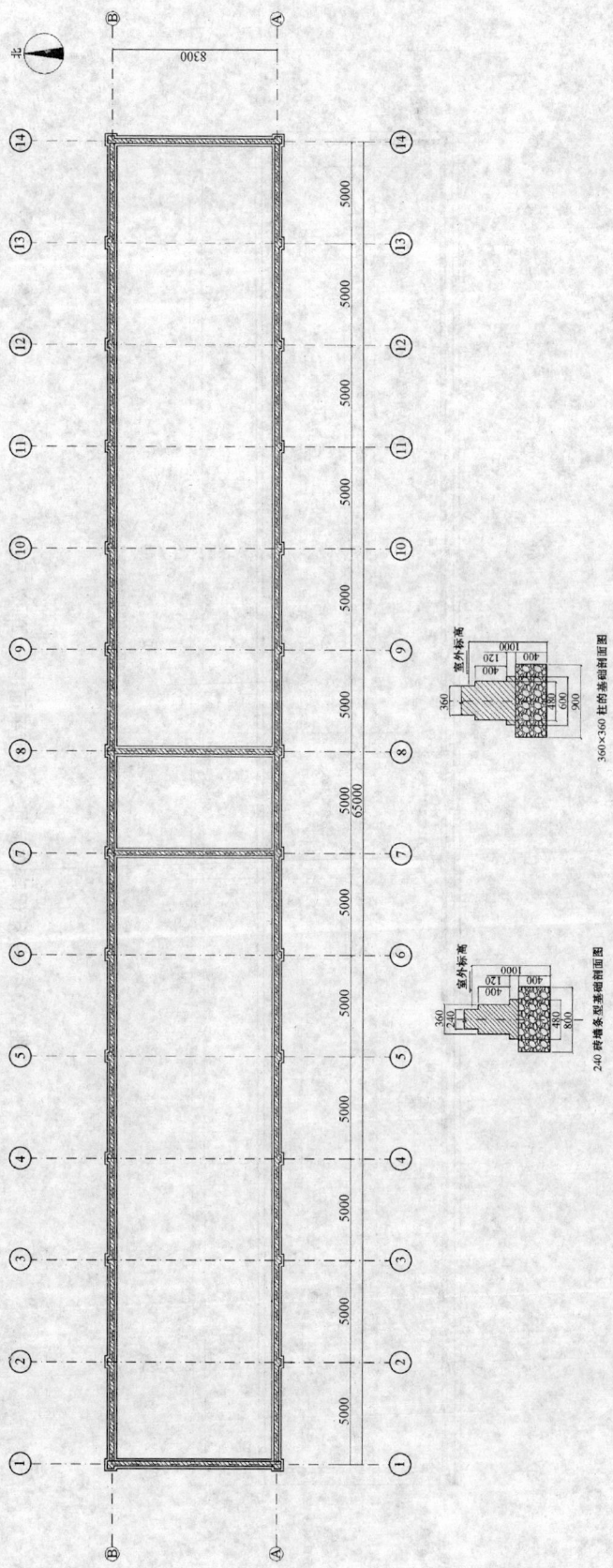

图 2-33　仔猪保育车间基础平面图和详图　（单位：mm）

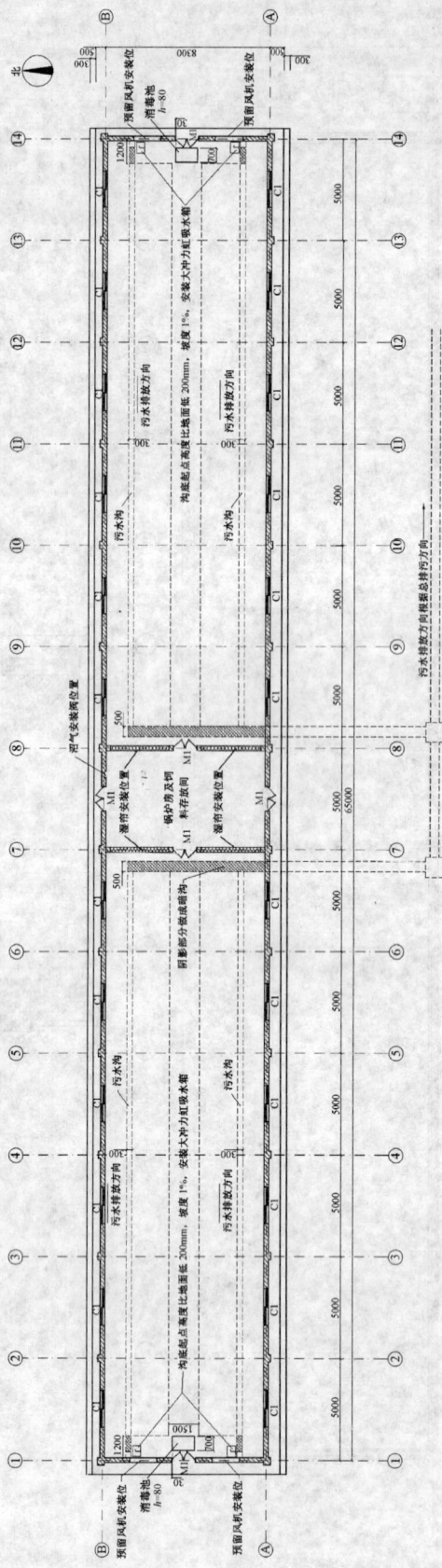

图 2-34　仔猪保育车间排水排污平面图　(单位：mm)

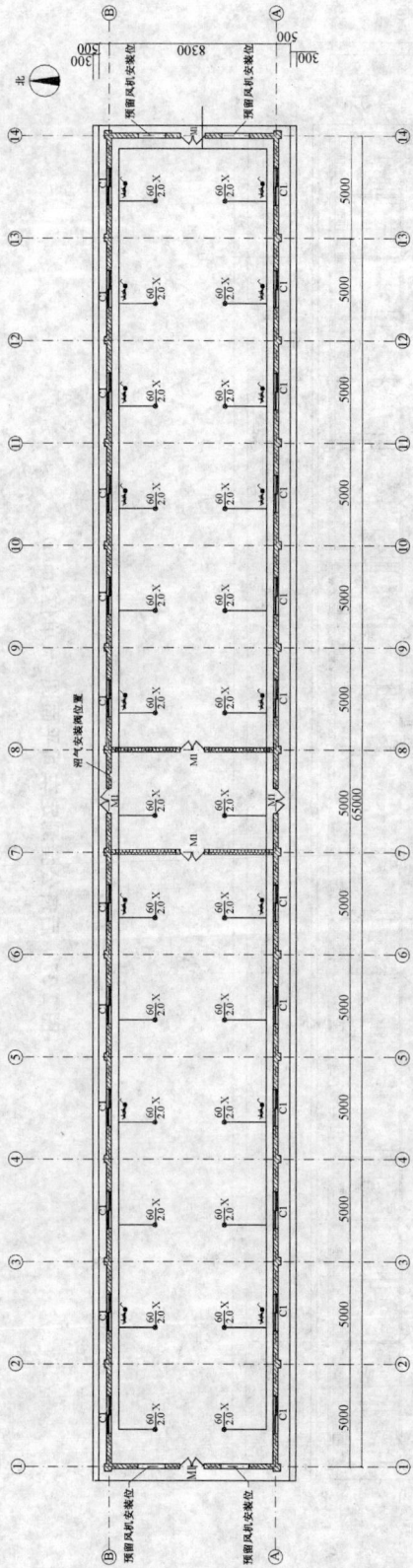

图 2-35 仔猪保育车间室内照明平面图（单位：mm）

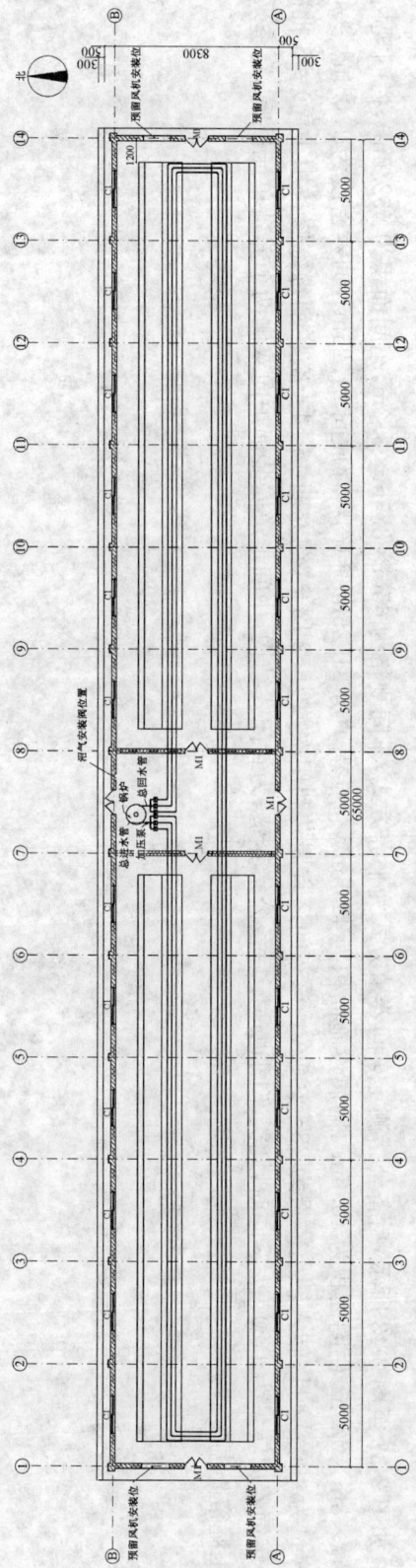

图 2-36 仔猪保育车间室内供暖平面图（单位：mm）

(五)后备公猪测定车间

如图 2-37 至图 2-43 所示,后备公猪测定车间养殖方式为平养方式,车间规格为 65m×8.5m×3.2m,车间面积为 552.5m²,栏圈规格为 3.5m×3m×0.9m,栏圈面积为 10.5m²,转人转出体重为 28~100kg。该车间适宜周转利用次数为 52 周÷(饲养期 16 周+空栏消毒维修备用 1 周)=3 批次/年,年饲养周转量为 1 200 头。同时,此类车间也适于后备公猪养殖,为封闭式结构,中间走道安装锅炉向双侧两个养殖单元供暖,夏季采用负压湿帘降温方式。车间养殖方式为平养方式,车间规格为 65m×8.5m×3.2m,车间面积为 552.5m²,栏圈规格为 3.5m×3m×0.9m,适宜容量为 400 头/批,转人转出体重为 28~100kg。栏圈密度为 1.05m²/头,适宜容量为 400 头/批。包括锅炉房 21.25m² 和饲料存放间 21.25m²,附属设施面积 42.5m²,锅炉房面积为 10.5m²。

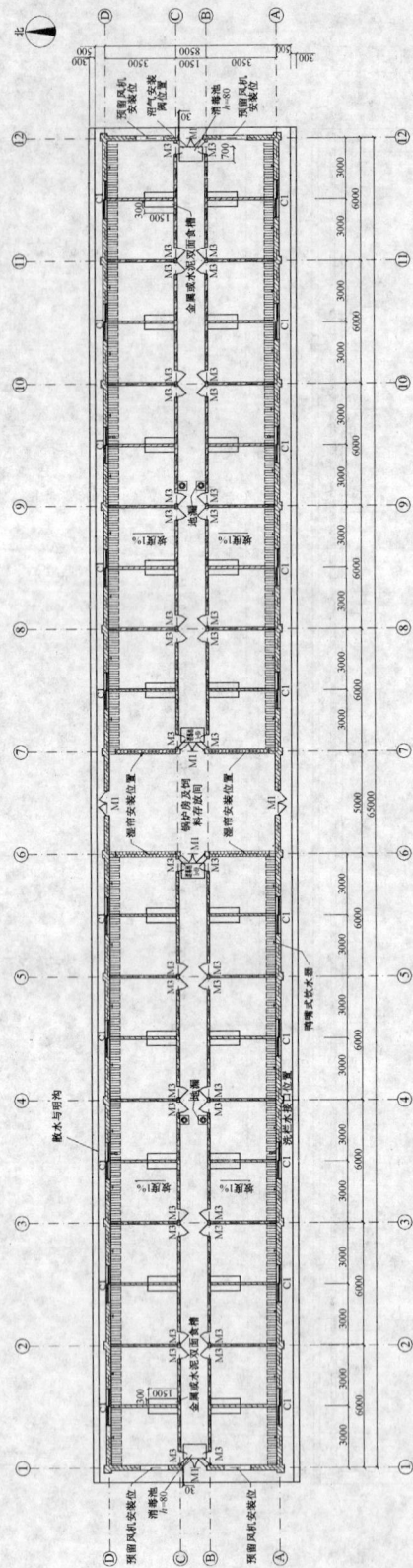

图 2-37 后备公猪测定车间平面图 (单位:mm)

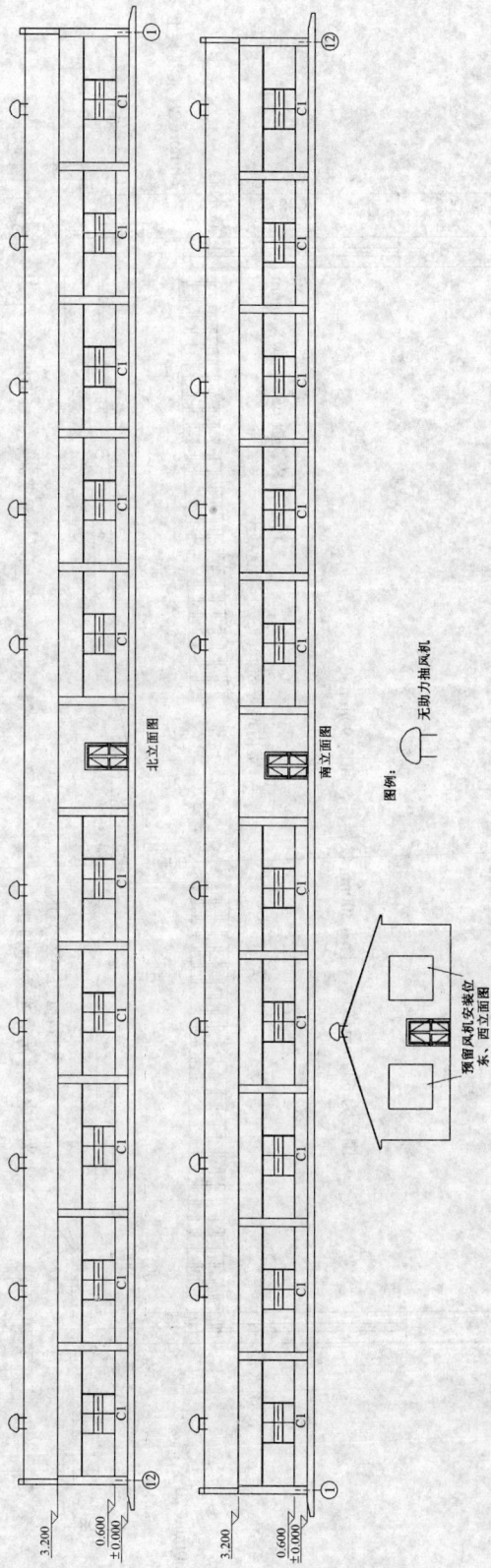

图 2-38 后备公猪测定车间立面图

北立面图

南立面图

东、西立面图

图例：

无动力抽风机

预留风机安装位

3.200

0.600

±0.000

3.200

0.600

±0.000

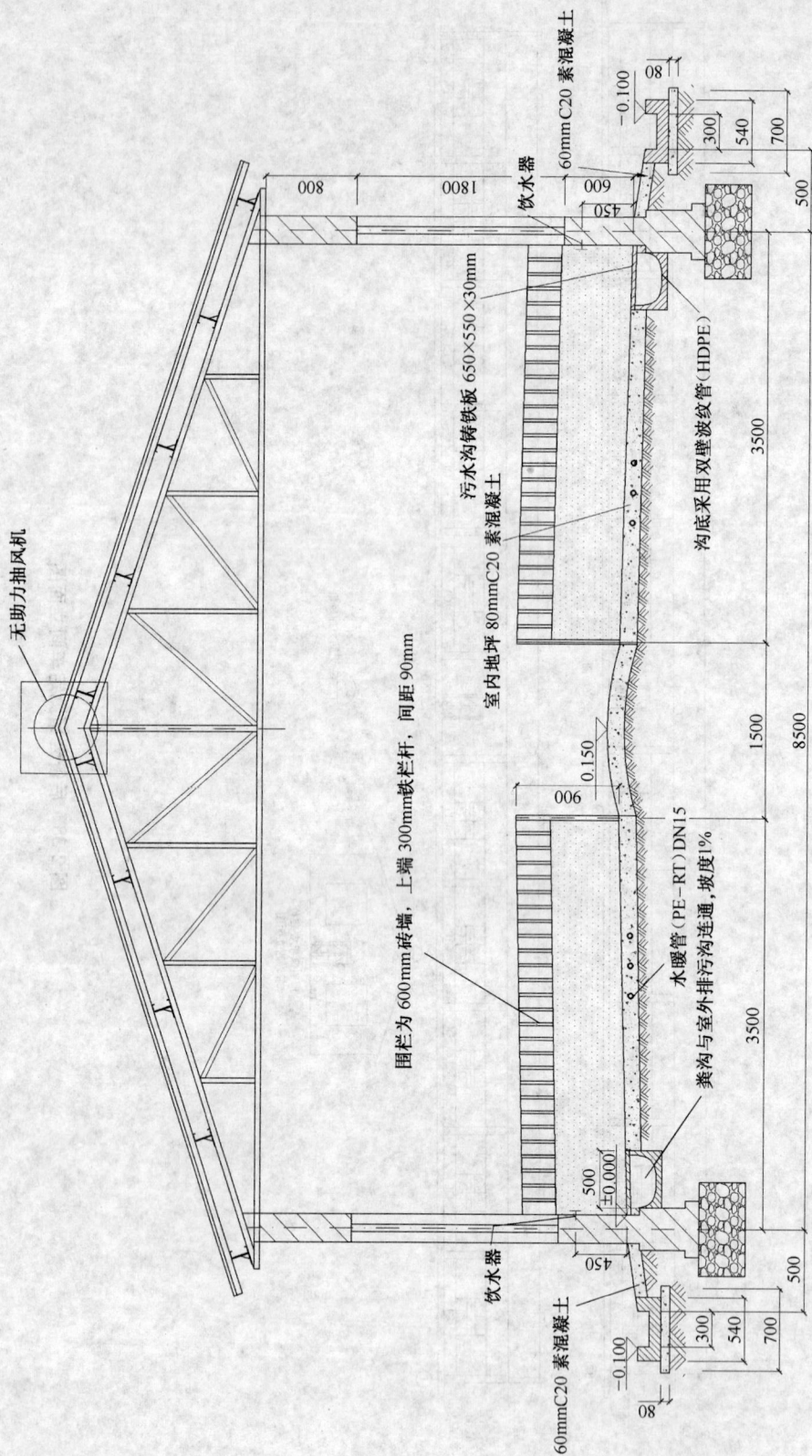

图 2-39　后备公猪测定车间剖面图　（单位：mm）

无助力抽风机

饮水器

围栏为 600mm 砖墙，上端 300mm 栅栏杆，间距 90mm

污水沟沟盖铁板 650×550×30mm

室内地坪 80mmC20 素混凝土

60mmC20 素混凝土

沟底采用双壁波纹管（HDPE）

水暖管（PE-RT）DN15

粪沟与室外排污沟连通，坡度1%

60mmC20 素混凝土

饮水器

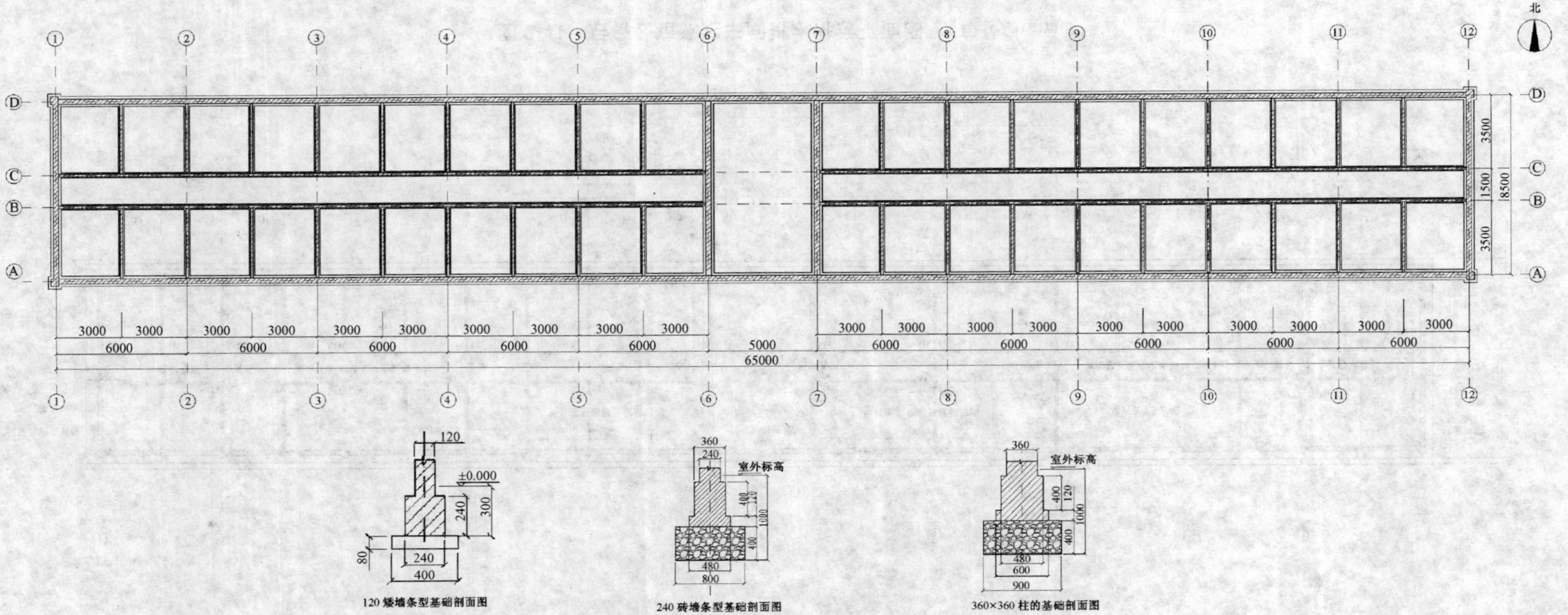

图 2-40 后备公猪测定车间基础平面图和详图 （单位：mm）

63

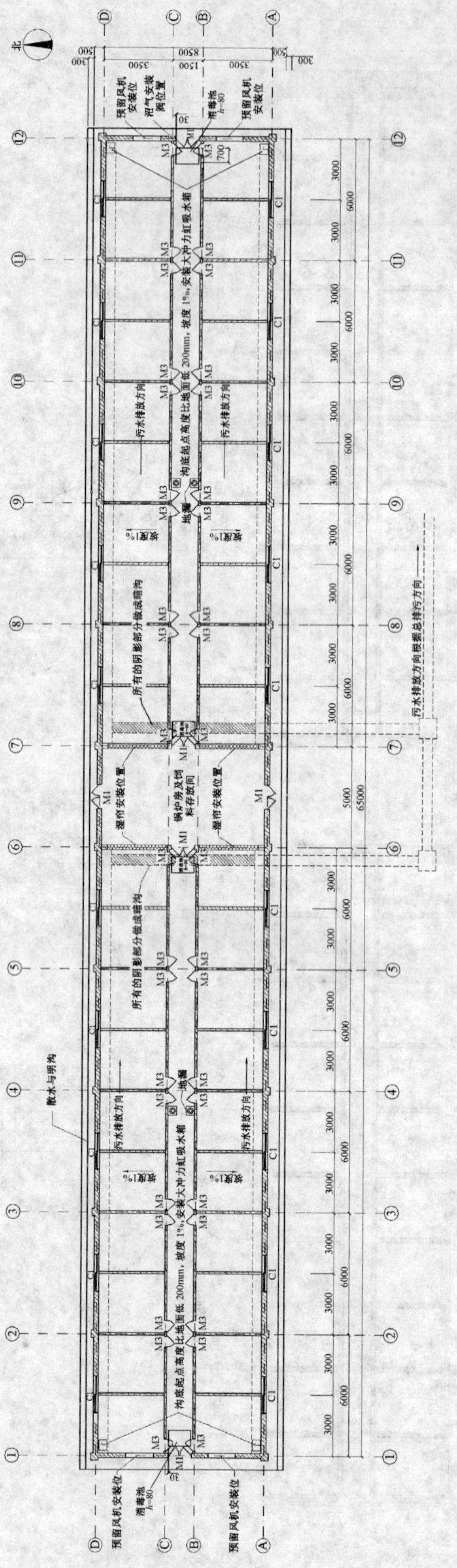

图 2-41 后备公猪测定车间排水排污平面图 （单位：mm）

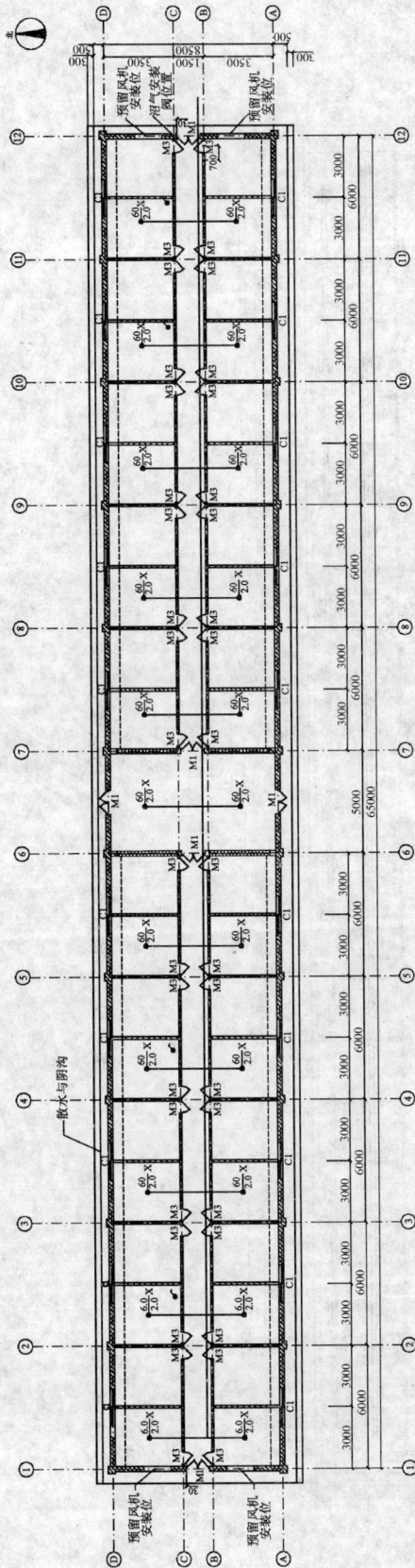

图 2-42　后备公猪测定车间室内照明平面图　（单位：mm）

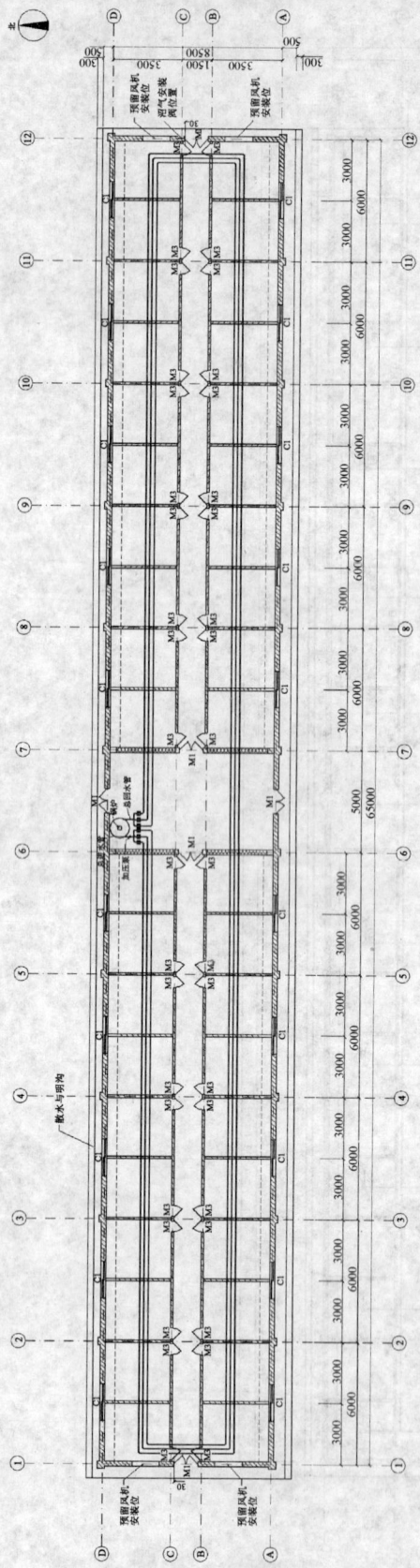

图 2-43 后备公猪测定车间室内供暖平面图 （单位：mm）

66

(六)后备母猪培育车间

如图 2-44 至图 2-50 所示,后备母猪培育车间养殖方式为平养方式,车间规格为 65m×9.5m×3.2m,车间面积为 617.5m²,栏圈规格为 4m×3m×0.9m,栏圈面积为 12m²,栏圈容量为 400头/批,转入转出体重为 28~100kg。同时,此类车间也适于后备母猪养殖,为封闭式结构,中间走道安装锅炉向双侧两个养殖单元供暖,夏季采用负压湿帘降温方式。

后备母猪培育车间养殖方式为平养方式,车间规格为 65m×9.5m×3.2m,车间面积为 617.5m²,栏圈规格为 4m×3m×0.9m,栏圈面积为 47.5m²,包括锅炉房 23.75m² 和饲料存放间 23.75m² (饲养期 16 周+空栏消毒维修备用 1 周)=3 批次/年,年饲养周转量为 1 200 头。该车间适宜周转利用次数为 52 周=52 周÷(饲养期 16 周+空栏消毒维修备用 1 周),饲养密度为 1.2m²/头,适宜容量为 400头,年饲养周转量为 1 200 头。

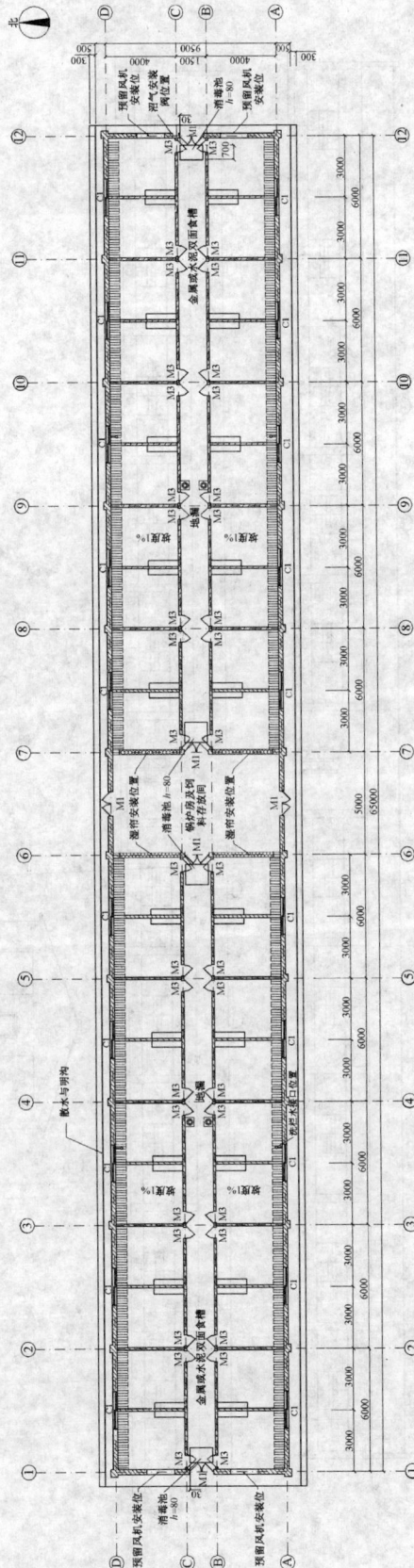

图 2-44 后备母猪培育车间平面图 (单位:mm)

67

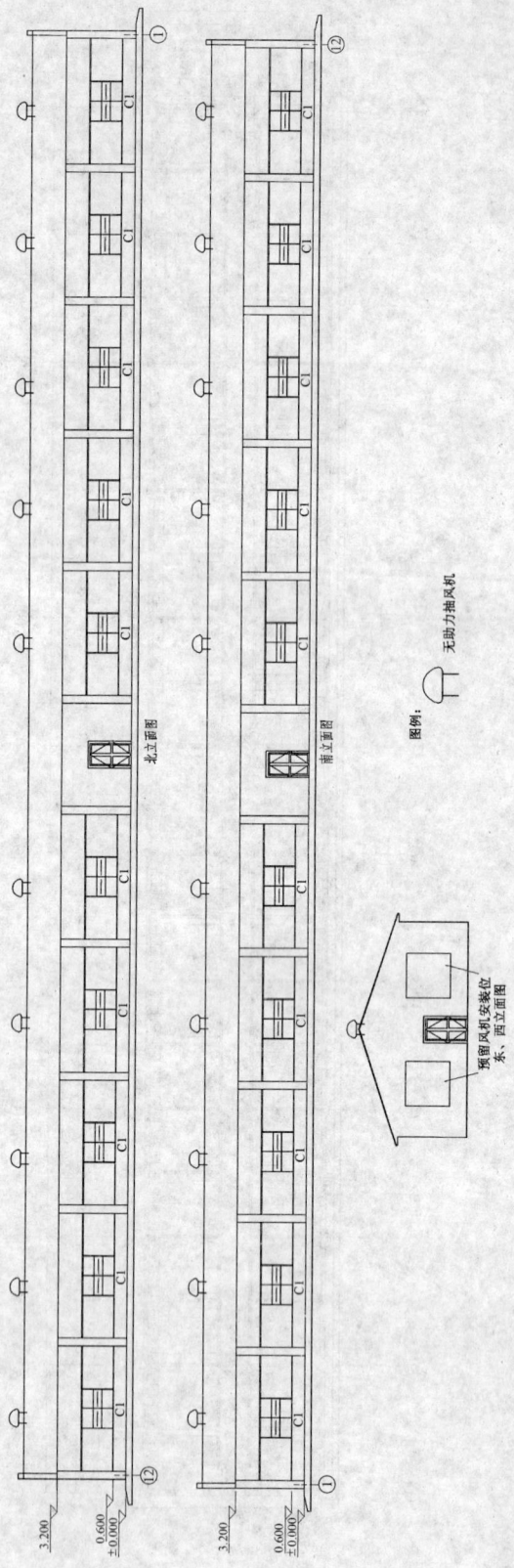

图2-45 后备母猪培育车间立面图

无助力抽风机

围栏为 600mm 矮墙，上端 300mm 铁栏杆，间距 90mm

污水沟铸铁板 650×550×30mm

室内地坪 80mmC20 素混凝土

饮水器

60mmC20 素混凝土

粪沟与室外排污沟连通，坡度1%

沟底采用双壁波纹管（HDPE）

水暖管（PE-RT）DN15

饮水器

60mmC20 素混凝土

800

1800

600

450

500

500

4000

4000

1500

8500

300

540

700

300

540

700

500

−0.100

−0.100

8

8

0.150

0.000

±0.000

006

500

60mmC20 素混凝土

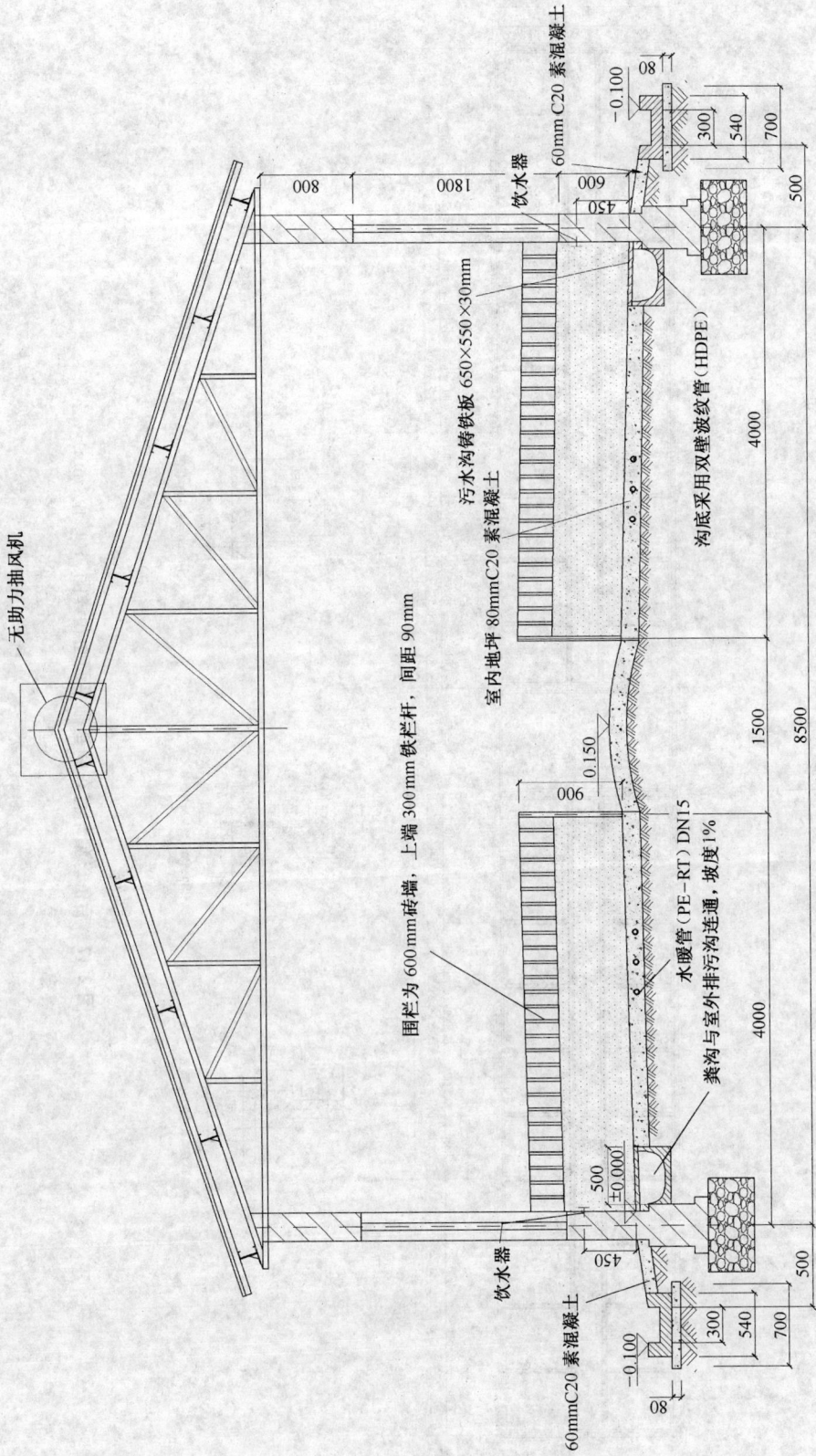

图 2-46 后备公猪培育车间剖面图（单位：mm）

69

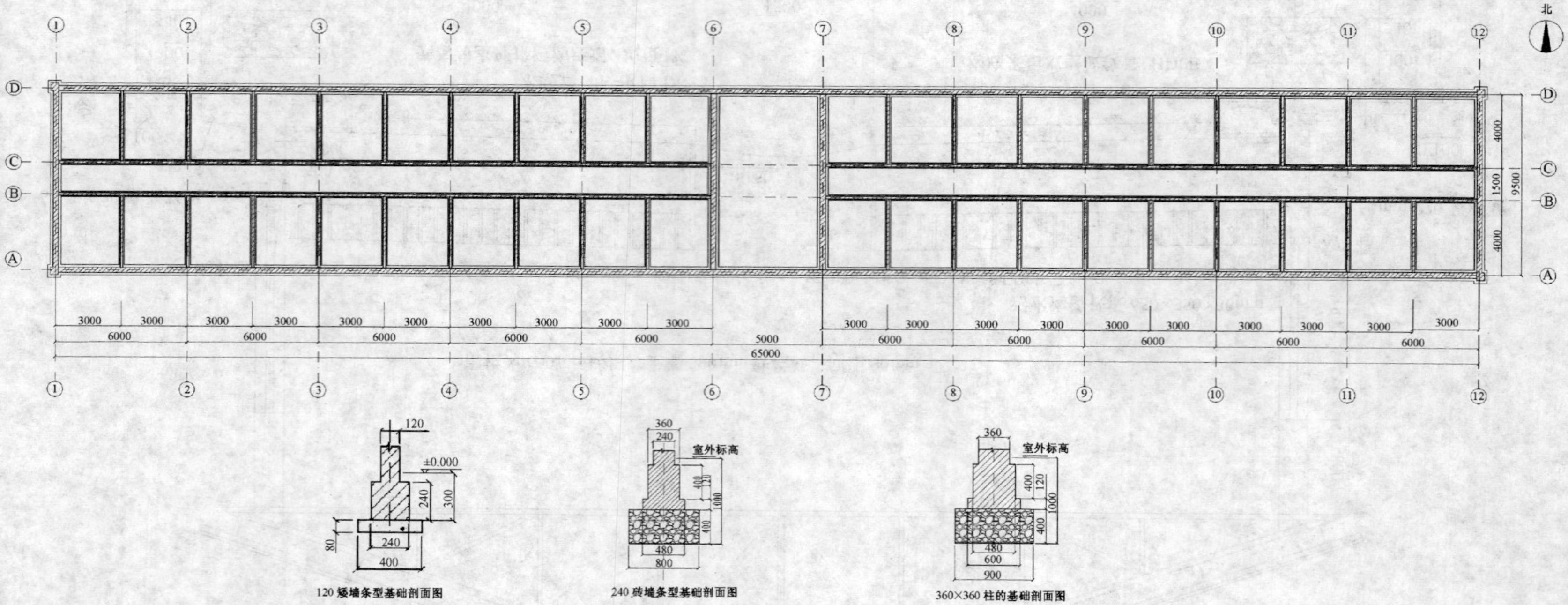

图 2-47　后备母猪培育车间基础平面图和详图　（单位：mm）

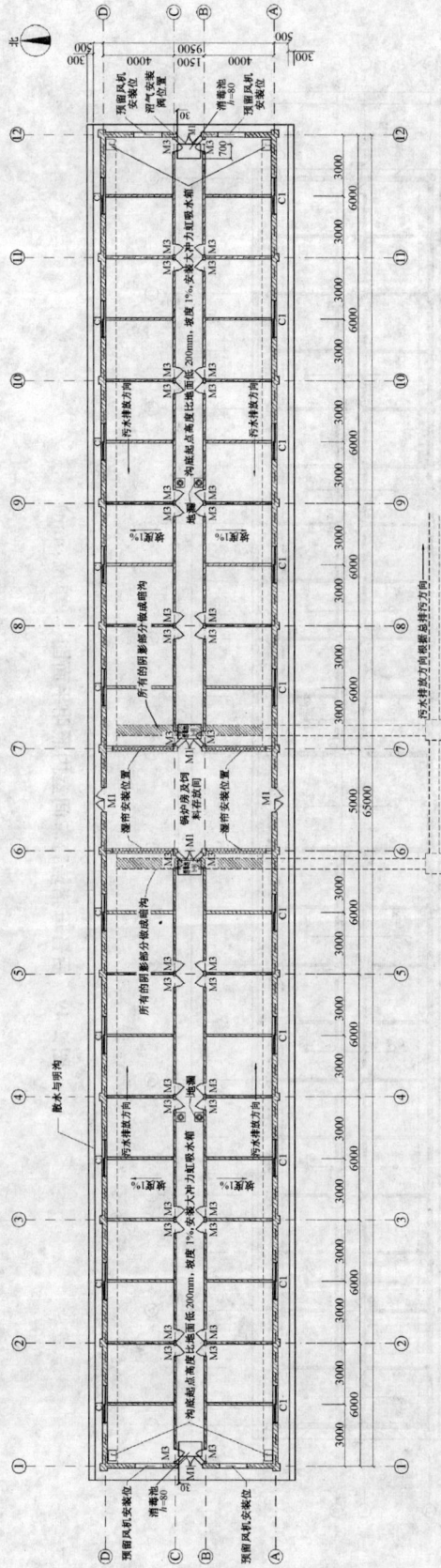

图 2-48　后备母猪培育车间排水排污平面图　（单位：mm）

71

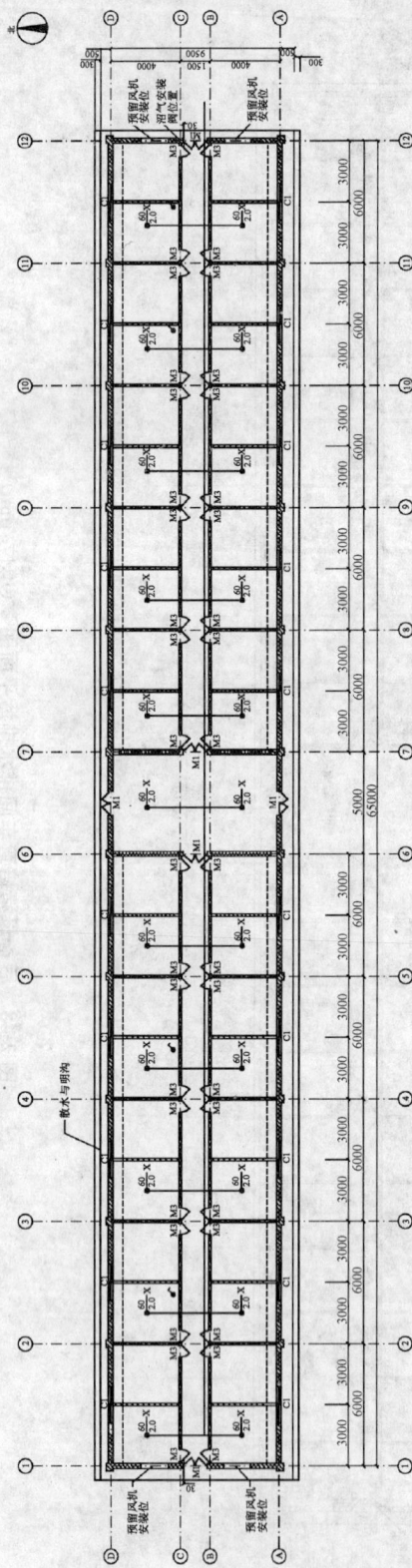

图 2-49 后备母猪培育车间室内照明平面图 (单位: mm)

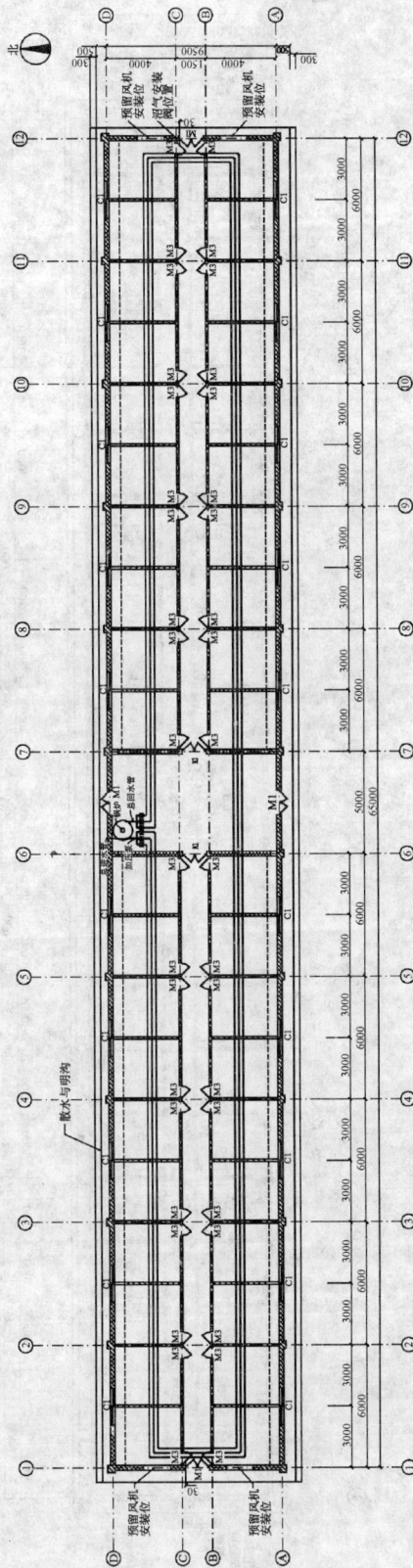

图 2-50 后备母猪培育车间室内供暖平面图 （单位：mm）

73

（七）同胞肥育测定车间

如图 2-51 至图 2-57 所示，同胞肥育测定车间养殖方式为平养方式，车间规格为 65m×9.5m×3.2m，车间面积为 617.5m²，栏圈规格为 4m× 3m×0.9m，栏圈面积为 12m²，附属设施面积为 47.5m²，包括锅炉房 23.75m² 和饲料存放间 23.75m²，饲养密度为 0.8m²/头。适宜容量为 600 头。转入和转出时间分别为 70 日龄和 155 日龄，转入转出体重为 28kg 和 100kg。该车间适宜周转利用状数为 52 周÷（饲养期 16 周＋空栏 消毒维修备用 1 周）＝3 批次/年，转入转出重量为 1 200 头。该车间为封闭式结构，冬季采用地坪下热水循环供暖，夏季采用负压湿帘降温方 式。

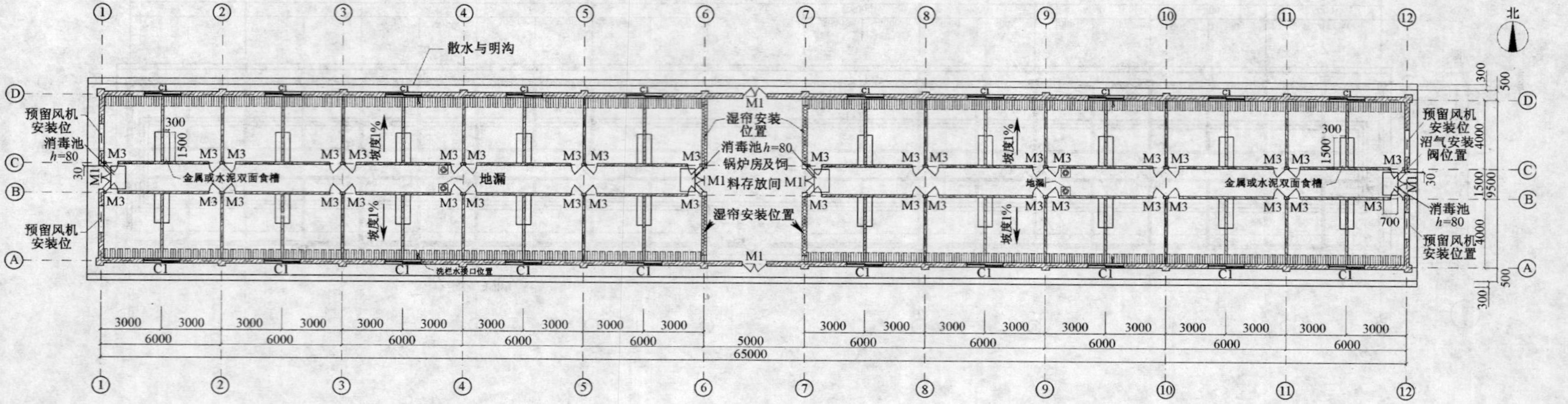

图 2-51　同胞肥育测定车间平面图　（单位：mm）

74

北立面图

南立面图

图例：⊕ 无助力抽风机

预留风机安装位
东、西立面图

3.200
0.600
±0.000

3.200
+0.600
±0.000

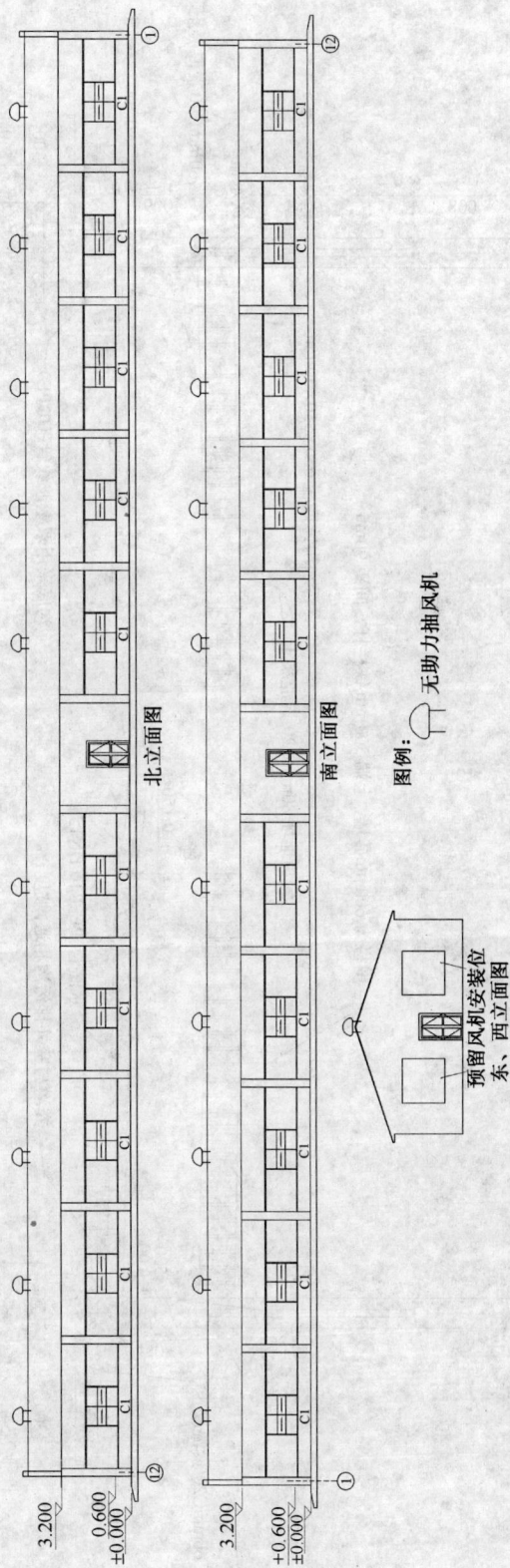

图 2-52 同胞肥育测定车间立面图

75

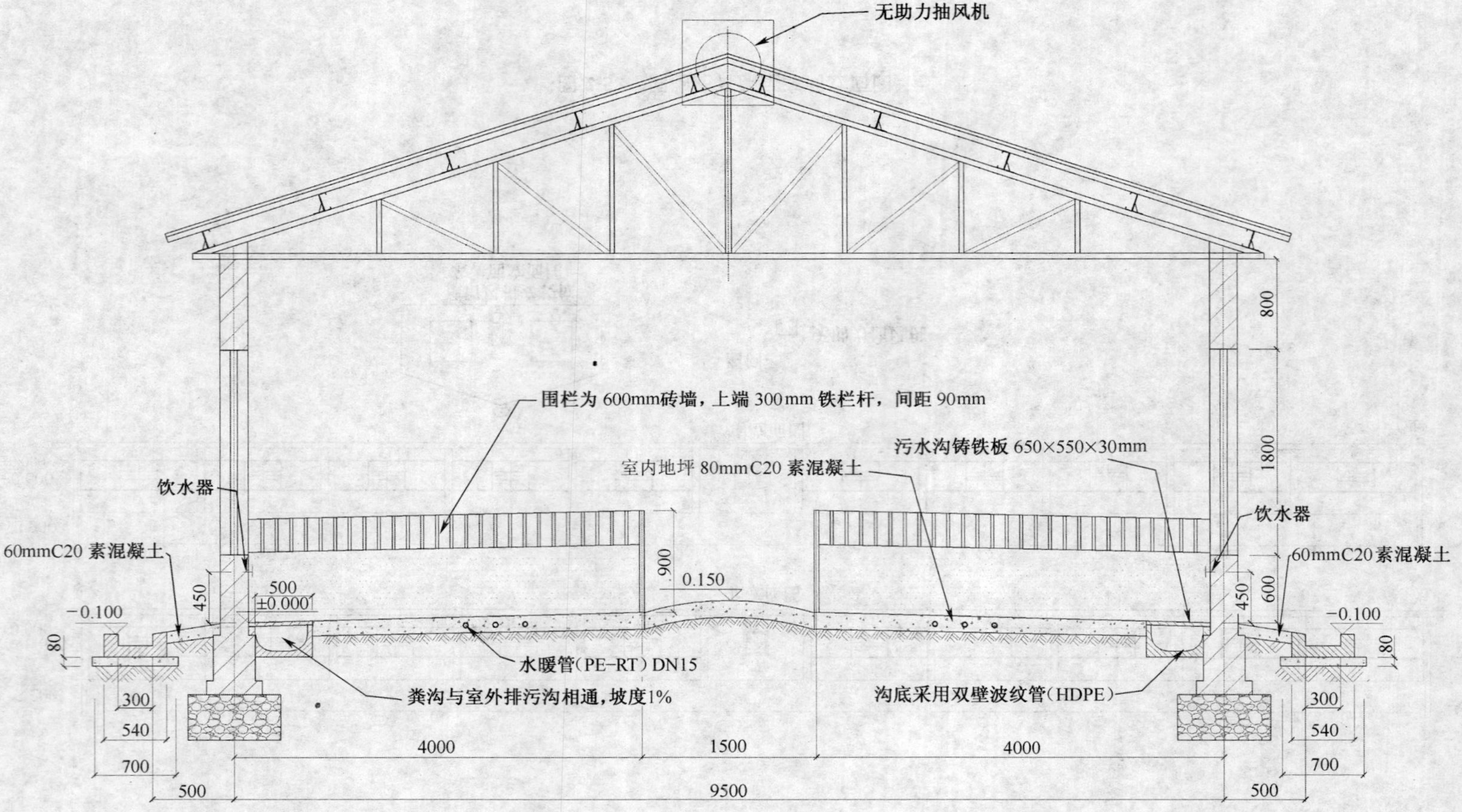

图 2-53 同胞肥育测定车间剖面图 （单位：mm）

无助力抽风机

围栏为 600mm砖墙，上端 300mm 铁栏杆，间距 90mm

室内地坪 80mmC20 素混凝土

污水沟铸铁板 650×550×30mm

饮水器

60mmC20 素混凝土

沟底采用双壁波纹管（HDPE）

水暖管（PE-RT）DN15

粪沟与室外排污沟相通，坡度1%

饮水器

60mmC20 素混凝土

800

1800

600

450

-0.100

300

540

700

500

80

4000

1500

9500

4000

0.150

006

500

±0.000

450

300

540

700

500

80

-0.100

0.006

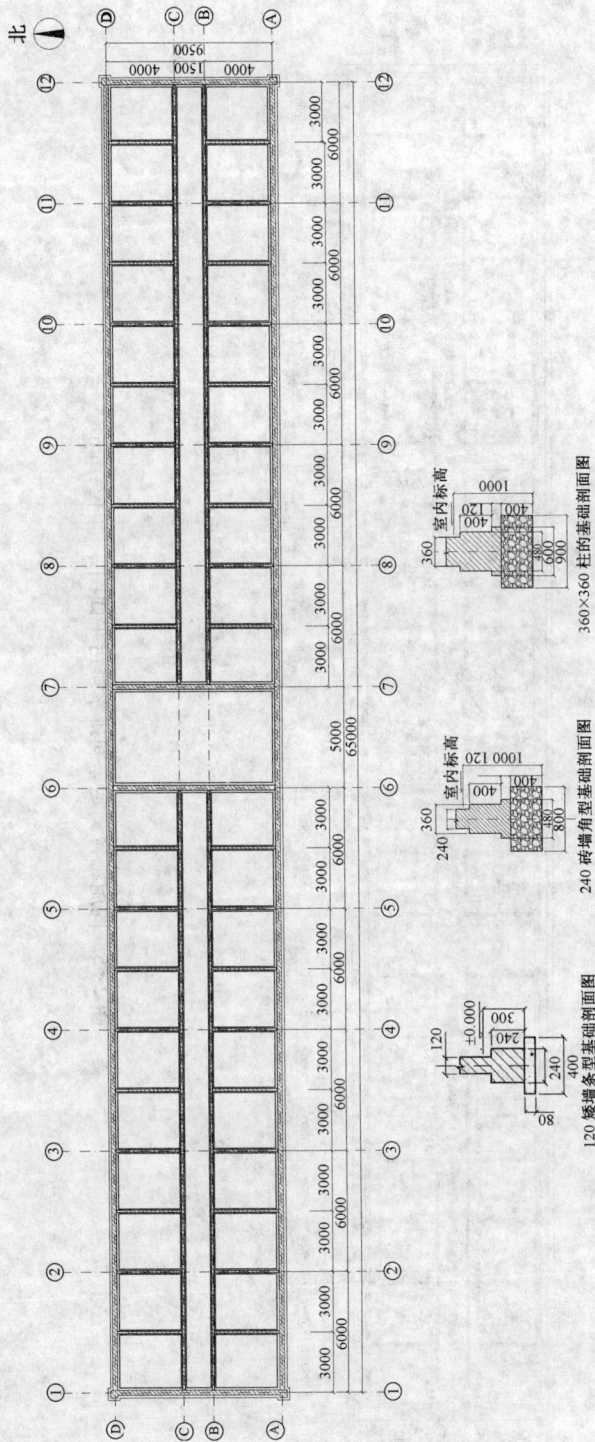

图 2-54 同胞肥膏测定车间基础平面图和详图（单位：mm）

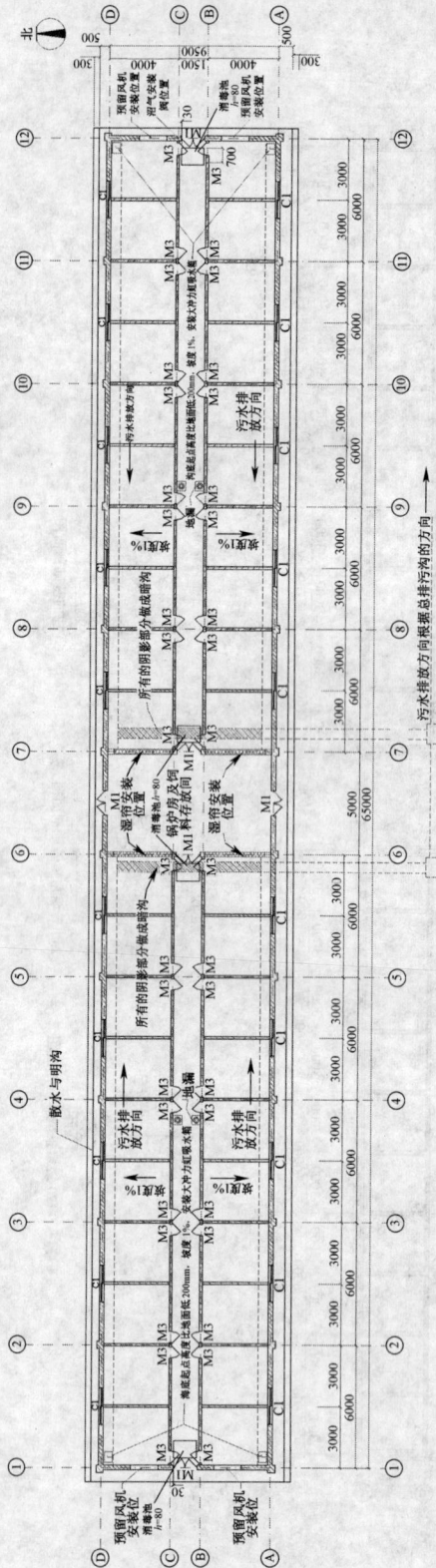

图 2-55　同胞肥育测定车间排水排污平面图 （单位：mm）

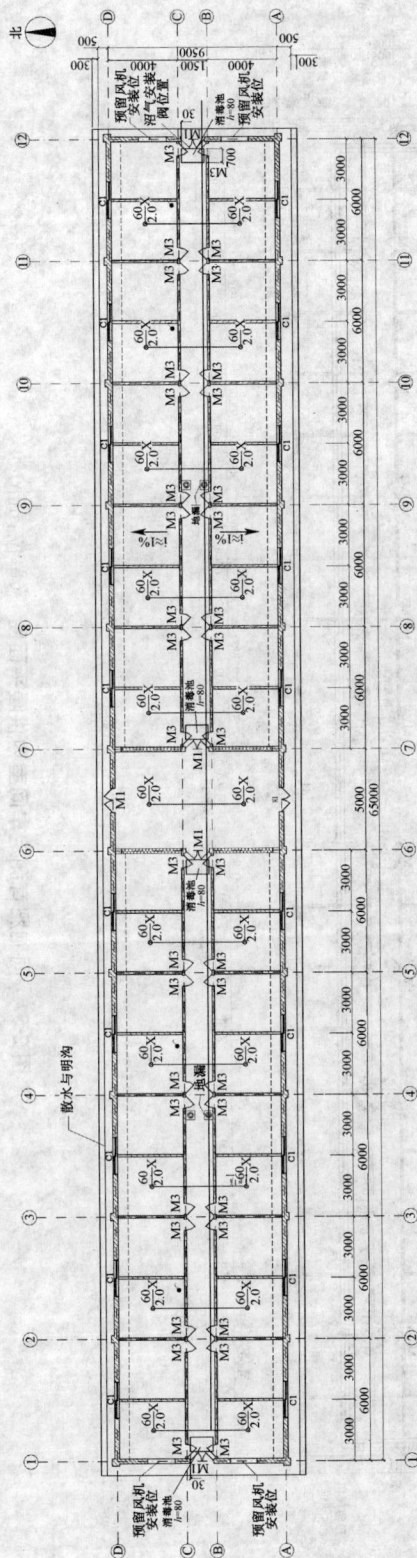

图 2-56 同胞肥育测定车间室内照明平面图 (单位: mm)

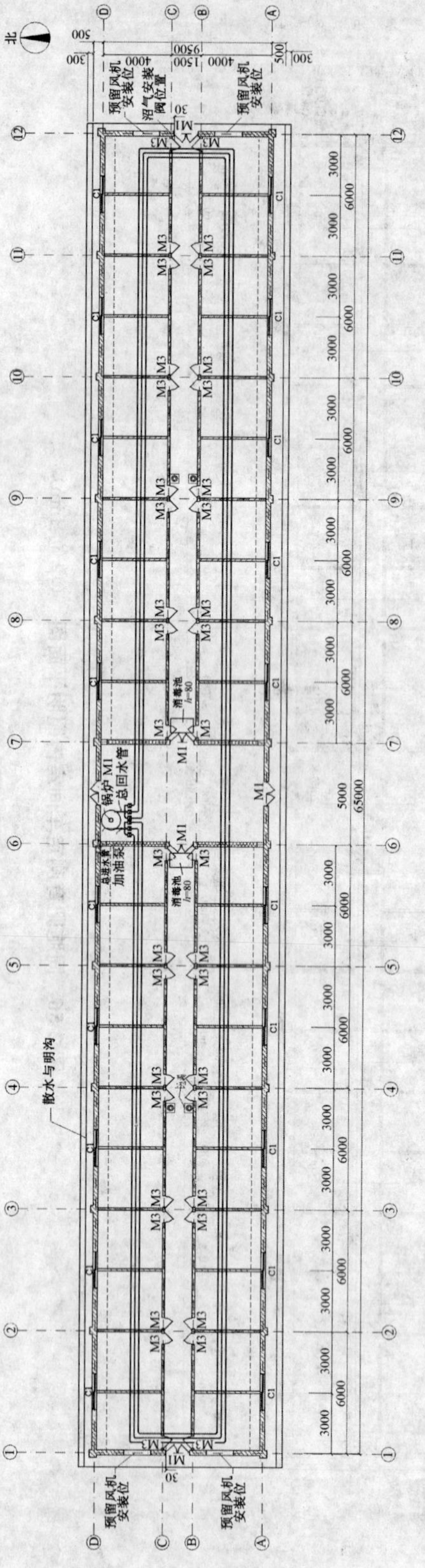

图 2-57　同胞肥育测定车间室内供暖平面图　（单位：mm）

(八) 生长肥育车间

如图 2-58 至图 2-64 所示,生长肥育车间为平养方式,车间规格为 65m×9.7m×3.2m,车间面积为 630.5m²,栏圈规格为 4.1m×5m×0.9m,栏圈面积为 20.5m²/个,附属设施面积为 9m²,饲养密度为 1.02m²/头。适宜容量为 520 头/批,转入和转出时间分别为 71 日龄和 160 日龄,转入转出体重为 28kg 和 100kg,该车间适宜周转利用次数为 52 周÷(饲养期 16 周+空栏消毒维修备用 1 周)=3 批次/年,年饲养周转量为 1 560 头。该车间为封闭式结构,冬季采用地平下热水循环供暖,夏季采用负压湿帘降温方式,也可采用卷帘半敞开或全敞开式结构的正压送风雾化降温方式。

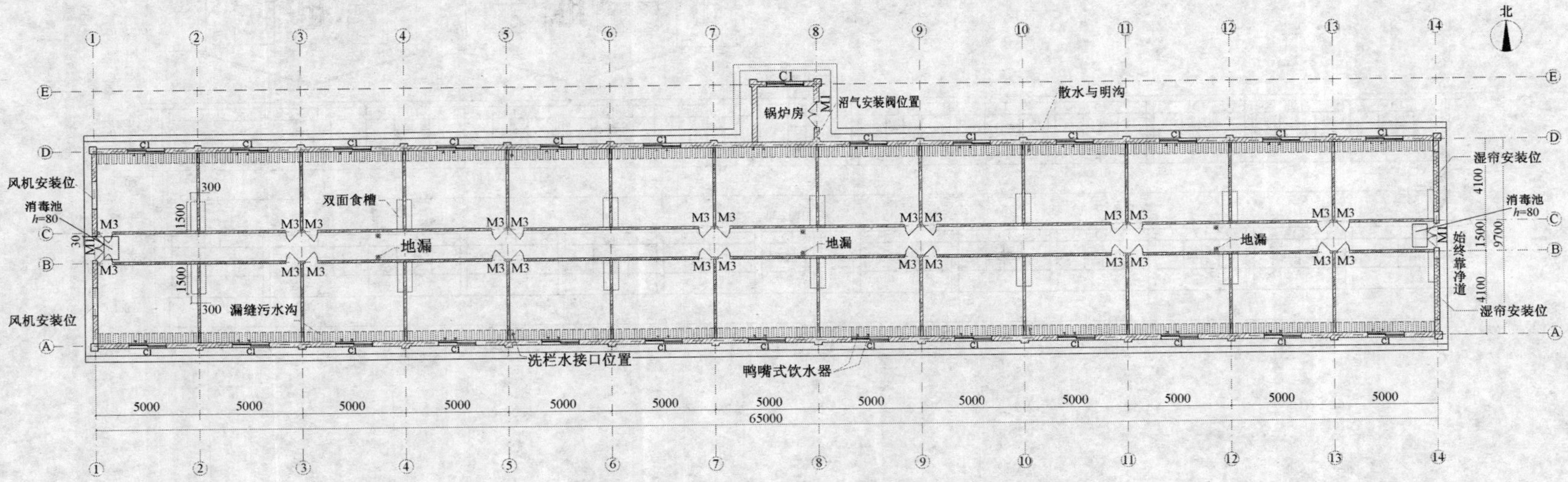

图 2-58 生长肥育车间平面图 (单位:mm)

81

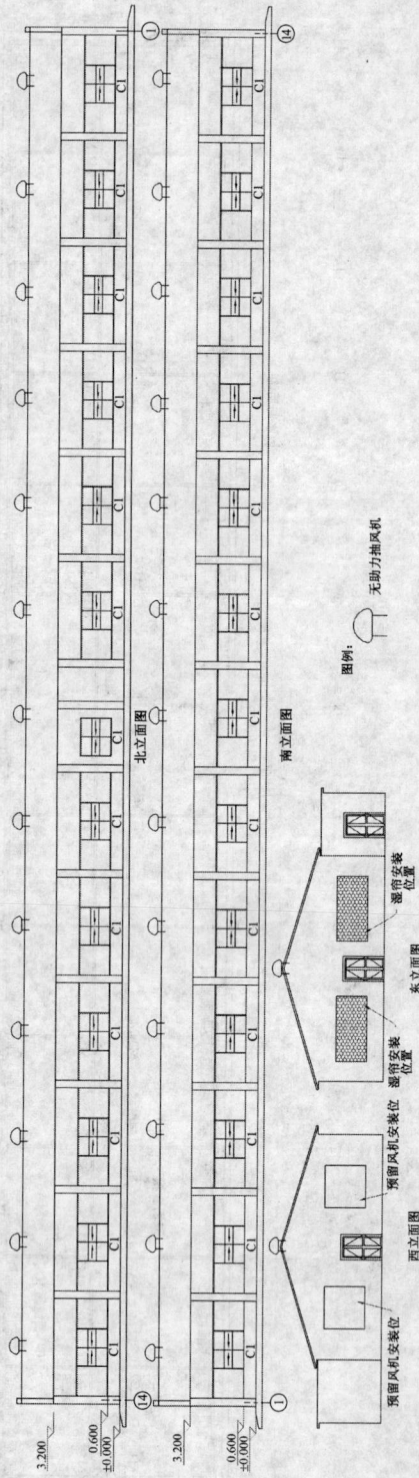

图 2-59　生长肥育车间立面图

图例：

无助力地风机

北立面图

南立面图

西立面图

东立面图

湿帘安装位置

湿帘安装位置

预留风机安装位

预留风机安装位

3.200

0.600
±0.000

3.200

0.600
±0.000

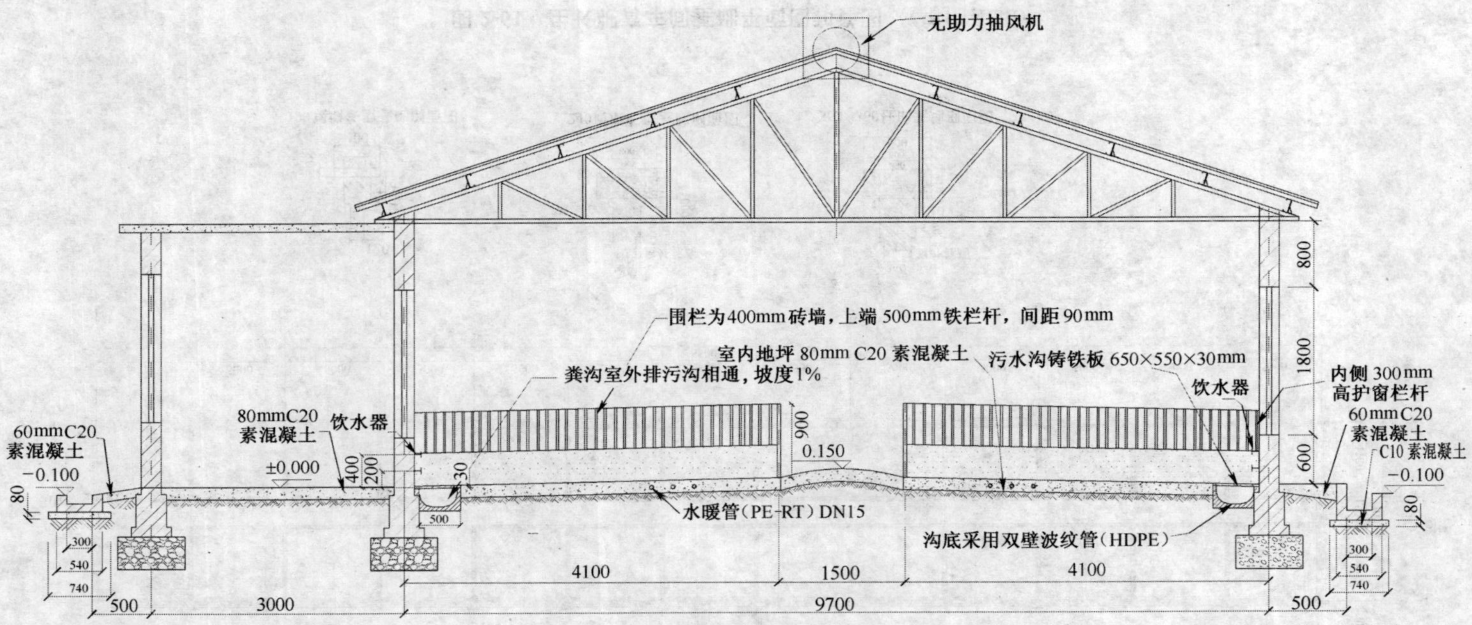

无助力抽风机
围栏为400mm砖墙，上端 500mm铁栏杆，间距 90mm
室内地坪 80mm C20 素混凝土
污水沟铸铁板 650×550×30mm
粪沟室外排污沟相通，坡度1%
内侧 300mm
高护窗栏杆
饮水器
60mm C20
素混凝土
C10 素混凝土
−0.100
80
800
1800
600
900
0.150
80mmC20
素混凝土
饮水器
±0.000
400
200
30
500
60mmC20
素混凝土
−0.100
80
水暖管（PE-RT）DN15
沟底采用双壁波纹管（HDPE）
300
540
740
4100
1500
4100
500
3000
9700
500

图 2-60 生长肥育车间剖面图 （单位：mm）

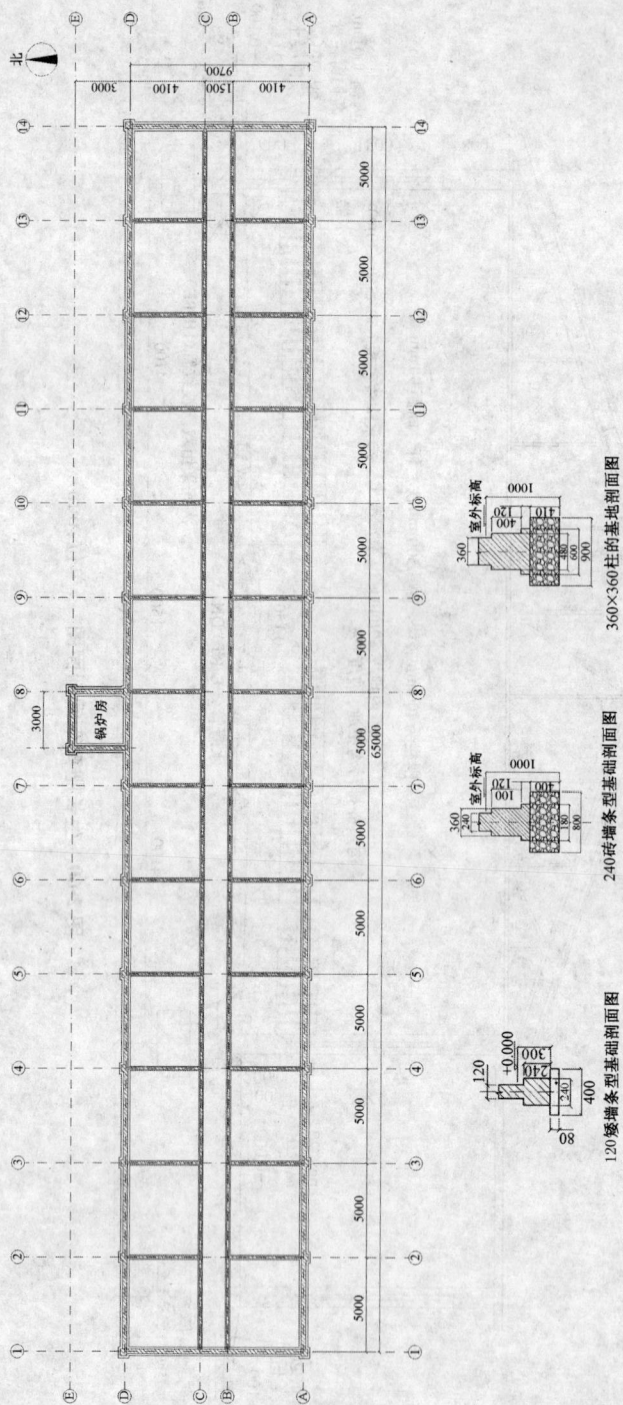

图 2-61　生长肥育车间基础平面图和详图（单位：mm）

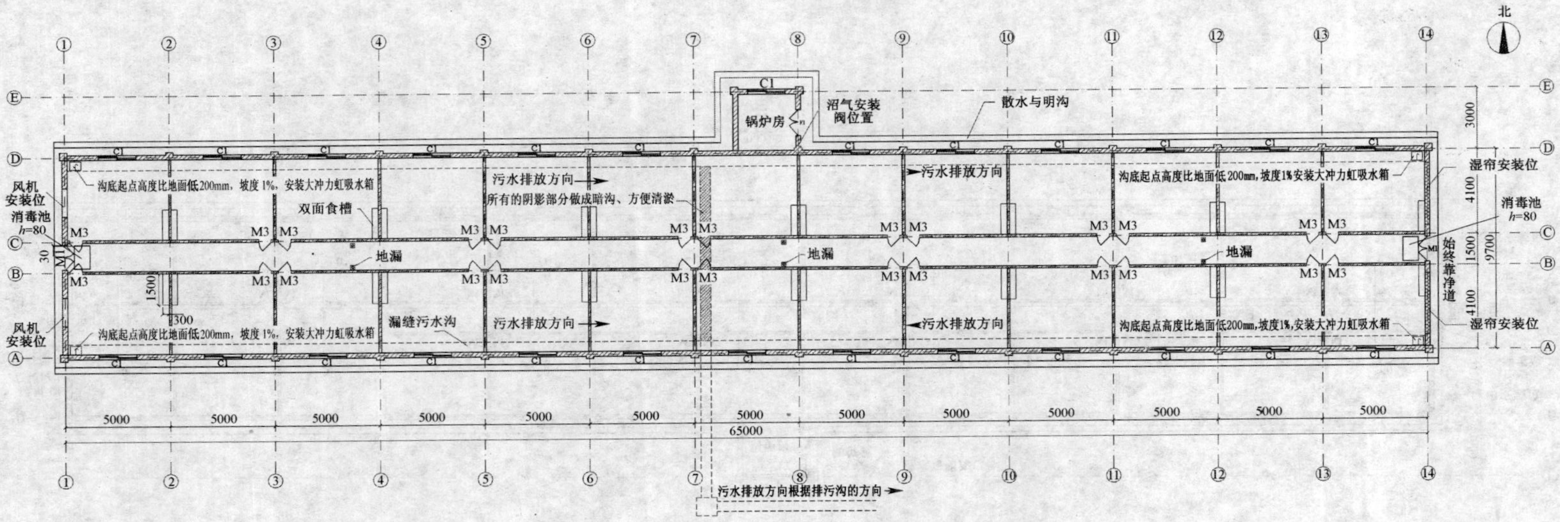

图 2-62 生长肥育车间排水排污平面图 （单位：mm）

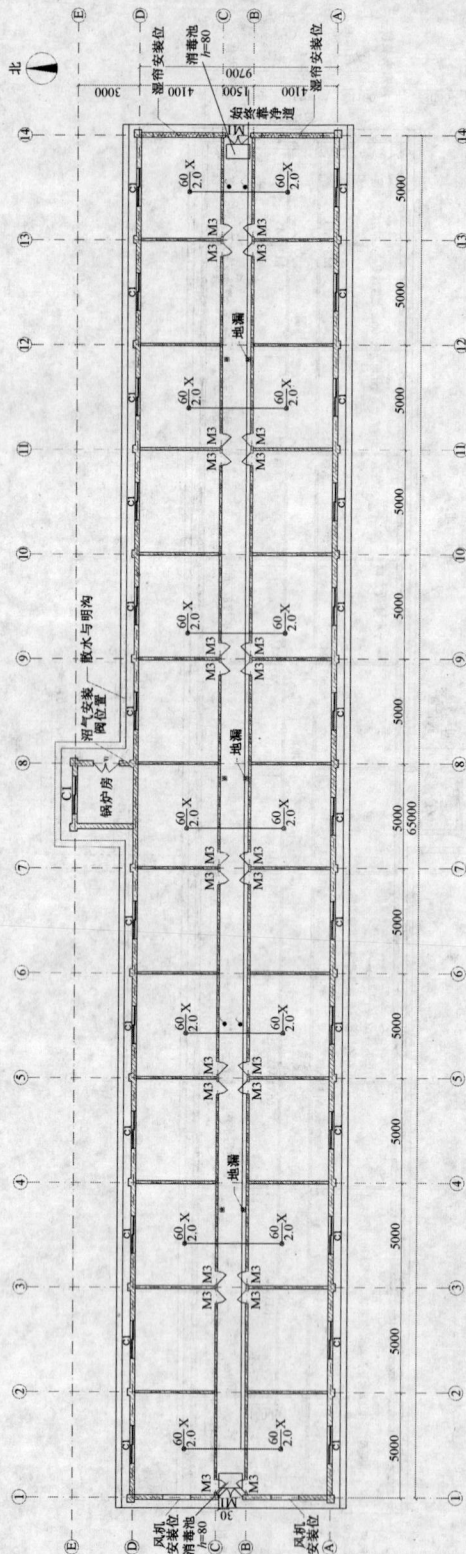

图 2-63 生长肥育车间室内照明平面图（单位：mm）

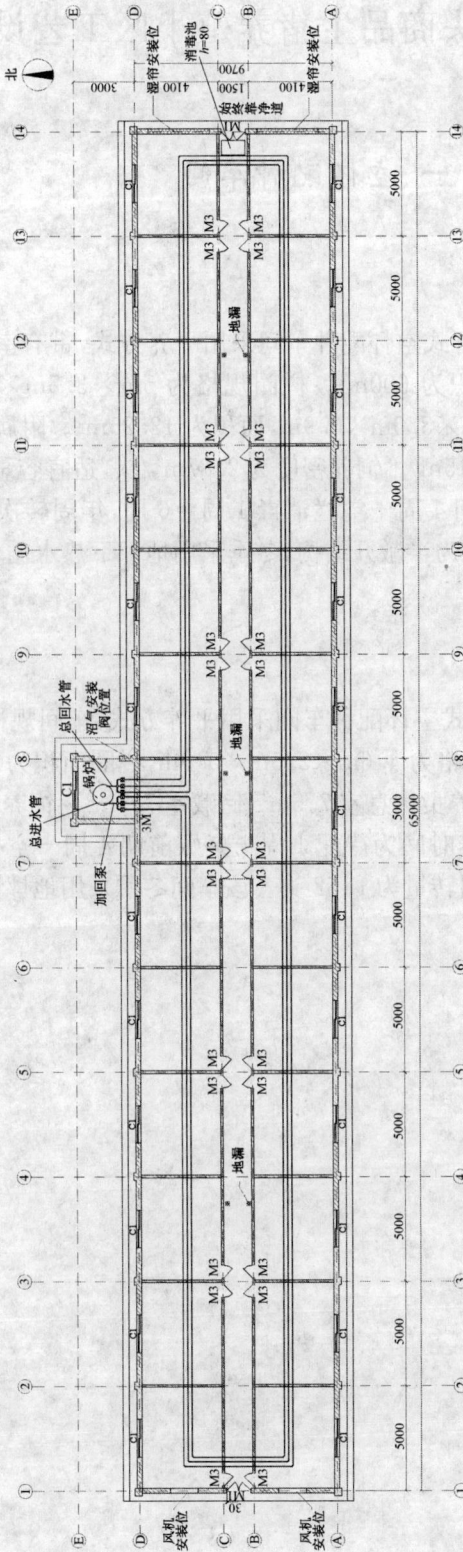

图 2-64　生长肥育车间室内供暖平面图　(单位：mm)

第三章　万头商品生猪养殖小区工艺设计

一、空怀配种车间

(一)半敞开式

如图 3-1 至图 3-7 所示,半敞开式空怀配种车间采用平养方式,带有室外运动场。车间规格为 $60m \times 10m \times 2.8m$,车间面积为 $600m^2$。栏圈规格为 $5m \times 3.5m \times 0.9m$,栏圈面积为 $17.5m^2$。室外运动场规格为 $3.5m \times 3.5m \times 0.9m$,面积为 $12.25m^2$。附属设施面积为 $24m^2$,包括锅炉房 $9m^2$ 和饲养员休息室 $15m^2$。饲养密度为 $2.87m^2/$头,适宜容量为 192 头/批,每批次饲养时间为待配 1 周+妊娠前期 4 周+空栏消毒 1 周=6 周,年周转次数为 8.6 批/年,年饲养周转量为 1152 头次。该车间为半敞开结构,冬季采用地坪下热水循环供暖,夏季采用正压送风雾化降温方式。

(二)封 闭 式

如图 3-8 至图 3-14 所示,封闭式空怀配种车间采用平养方式,车间规格为 $60m \times 10.7m \times 2.8m$,车间面积为 $642m^2$。栏圈规格为 $4.6m \times 2.5m \times 0.9m$,栏圈面积为 $11.5m^2$。附属设施面积为 $24m^2$,包括锅炉房 $9m^2$,饲养员休息室 $7.5m^2$,储藏室 $7.5m^2$。饲养密度为 $2.87m^2/$头,适宜容量为 192 头/批,每批次饲养时间为待配 1 周+妊娠前期 4 周+空栏消毒 1 周=6 周,年周转次数为 8.6 批/年,年饲养周转量为 1152 头。该车间冬季采用地坪下热水循环供暖,夏季采用负压湿帘降温方式。

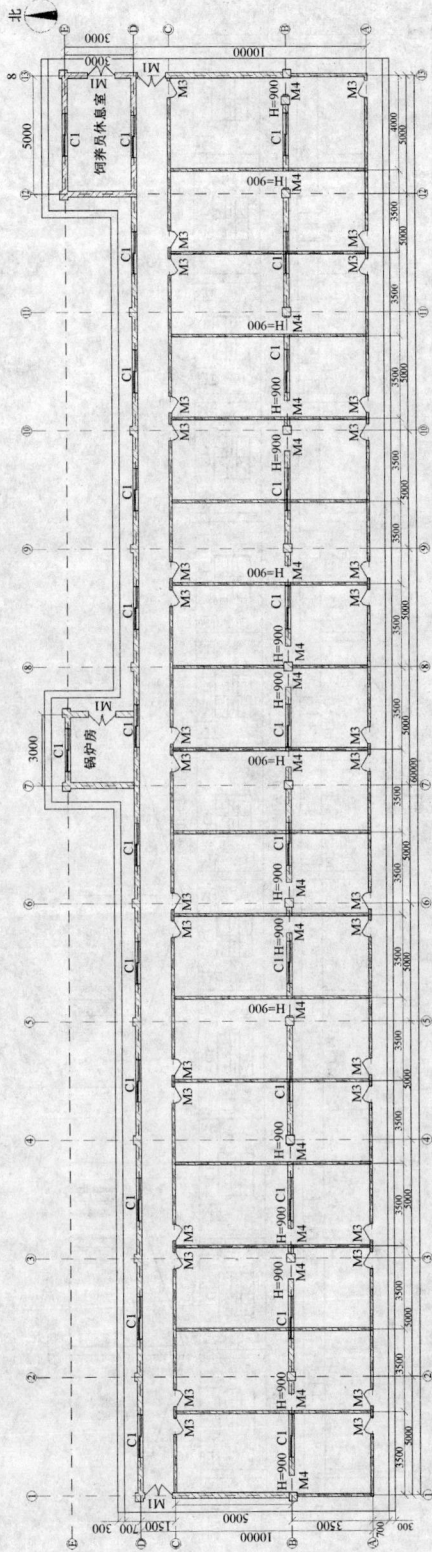

图 3-1 半敞开式空怀配种车间平面图（单位：mm）

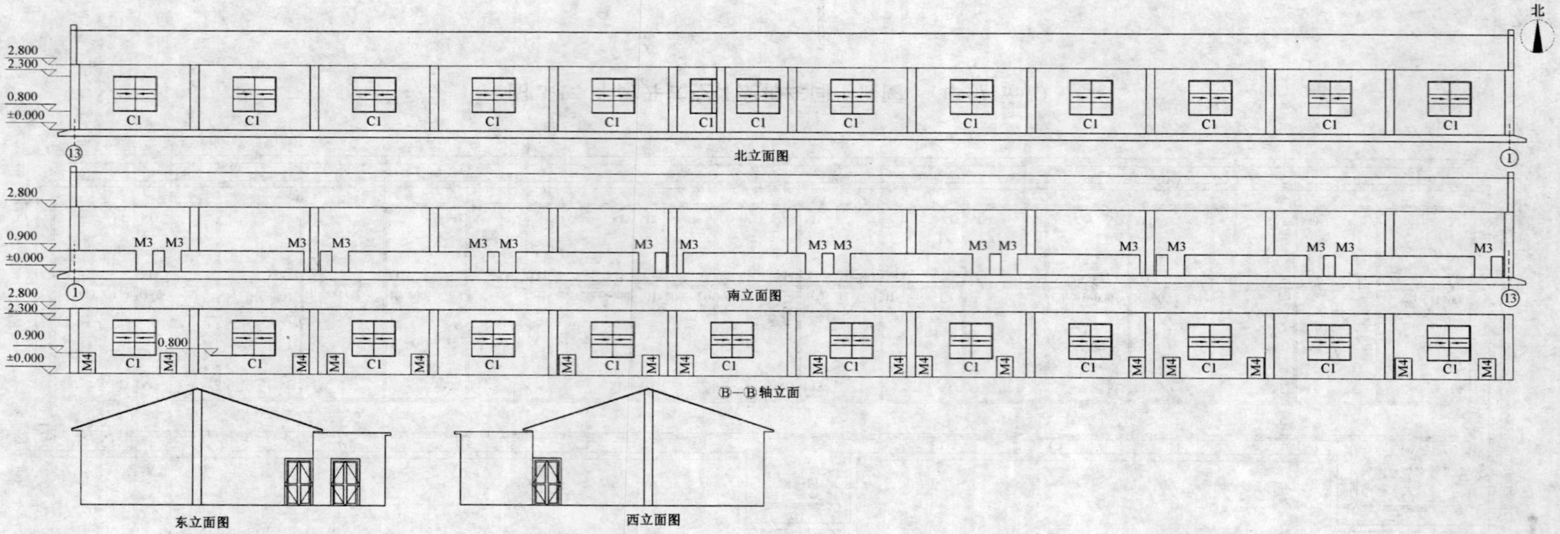

图 3-2 半敞开式空怀配种种车间立面图

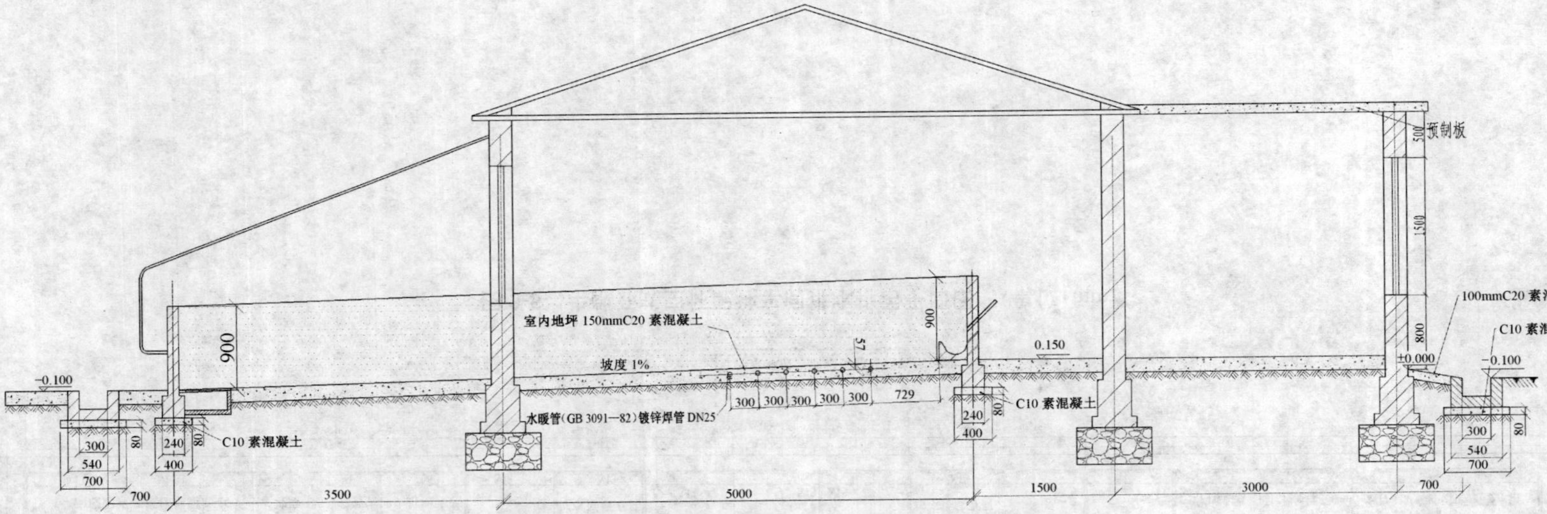

图 3-3 半敞开式空怀配种车间剖面图 （单位：mm）

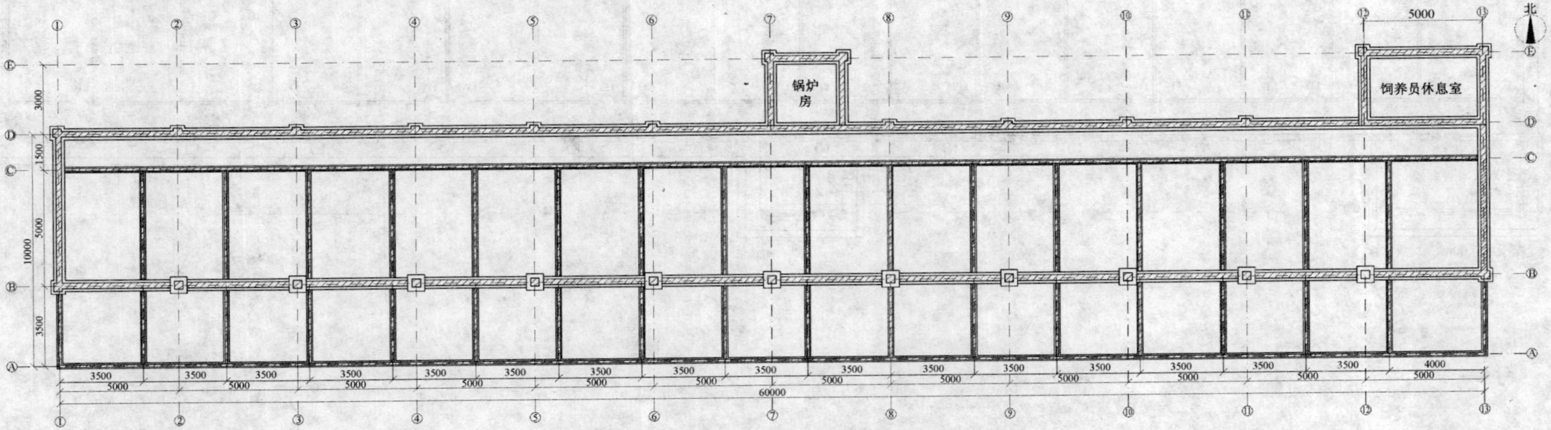

图 3-4 半敞开式空怀配种车间基础平面图 （单位：mm）

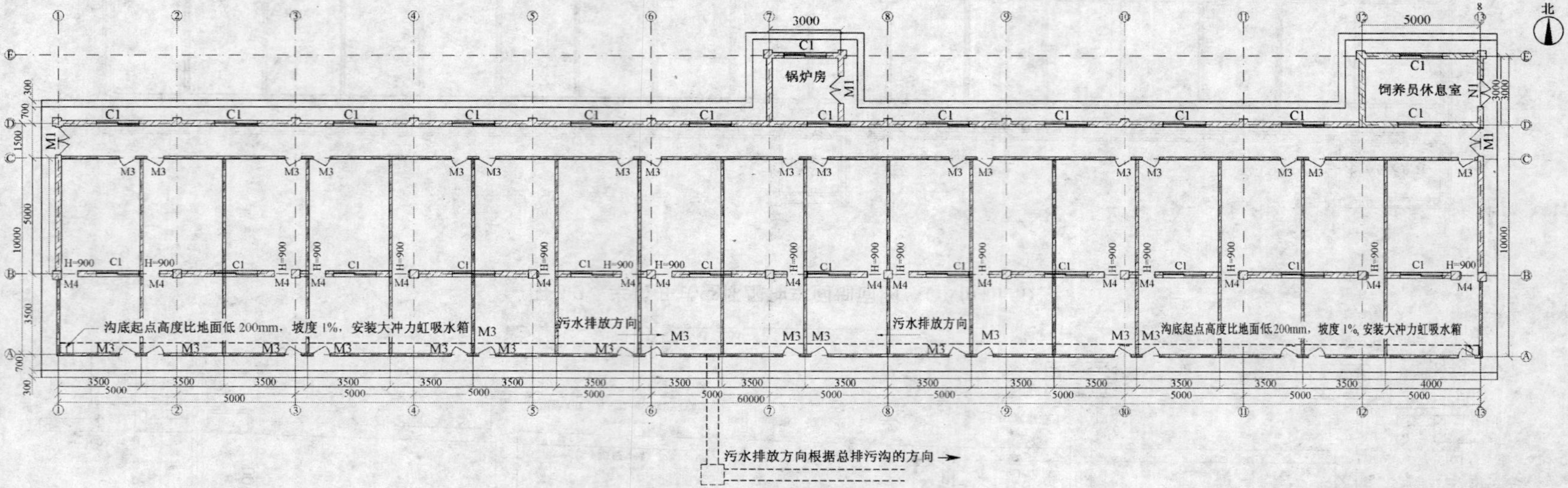

图 3-5 半敞开式空怀配种车间排水排污平面图 （单位：mm）

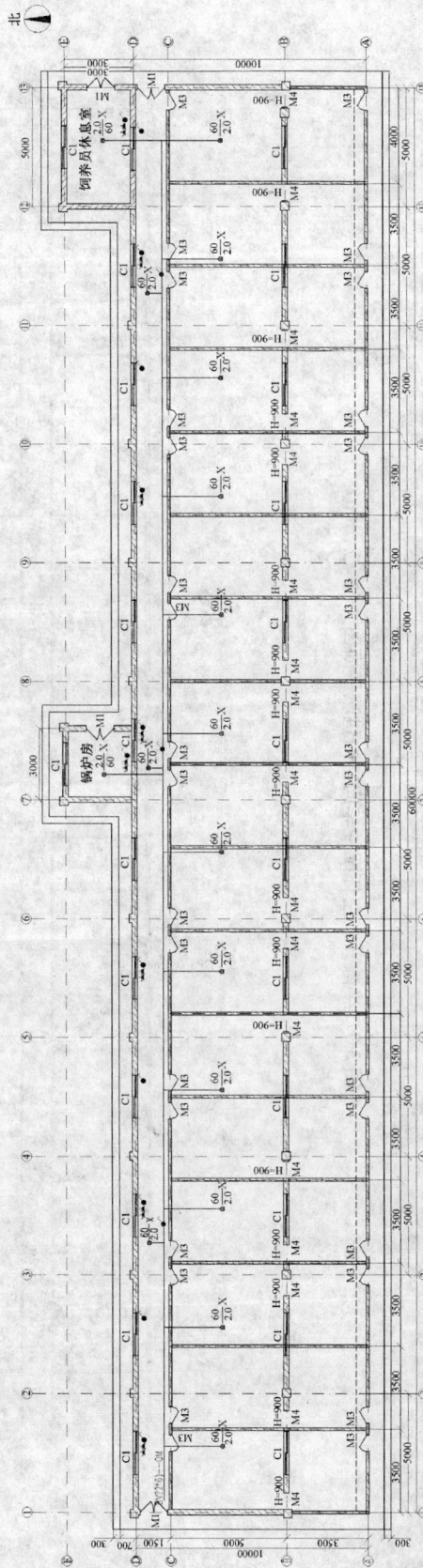

图 3-6 半敞开式空怀配种种车间车内室内照明平面图 （单位：mm）

93

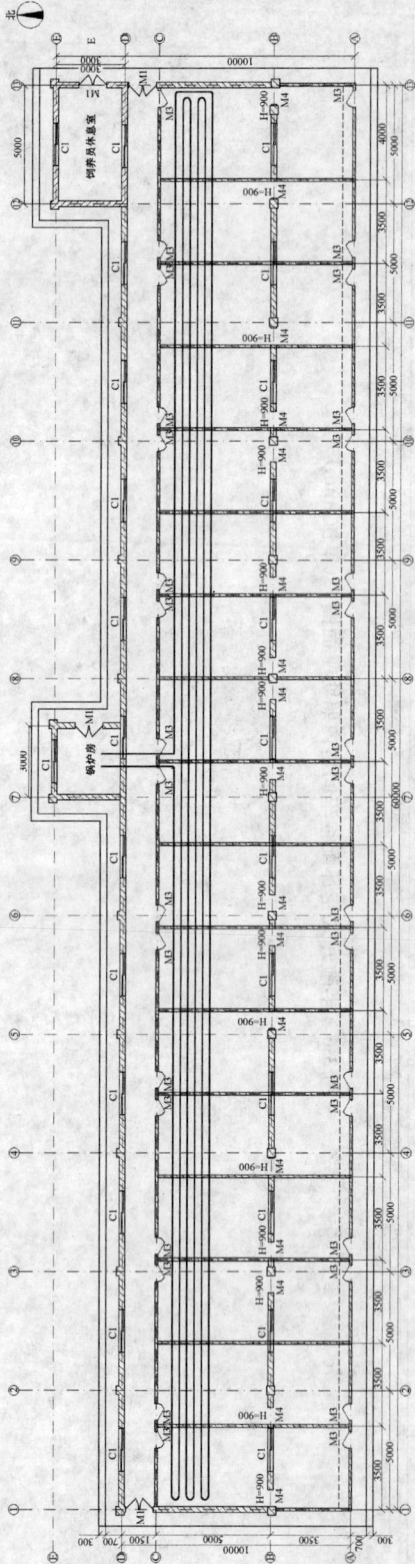

图 3-7 半敞开式空怀配种车间室内供暖平面图（单位：mm）

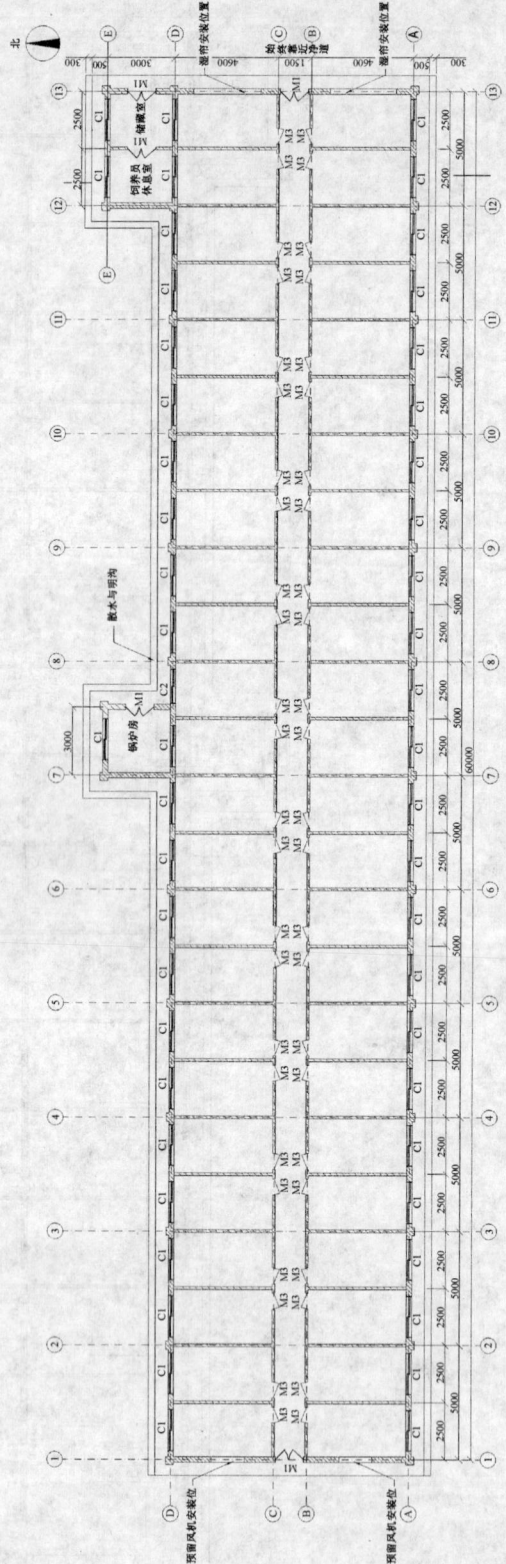

图 3-8 封闭式空怀配种车间平面图（单位：mm）

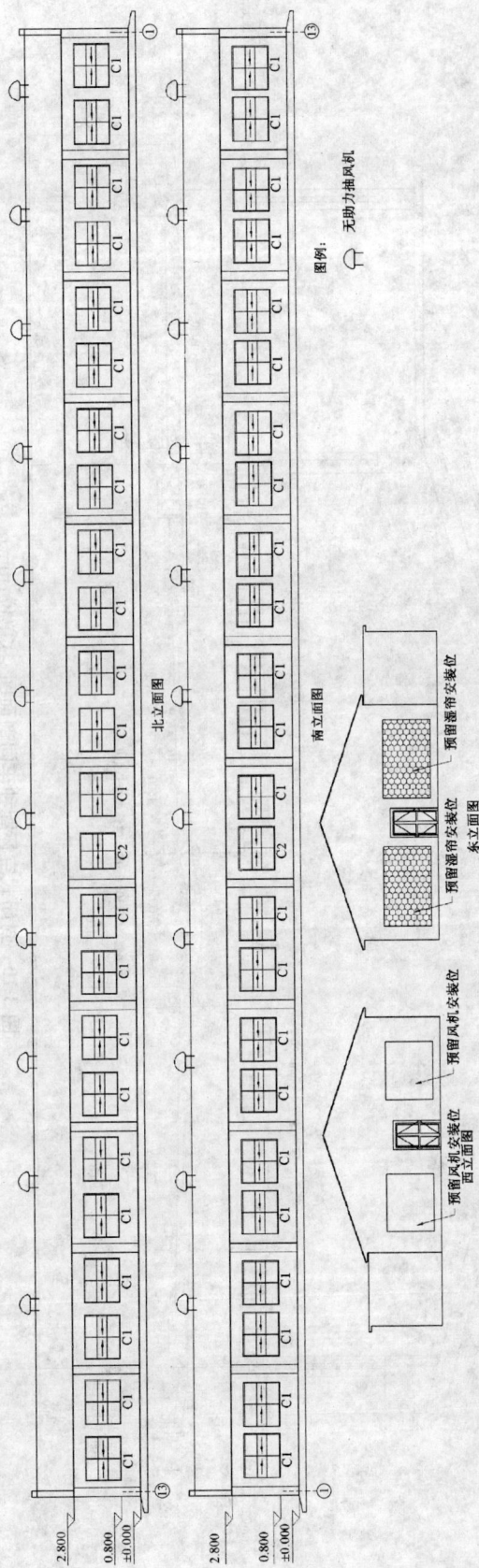

图例：

⌂ 无助力抽风机

北立面图

南立面图

2.800

0.800

±0.000

预留器筒安装位

东立面图

预留器筒安装位

预留风机安装位

西立面图

预留风机安装位

图 3-9 封闭式空怀配种车间立面图

95

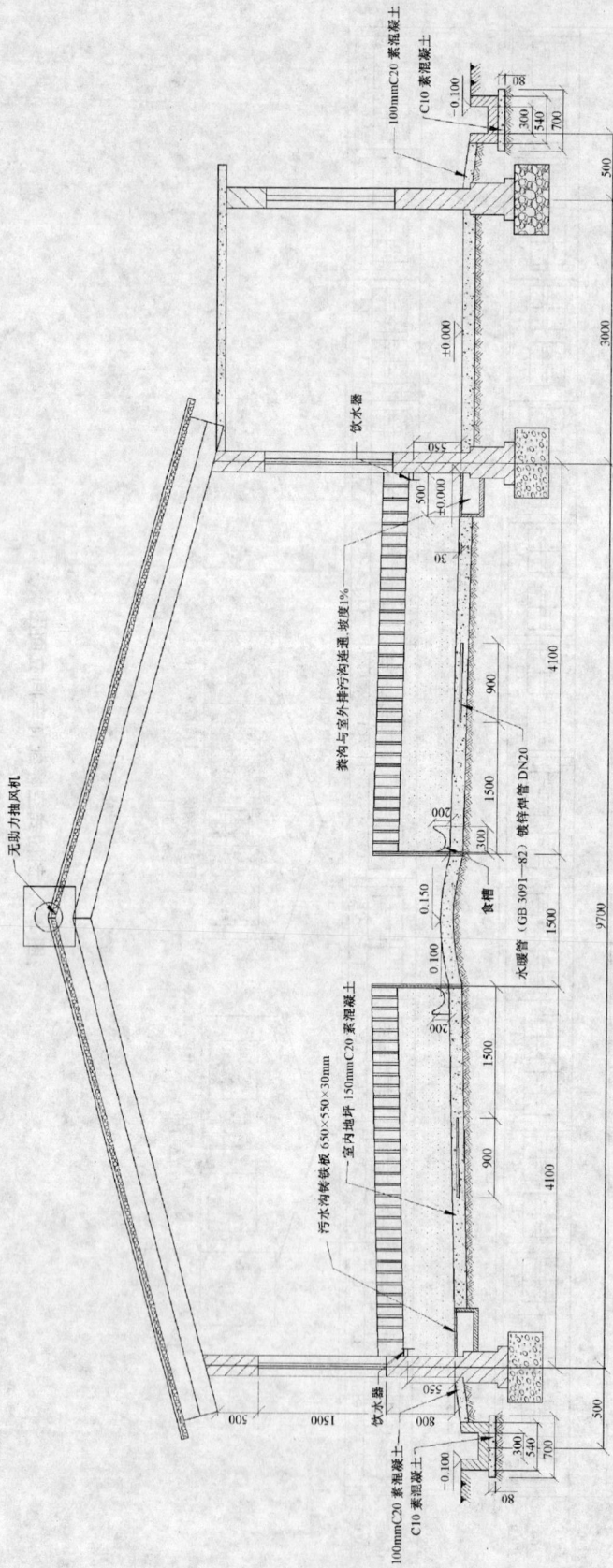

图 3-10 封闭式空怀配种车间剖面图 （单位：mm）

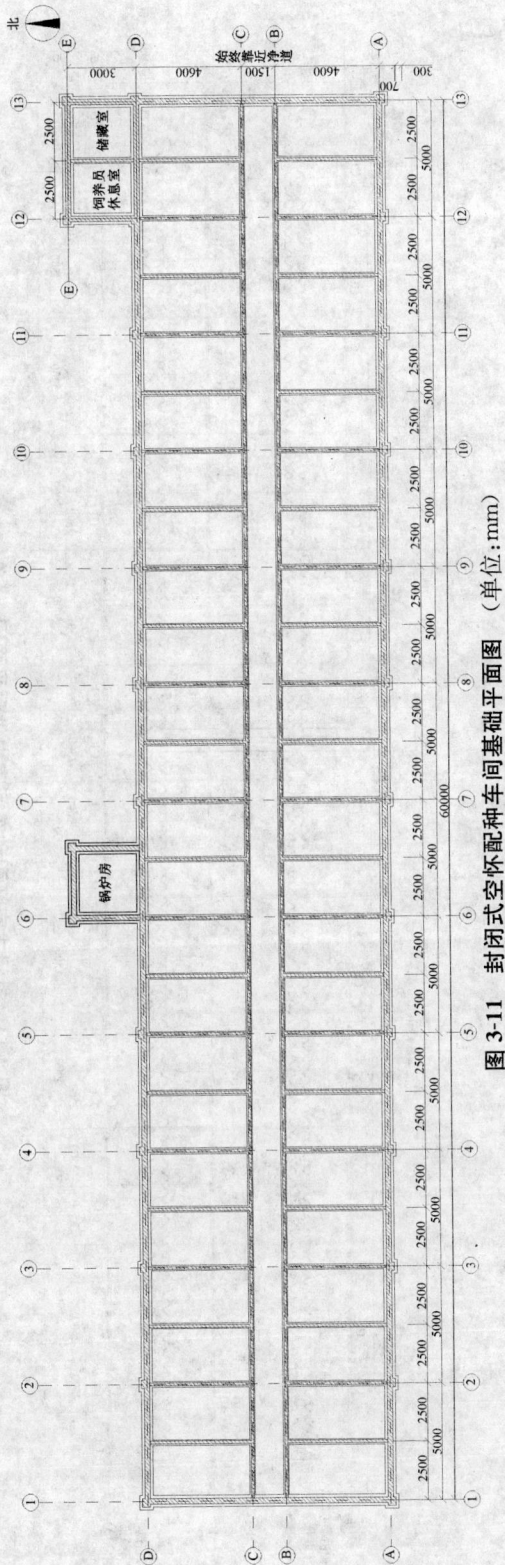

图 3-11 封闭式空怀配种车间基础平面图 （单位：mm）

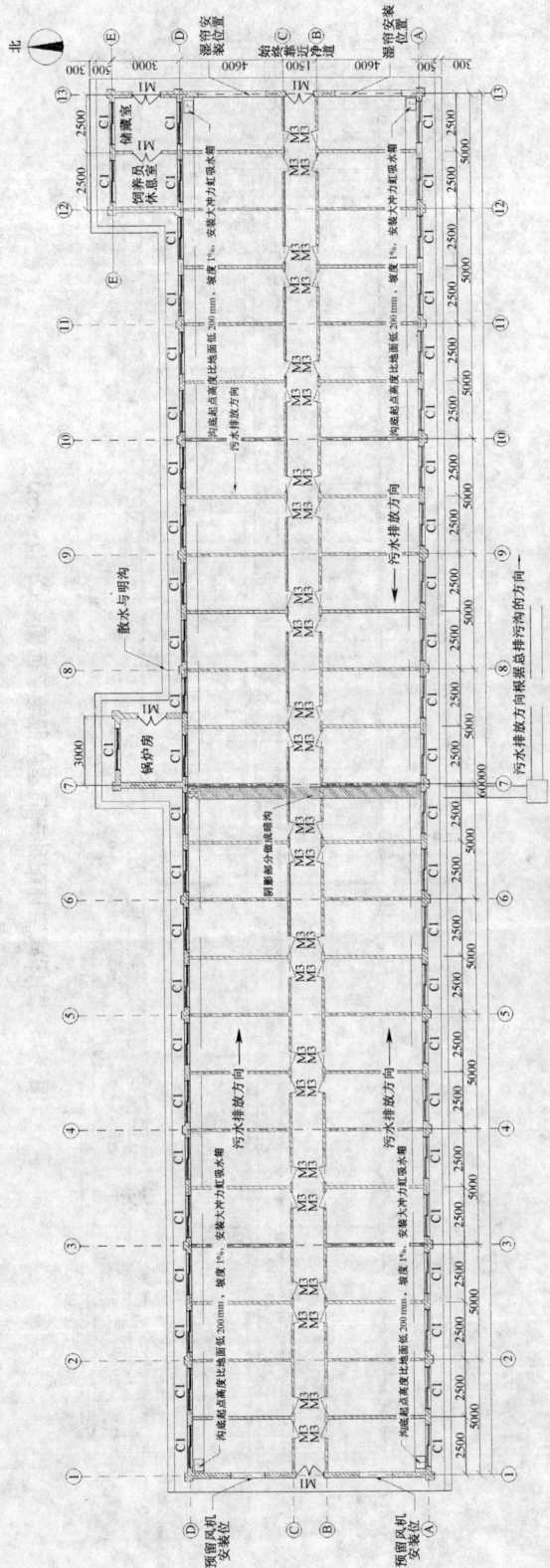

图 3-12 封闭式空怀配种车间排水排污平面图 （单位：mm）

97

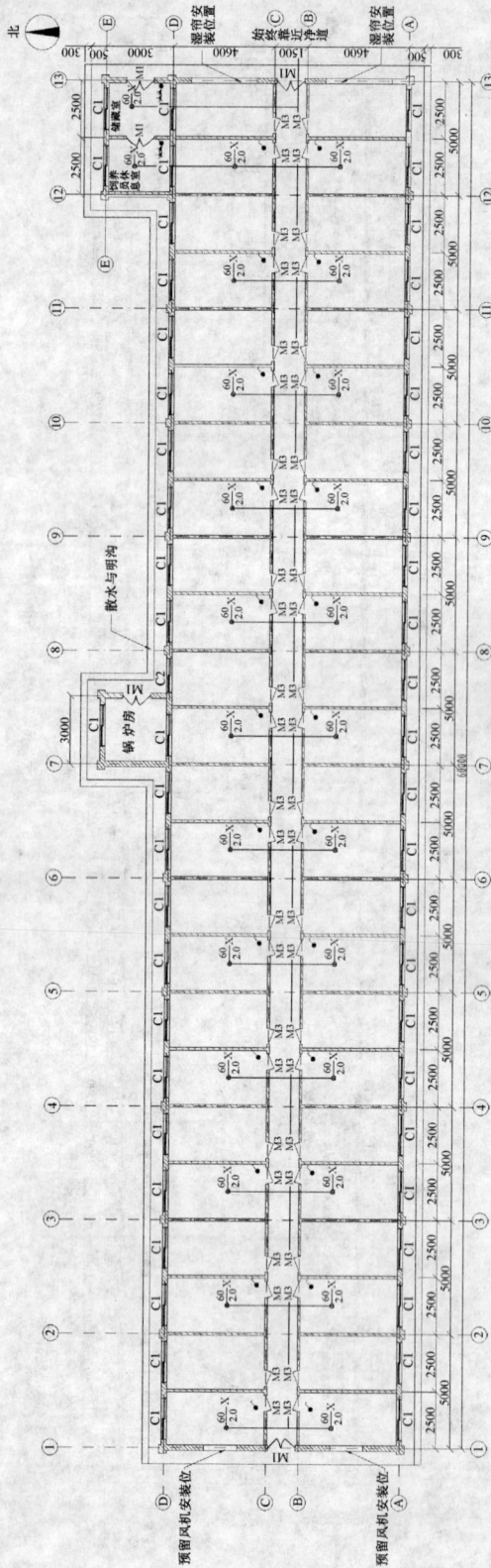

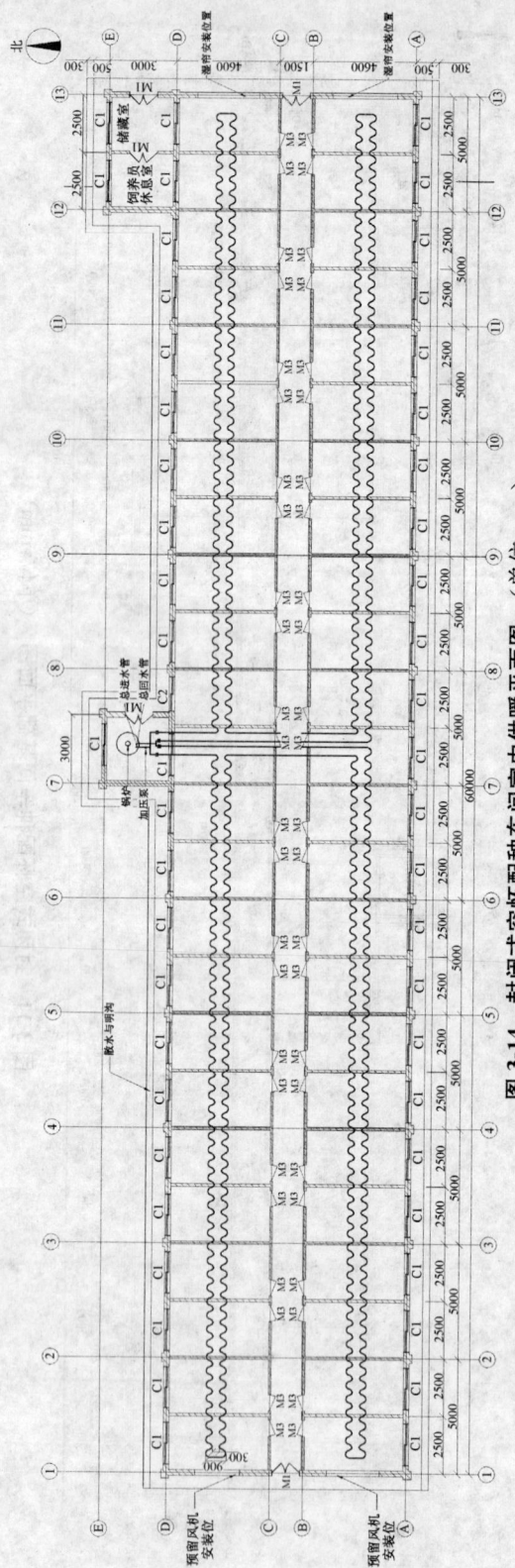

图 3-13 封闭式空怀配种车间室内照明平面图（单位：mm）

图 3-14 封闭式空怀配种车间室内供暖平面图（单位：mm）

二、单体妊娠限位车间

（一）封 闭 式

如图 3-15 至图 3-22 所示，封闭式单体妊娠限位车间采用限位栏饲养方式，车间规格为 60m×9.2m×2.8m，车间面积为 552m²。栏圈规格为 2.2m×0.65m×1m。栏圈面积为 1.43m²。附属设施面积为 24m²，包括锅炉房 9m²，饲养员休息室 7.5m²，储藏室 7.5m²。饲养密度为 1.43m²/头，适宜容量为 168 头/批，年周转利用次数为 52 周÷（饲养期 11 周＋空栏消毒用 1 周）=4 批/年，年饲养周转量为 672 头。该车间南北均为玻璃窗，每栋车间由 2 个独立单元组成。冬季采用地坪下热水循环供暖，夏季采用负压湿帘畜降温方式。清污方式采用人工干清粪，少量水冲洗清洗的方法。此设计模式适用于低温及北方寒冷地区生猪养殖场或养殖小区。

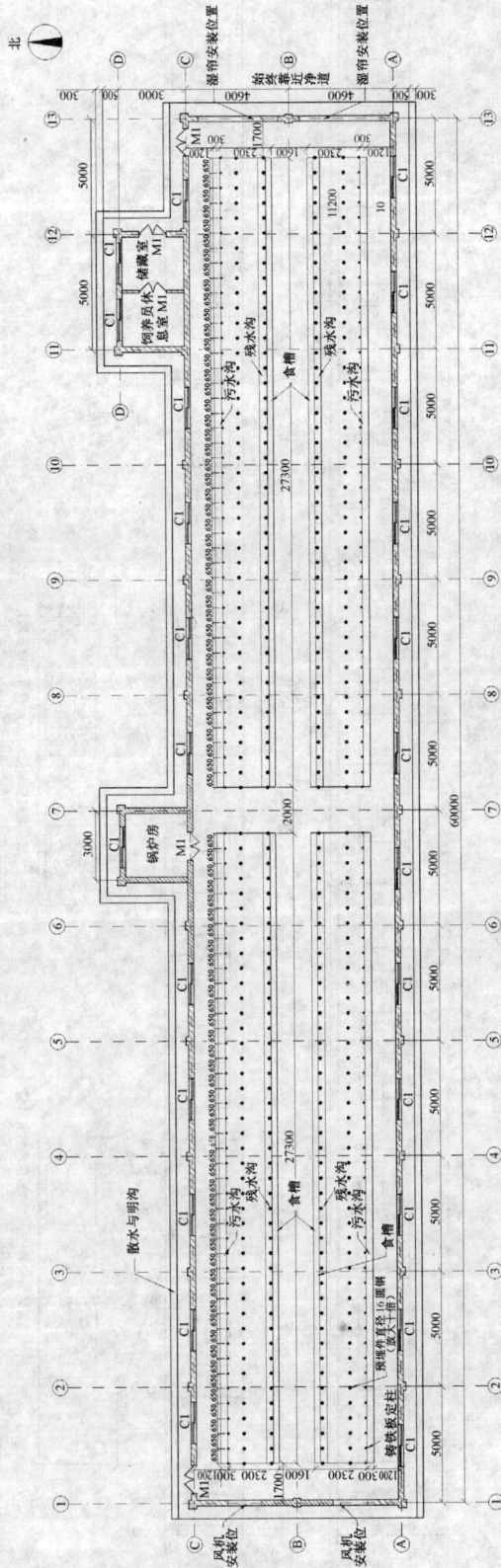

图 3-15　封闭式单体妊娠限位车间平面图　（单位：mm）

99

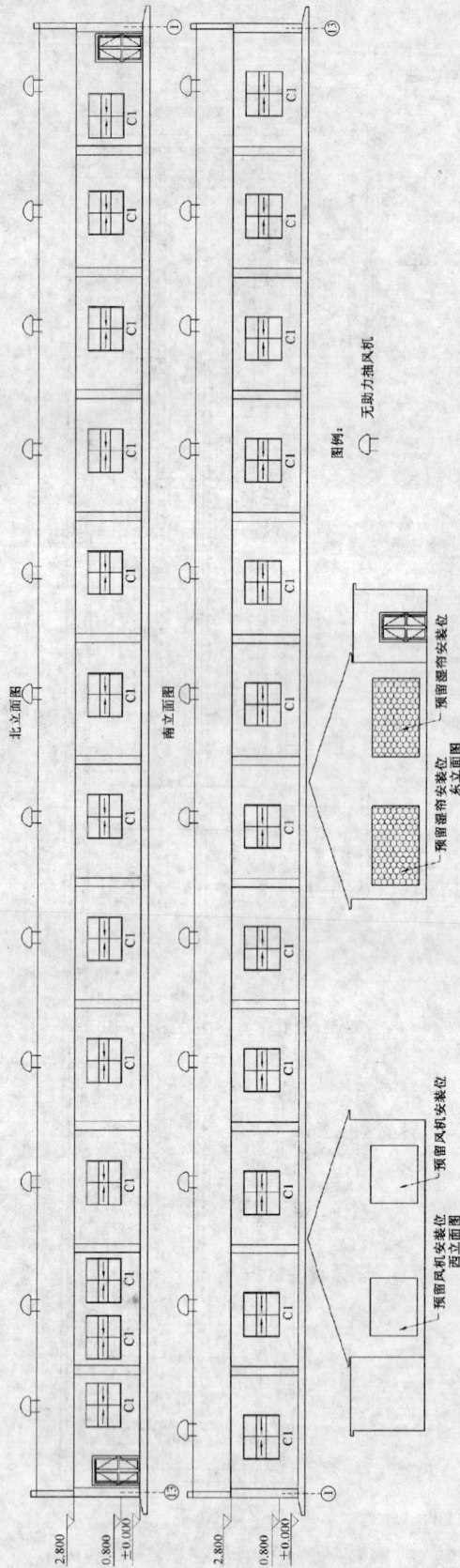

图 3-16　封闭式单体延脈限位车间立面图

北立面图

南立面图

图例:

无助力油风机

预留窗帘的安装位
东立面图

预留窗帘的安装位

预留风机安装位
西立面图

预留风机安装位

2.800

0.800

±0.000

2.800

0.800

±0.000

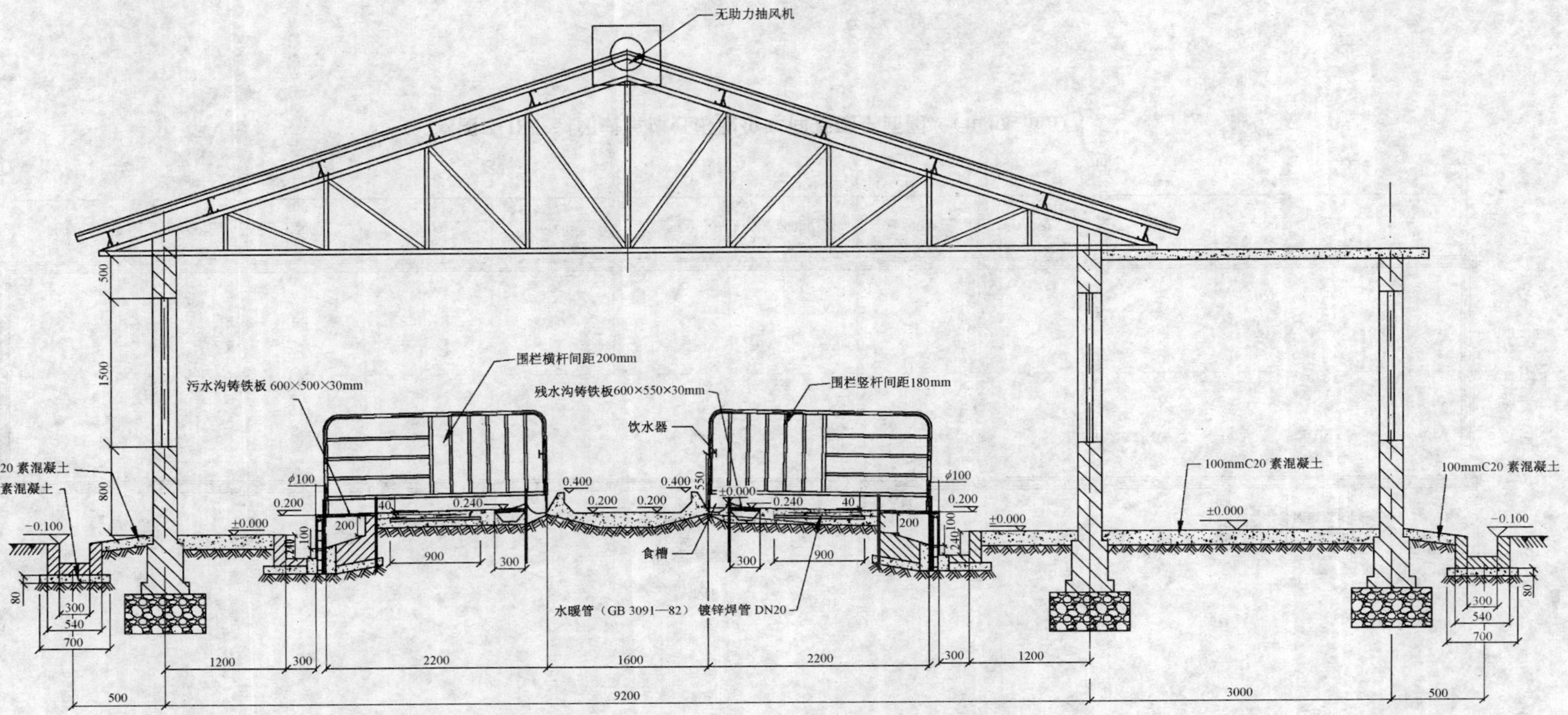

图 3-17 封闭式单体妊娠限位车间剖面图 （单位：mm）

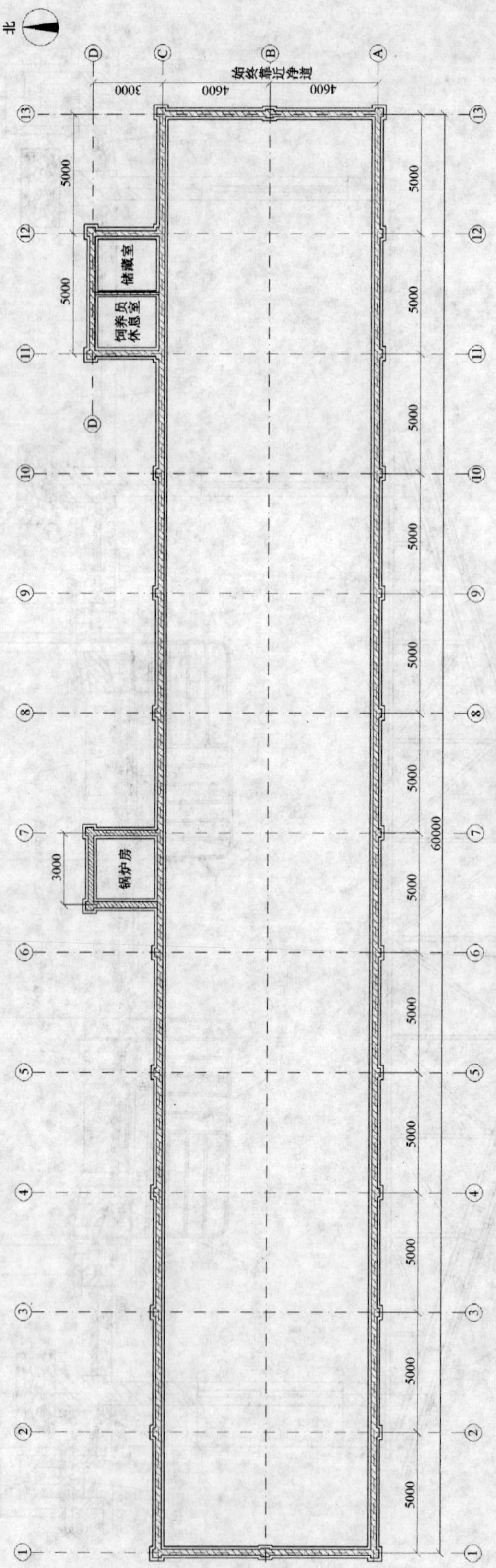

图 3-18 封闭式单体妊娠限位车间基础平面图 （单位：mm）

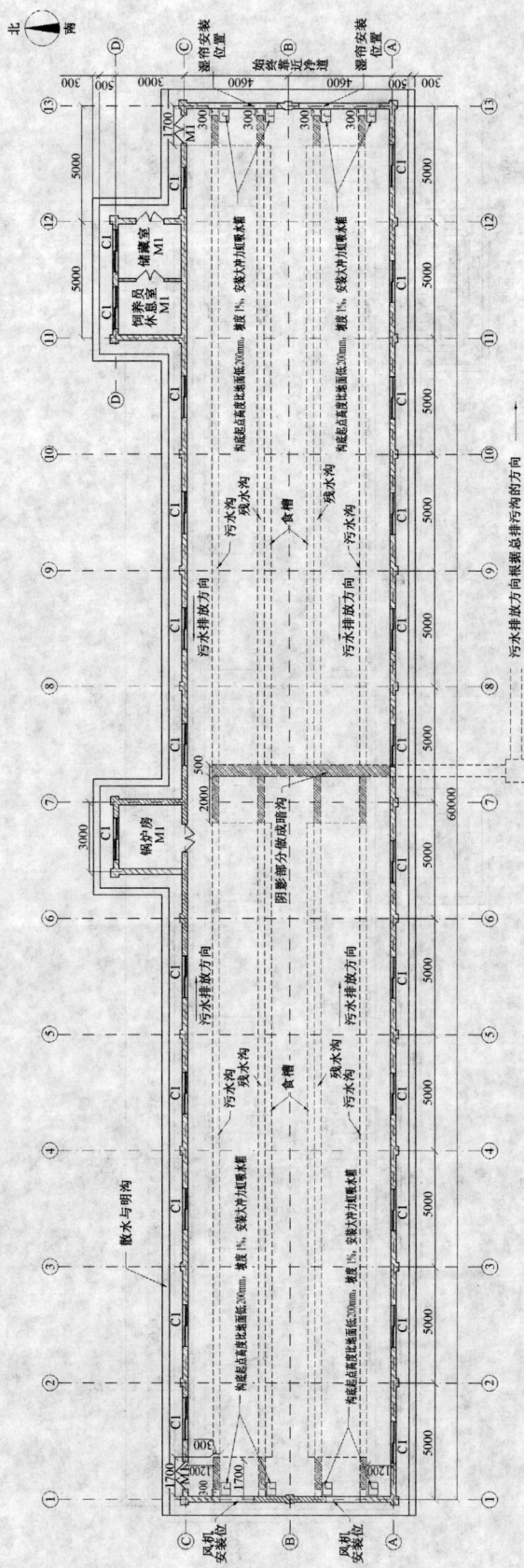

图 3-19 封闭式单体延展限位车间排水排污平面图 （单位：mm）

103

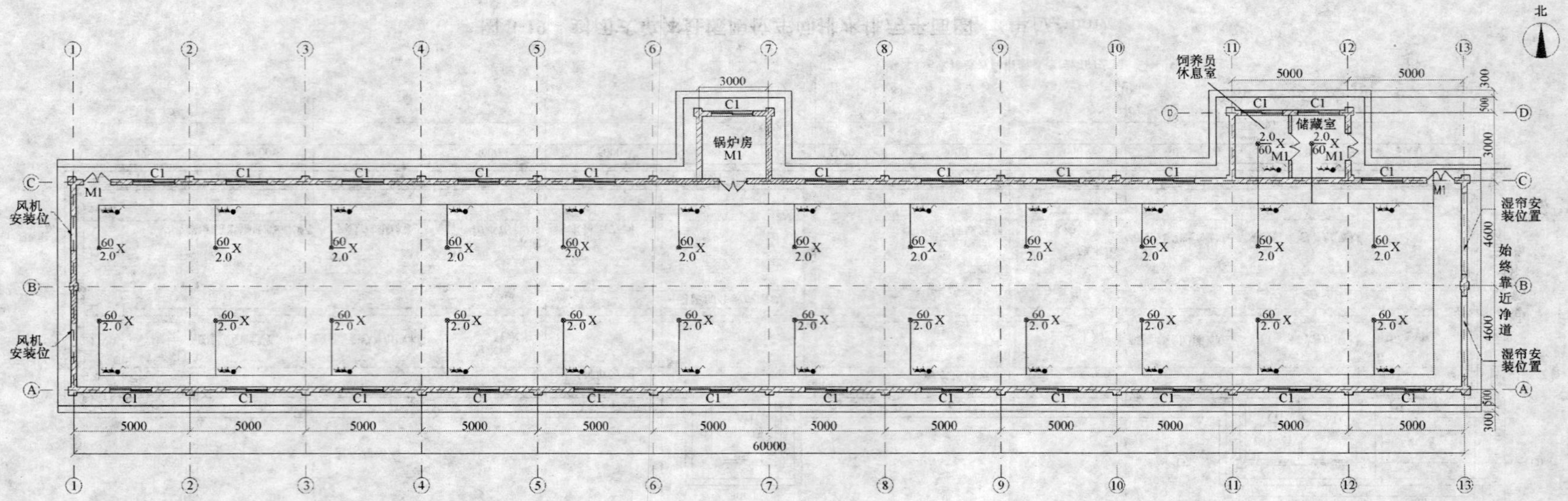

图 3-20 封闭式单体妊娠限位车间室内照明平面图 （单位：mm）

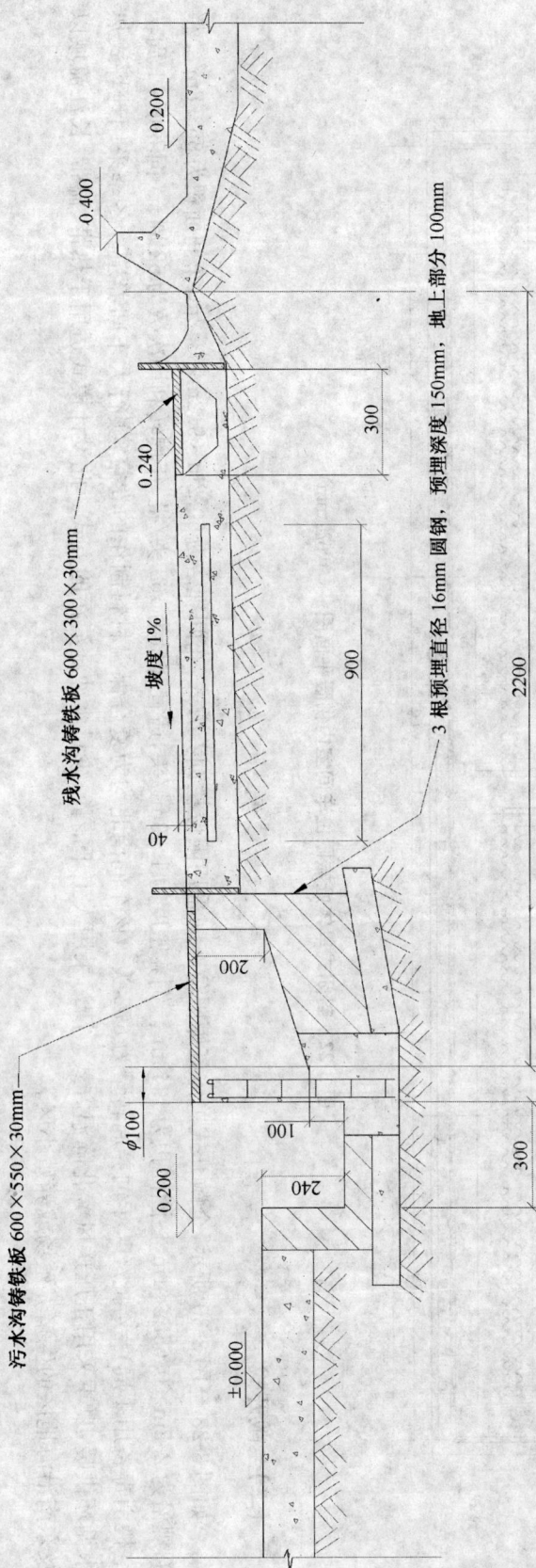

图 3-21　封闭式单体妊娠限位车间施工详图　（单位：mm）

残水沟铸铁板 600×300×30mm

污水沟铸铁板 600×550×30mm

坡度 1%

3 根预埋直径 16mm 圆钢，预埋深度 150mm，地上部分 100mm

0.200

0.400

0.240

0.200

±0.000

φ100

300

900

2200

300

200

240

100

40

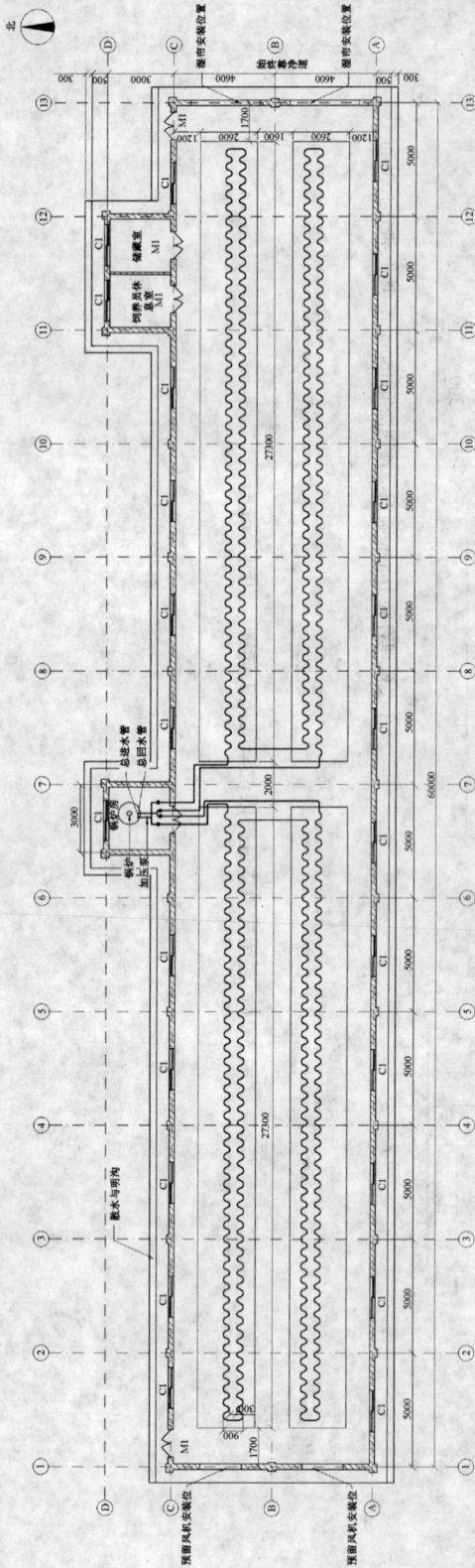

图3-22 封闭式单体妊娠限位车间室内供暖平面图 （单位：mm）

栏圈规格为60.2m×9.2m×3.2m，车间面积为553.8m²。栏圈栏位饲养方式，车间采用限位栏饲养方式，适宜容量为168头/批，年周转利用次数为52周÷（饲养期11周+空栏消毒用1周）=4批/年，年饲养周转量为672头。该车间南北均为复合保温材料制作的卷帘，实行大车间养殖。冬季采用地坪采用热水循环供暖，夏季采用正压风送雾化降温方式。清污采用人工干清粪，少量水冲洗清污的方式。此设计模式适用于干热、温带、长江流域以及东南沿海地区的生猪养殖场或养殖小区。

(二)全敞开式

如图3-23至图3-30所示，全敞开式单体妊娠限位车间采用限位栏饲养方式，车间规格为2.2m×0.65m×1m，栏圈面积为1.43m²。饲养密度为1.43m²/头，年饲养周转量为672头。

106

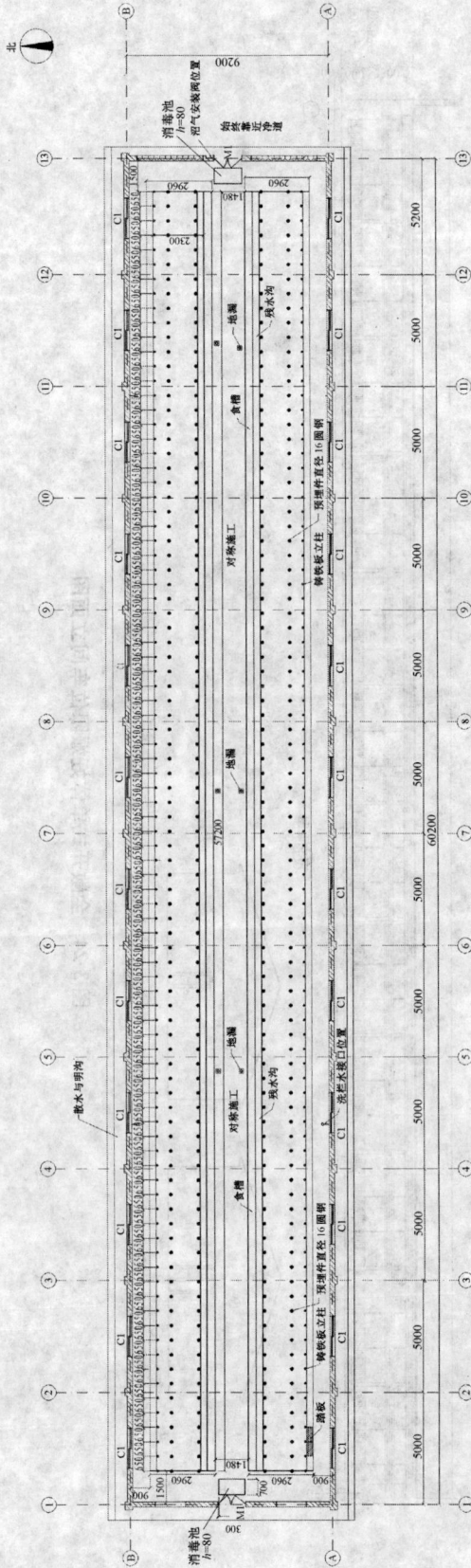

图 3-23　全敞开式单体单体妊娠限位车间平面图　（单位：mm）

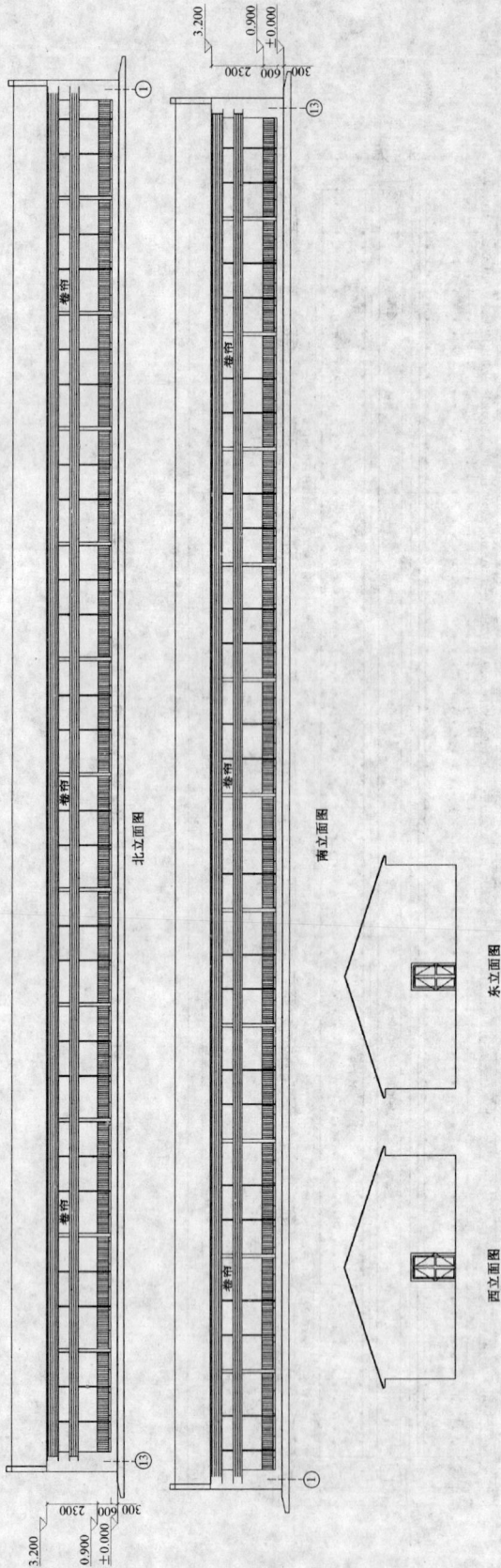

图 3-24　全敞开式单体妊娠限位车间立面图

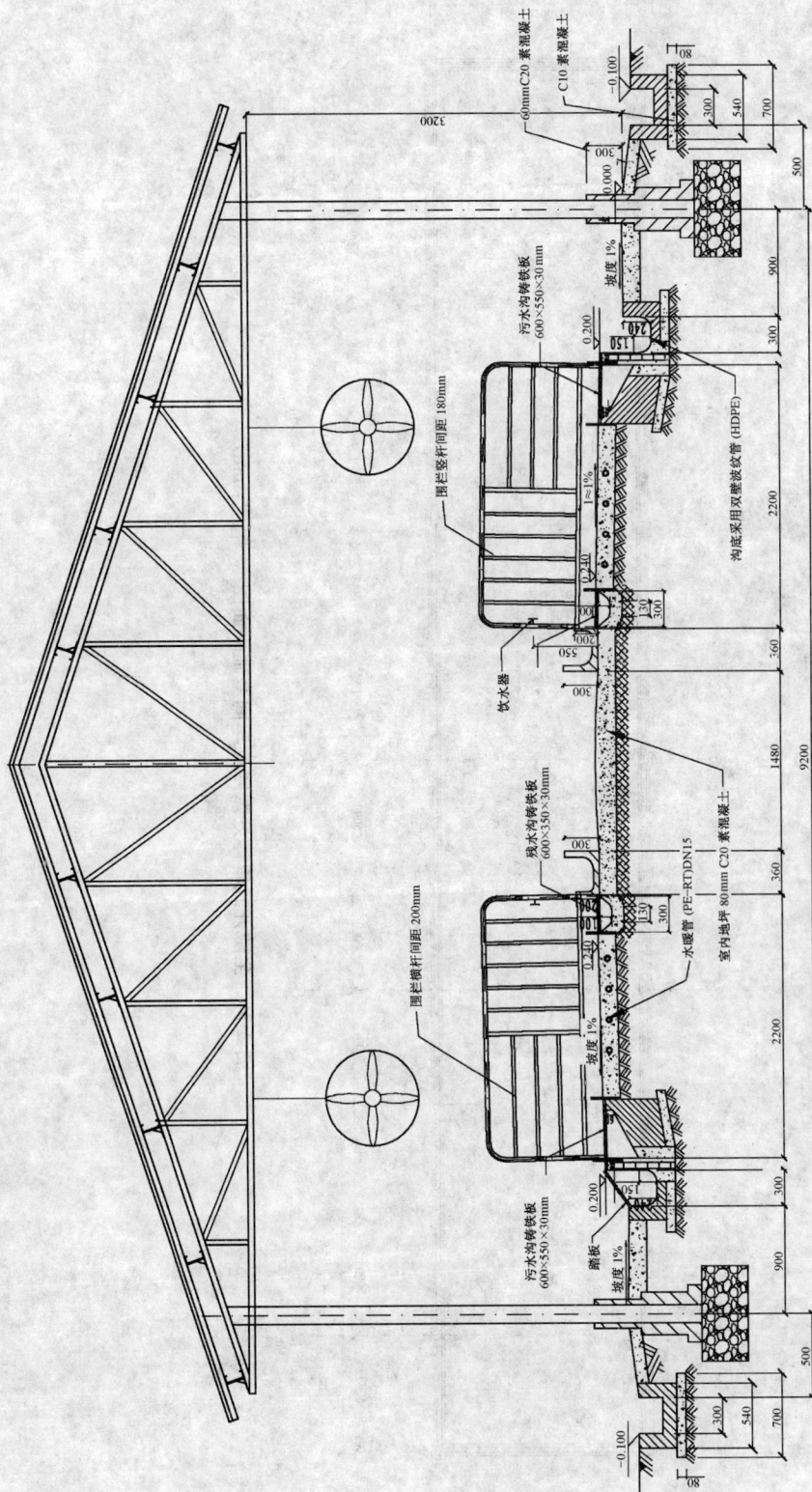

图 3-25 全敞开式单体妊娠限位车间剖面图 (单位:mm)

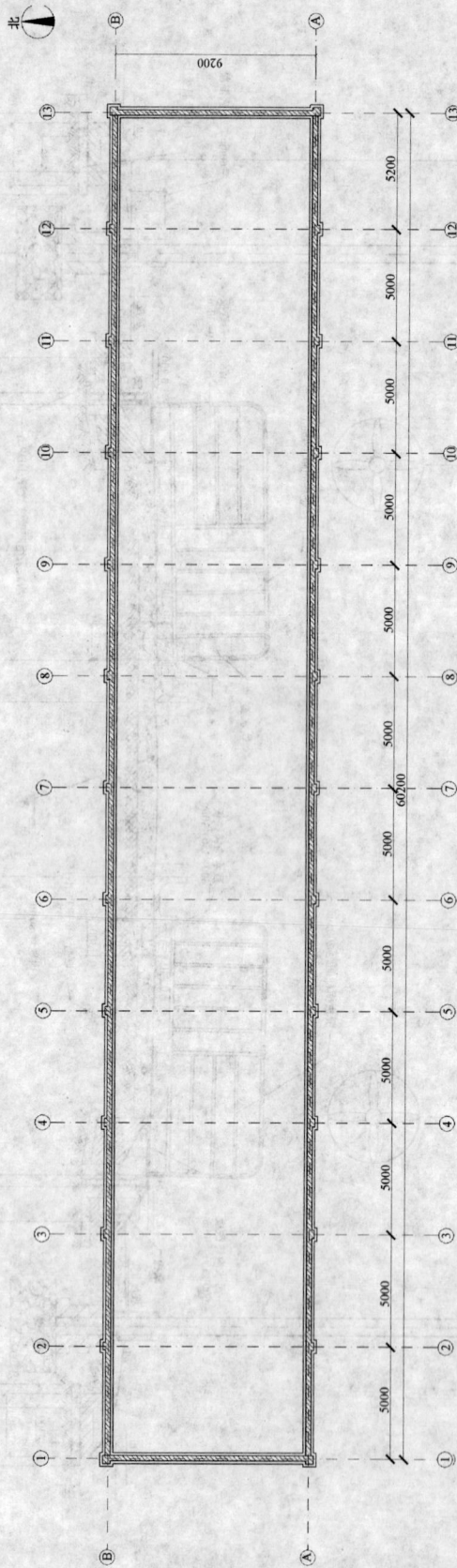

图 3-26 全敞开式单体妊娠限位车间基础平面图 （单位：mm）

110

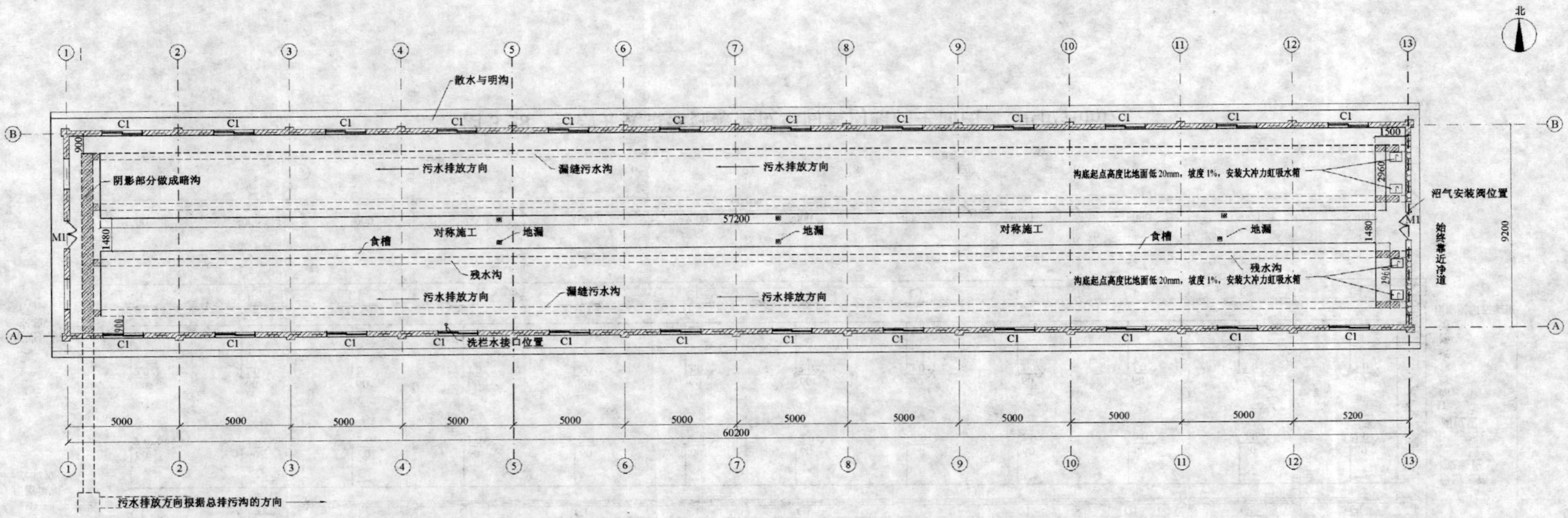

图 3-27 全敞开式单体妊娠限位车间排水排污平面图 （单位：mm）

111

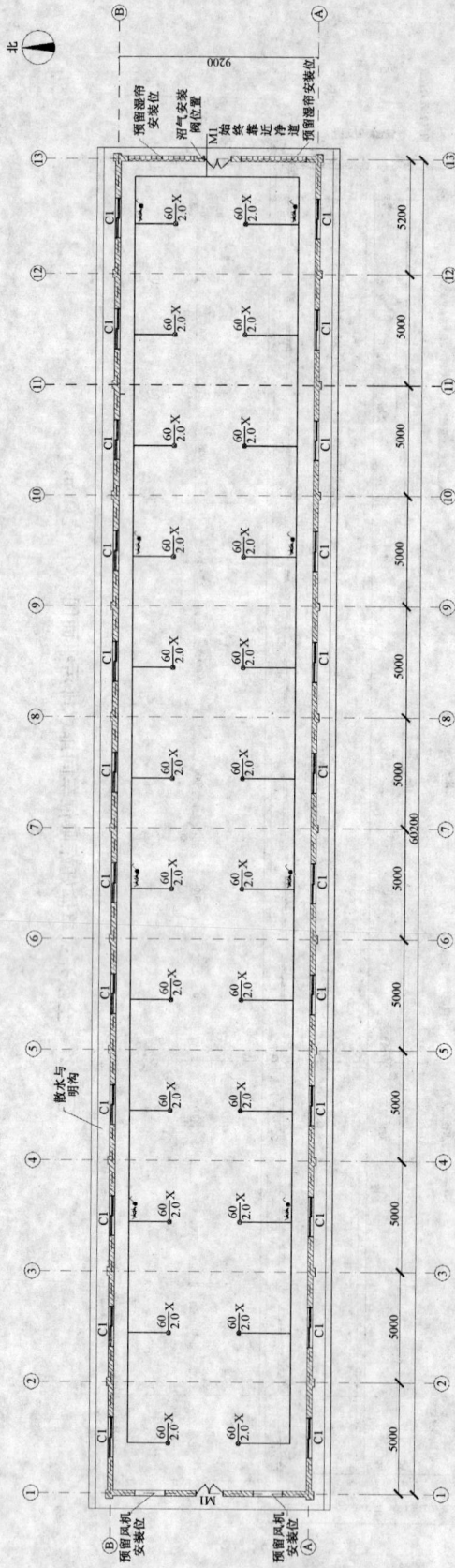

图 3-28　全敞开式单体妊娠限位车间室内照明平面图　（单位：mm）

112

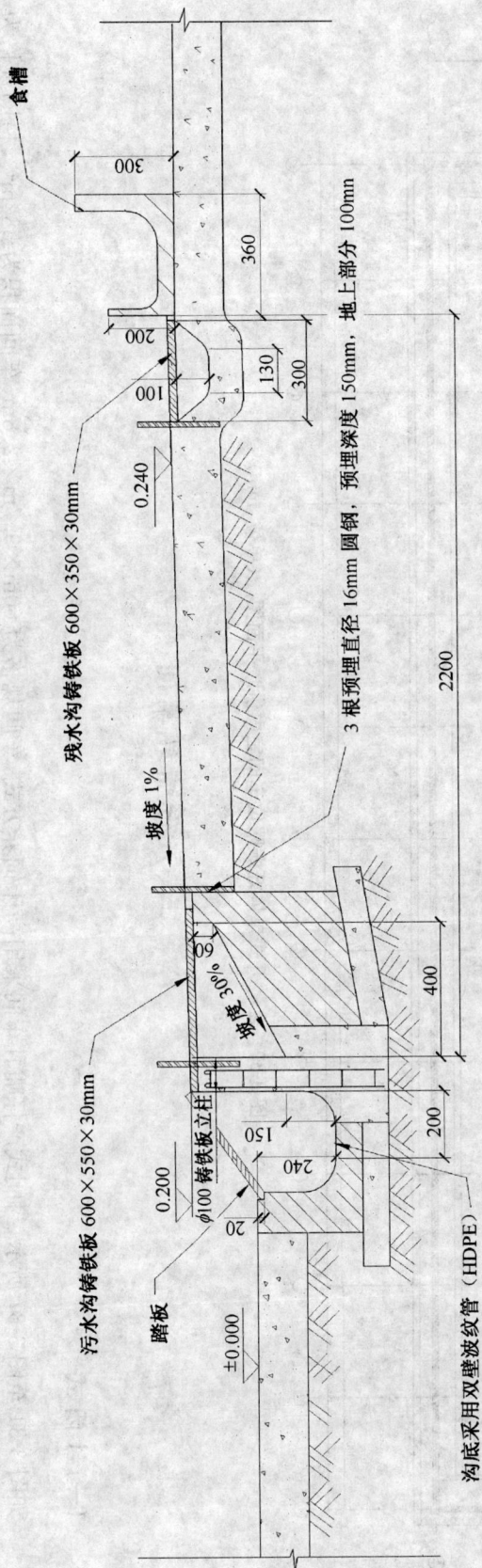

食槽

残水沟铸铁板 600×350×30mm

3 根预埋直径 16mm 圆钢，预埋深度 150mm，地上部分 100mm

污水沟铸铁板 600×550×30mm

踏板

φ100 铸铁板立柱

沟底采用双壁波纹管（HDPE）

坡度 1%

坡度 30%

0.240

0.200

±0.000

300

360

200

130

300

100

2200

400

200

60

150

240

20

图 3-29 全敞开式单体妊娠限位车间施工详图 （单位：mm）

113

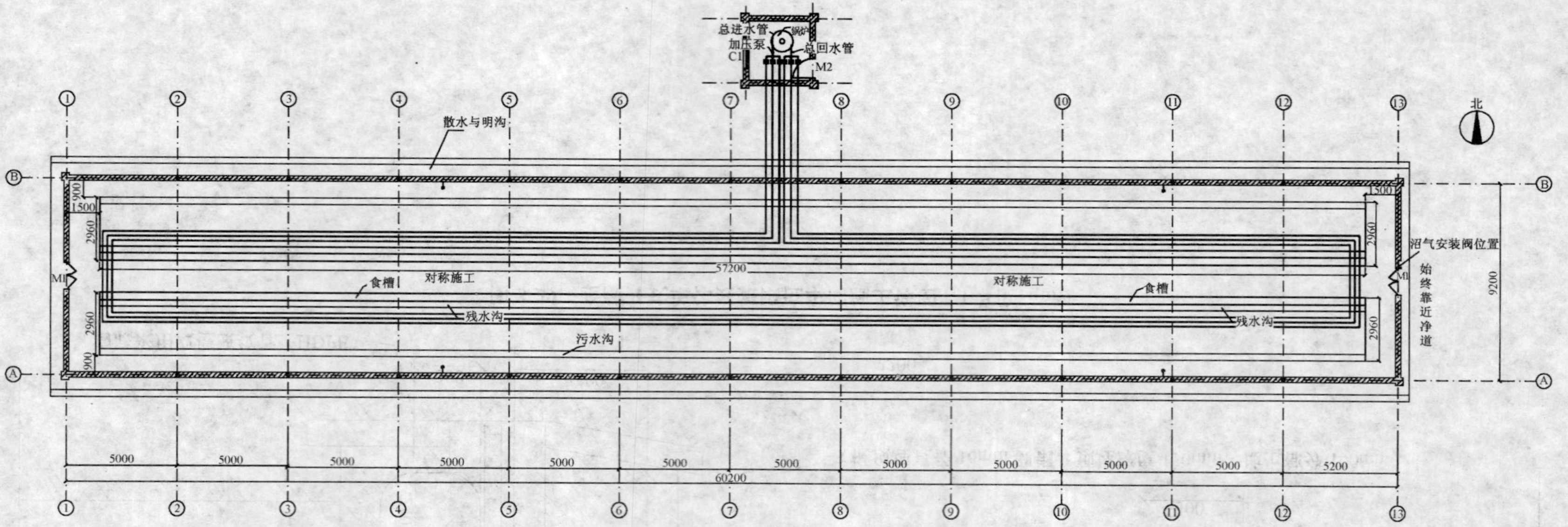

图 3-30　全敞开式单体单体妊娠限位车间室内供暖平面图　（单位：mm）

三、产仔哺乳车间

（一）封闭式

如图 3-31 至图 3-37 所示，封闭式产仔哺乳车间采用高床饲养方式，车间采用高床饲养方式，车间规格为 60m×9.7m×2.8m，车间面积为 582m²。栏圈规格为 2.2m×1.98m×1m，栏圈面积为 4.35m²。母猪饲养密度为 1.43m²/头，仔猪饲养密度为 0.22m²/头。仔猪饲养密度为 0.22m²/头。附属设施面积为 24m²，包括锅炉房 9m²，饲养员休息室 7.5m²，储藏室 7.5m²。母猪饲养密度为 1.43m²/头，仔猪饲养密度为 0.22m²/头。该车间分为 2 个独立饲养单元，适宜容量为 28 头/单元，共计 56 头/栋。年周转利用次数为 52 周÷（待产 1 周十产仔哺乳 4 周十空栏消毒维修备用 1 周）＝8.5 批次/年，年饲养周转量为 476 头。该车间南北均为玻璃窗，冬季采用地坪式热水循环供暖，夏季采用负压湿帘降温方式。清污采用人工干清粪，少量水冲洗清污的方式。此设计模式适用于低温地区及北方寒冷地区的生猪养殖场或养殖小区。

114

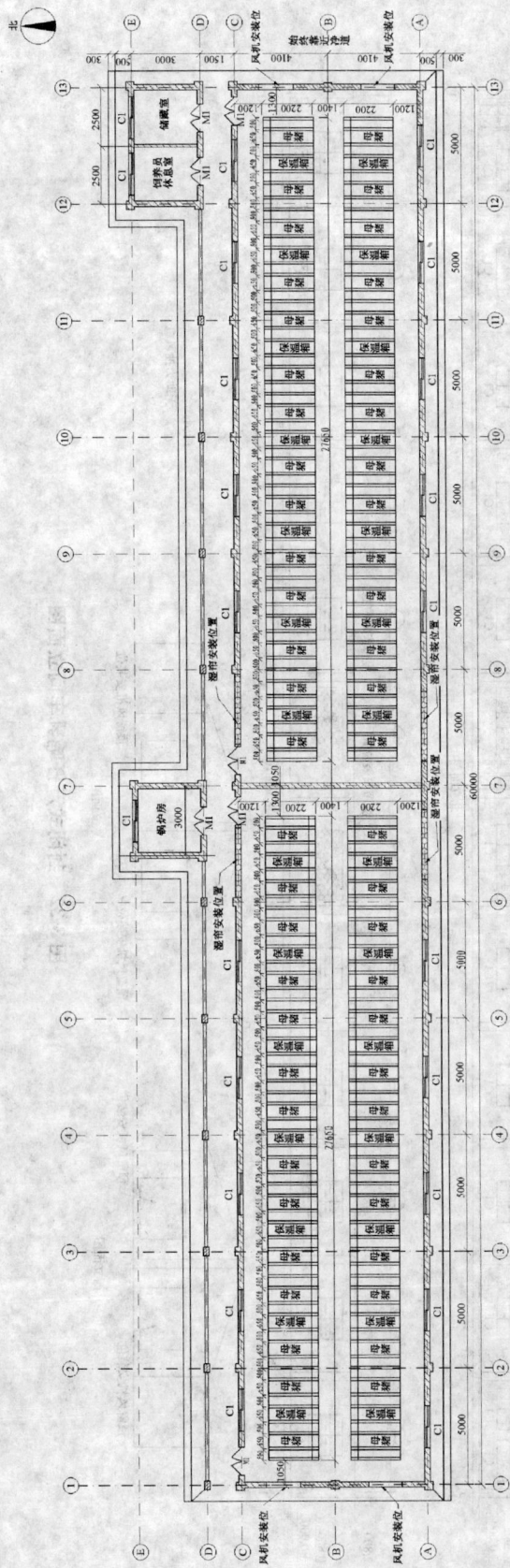

图 3-31 封闭式产仔哺乳车间平面图 （单位：mm）

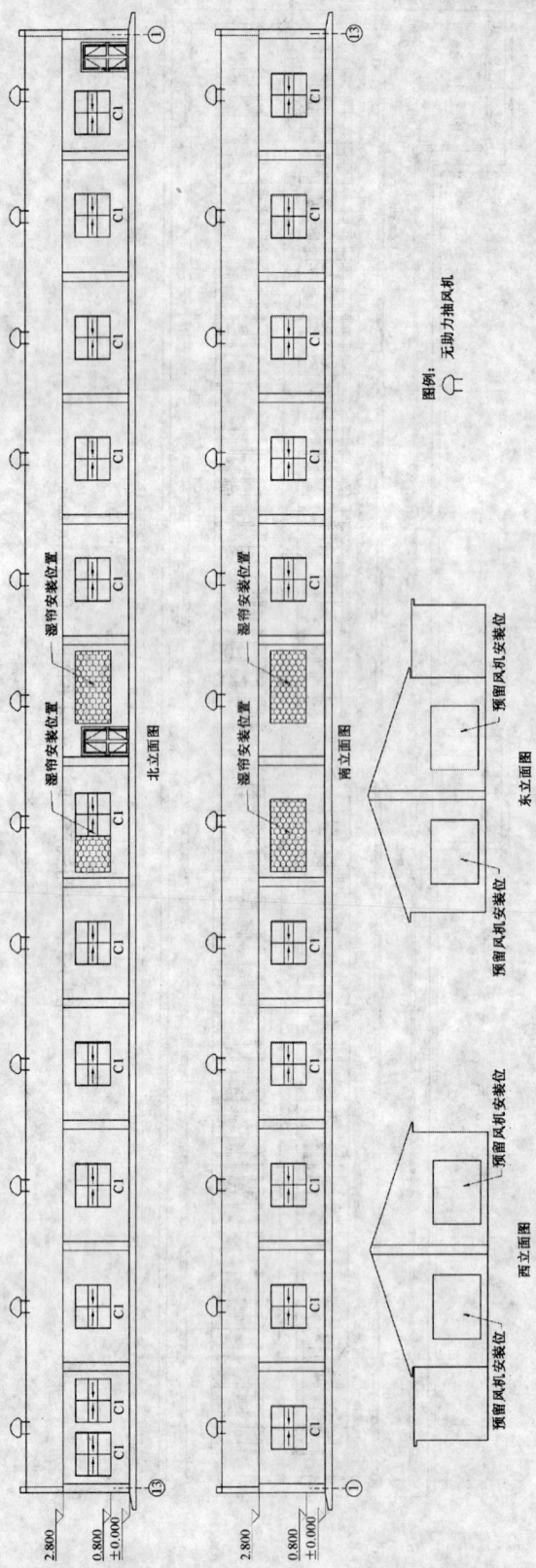

图 3-32 封闭式产仔哺乳车间立面图

116

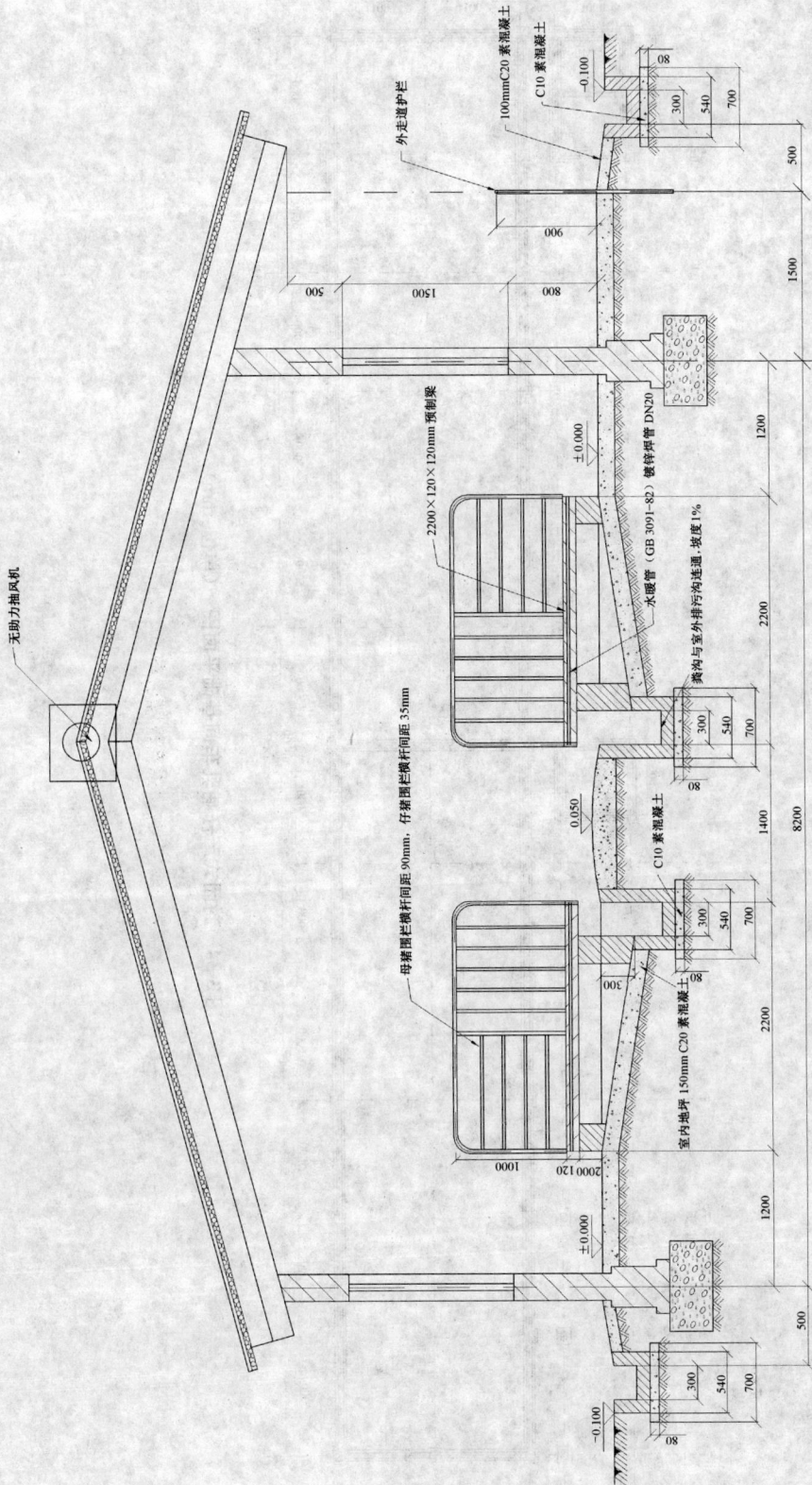

图 3-33 封闭式产仔哺乳车间剖面图 （单位：mm）

117

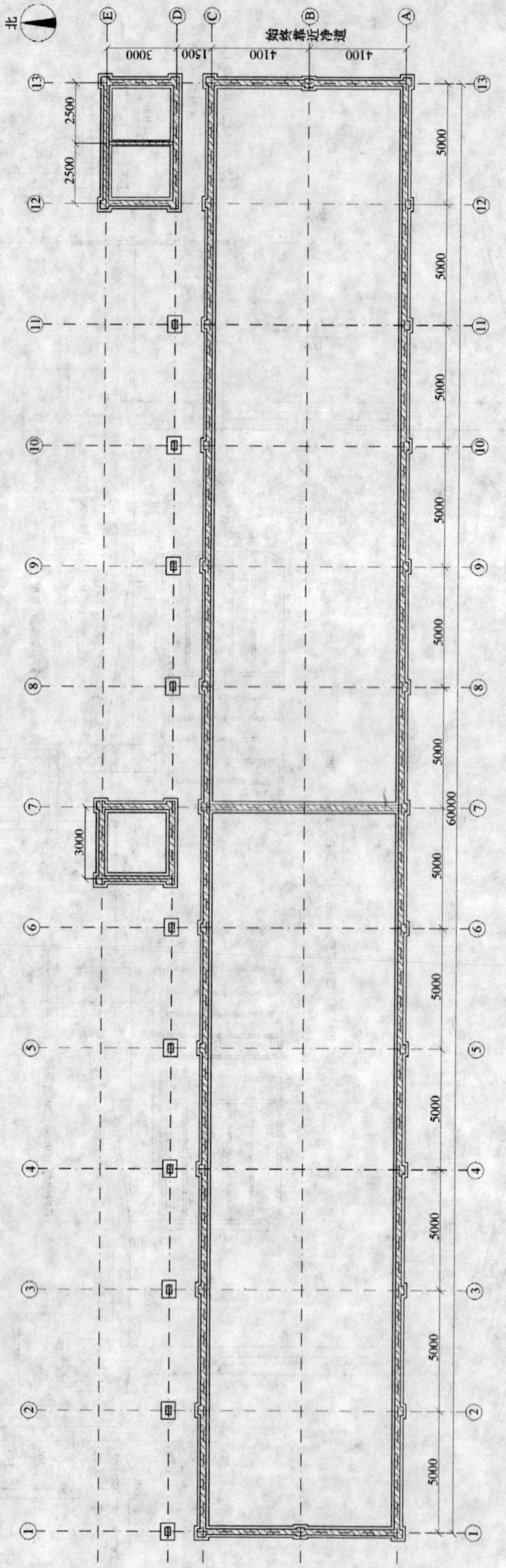

图 3-34　封闭式产仔仔哺乳车间基础平面图（单位：mm）

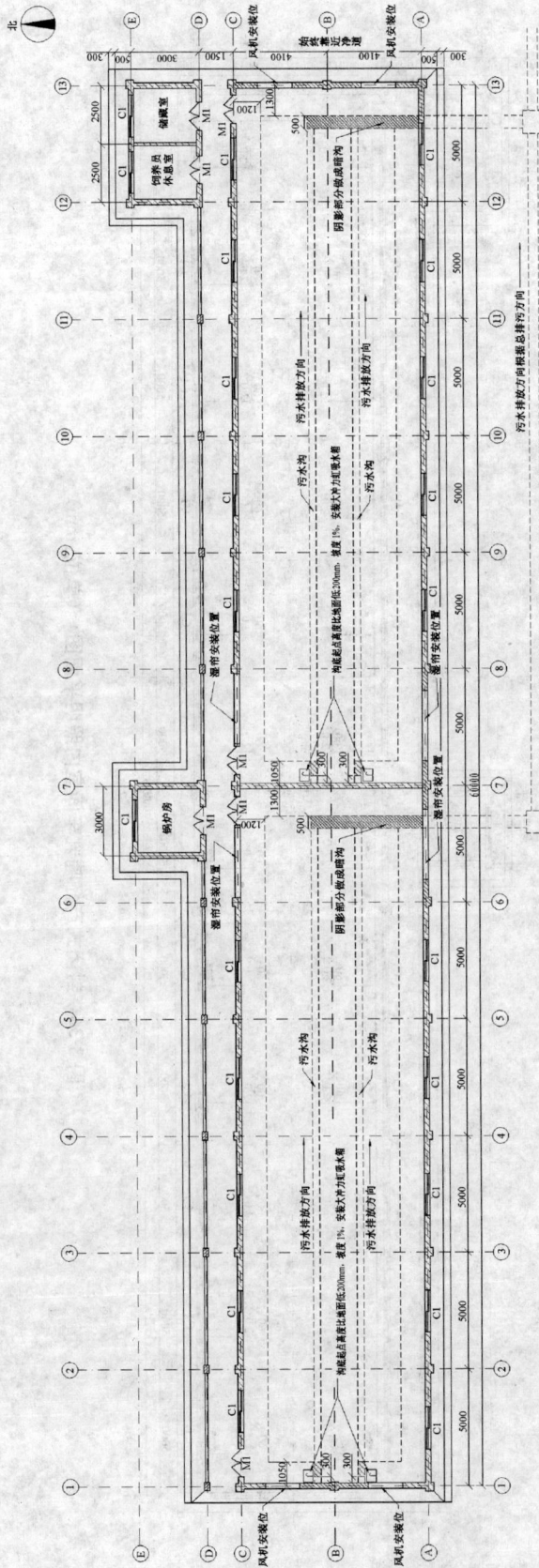

图 3-35 封闭式产仔哺乳车间排水排污平面图 （单位：mm）

119

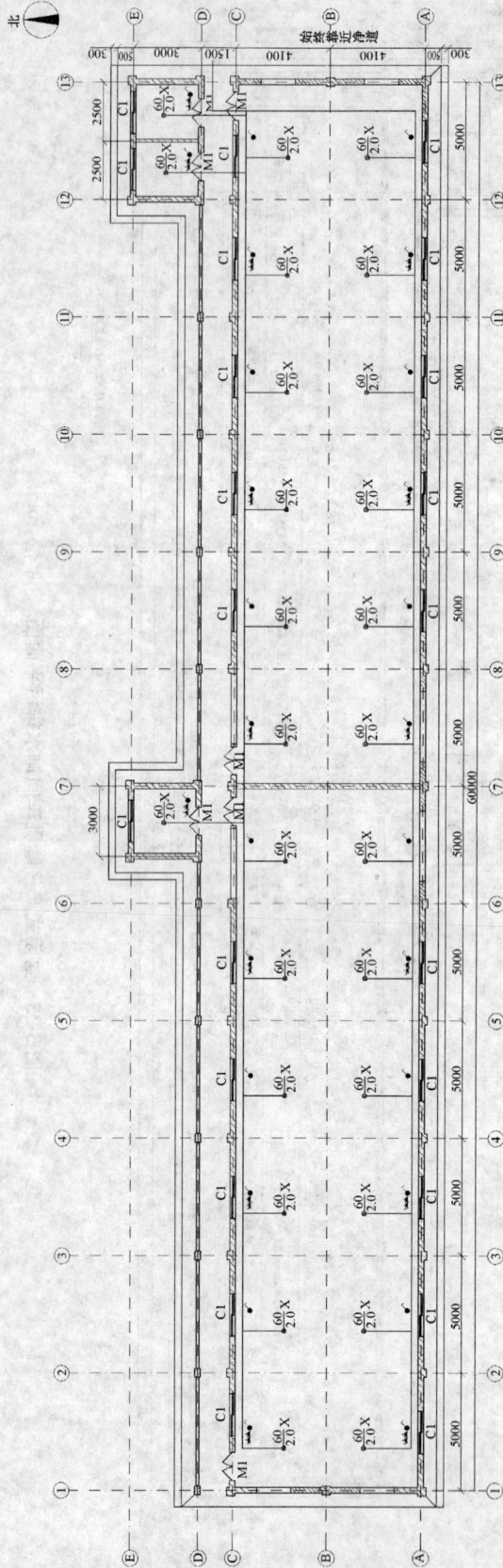

图 3-36 封闭式产仔哺乳车间室内照明平面图 （单位：mm）

120

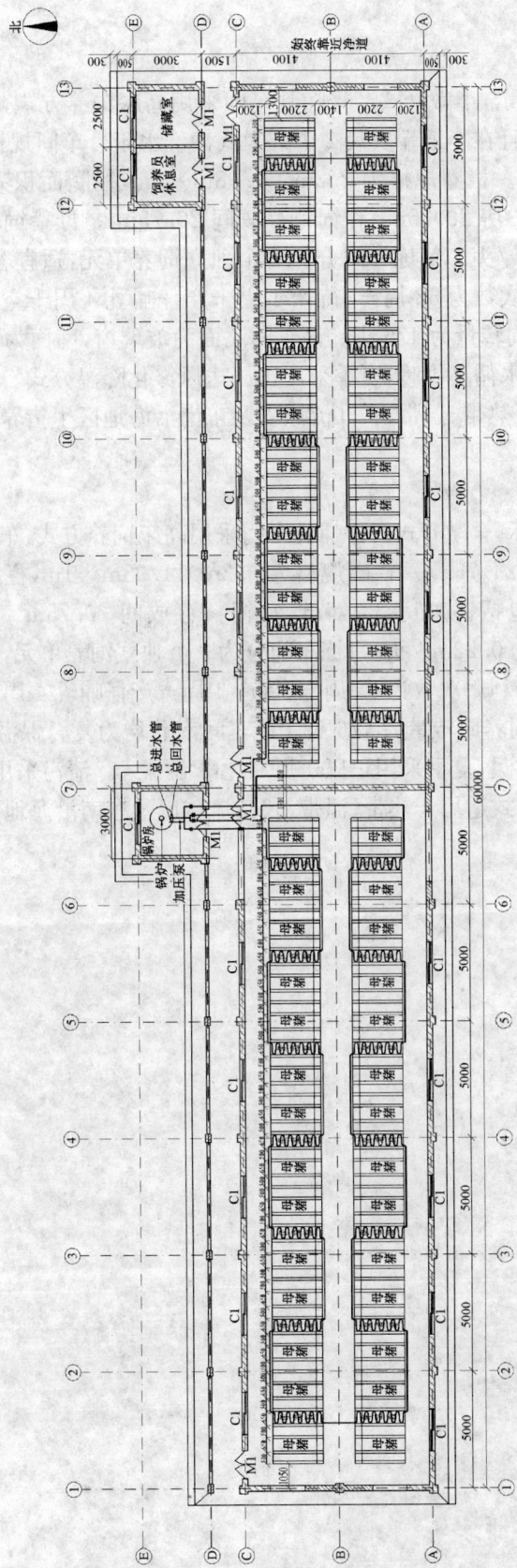

图 3-37　封闭式产仔哺乳车间室内供暖平面图　（单位：mm）

121

(二)半敞开式

如图 3-38 至图 3-44 所示,半敞开式产仔哺乳车间采用高床饲养方式,在车间内由净道端至污道端安装 2 条刮粪板,且在净道端安装 2 个虹吸式冲洗水箱。车间规格为 65m×8.3m×3.2m,车间面积为 539.5m²。栏圈规格为 2.2m×1.98m×1m,栏圈面积为 4.35m²。附属设施面积为 41.5m²,包括锅炉房 20.75m² 和饲料存放间 20.75m²。母猪饲养密度为 1.43m²/头,仔猪饲养密度为 0.22m²/头。每栋车间分为 2 个独立饲养单元,适宜容量为 28 头/单元,共计 56 头/栋,年周转利用次数为 52 周÷(待产 1 周+产仔哺乳 4 周+空栏消毒维修备用 1 周)=8.5 批次/年,年饲养周转量为 476 头。该车间北面为玻璃窗,南面为复合保温材料制作的卷帘,冬季采用地坪式热水循环供暖,夏季采用正压送风雾化降温方式。清污采用刮粪板清污方式。此设计模式适用于热带、温带、长江流域以及东南沿海地区生猪养殖场或养殖小区。

(三)全敞开式

如图 3-45 至图 3-51 所示,全敞开式产仔哺乳车间采用高床饲养方式,车间规格为 73.5m×8.5m×3.2m,车间面积为 624.75m²。栏圈规格为 2.2m×1.98m×1m,栏圈面积为 4.35m²。附属设施面积为 41.5m²,包括锅炉房 20.75m² 和饲料存放间 20.75m²。母猪饲养密度为 1.43m²/头,仔猪饲养密度为 0.22m²/头,每栋车间分为 2 个独立饲养单元,适宜容量为 28 头/单元,共计 56 头/栋,年周转利用次数为 52 周÷(待产 1 周+产仔哺乳 4 周+空栏消毒维修备用 1 周)=8.5 批次/年,年饲养周转量为 476 头。该车间南北均为复合保温材料制作的卷帘,冬季采用地坪式热水循环供暖,夏季采用正压送风雾化降温方式。清污采用人工干清粪、少量水冲洗清污方式。此设计模式适用于热带、温带、长江流域以及东南沿海地区的生猪养殖场和养殖小区。

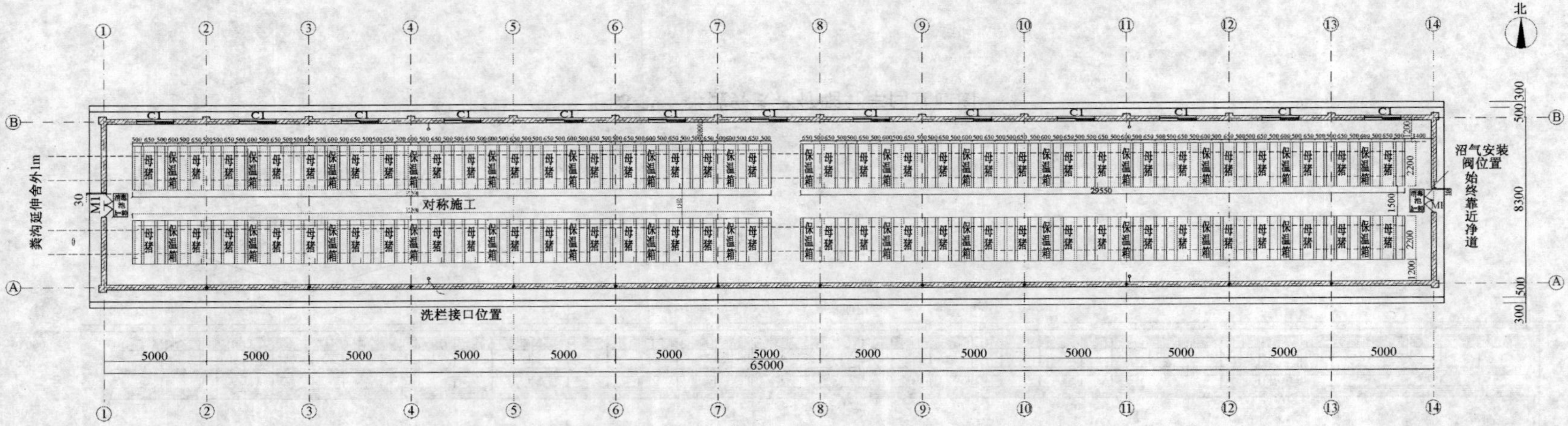

图 3-38 半敞开式产仔哺乳车间平面图 （单位：mm）

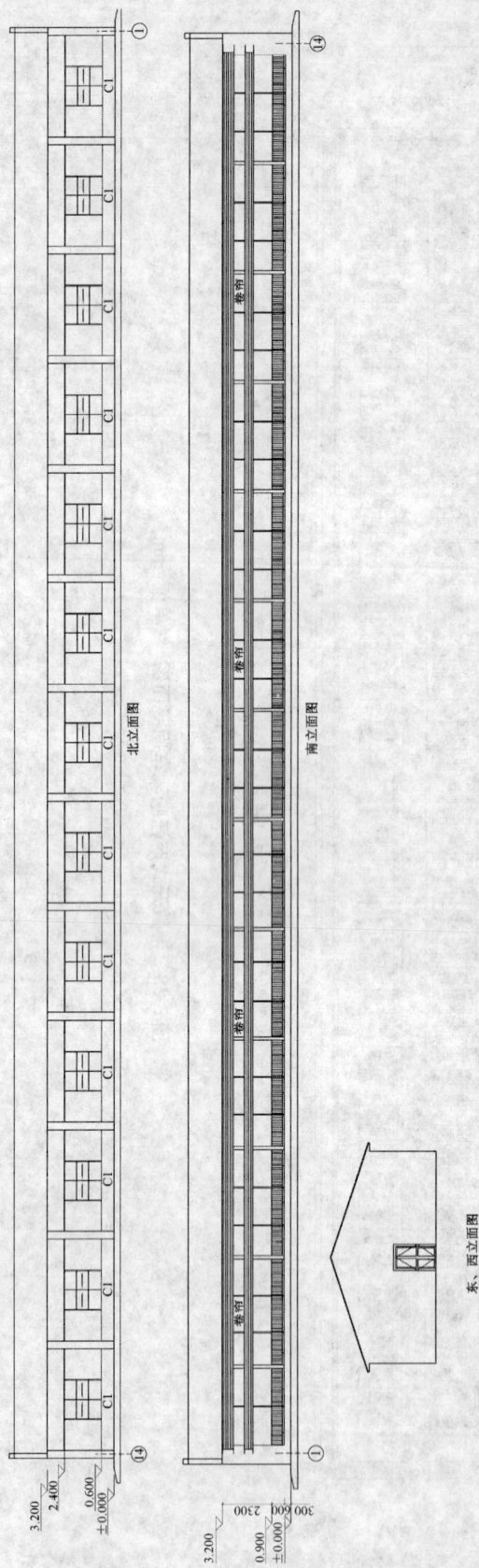

图 3-39 半敞开式产仔哺乳车间立面图

124

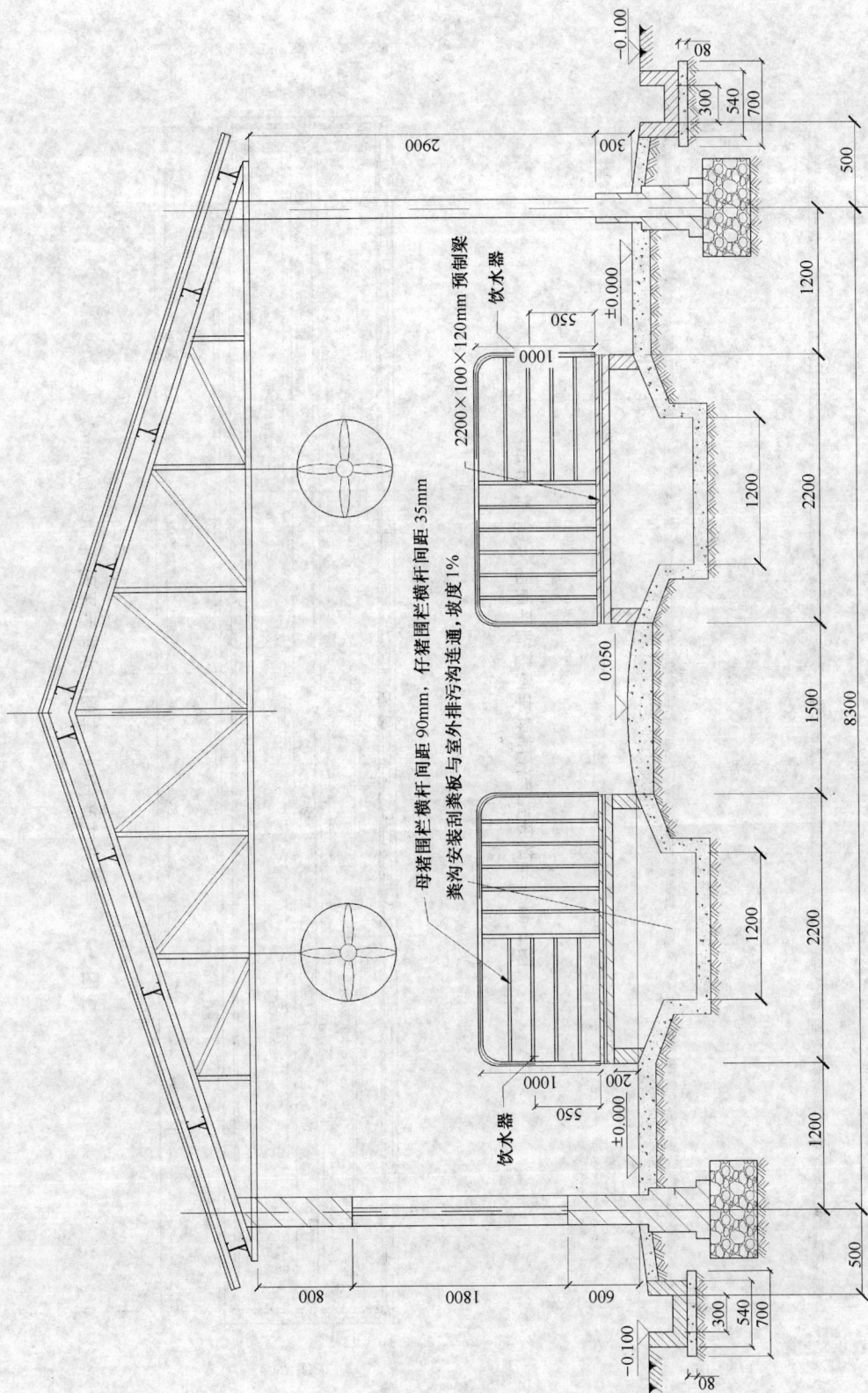

母猪围栏横杆间距 90mm，仔猪围栏横杆间距 35mm。
仔猪围栏横杆间距 35mm。
粪沟安装刮粪板与室外排污沟连通，坡度 1%

2200×100×120mm 预制梁

饮水器

图 3-40 半敞开式产仔哺乳车间剖面图 （单位：mm）

125

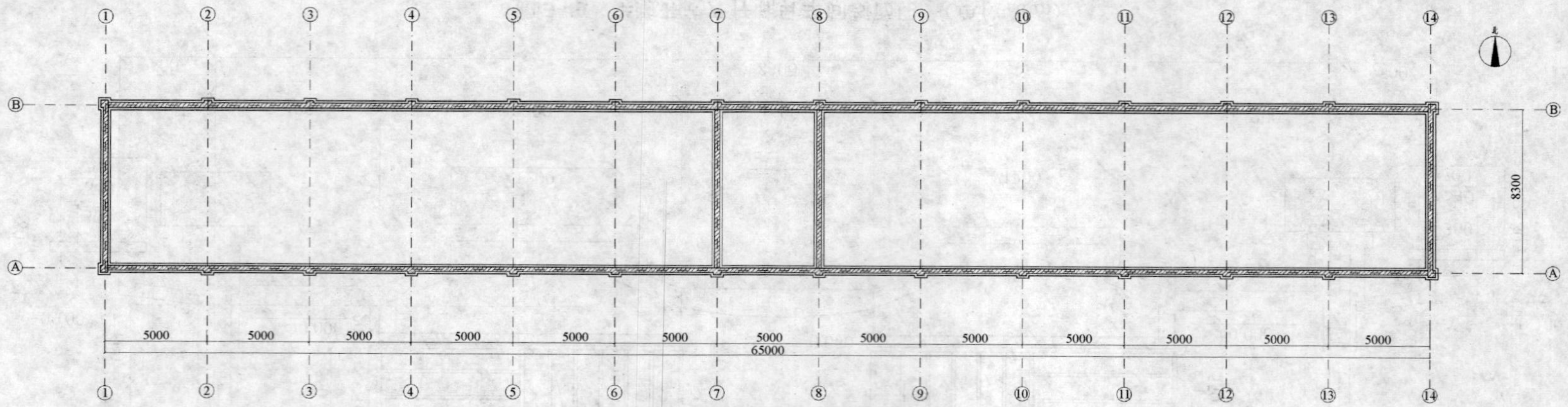

图 3-41 半敞开式产仔哺乳车间基础平面图 （单位：mm）

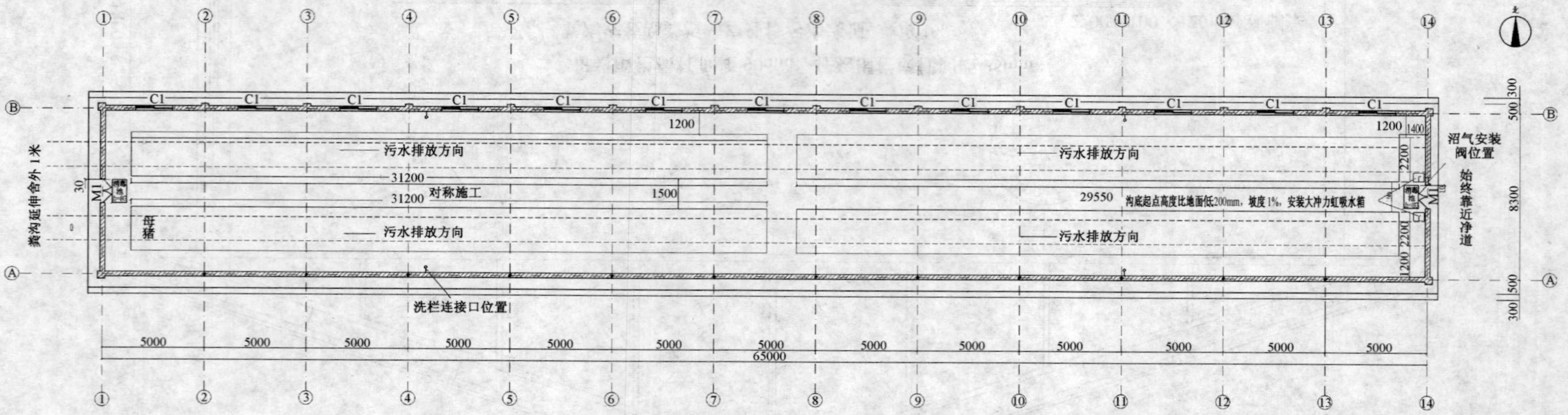

图 3-42 半敞开式产仔哺乳车间排水排污平面图 （单位：mm）

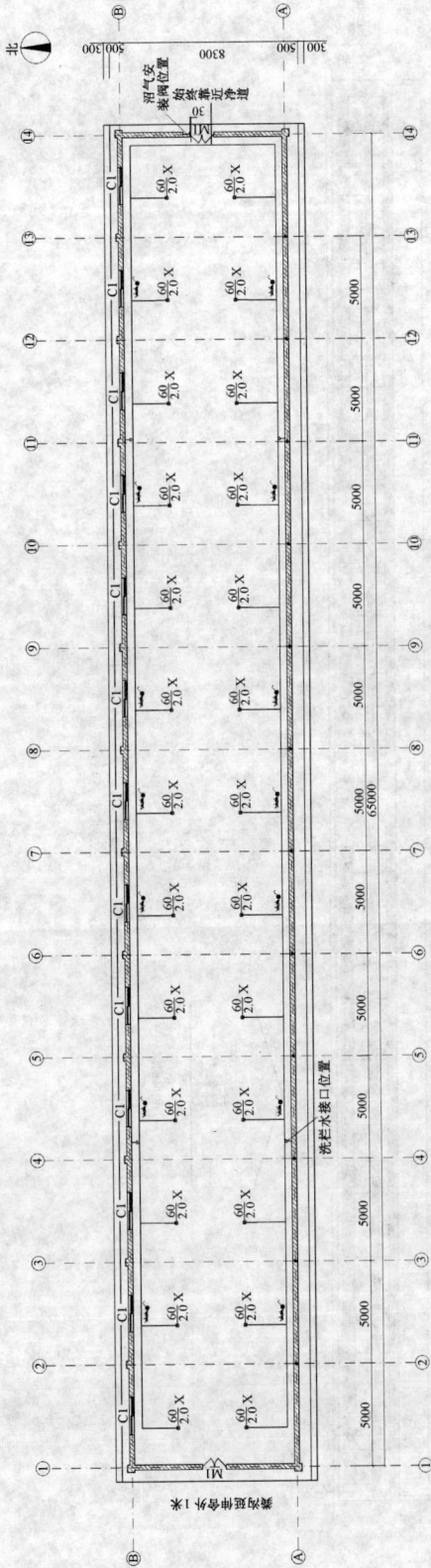

图 3-43 半敞开式产仔哺乳车间室内照明平面图 （单位：mm）

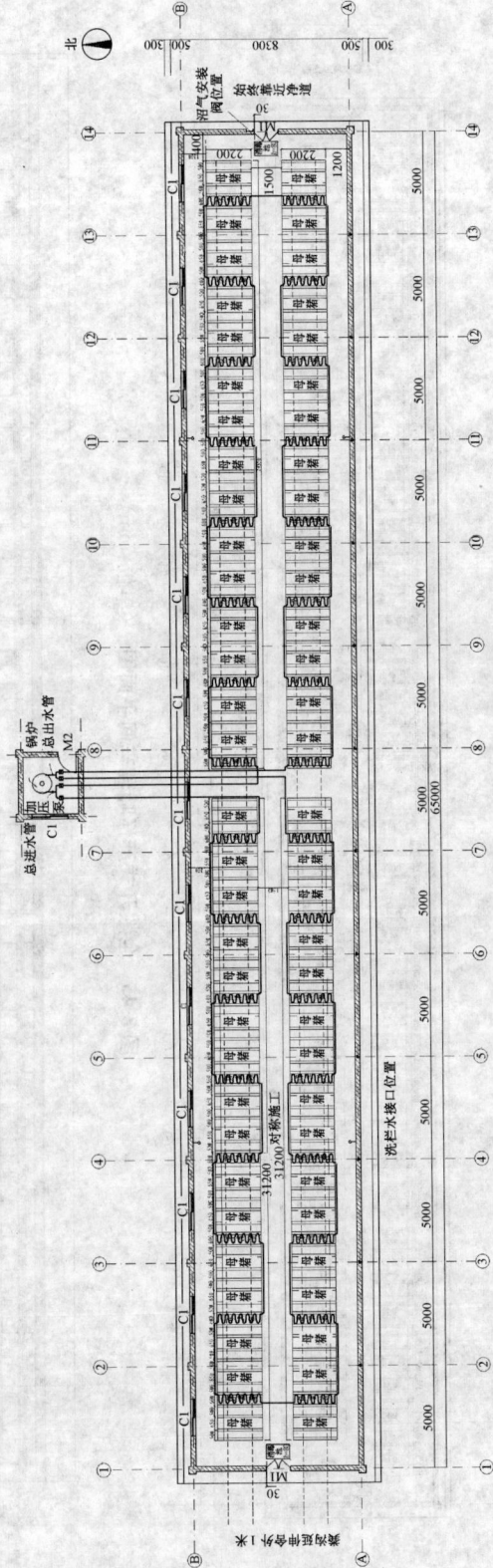

图 3-44 半敞开式产仔哺乳车间室内供暖平面图 （单位：mm）

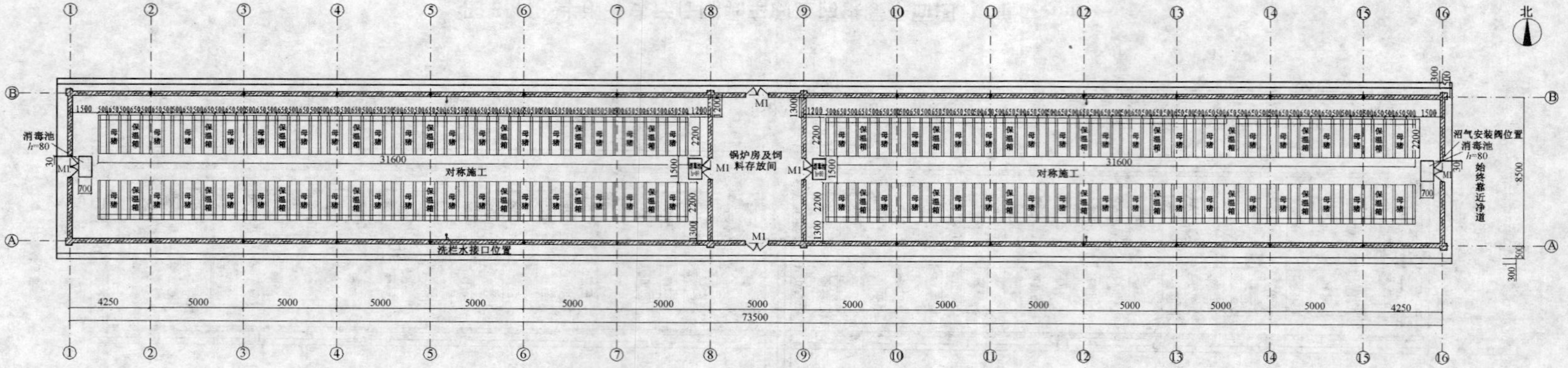

图 3-45 全敞开式产仔哺乳车间平面图 （单位：mm）

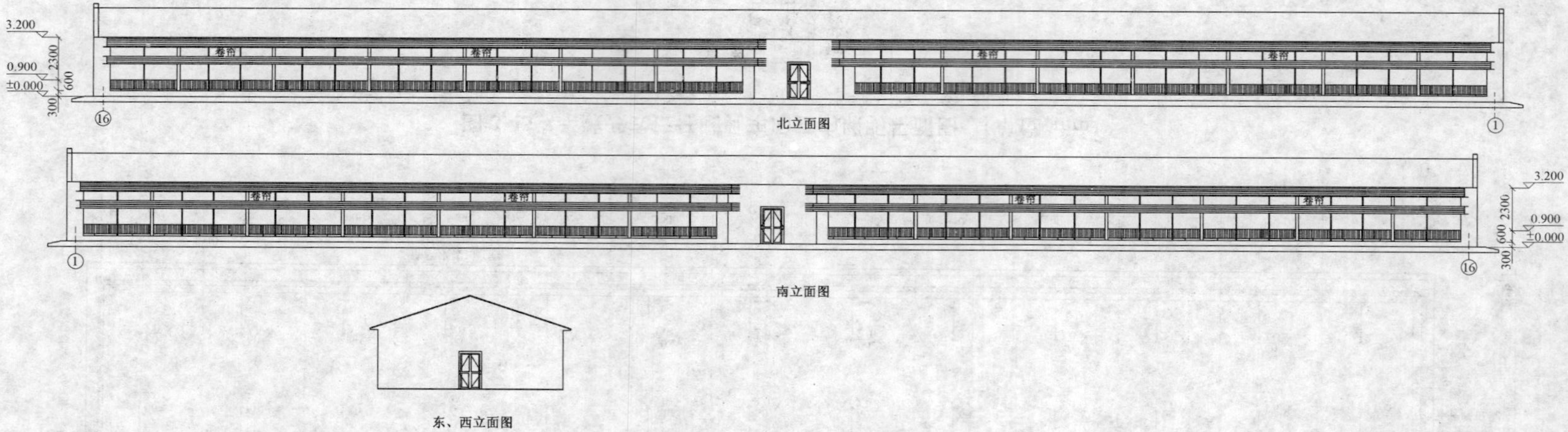

图 3-46 全敞开式产仔哺乳车间立面图

128

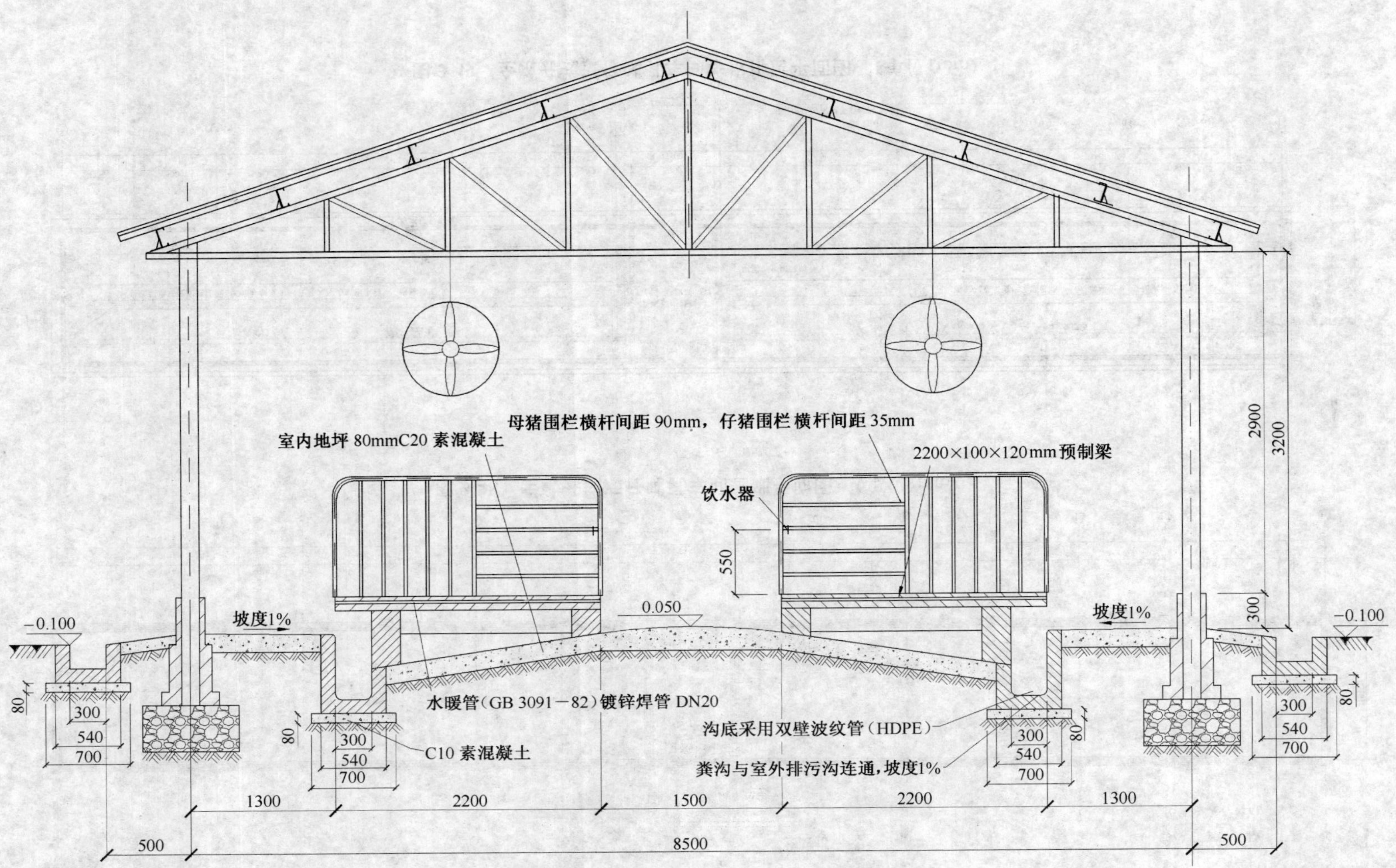

图 3-47　全敞开式产仔哺乳车间剖面图（单位：mm）

室内地坪 80mmC20 素混凝土

母猪围栏横杆间距 90mm，仔猪围栏横杆间距 35mm

2200×100×120mm 预制梁

饮水器

水暖管（GB 3091－82）镀锌焊管 DN20

C10 素混凝土

沟底采用双壁波纹管（HDPE）

粪沟与室外排污沟连通，坡度1%

坡度1%

坡度1%

3200
2900
300
300
80
540
300
700
500
1300
2200
540
300
700
80
1500
8500
550
0.050
0.100
2200
540
300
700
80
1300
500
540
300
700
80
0.100

129

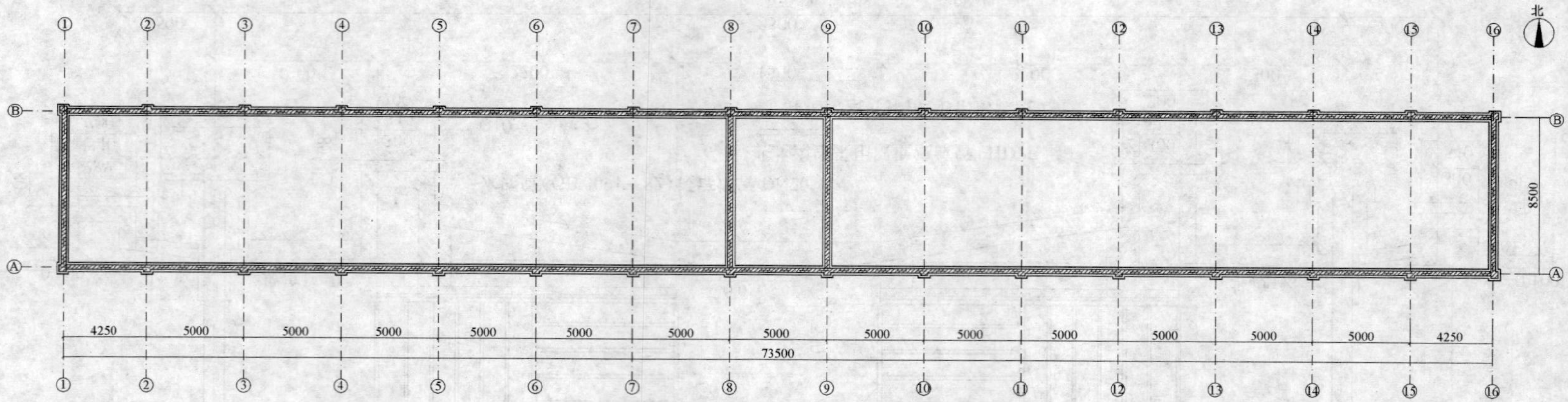

图 3-48　全敞开式产仔哺乳车间基础平面图　（单位：mm）

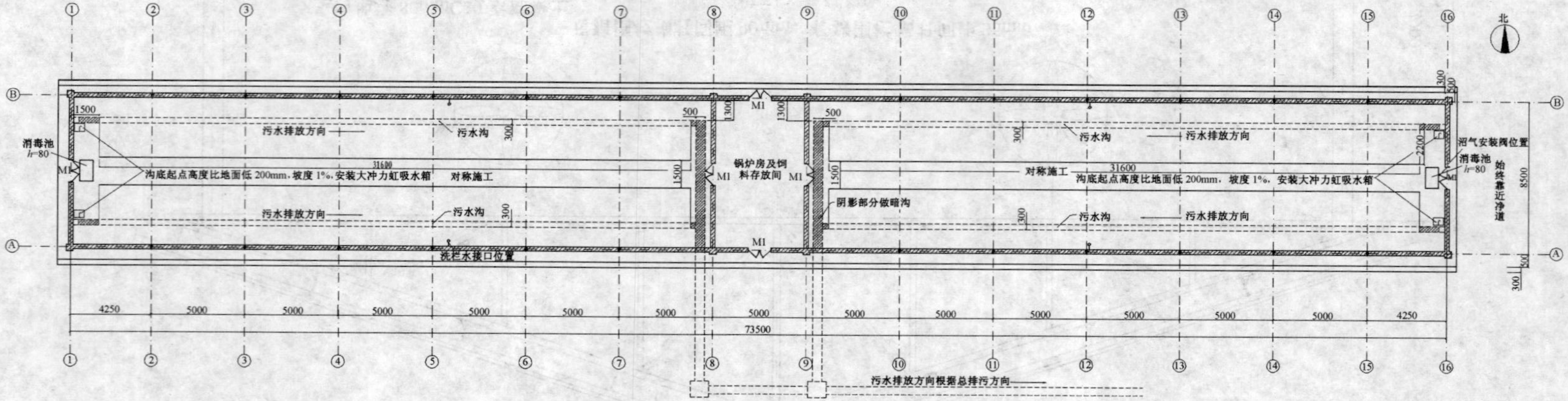

图 3-49　全敞开式产仔哺乳车间排水排污平面图　（单位：mm）

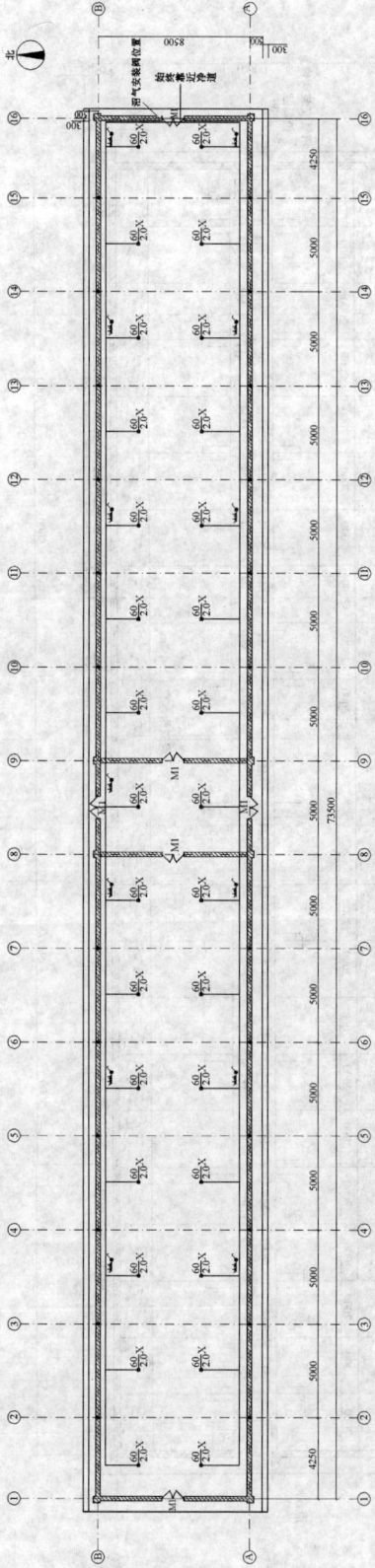

图 3-50 全敞开产式仔哺乳车间室内照明平面图 （单位：mm）

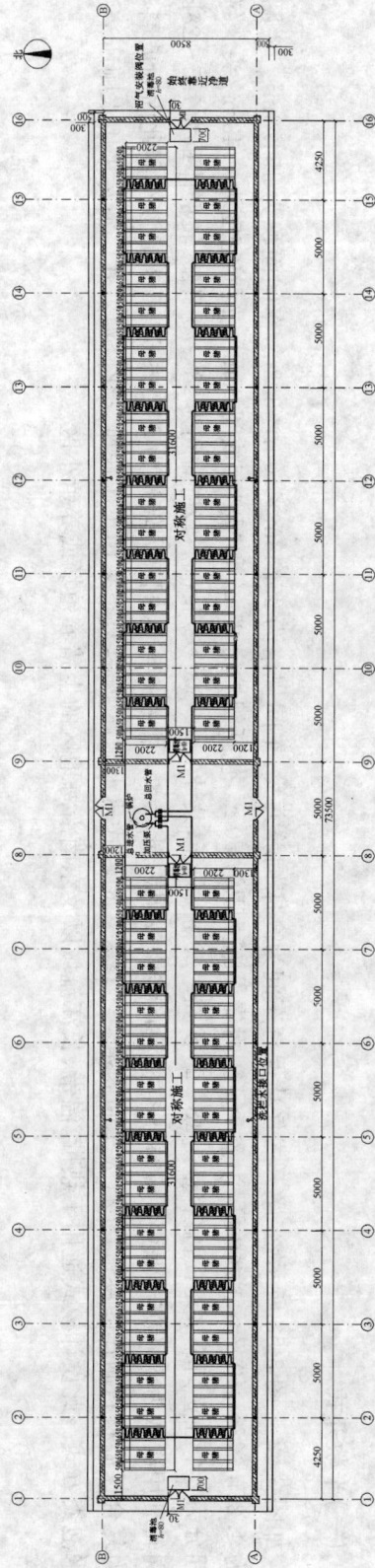

图 3-51 全敞开产式仔哺乳车间室内供暖平面图 （单位：mm）

四、仔猪保育车间

(一)半敞开式

如图 3-52 至图 3-58 所示,半敞开式仔猪保育车间为高床饲养方式,车间规格为 45.48m×10m×3.2m,车间面积为 454.8m²。栏圈规格为 4.25m×2m×0.7m,栏圈面积为 8.5m²。附属设施面积为 50m²,包括锅炉房 25m² 和饲料存放间 25m²。饲养密度为 0.43m²/头。每栋车间分为 2 个独立饲养单元,适宜容量为 18~20 栏/单元,20 栏/栏,共计 720~800 头/批次。转群时间为 28~70 日龄,转群体重为 7.5~28kg。年周转利用次数为 52 周÷(保育期 5 周十空栏消毒维修备用 1 周)=8.5 批次/年,年饲养周转量为 6 120~6 800 头。该车间北面为玻璃,南面为复合保温材料制作的卷帘,实行大车间养殖。冬季采用地坪式热水循环供暖,夏季采用正压送风雾化降温方式。清污采用水厕所清污,即水泡粪方式。此设计模式适用于热带、温带、长江流域以及东南沿海地区的生猪养殖场或养殖小区。

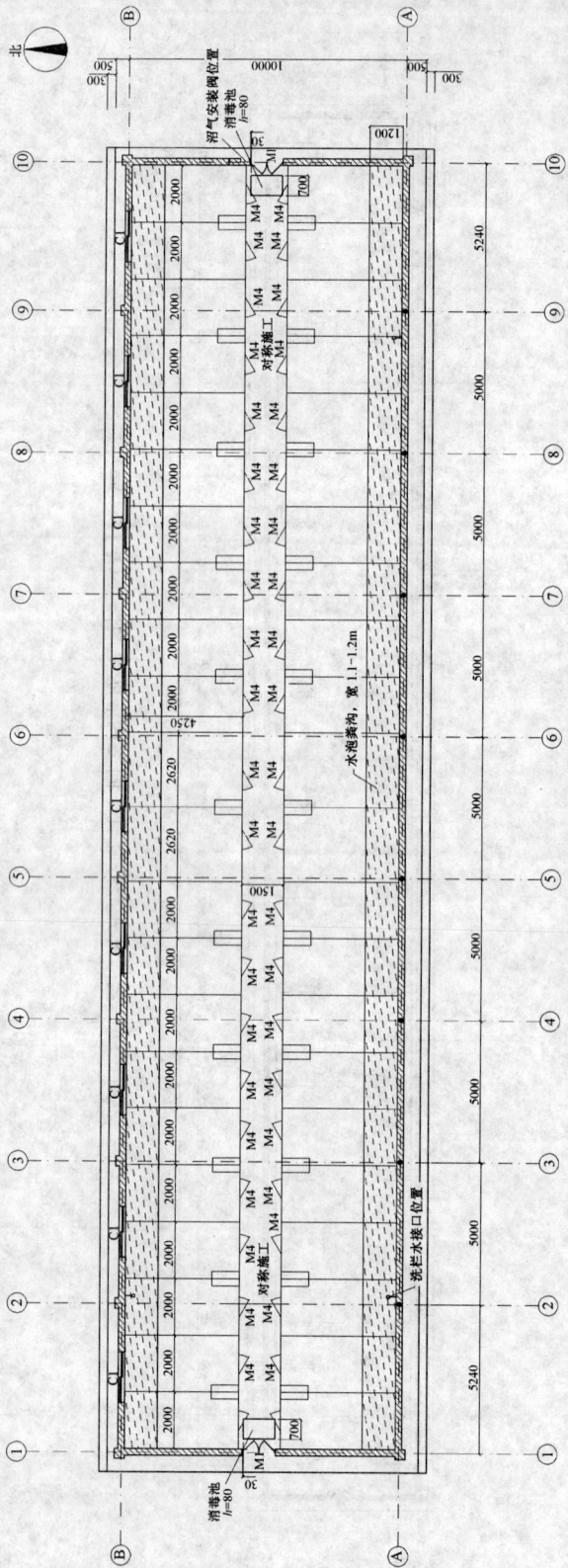

图 3-52 半敞开式仔猪保育车间平面图 (单位:mm)

132

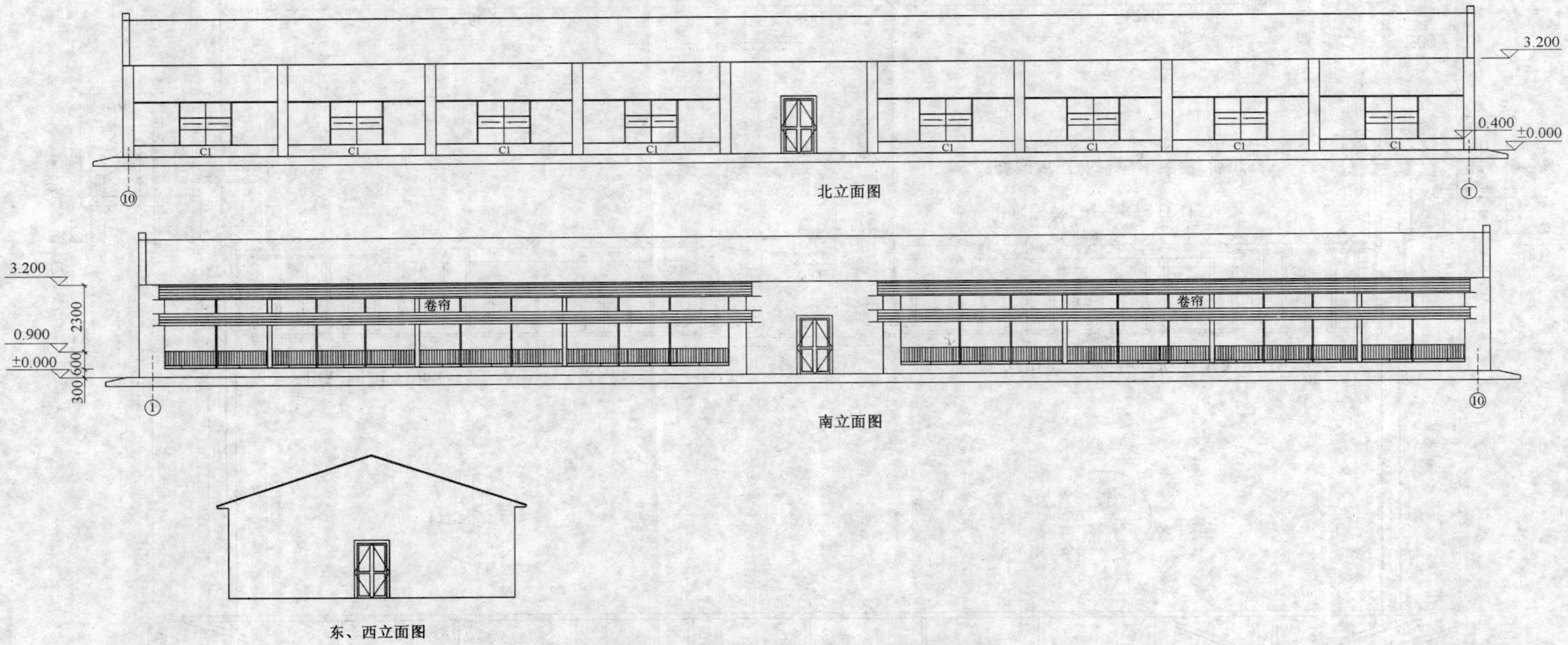

北立面图

南立面图

东、西立面图

图 3-53 半敞开式仔猪保育车间立面图

133

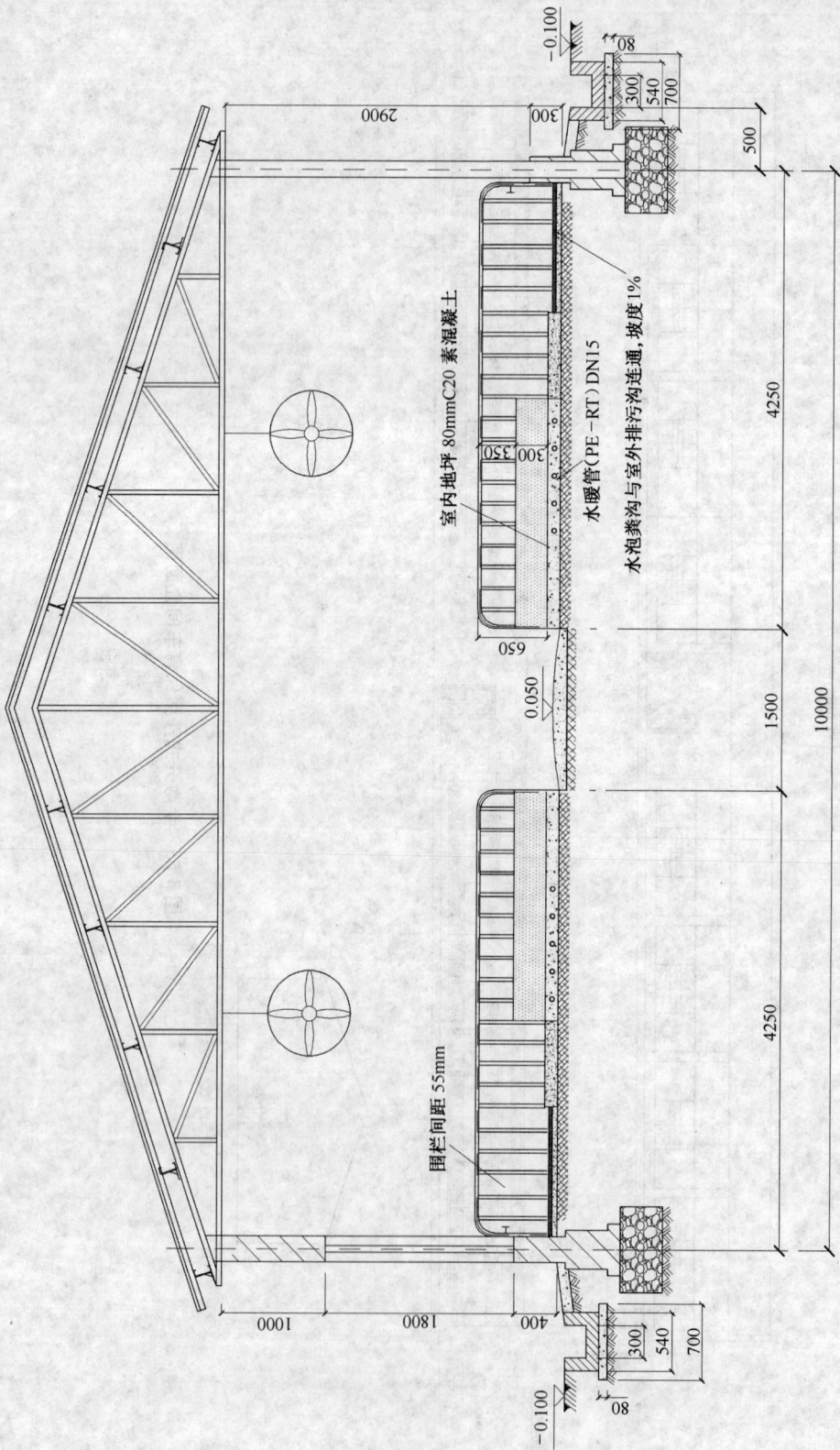

图 3-54 半敞开式仔猪保育车间剖面图 （单位：mm）

室内地坪 80mmC20 素混凝土

水暖管（PE－RT）DN15

水泡粪沟与室外排污沟连通，坡度 1%

围栏间距 55mm

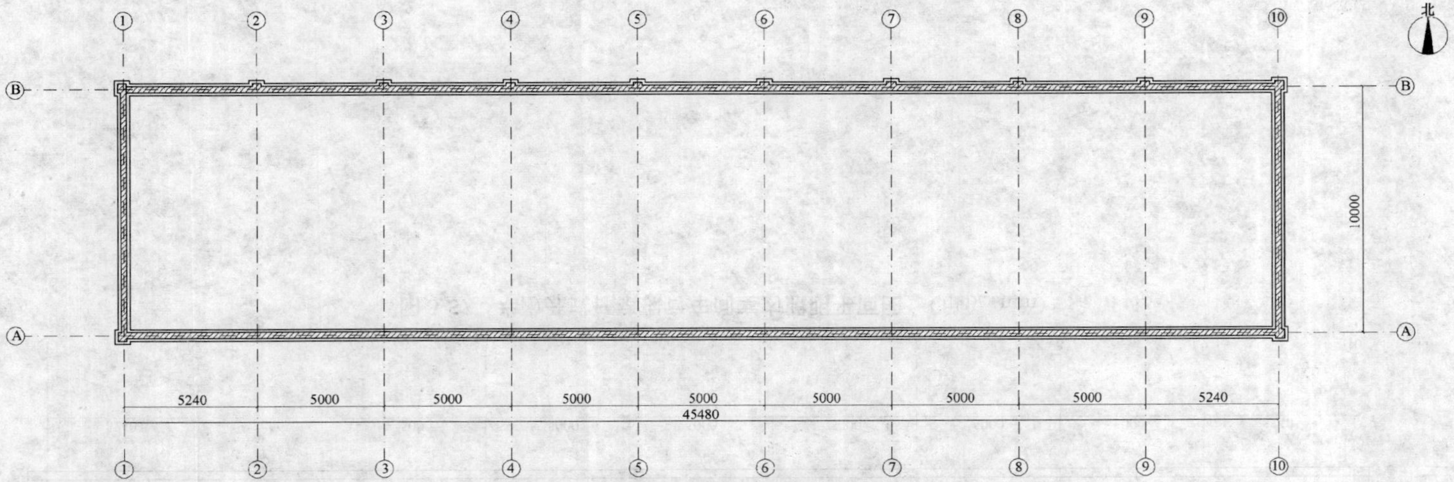

图 3-55 半敞开式仔猪保育车间基础平面图 （单位：mm）

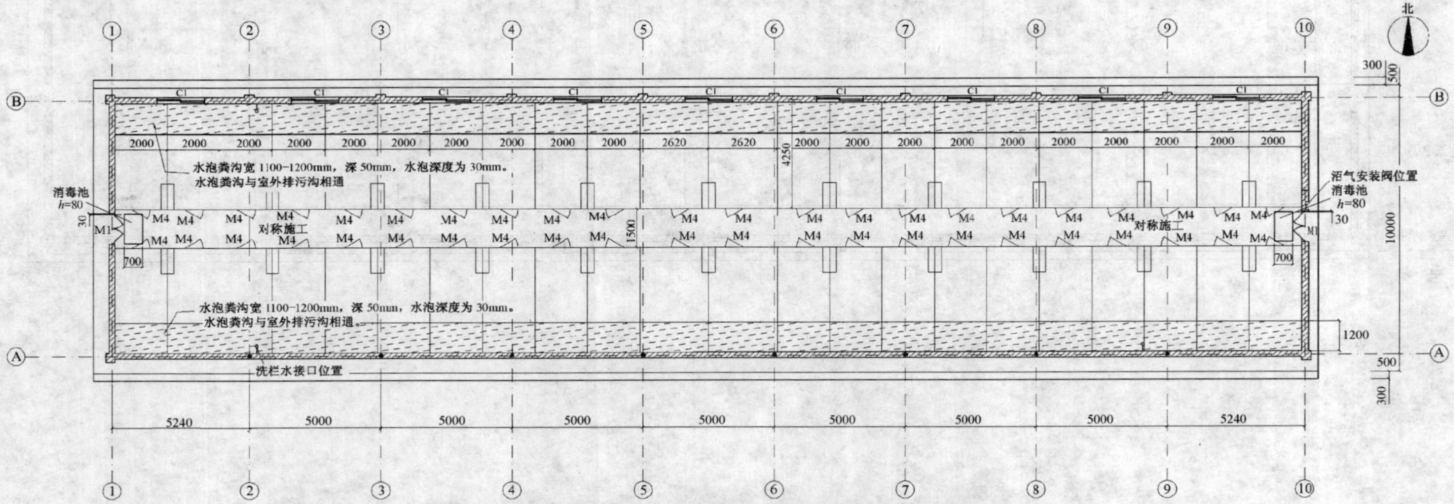

图 3-56 半敞开式仔猪保育车间排水排污平面图 （单位：mm）

135

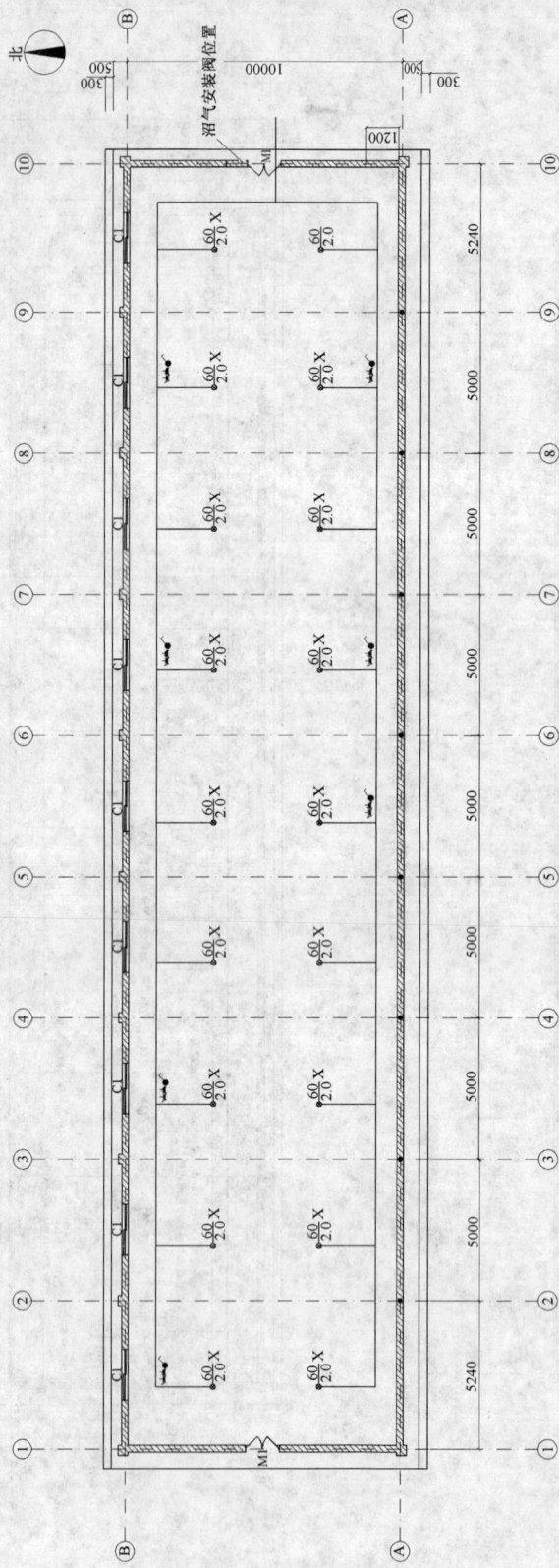

图 3-57 半敞开式仔猪保育车间室内照明平面图 （单位：mm）

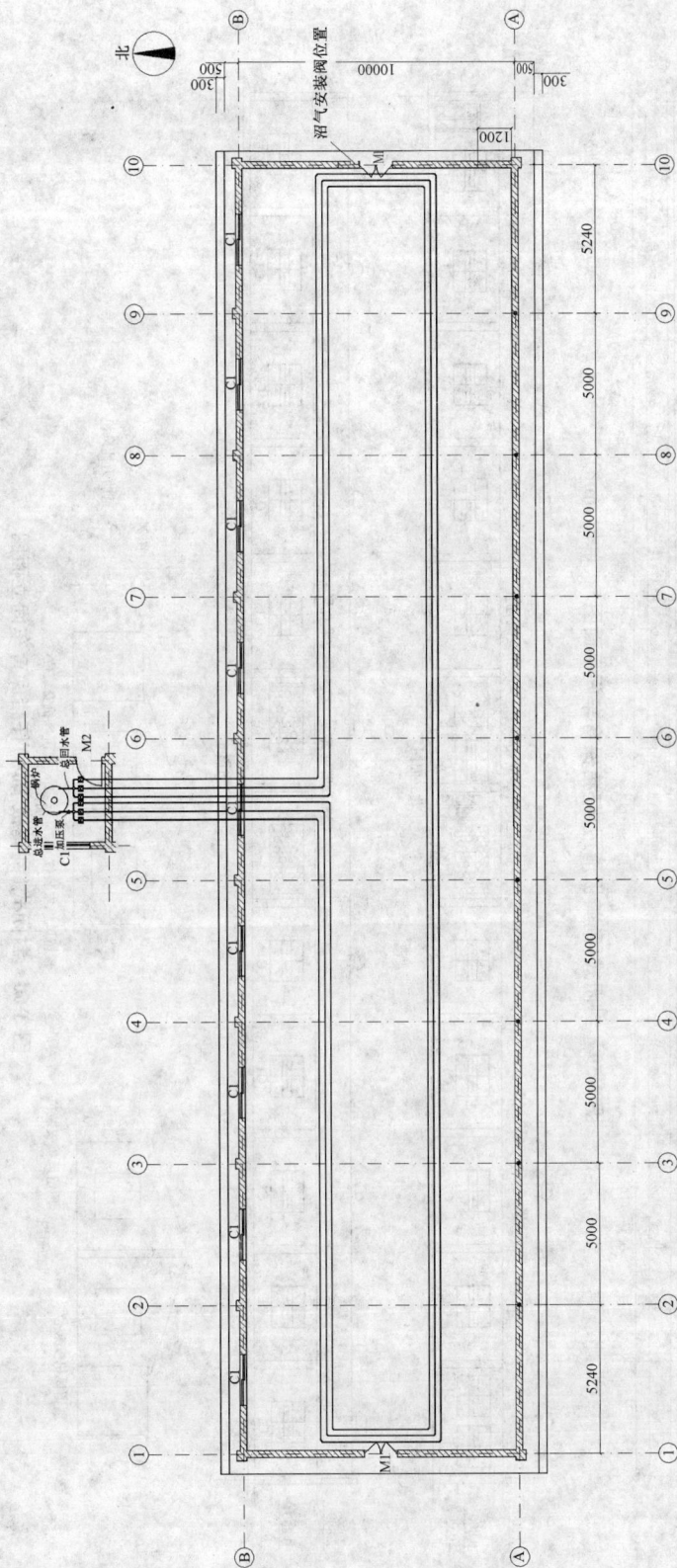

图 3-58　半敞开式仔猪保育车间室内供暖平面图　（单位：mm）

（二）封闭式（刮粪板清污）

如图 3-59 至图 3-65 所示，这种种猪仔保育车间为双列三走道高床饲养方式，在高床床面上设置半漏缝地板，并且由净道端至污道端安装 2 条刮粪板，且在净道端端安装 2 个虹吸式冲洗水箱。　车间规格为 60m×9.3m×2.8m，车间面积为 558m²。　栏圈规格为 2.2m×1.98m×0.7m，栏圈面积为 4.356m²。　附属设施面积为 24m²，包括锅炉房 9m²，饲养员休息室 7.5m² 和储藏室 7.5m²。　饲养密度为 0.43m²/头。　每栋车间分为 2 个独立饲养单元，适宜容量为 28 窝/单元，共计 56 窝/栋。　转群时间 28～70 日龄，转群体重为 7.5～28kg。　年周转利用次数为 52 周÷（保育期 5 周＋空栏消毒维修备用 1 周）＝8.5 批次/年，年饲养周转量为 4 437 头/年。　该车间南北均为玻璃窗，冬季采用地埋式热水循环供暖，夏季采用负压湿帘降温方式。　此设计模式适用于低温及北方寒冷地区的生猪养殖场或养殖小区。　清污采用刮粪板清污方式。

137

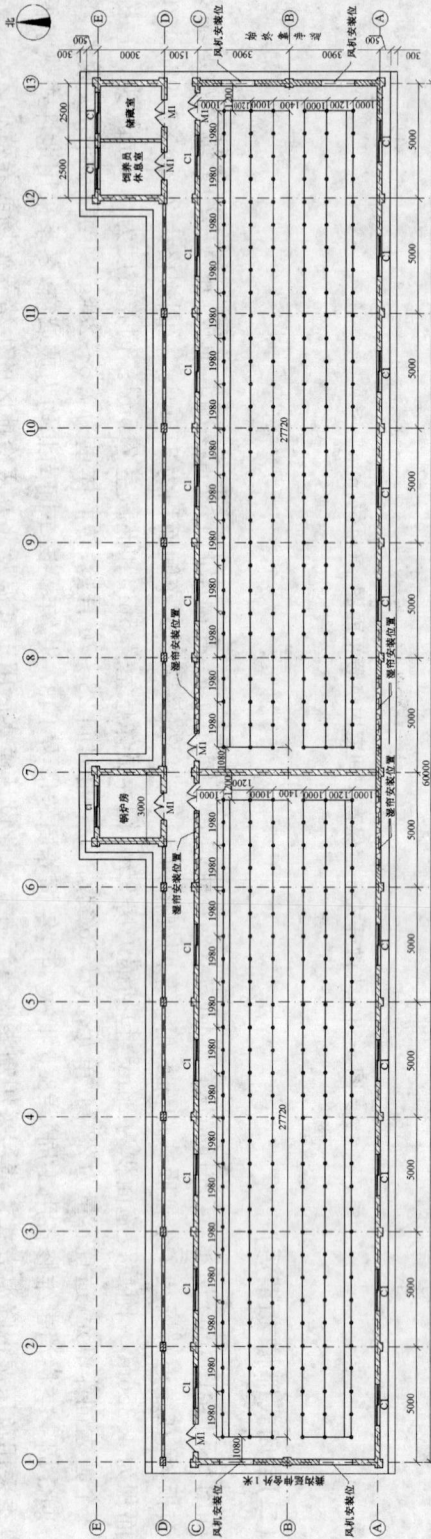

图 3-59 封闭式（刮粪板清污）仔猪保育车间平面图 （单位：mm）

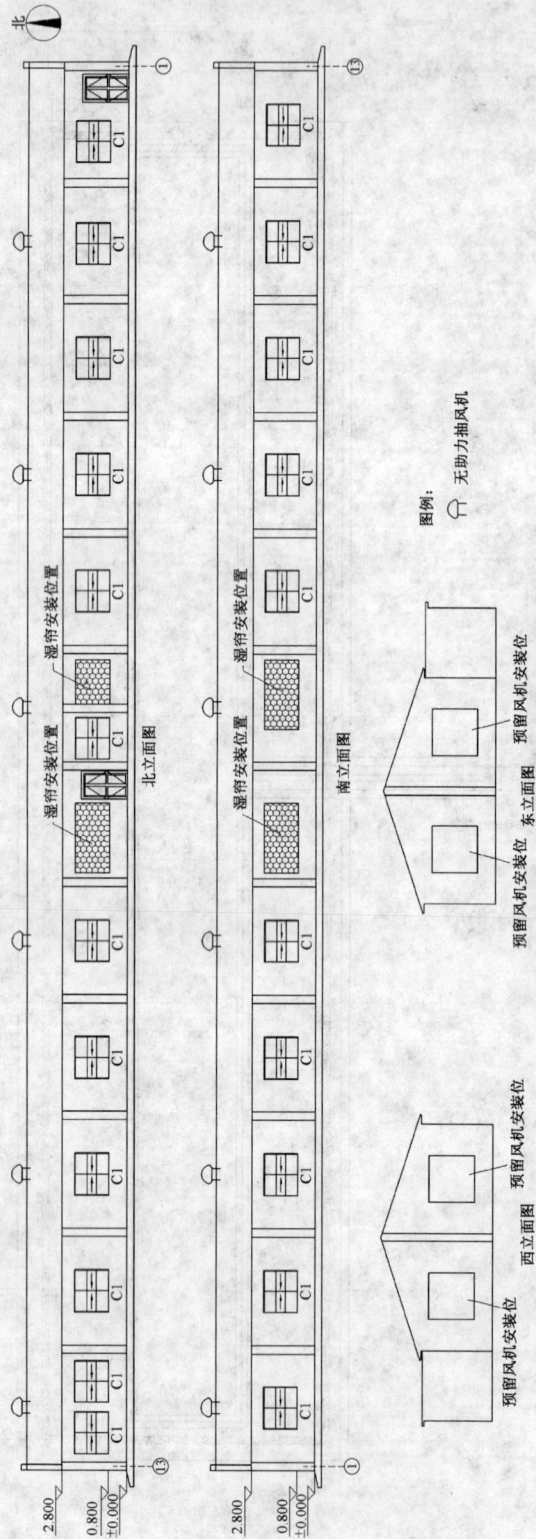

图 3-60 封闭式（刮粪板清污）仔猪保育车间立面图

图例：
无助力抽风机

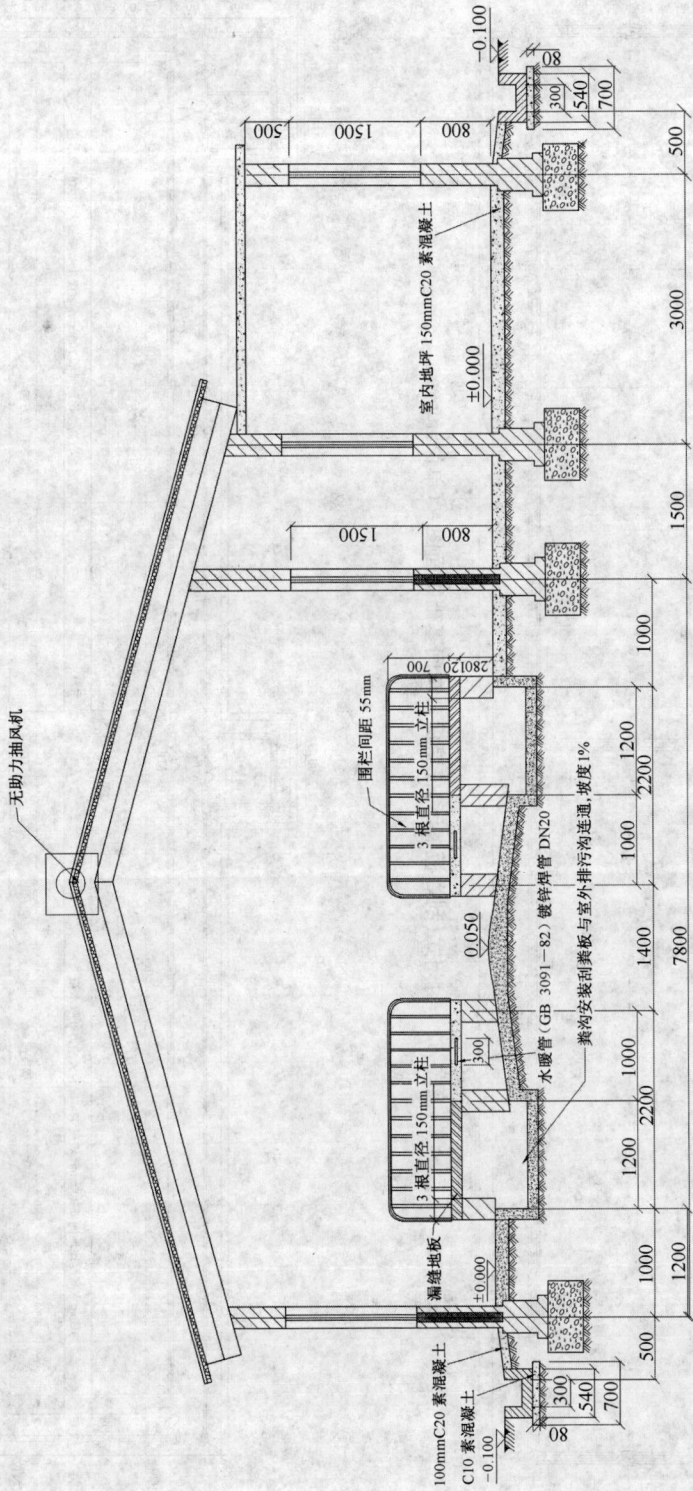

图 3-61 封闭式(刮粪板清污)仔猪保育车间剖面图 （单位：mm）

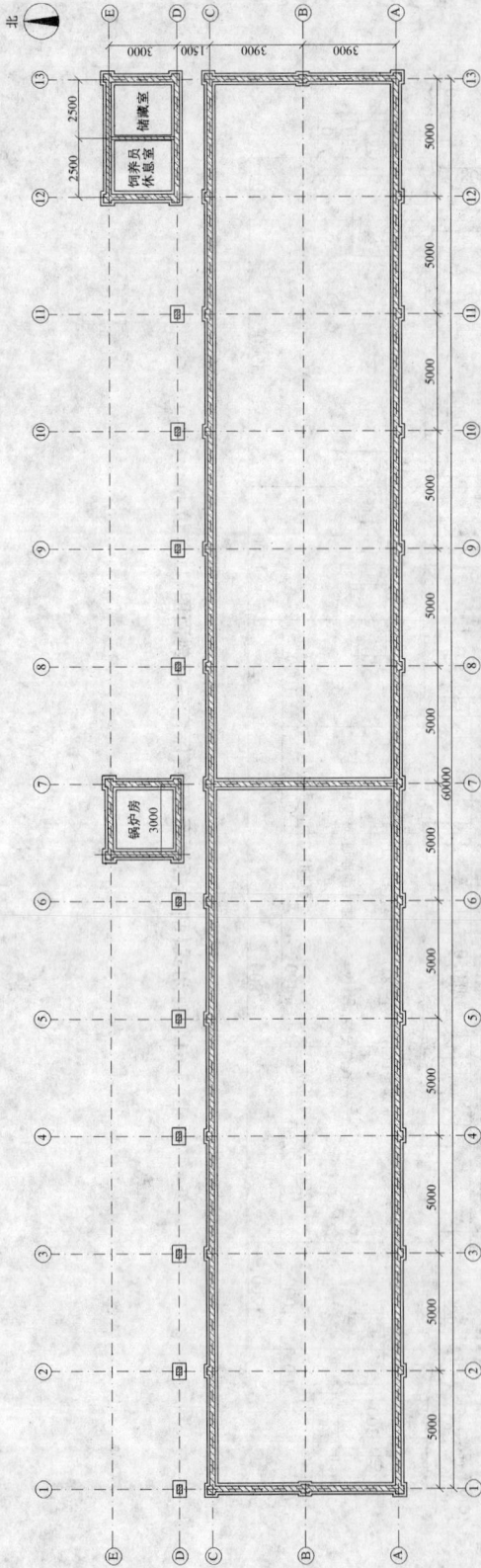

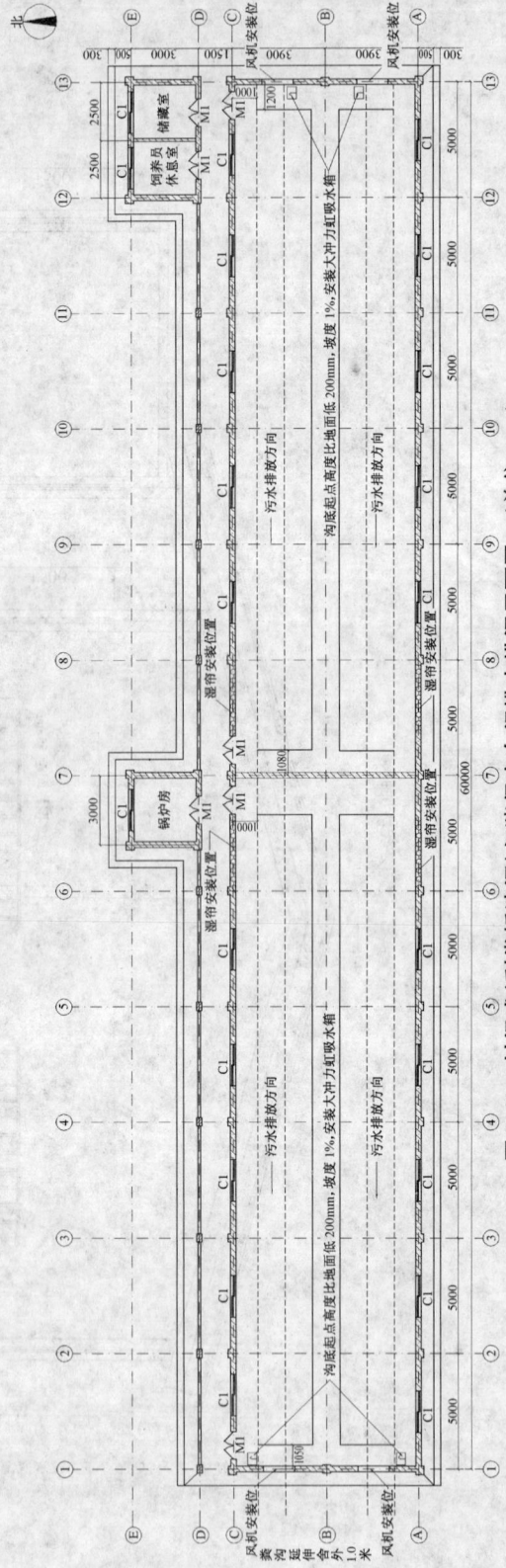

图 3-62 封闭式（刮粪板清污）仔猪保育车间基础平面图 （单位：mm）

图 3-63 封闭式（刮粪板清污）仔猪保育车间排水排污平面图 （单位：mm）

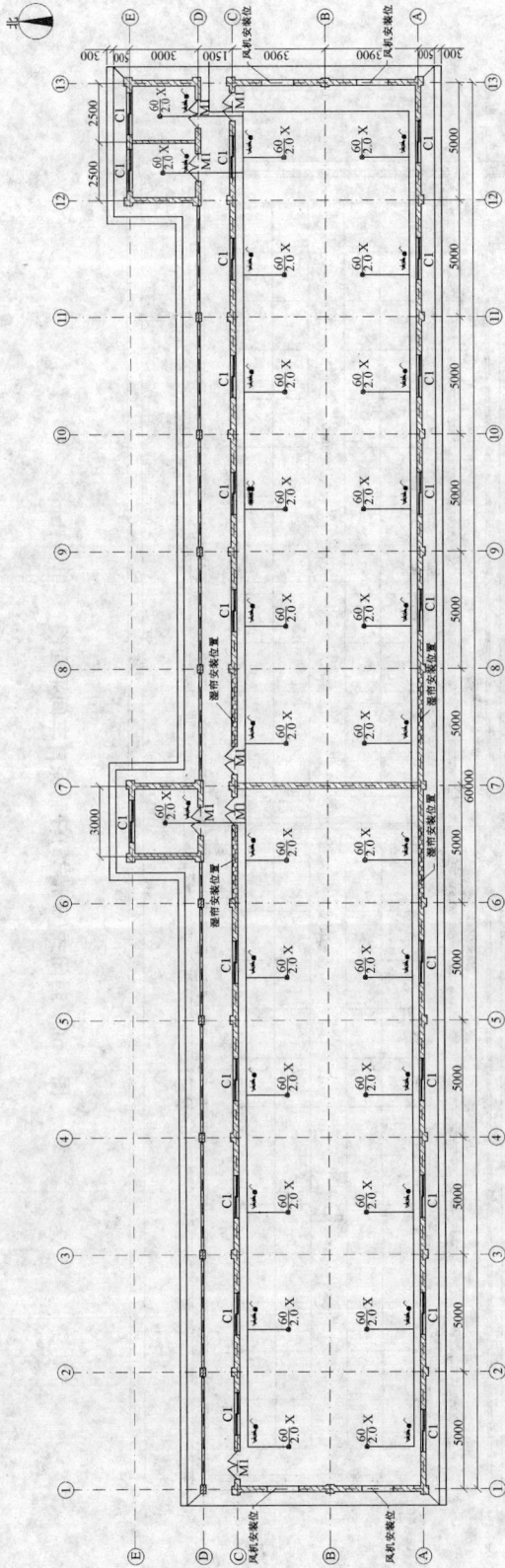

图 3-64 封闭式（刮粪板清污）仔猪保育车间室内照明平面图 （单位：mm）

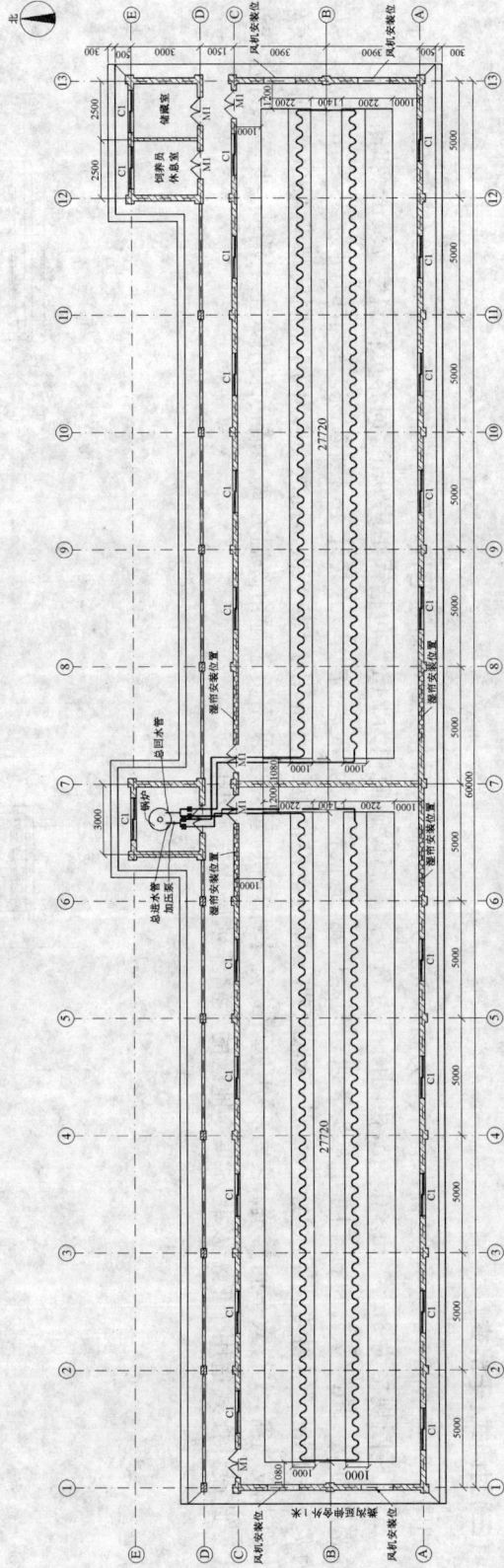

图 3-65 封闭式（刮粪板清污）仔猪保育车间室内供暖平面图 （单位：mm）

（三）封闭式（干清粪）

如图 3-66 至图 3-72 所示，这种保育车间为高床饲养方式，在高床面上设置半漏缝地板。车间规格为 53.4m×12m×3.2m，车间面积为 640.8m²。附属设施面积为 24m²，包括锅炉房 9m²，饲养员休息室 7.5m² 和储藏室 7.5m²。栏圈规格为 3m×2m×0.7m，栏圈面积为 6m²。每栋车间分为 2 个独立饲养单元，适宜容量为 24 栏位/单元，共计 48 栏位/栋。转群时间为 28～70 日龄，转群体重为 7.5～28kg。年周转利用次数为 52 周÷（保育期 5 周＋空栏维修备用 1 周）＝8.5 批次/年，年饲养周转量为 4896 头/年。该车间南北均为玻璃窗，实行大车间饲养。冬季采用地坪式热水循环供暖，夏季采用负压湿帘降温方式，饲养密度为 0.43m²/头。清污采用人工干清粪，少量水冲洗清污的方式。此设计模式适用于低温及北方寒冷地区的生猪养殖场或养殖小区。

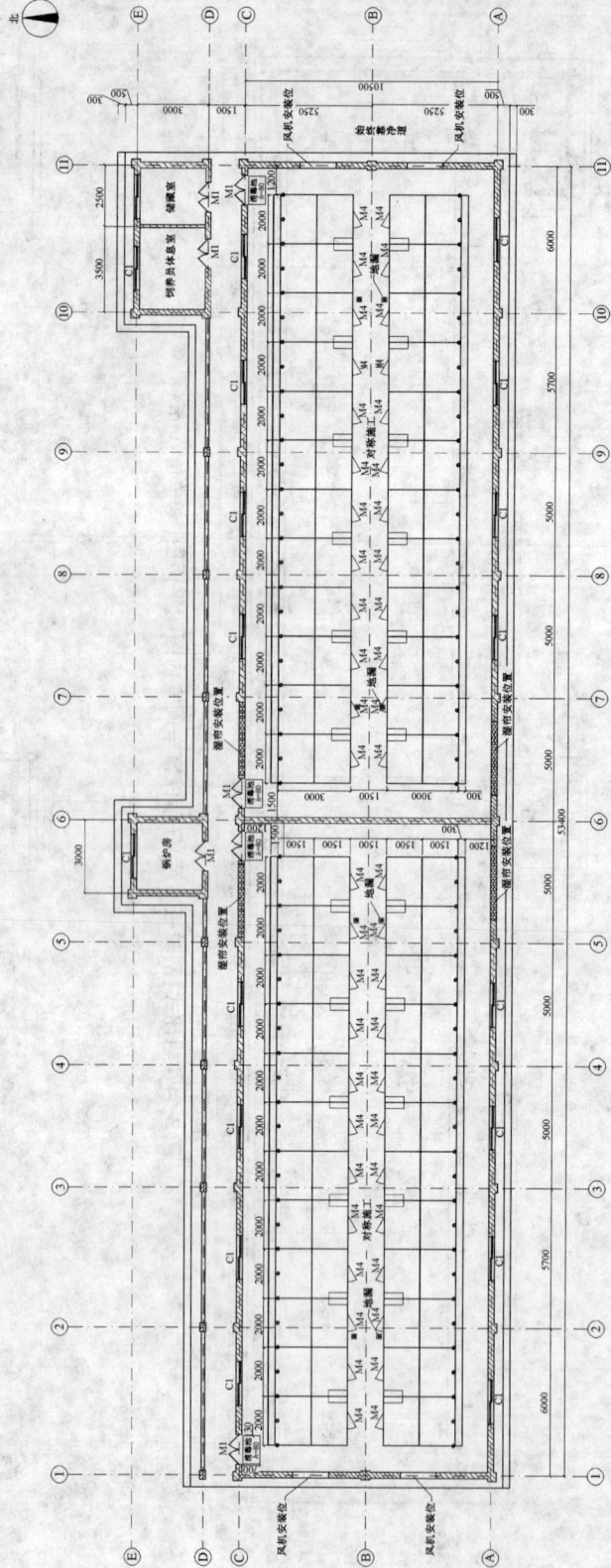

图 3-66 封闭式（干清粪）仔猪保育车间平面图（单位：mm）

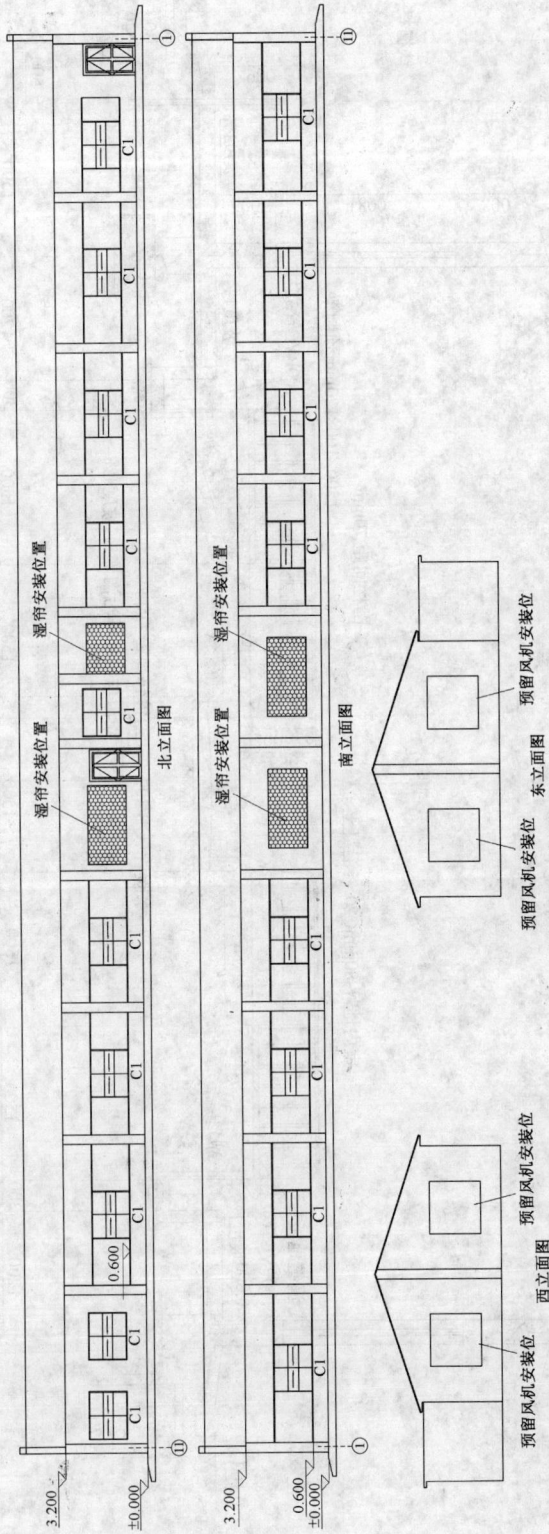

图 3-67 封闭式(干清粪)仔猪保育车间立面图

143

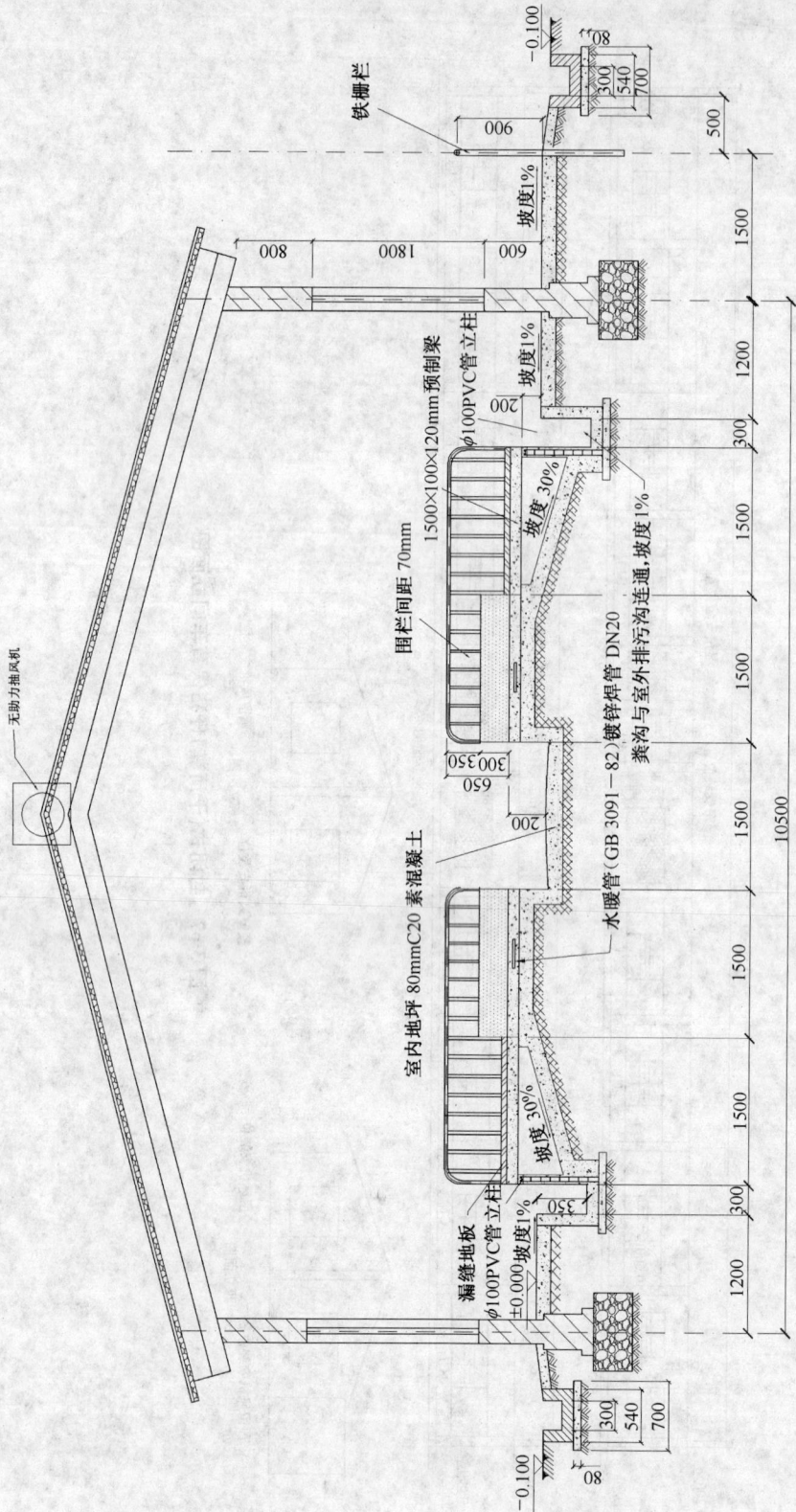

图 3-68 封闭式（干清粪）仔猪保育车间剖面图 （单位：mm）

144

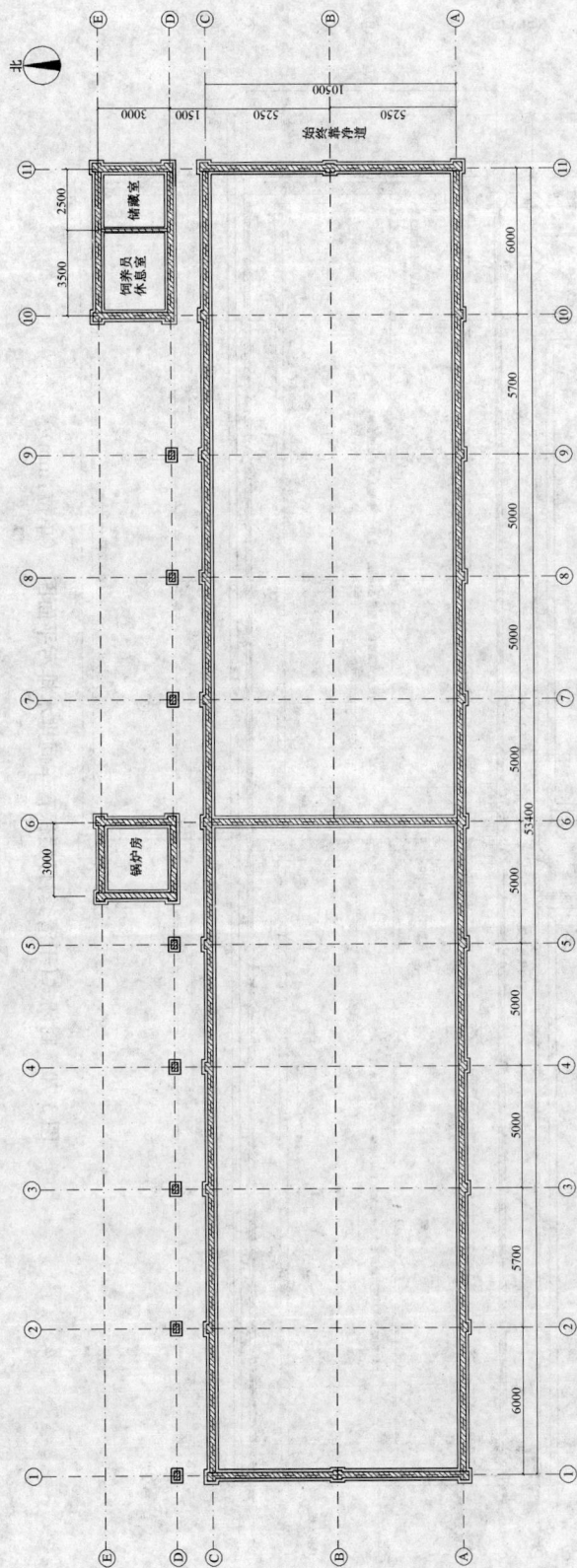

图 3-69 封闭式（干清粪）仔猪保育车间基础平面图 （单位：mm）

145

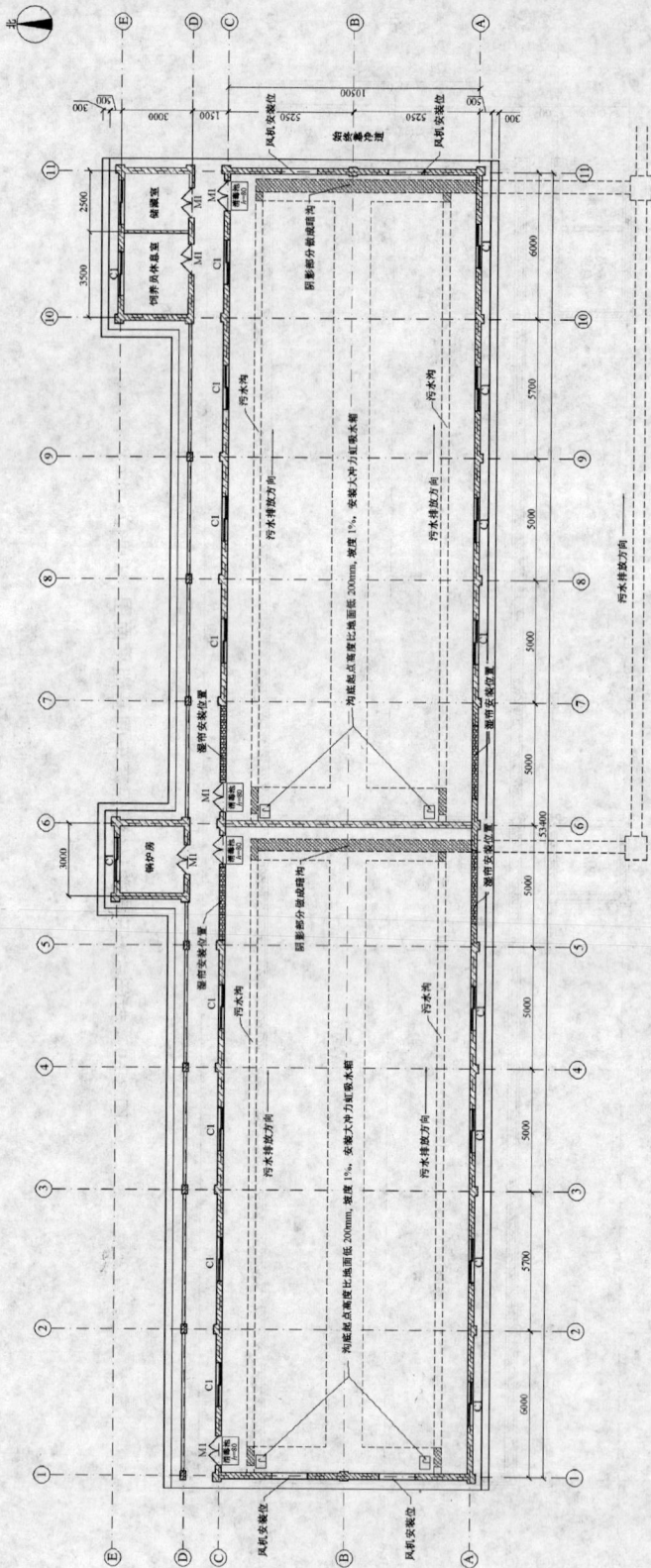

图 3-70 封闭式（干清粪）仔猪保育车间排水排污平面图 （单位：mm）

146

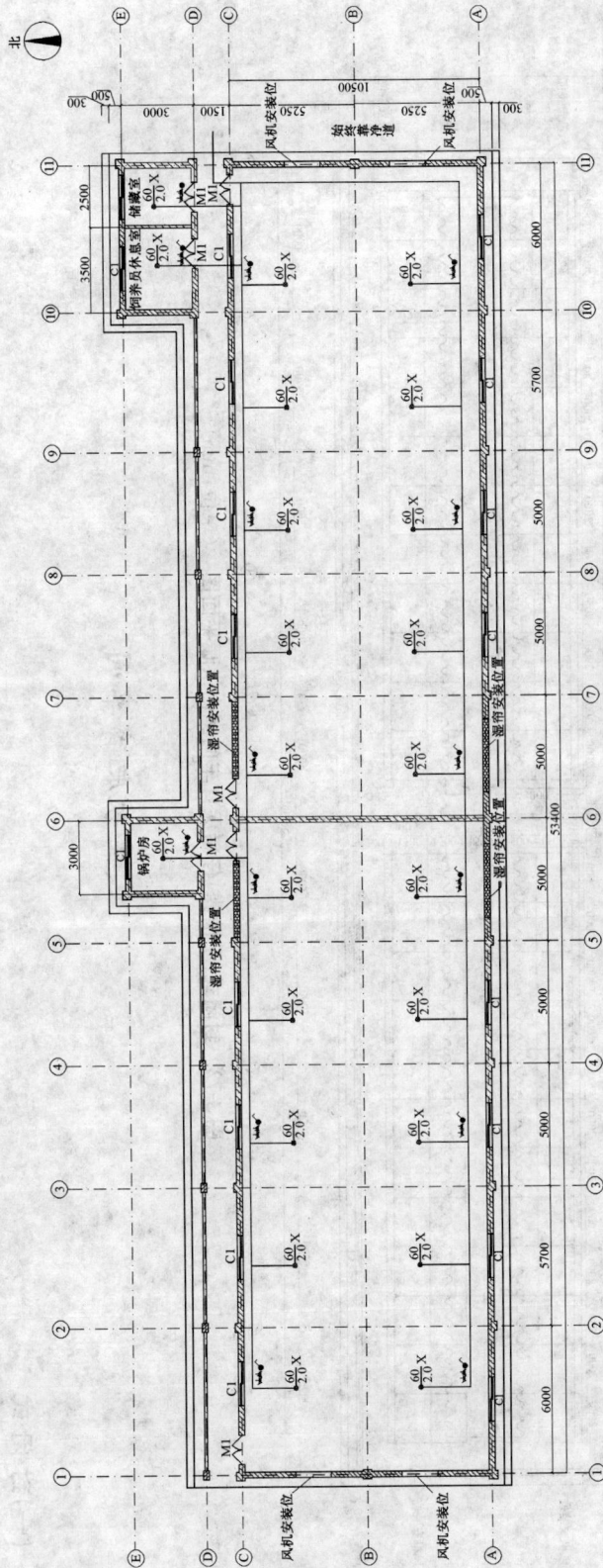

图 3-71 封闭式(干清粪)仔猪保育车间室内照明平面图（单位：mm）

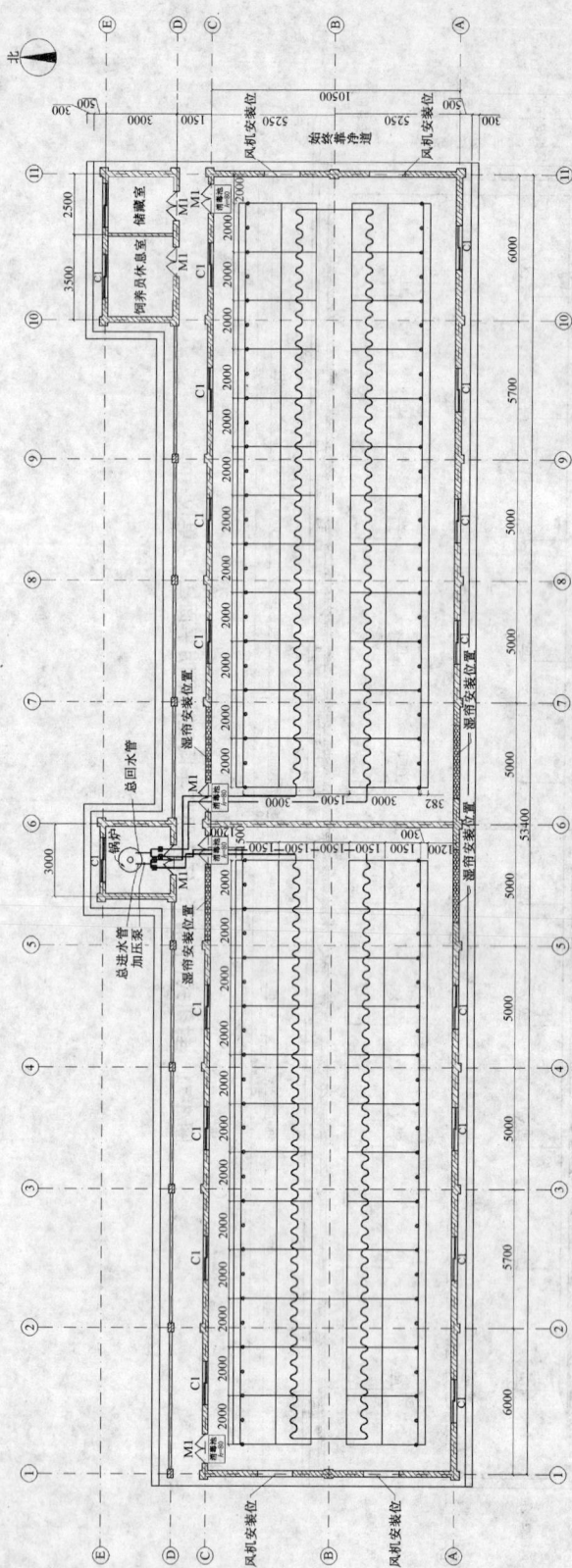

图 3-72 封闭式（干清粪）仔猪保育车间室内供暖平面图 （单位：mm）

五、生长肥育车间

(一) 封闭式

如图 3-73 至图 3-79 所示，封闭式生长肥育车间为单走道地面平养方式，车间规格为 55m×10.7m×3.2m，车间面积为 588.5m²。栏圈规格为 4.6m×3.5m×0.9m，栏圈面积为 16.1m²。附属设施面积为 19.5m²，饲养密度为 1.02m²/头。适宜容量为 450 头/批，转群时间为71 日龄和 165 日龄，转群体重为 28kg 和 100kg，周转次数为 3.3 批，年出栏量为 1485 头。该车间南北均为玻璃窗，实行大车间养殖。冬季采用地坪式热水循环供暖，夏季采用负压湿帘降温方式。此设计模式适用于模式计算及北方寒冷地区的生猪养殖场或养殖小区。清污采用人工干清粪，少量水冲洗清污的方式。

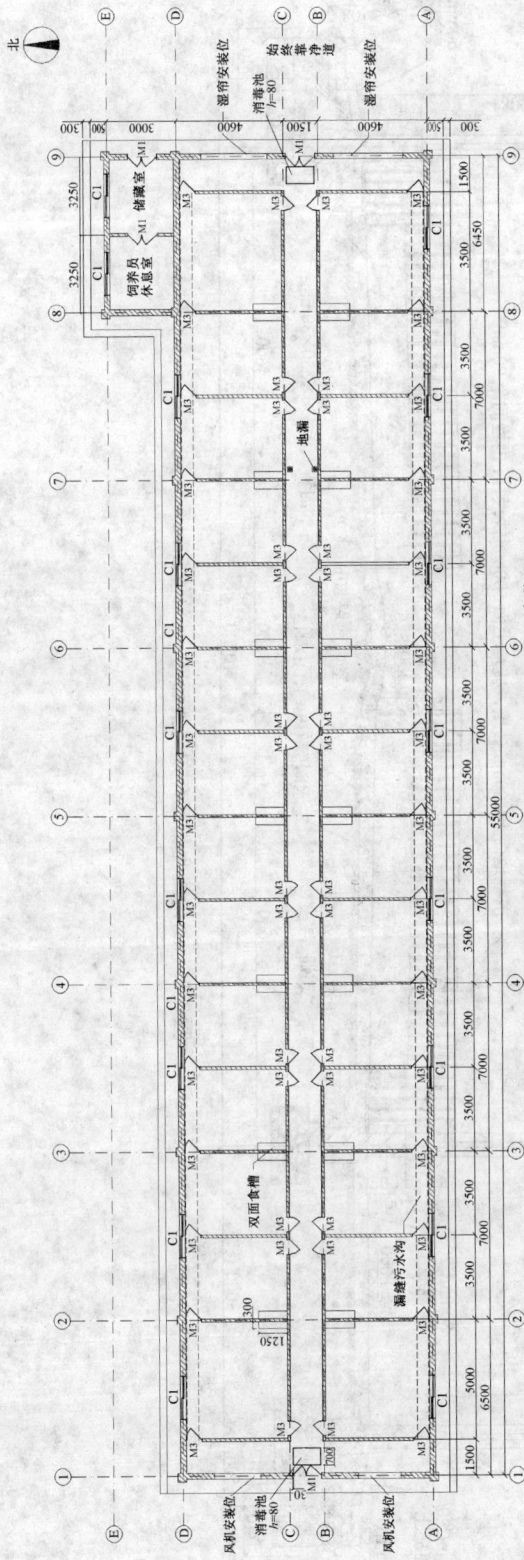

图 3-73 封闭式生长肥育车间平面图（单位：mm）

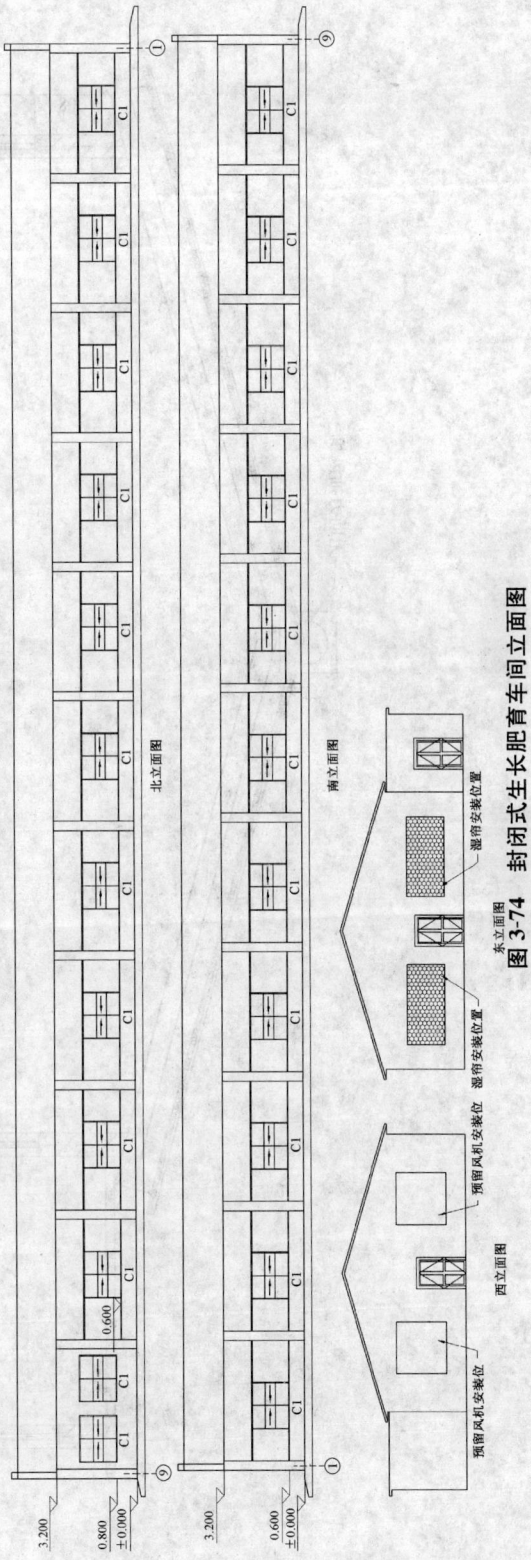

图 3-74 封闭式生长肥育车间立面图

149

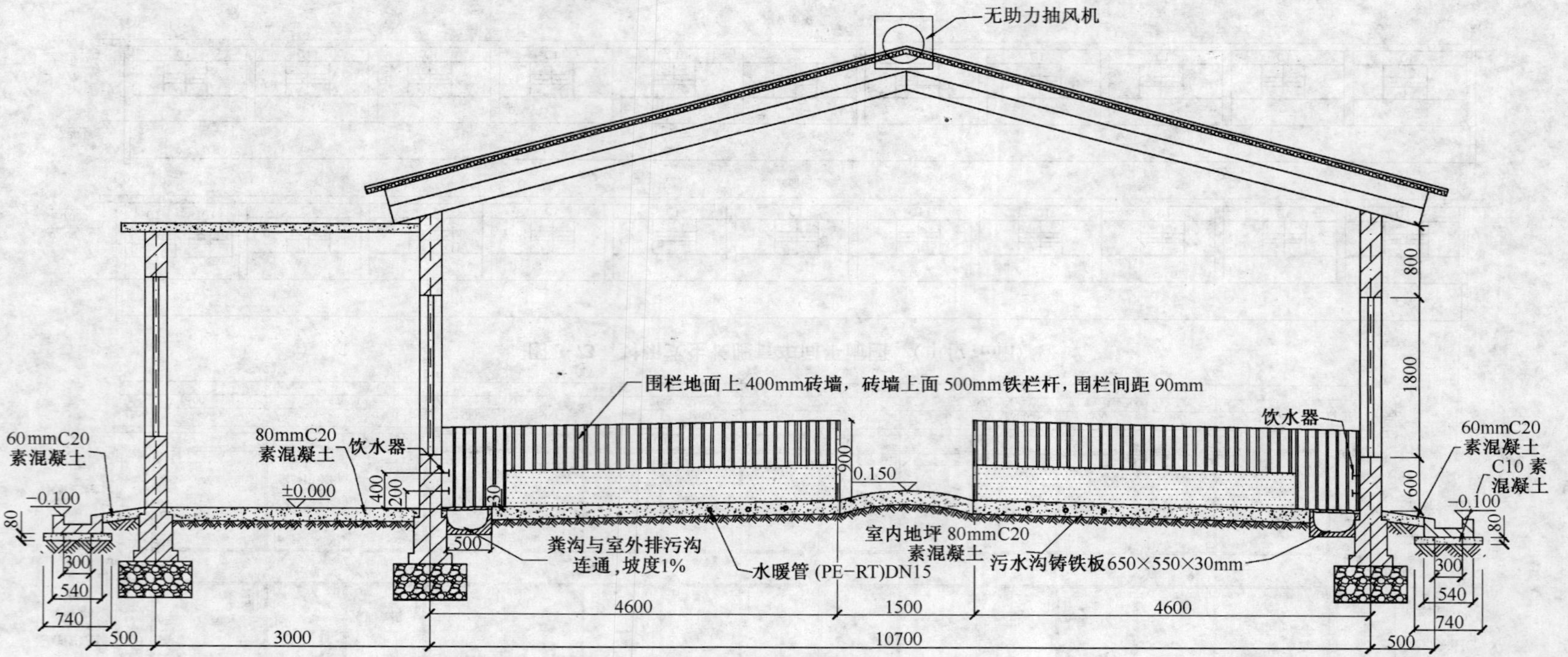

图 3-75 封闭式生长肥育车间剖面图 （单位：mm）

无助力抽油风机

60mmC20
素混凝土
C10素
混凝土

围栏地面上400mm砖墙，砖墙上面500mm铁栏杆，围栏间距90mm

饮水器

污水沟铸铁板650×550×30mm

室内地坪80mmC20
素混凝土

水暖管（PE-RT）DN15

粪沟与室外排污沟
连通，坡度1%

饮水器

80mmC20
素混凝土

60mmC20
素混凝土

150

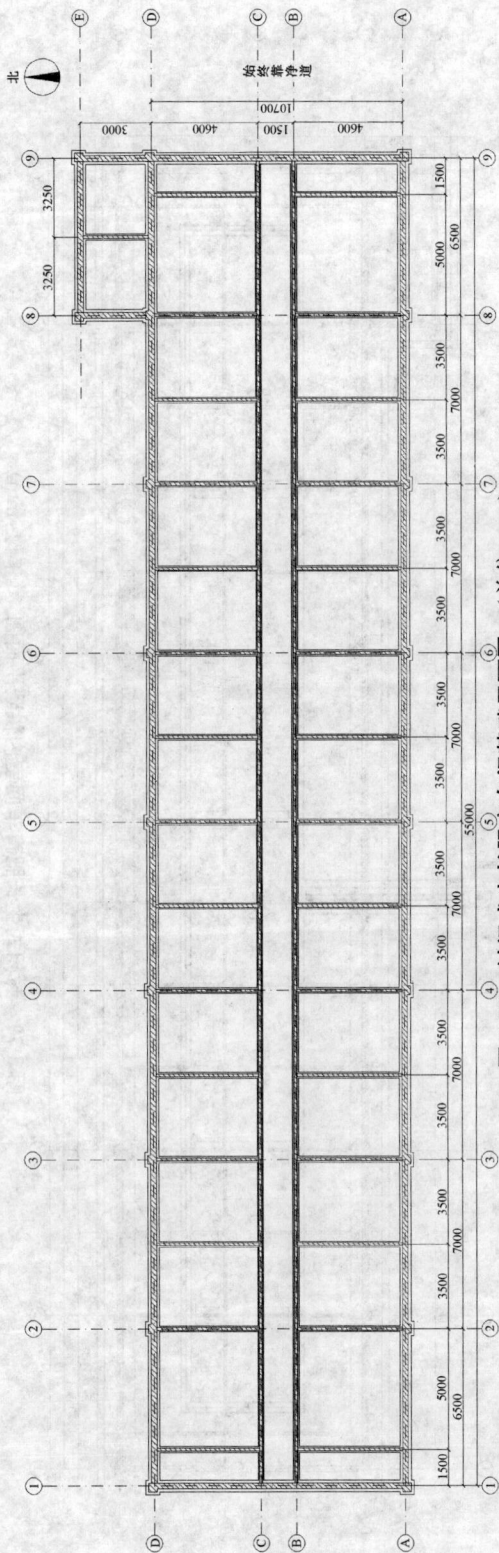

图 3-76 封闭式生长肥育车间基础平面图 （单位：mm）

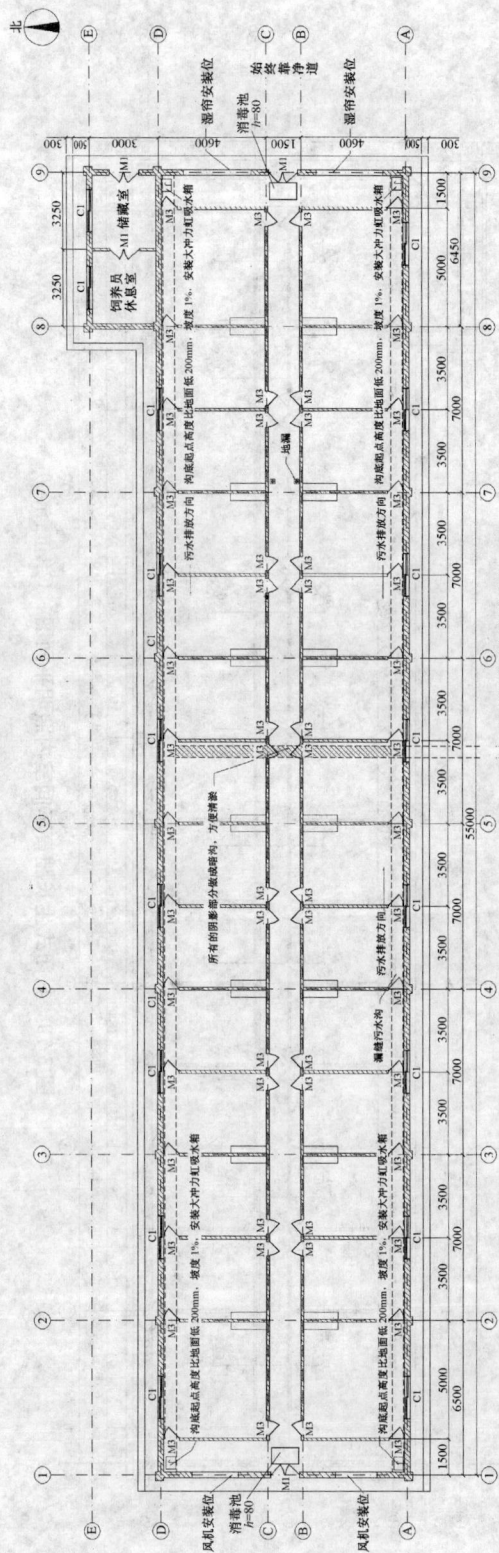

图 3-77 封闭式生长肥育车间排水排污平面图 （单位：mm）

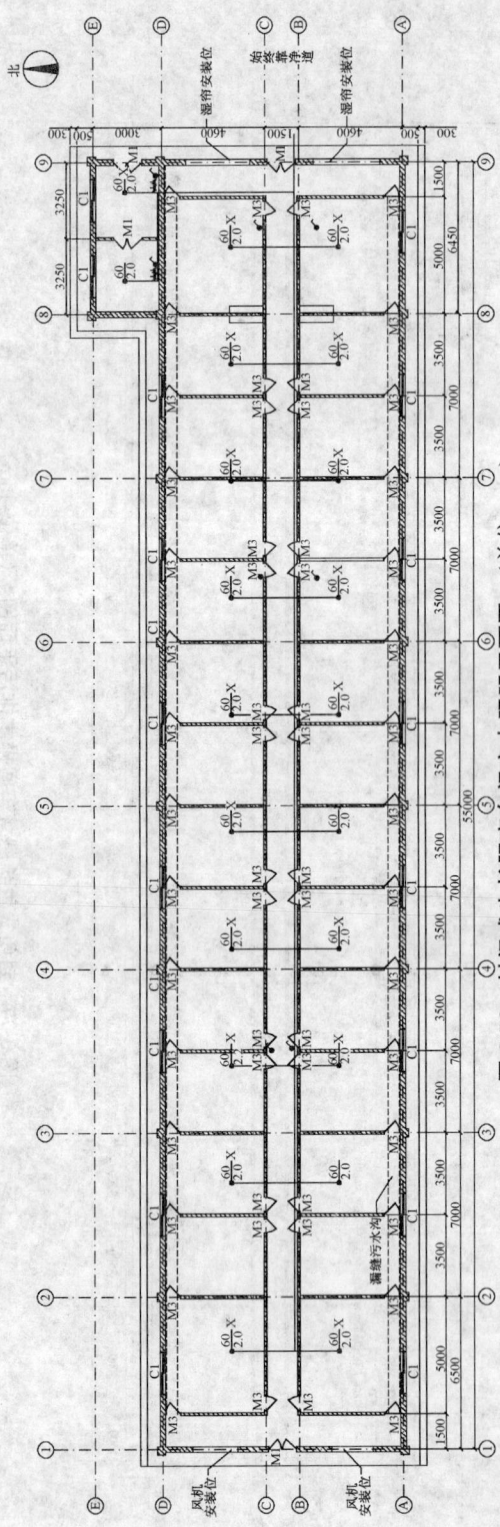

图 3-78 封闭式生长肥育车间室内照明平面图（单位：mm）

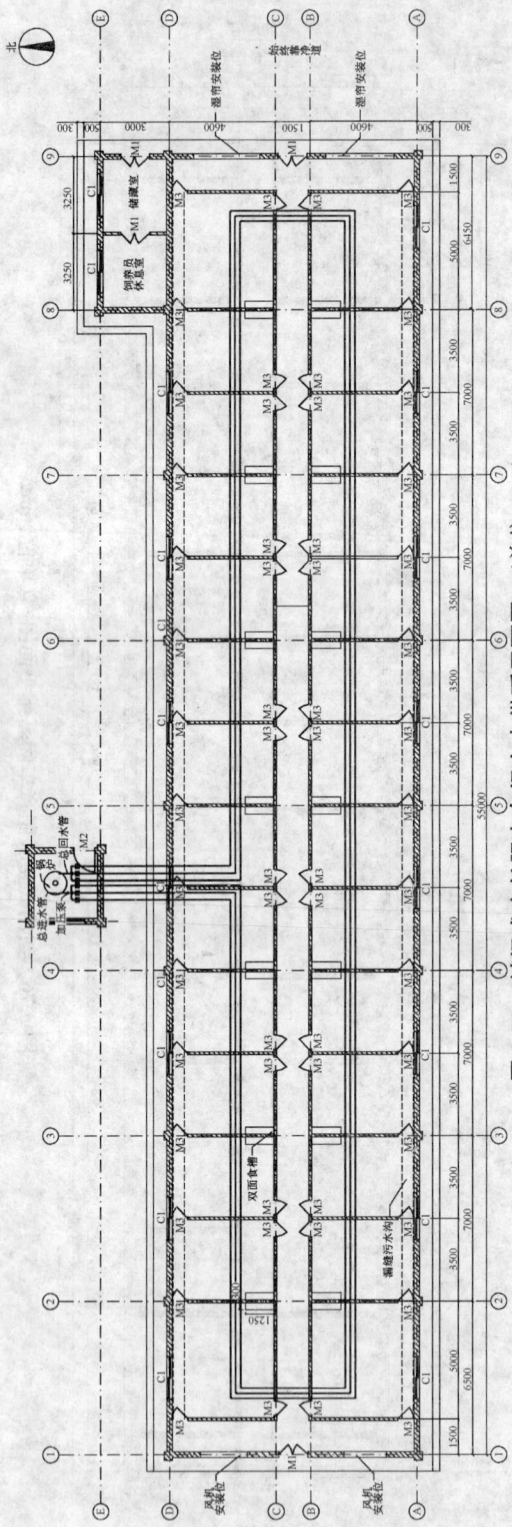

图 3-79 封闭式生长肥育车间室内供暖平面图（单位：mm）

152

(二)半敞开式

如图 3-80 至图 3-86 所示,半敞开式生长肥育车间为双列三走道地面平养方式,中间一条走道为喂料操作通道,两侧走道为清粪通道。车间规格为 55m×12m×3.2m,车间面积为 660m²。栏圈规格为 4.3m×3m×0.9m。饲养密度为 12.9m²,适宜容量为 442 头/批,转群时间为 70 日龄和 165 日龄,转群体重为 28kg 和 100kg,周转次数为 3.3 批/年,年出栏量为 1458 头。该车间北面为玻璃窗,南面为复合保温材料制作的卷帘,实行大车间养殖。冬季采用地坪式热水循环供暖,夏季采用正压送风雾化降温方式。清污采用刮粪板清污方式。此设计模式适用于热带、温带、长江流域以及东南沿海地区的生猪养殖场或养殖小区。

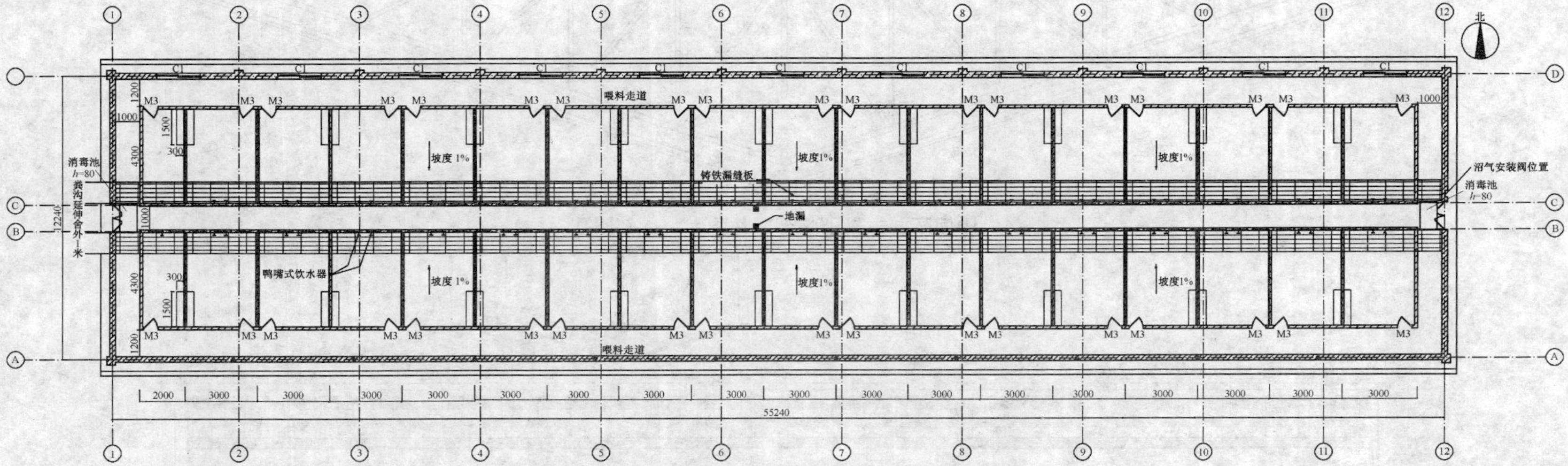

图 3-80 半敞开式生长肥育车间平面图 (单位:mm)

153

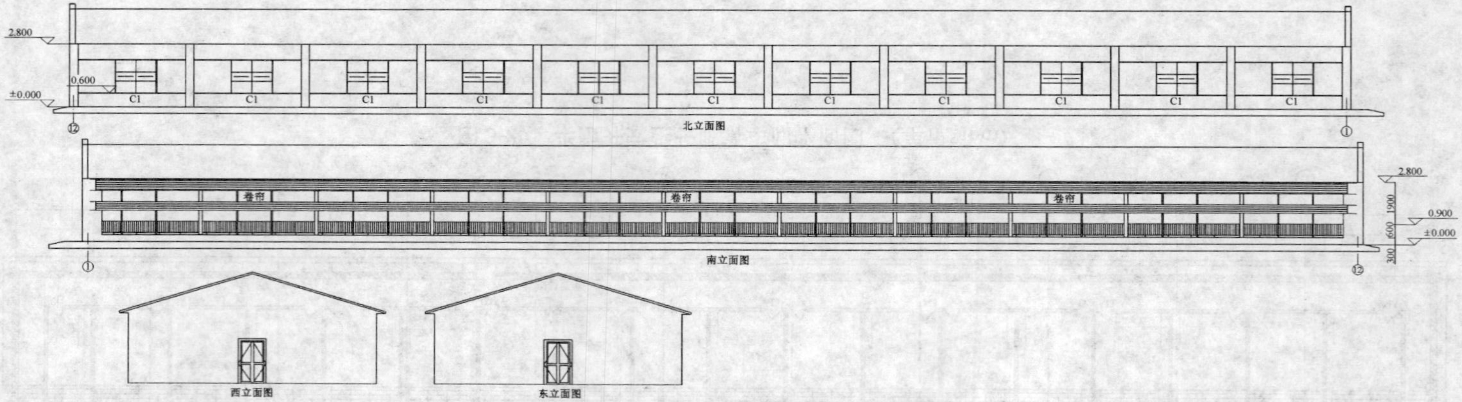
2.800
0.600
±0.000
C1
北立面图
卷帘
南立面图
2.800
0.900
±0.000
1900
600
300
西立面图
东立面图

图 3-81 半敞开式生长肥育车间立面图

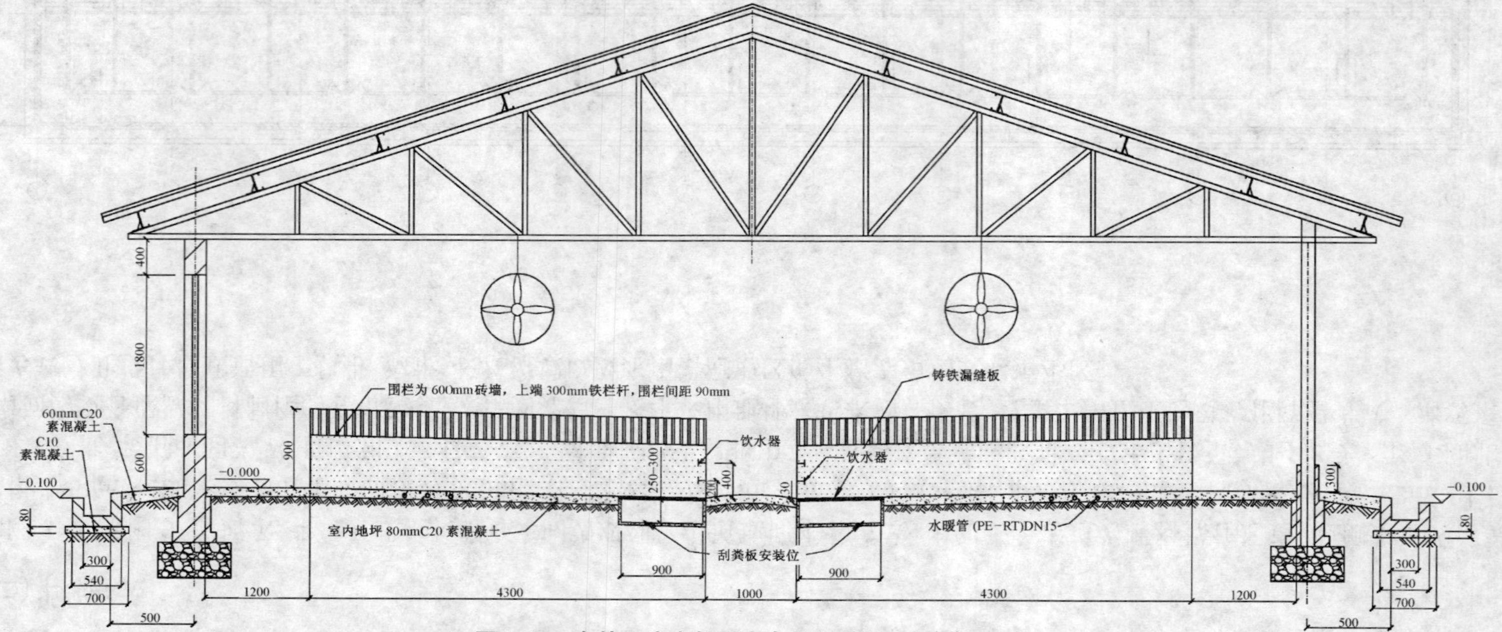
围栏为 600mm 砖墙，上端 300mm 铁栏杆，围栏间距 90mm
铸铁漏缝板
饮水器
饮水器
60mm C20
素混凝土
C10
素混凝土
-0.100
-0.000
-0.100
室内地坪 80mmC20 素混凝土
刮粪板安装位
水暖管 (PE-RT)DN15
400
1800
600
900
250~300
400
200
30
300
80
300
540
700
500
1200
4300
900
1000
900
4300
1200
300
540
700
80
500

图 3-82 半敞开式生长肥育车间剖面图 （单位：mm）

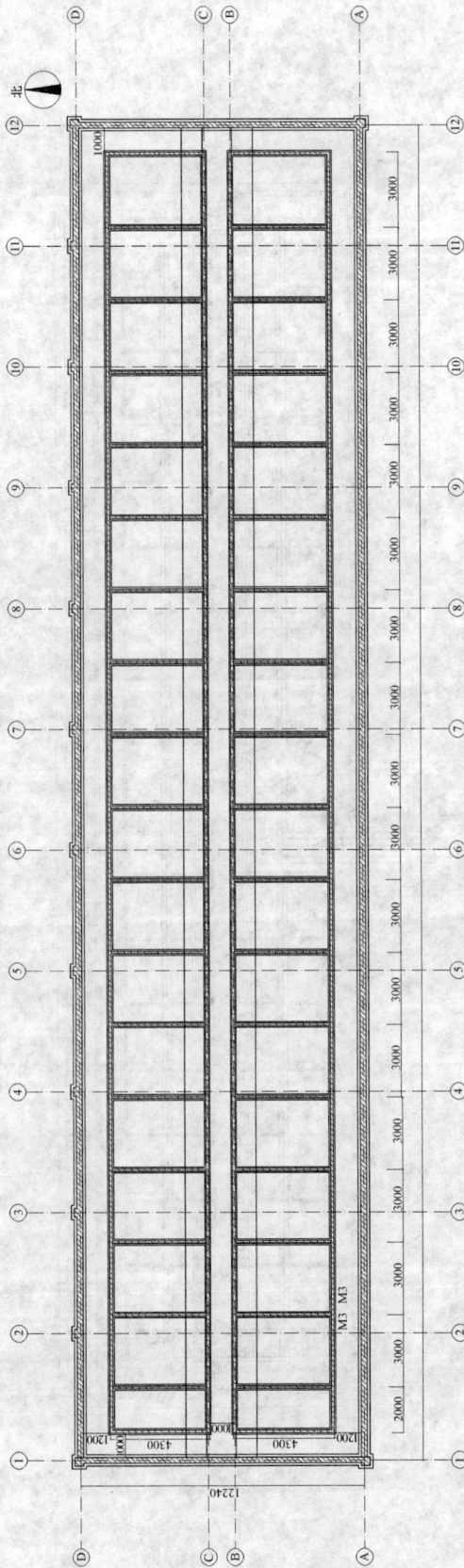

图 3-83 半敞开式生长肥育车间基础平面图 （单位：mm）

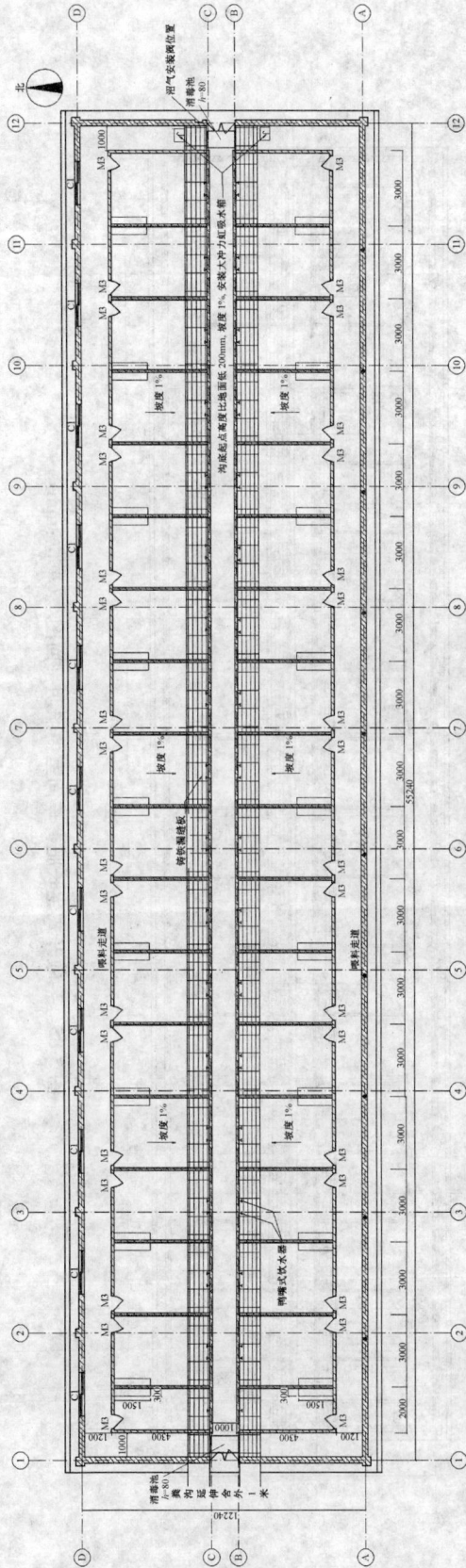

图 3-84 半敞开式生长肥育车间排水排污平面图 （单位：mm）

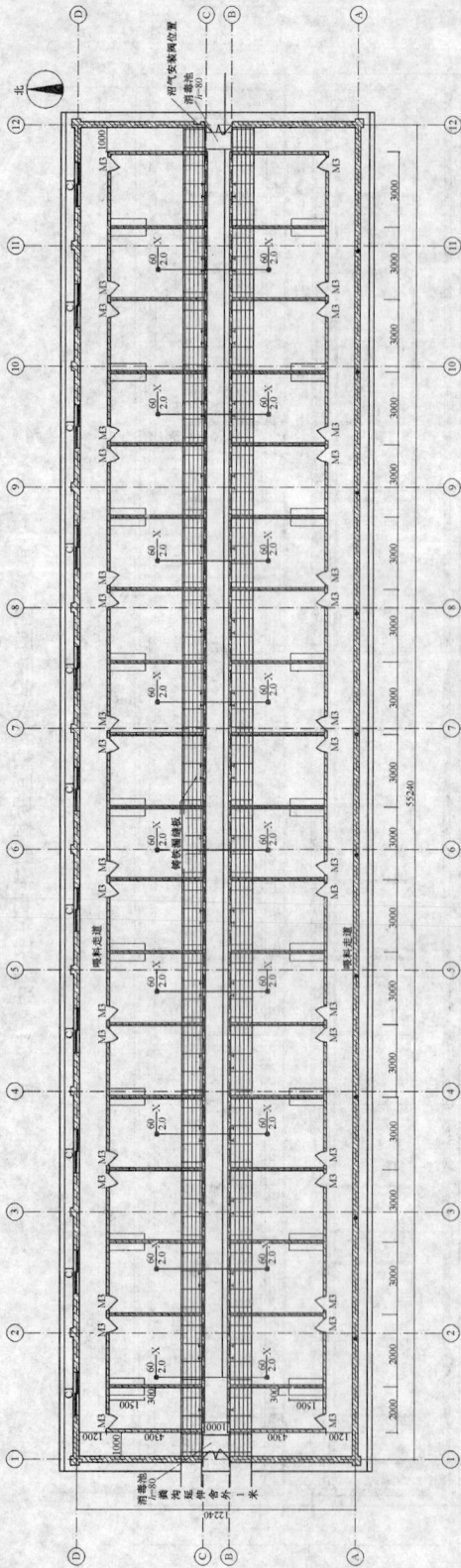

图 3-85 半敞开式生长肥育车间室内照明平面图 （单位：mm）

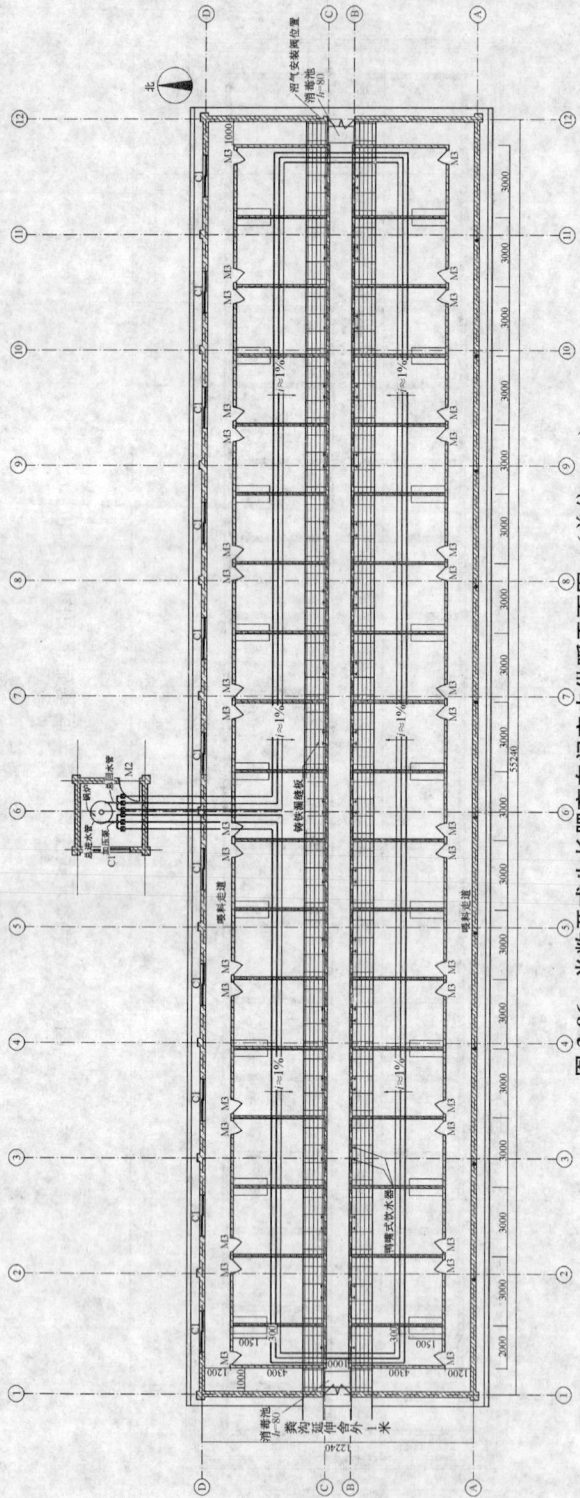

图 3-86 半敞开式生长肥育车间室内供暖平面图 （单位：mm）

(三) 全敞开式

如图 3-87 至图 3-93 所示，全敞开式生长肥育车间为单列式地面平养方式，车间内设置专用饲喂和清粪走道。车间规格为 55m×8m×3.2m，车间面积约为 440m²。栏圈规格为 5.8m×3m×0.9m。栏圈面积为 17.4m²。饲养密度为 1.02m²/头，适宜容量为 300 头/批。转群时间为 70 日龄和 165 日龄，转群体重为 28kg 和 100kg，周转次数为 3.3 批/年，年出栏量为 1000 头。该车间南北均为复合保温材料制作的卷帘，实行大车间养殖。冬季采用地坪式热水循环供暖，夏季采用正压风送风雾化降温方式。此设计模式适用于热带、温带，长江流域以及东南沿海地区的生猪养殖场或养殖小区。清污采用水厕所清粪，即水泡粪方式。

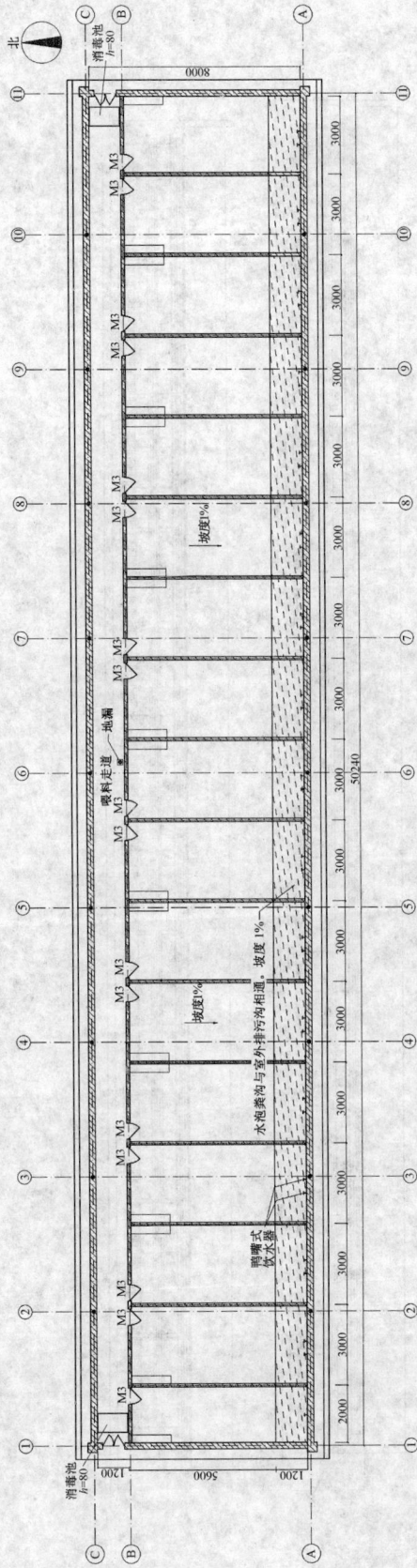

图 3-87 全敞开式生长肥育车间平面图 （单位:mm）

157

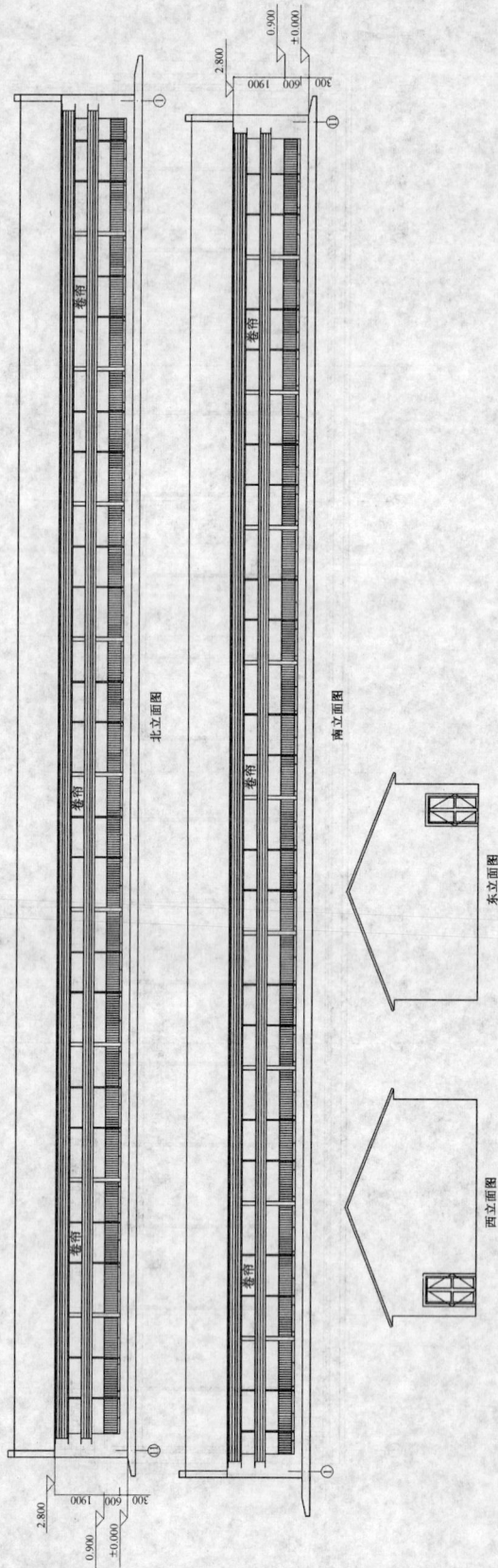

图 3-88 全敞开式生长肥育车间立面图

北立面图

南立面图

东立面图

西立面图

2.800

0.900
±0.000

300 600 1900

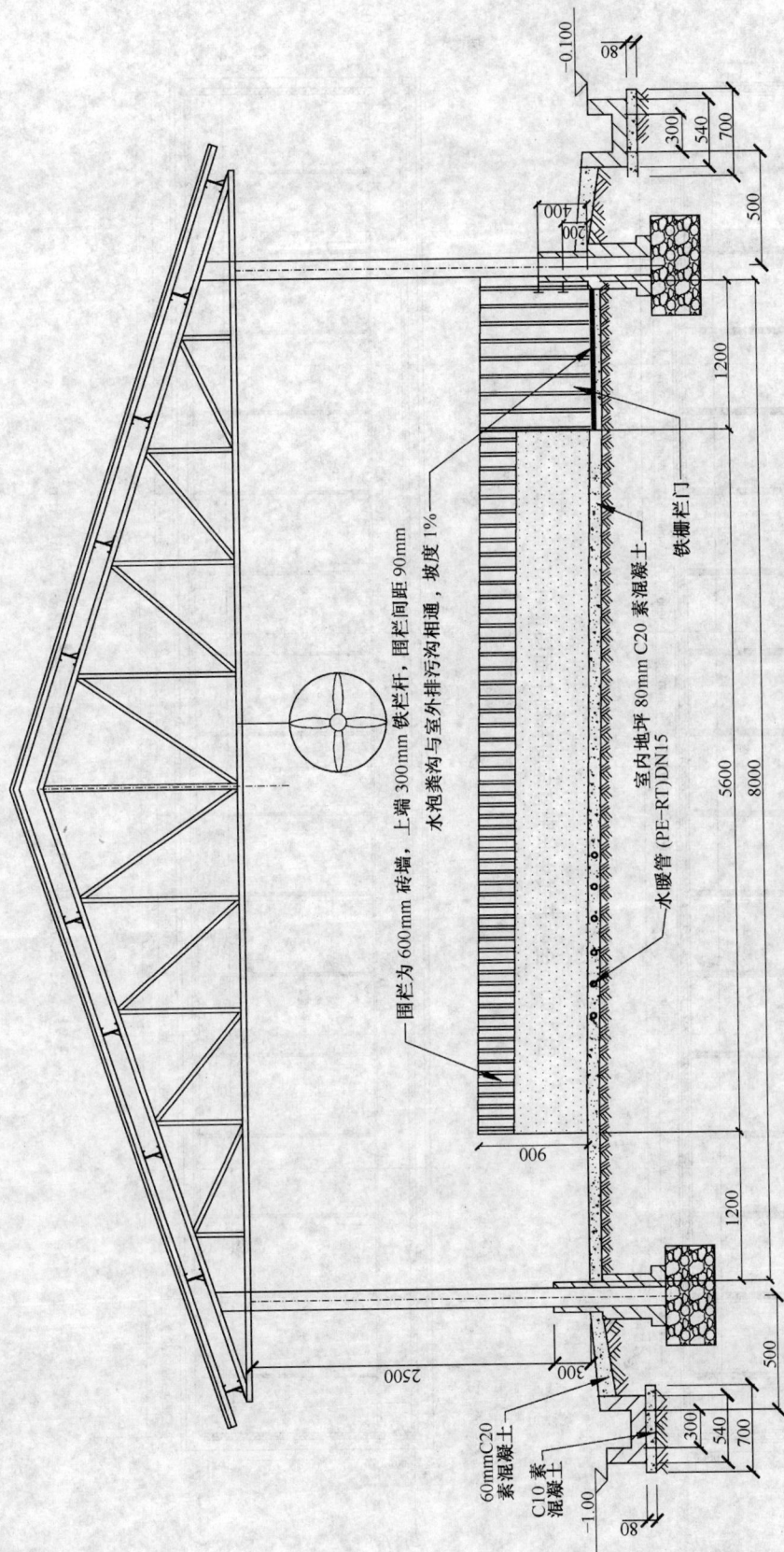

围栏为 600mm 砖墙，上端 300mm 铁栏杆，围栏间距 90mm
水泡粪沟与室外排污沟相通，坡度 1%

室内地坪 80mm C20 素混凝土

水暖管 (PE-RT)DN15

铁栅栏门

60mmC20 素混凝土

C10 素混凝土

图 3-89　全敞开式生长肥育车间剖面图　（单位：mm）

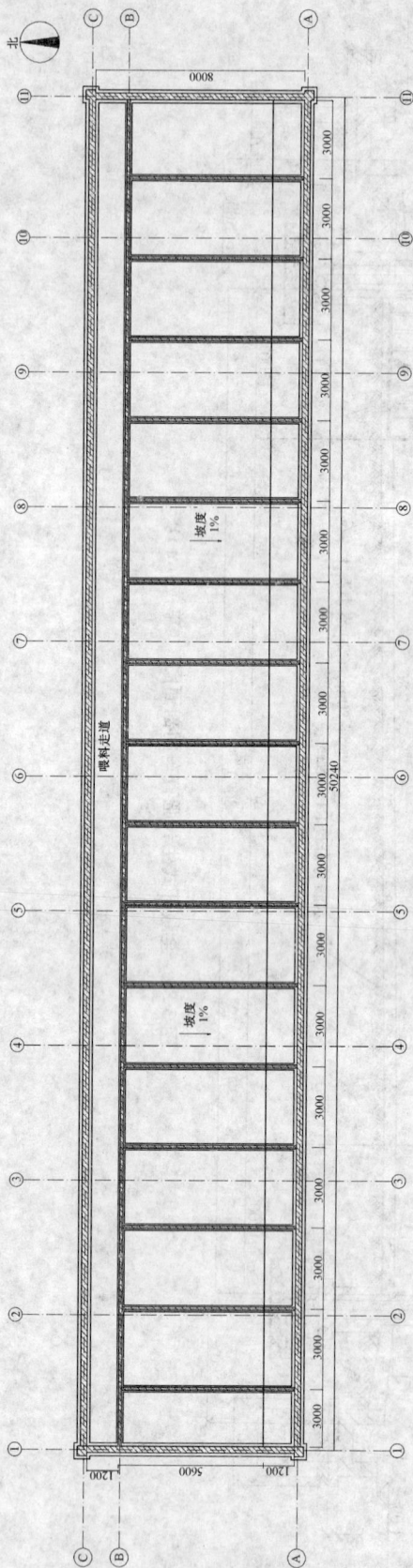

图 3-90 全敞开式生长肥育车间基础平面图 （单位：mm）

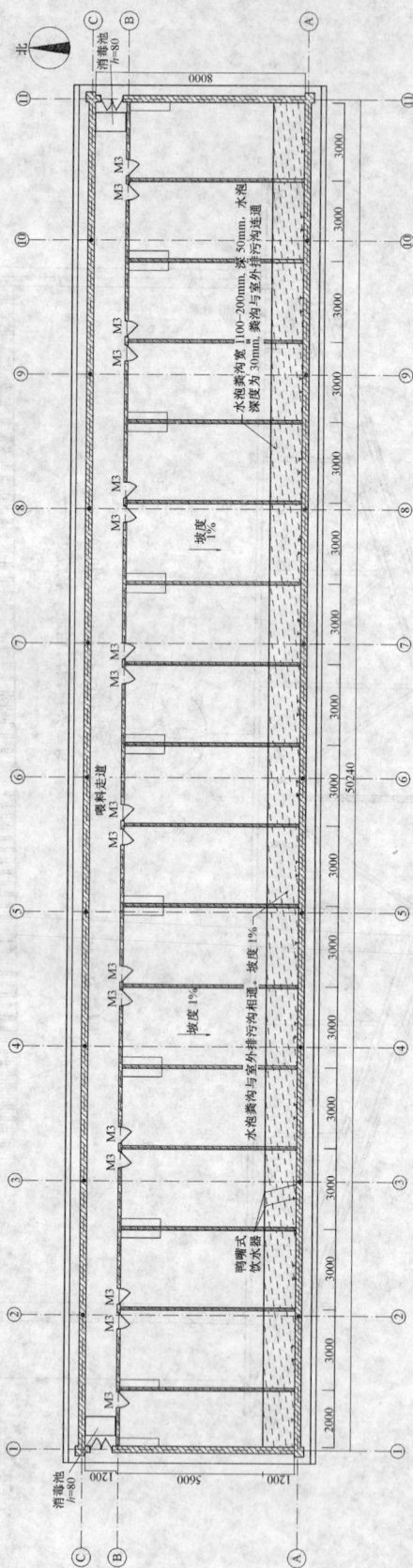

图 3-91 全敞开式生长肥育车间排水排污平面图 （单位：mm）

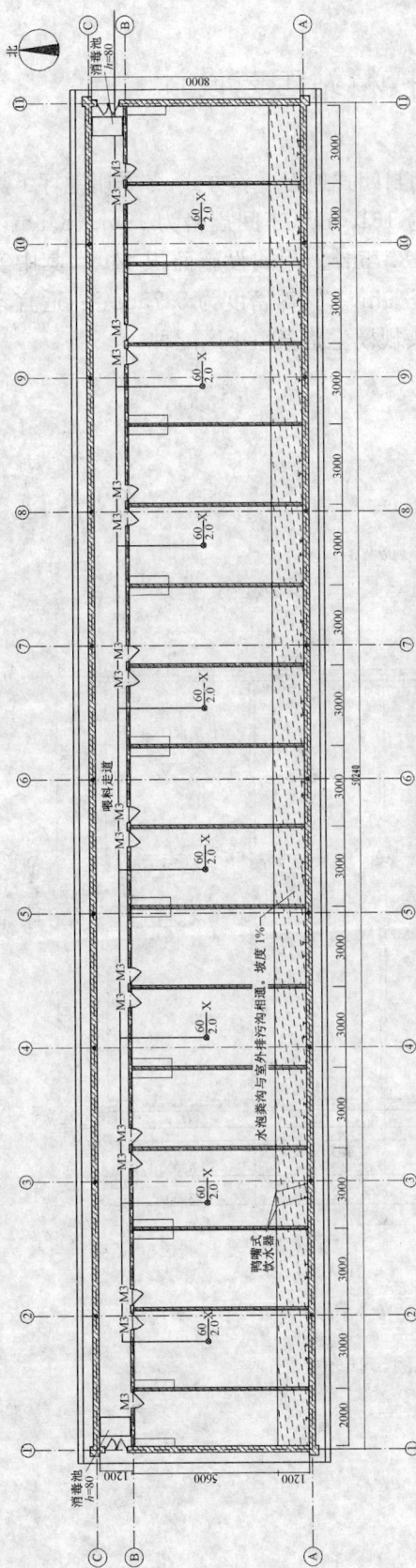

图 3-92 全敞开式生长肥育车间室内照明平面图（单位：mm）

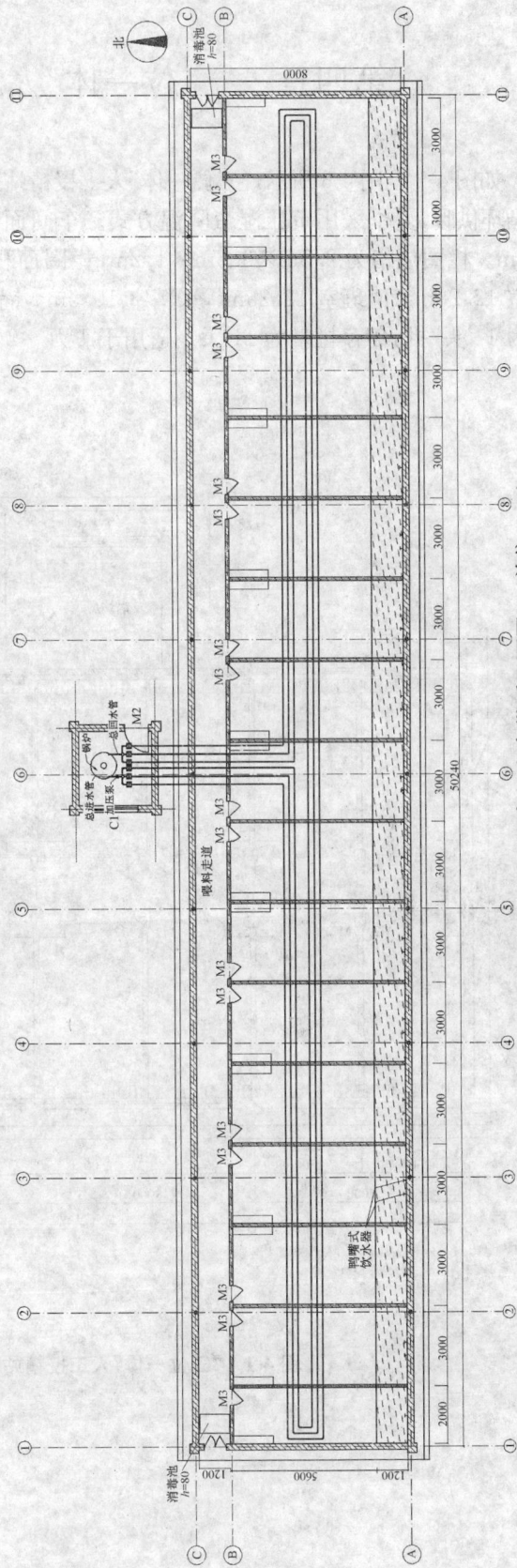

图 3-93 全敞开式生长肥育车间室内供暖平面图（单位：mm）

161

第四章 "三位一体"人工授精站工艺设计

如图 4-1 至图 4-8 所示,"三位一体"人工授精站采用封闭式地面平养方式,冬季用地坪下热水循环供暖,夏季采用负压湿帘降温方式。车间面积为 161.5m²,车间规格为 19m×8.5m×3.2m。栏圈规格为 2.5m×3.5m×1.2m,栏圈面积为 8.75m²。附属设施面积 44m²,其中实验室 12.25m²,值班室 12.25m²,采精室 10.5m²,锅炉房 9m²。饲养密度为 8.75m/头,适宜容量为 11 头/批,年存栏量为 11 头。适用于 1 万~2 万头规模生猪养殖小区配种。

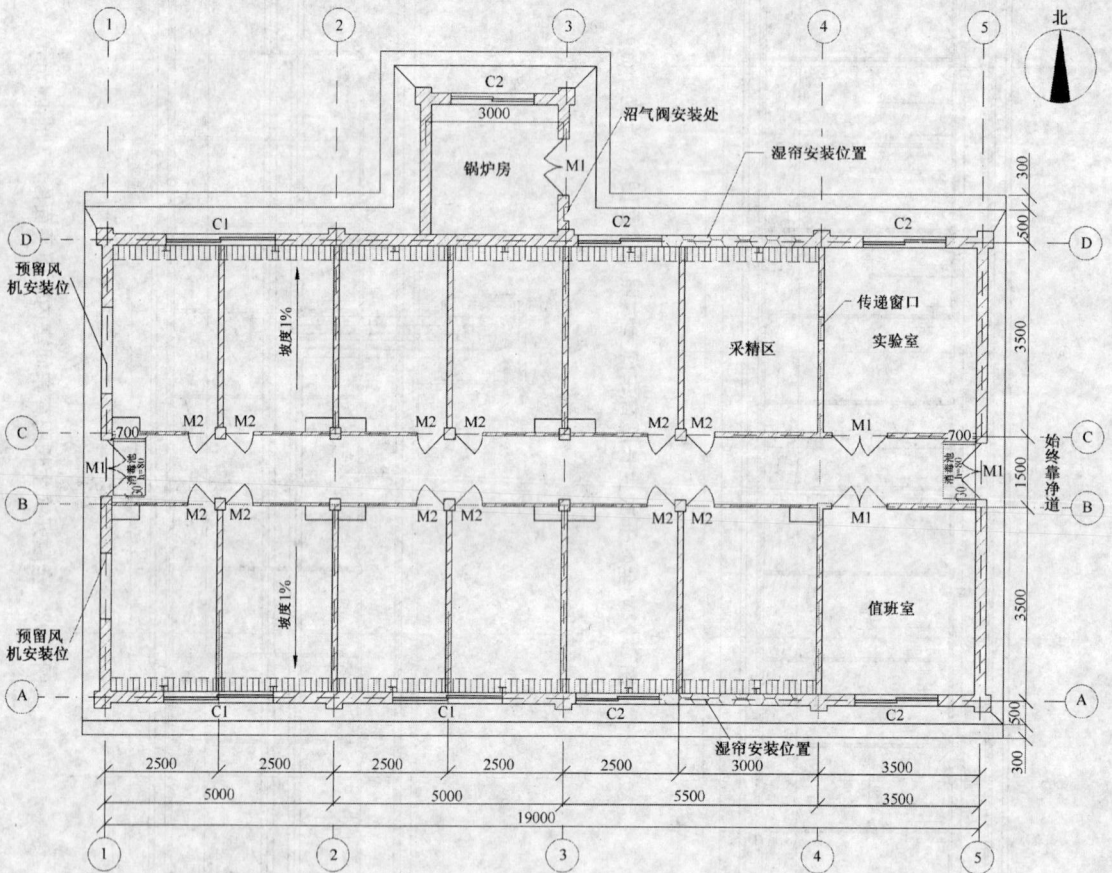

图 4-1 "三位一体"人工授精站平面图 (单位:mm)

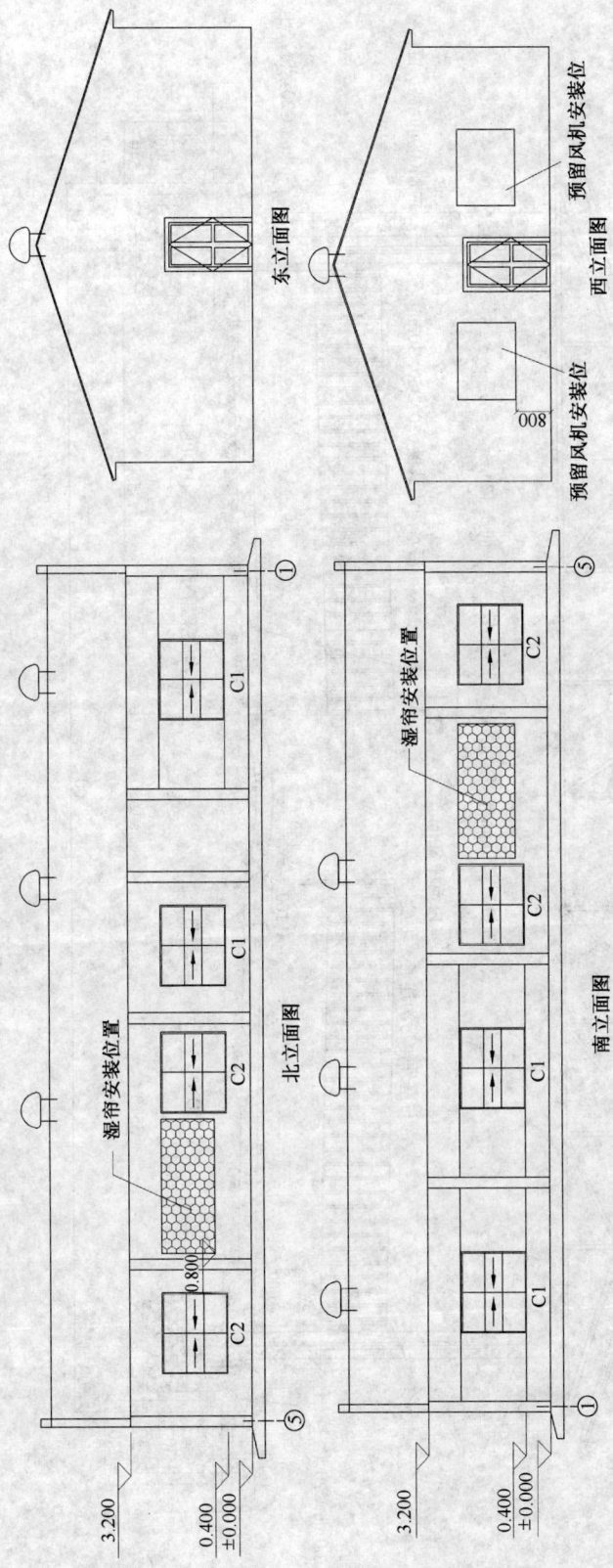

东立面图

预留风机安装位

西立面图

预留风机安装位

008

湿帘安装位置

C1 C1 C2 C2

北立面图

3.200

0.400
±0.000

湿帘安装位置

C2 C2 C1 C1

南立面图

3.200

0.400
±0.000

0.800

图 4-2 "三位一体"人工授精站立面图

163

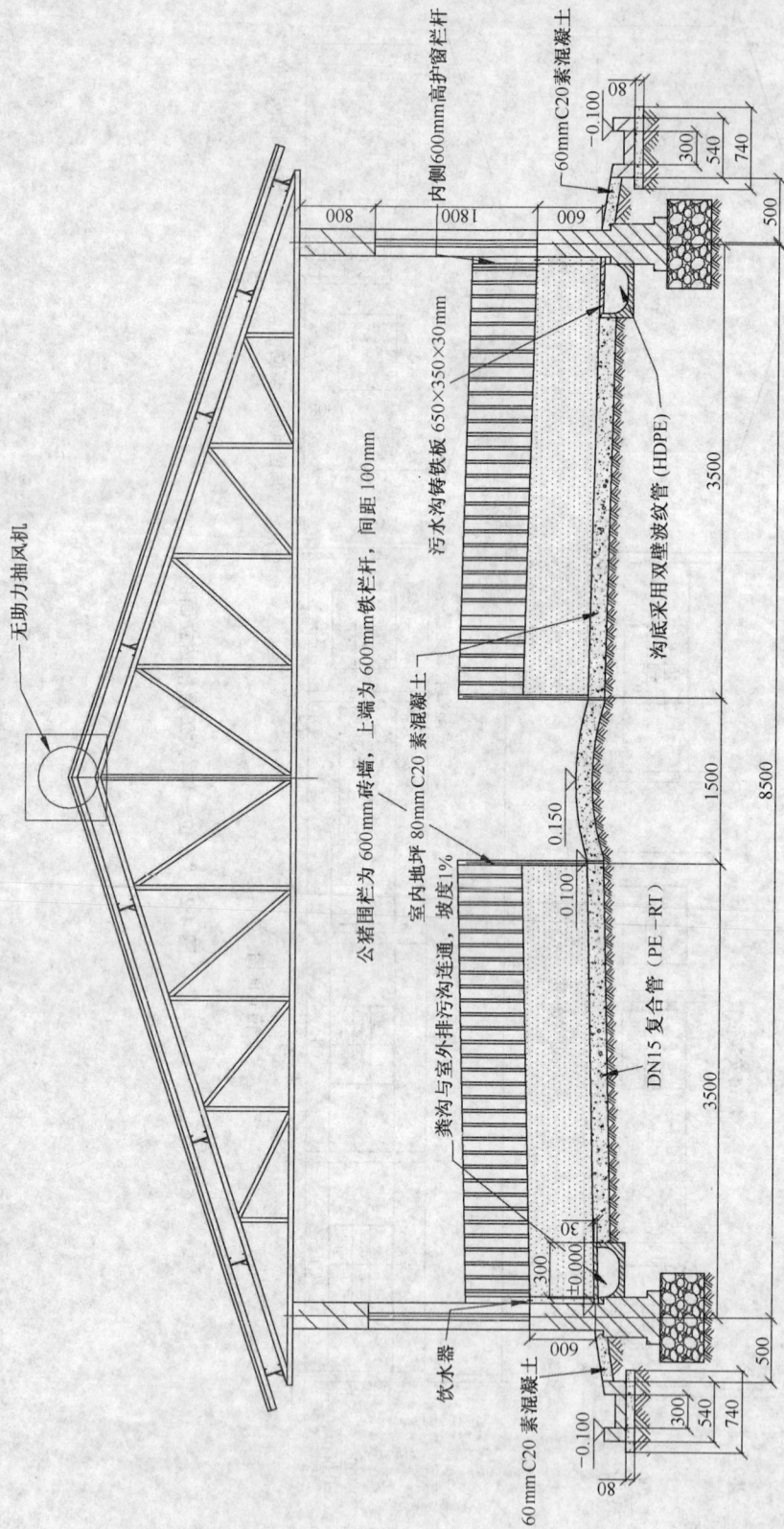

图 4-3 "三位一体"人工授精站剖面图（单位：mm）

无助力抽风机

公猪围栏为 600mm 砖墙，上端为 600mm 铁栏杆，间距 100mm

内侧600mm高护窗栏杆

60mmC20 素混凝土

室内地坪 80mmC20 素混凝土，坡度1%

污水沟沟盖铁板 650×350×30mm

沟底采用双壁波纹管（HDPE）

DN15 复合管（PE－RT）

粪沟与室外排污沟连通

饮水器

60mmC20 素混凝土

800 | 1800 | 900

−0.100

300 | 540 | 740

500

3500

0.150

0.100

±0.000

30

300

1500

8500

3500

500

740 | 540 | 300

−0.100

08

900

08

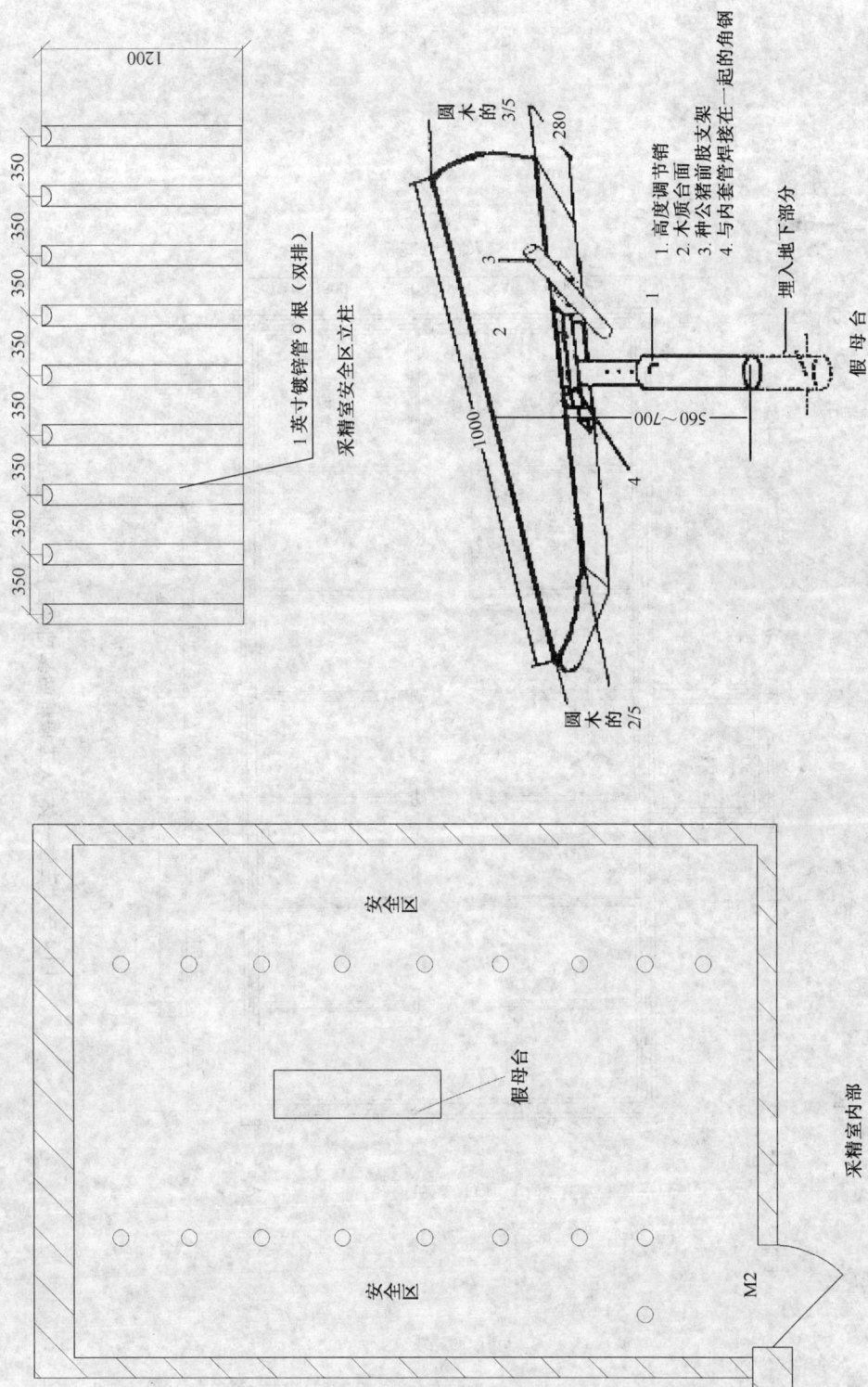

图 4-4 "三位一体"人工授精站采精室细部图 （单位：mm）

采精室内部

安全区

假母台

M2

安全区

采精室安全区立柱

1 英寸镀锌管 9 根（双排）

1200

350 350 350 350 350 350 350 350 350 350

圆木的 3/5

280

圆木的 2/5

1000

560～700

1. 高度调节销
2. 木质台面
3. 种公猪前肢支架
4. 与内套管焊接在一起的角钢

埋入地下部分

假母台

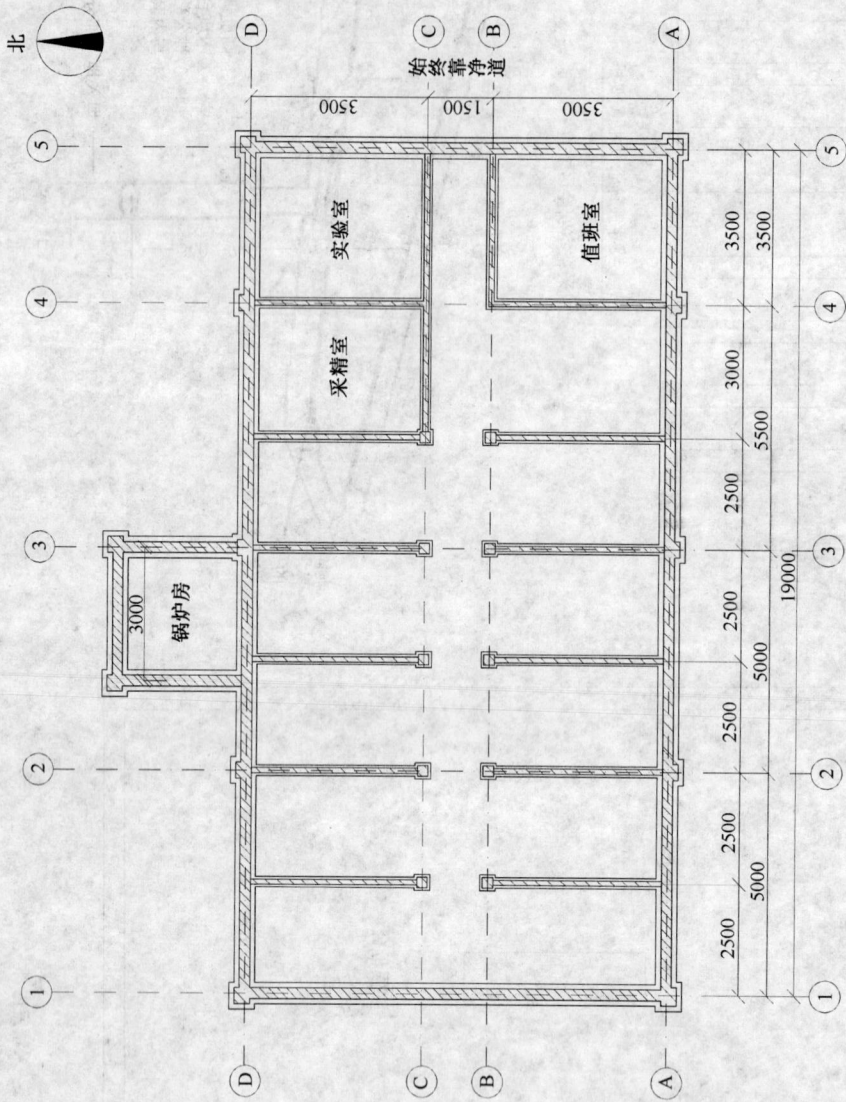

图 4-5 "三位一体"人工授精站基础平面图 (单位：mm)

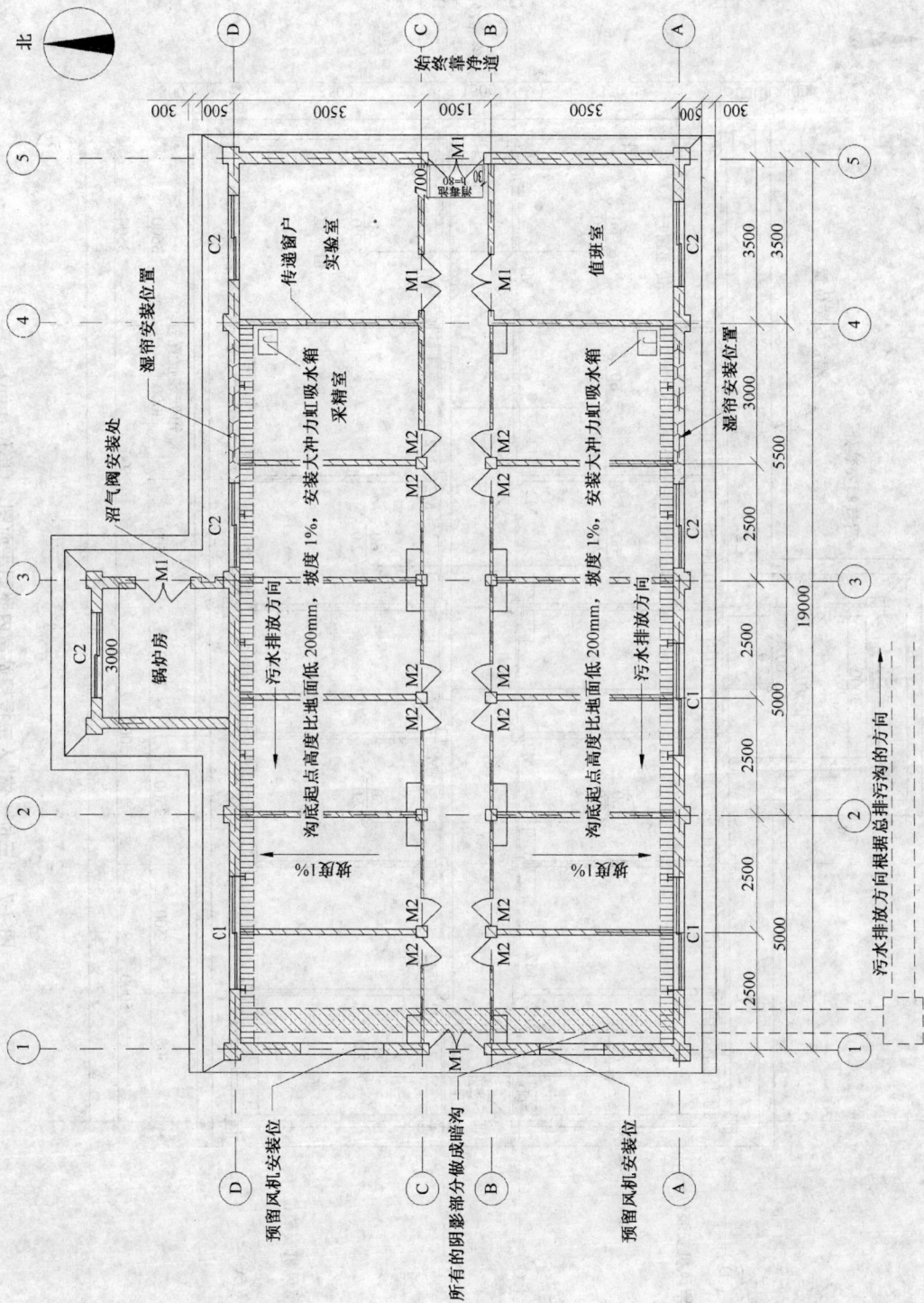

图 4-6 "三位一体"人工授精站排水排污平面图 (单位:mm)

167

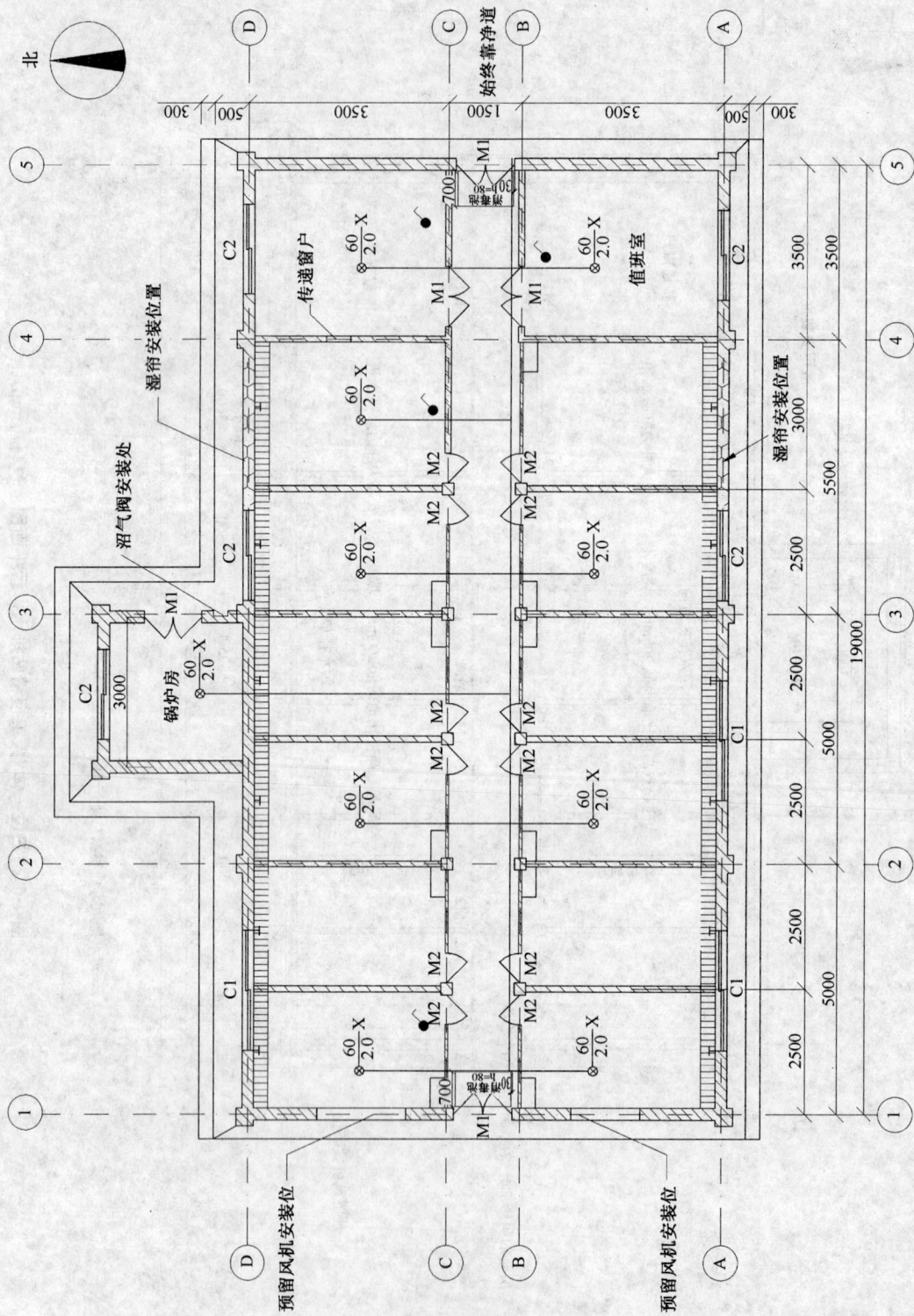

图 4-7 "三位一体" 人工授精站精站室内照明平面图 （单位：mm）

168

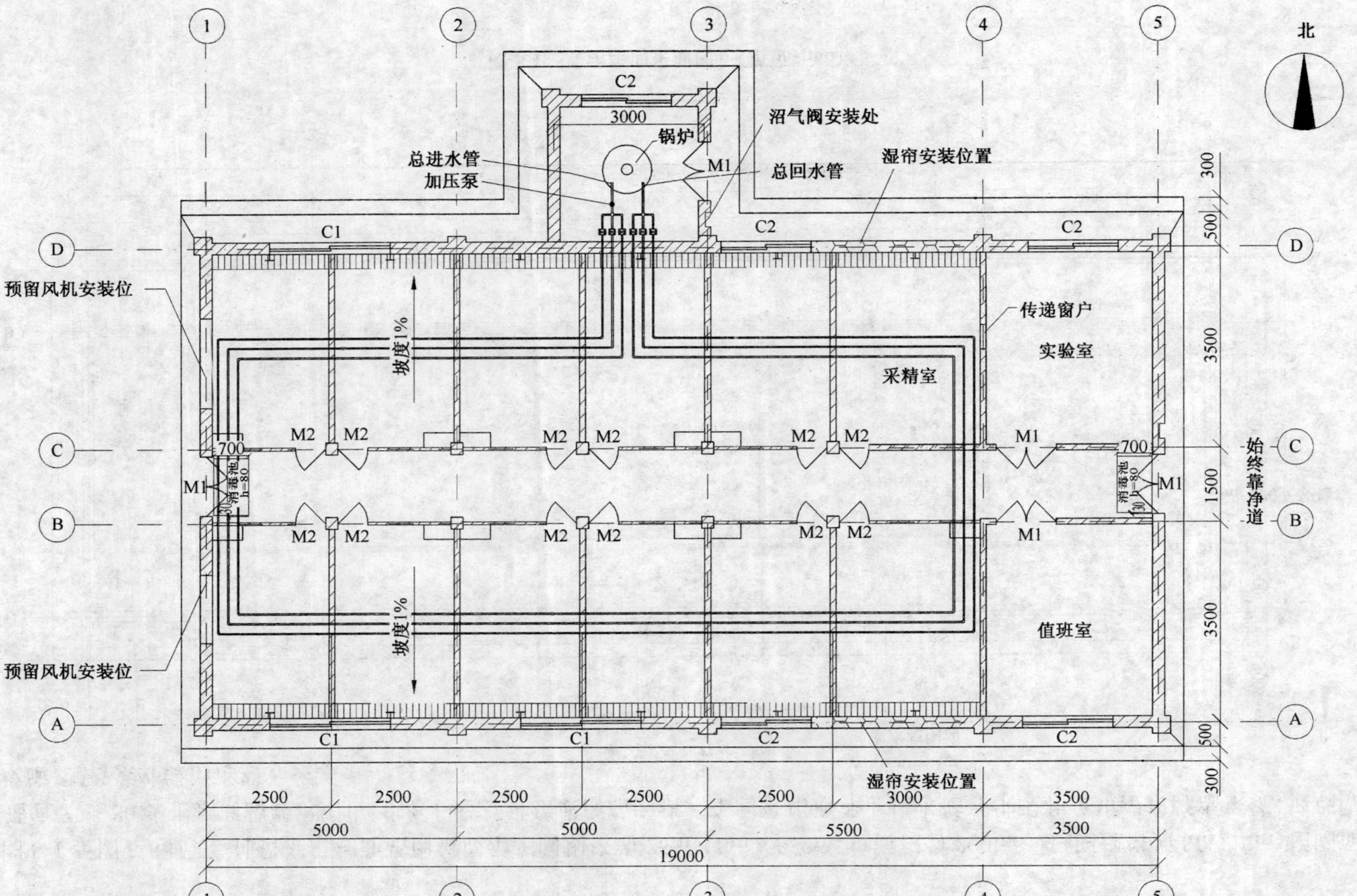

图 4-8 "三位一体" 人工授精站室内供暖平面图 (单位: mm)

第五章　产品展示车间工艺设计

如图 5-1 至图 5-6 所示，种猪推广和商品肉猪展示车间规格为 25m×8m×3.2m，总面积为 200m²。栏圈规格为 5m×5m，栏圈面积为 25m²。适宜 75~80 头生猪商品展示销售，供客户选择种猪或商品肉猪。车间采用地坪下热水热水循环环循环供暖和负压湿帘降温系统，玻璃窗隔窗设置防护设施，配备紫外线消毒器等。

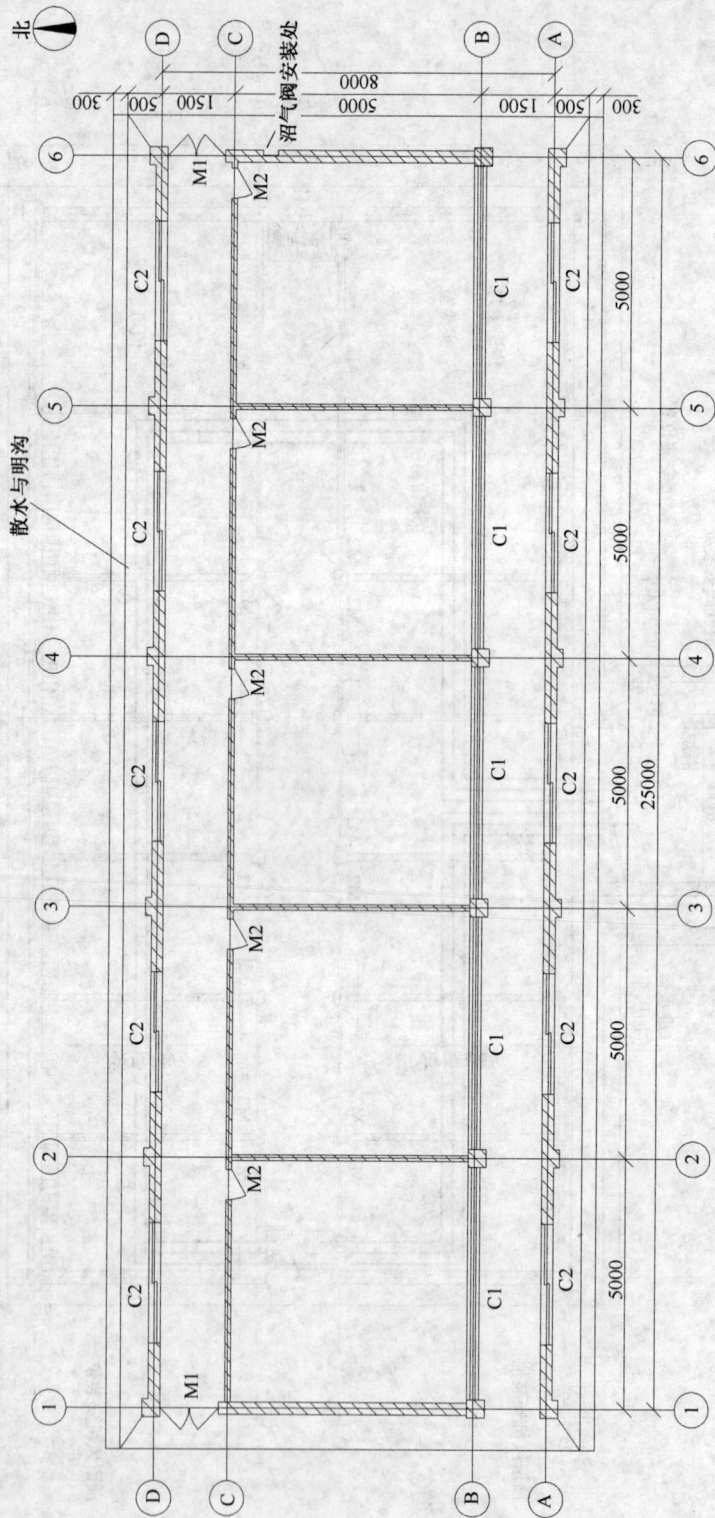

图 5-1　展示车间平面图　（单位：mm）

北立面图

南立面图

南 B 立面图

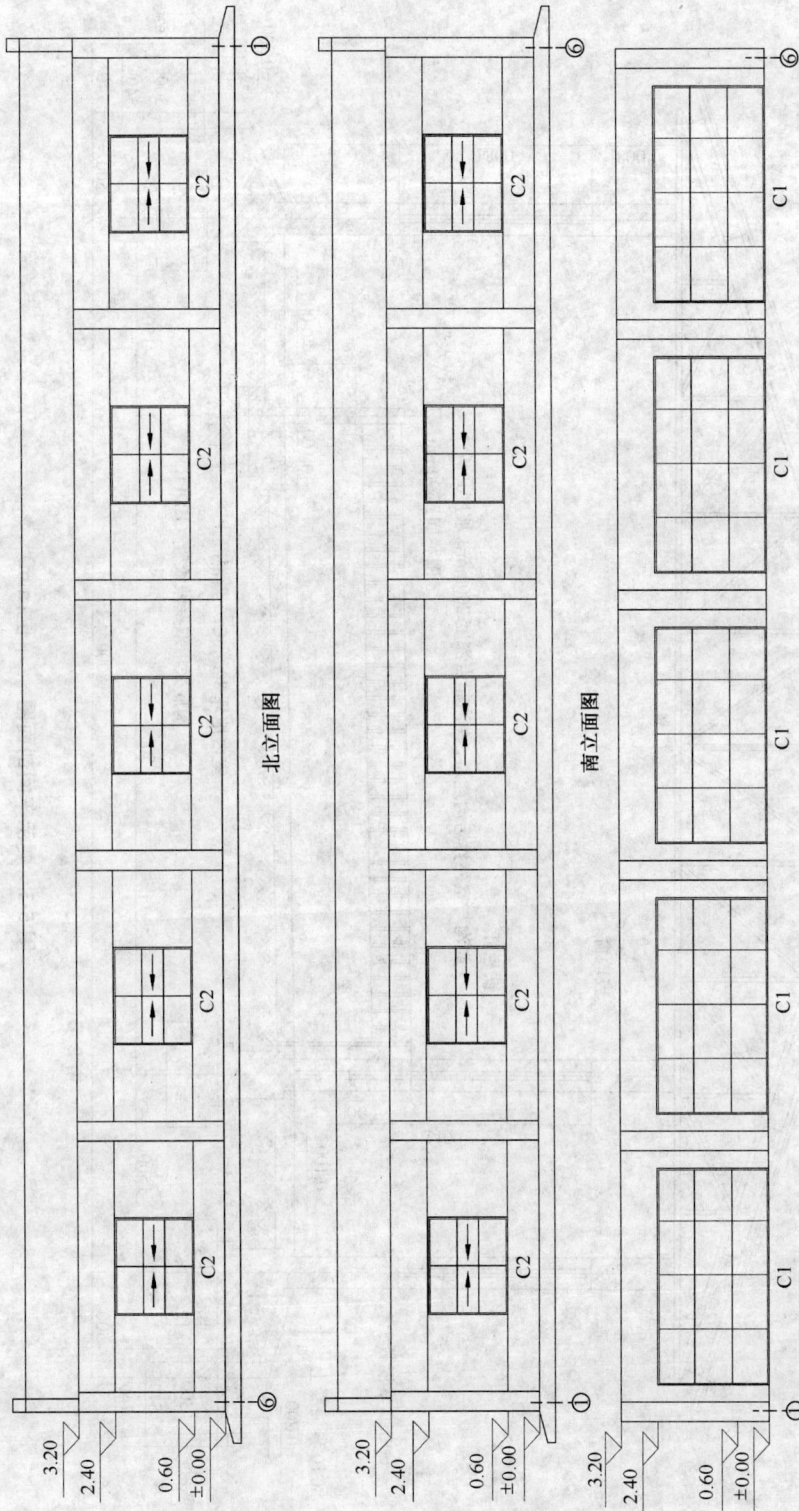

图 5-2　展示车间立面图

C2

C1

3.20
2.40
0.60
±0.00

171

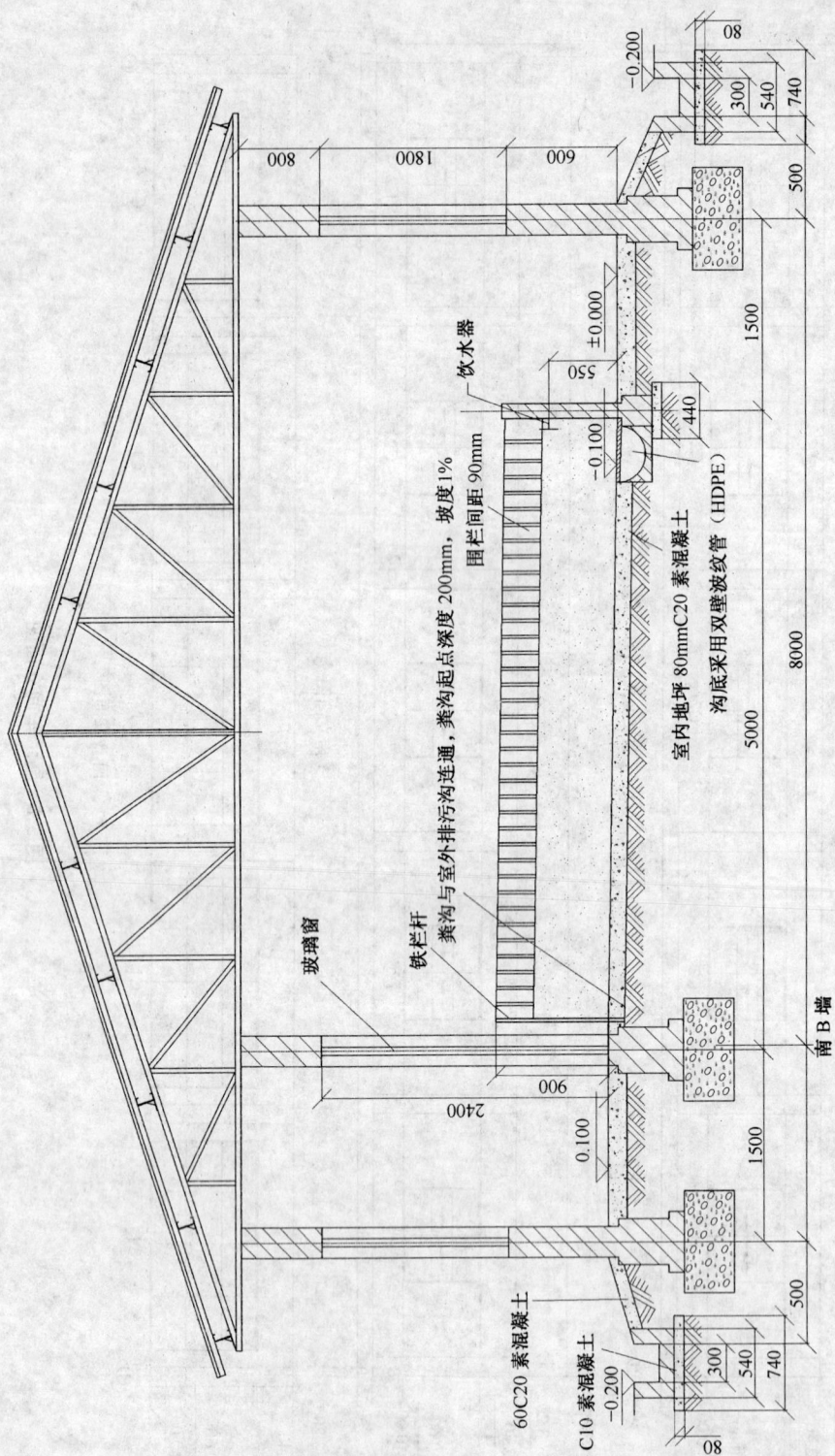

图 5-3 展示车间剖面图 (单位: mm)

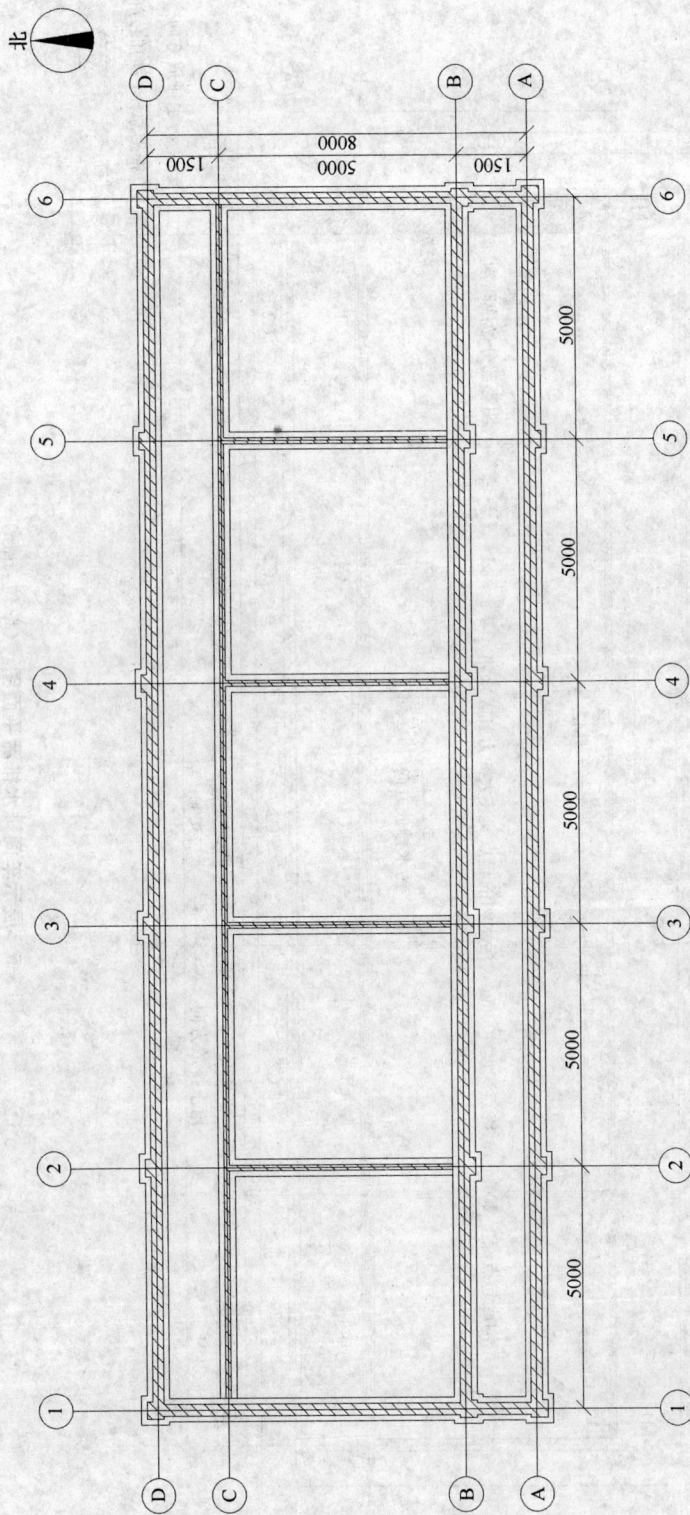

图 5-4　展示车间基础平面图和详图（单位：mm）

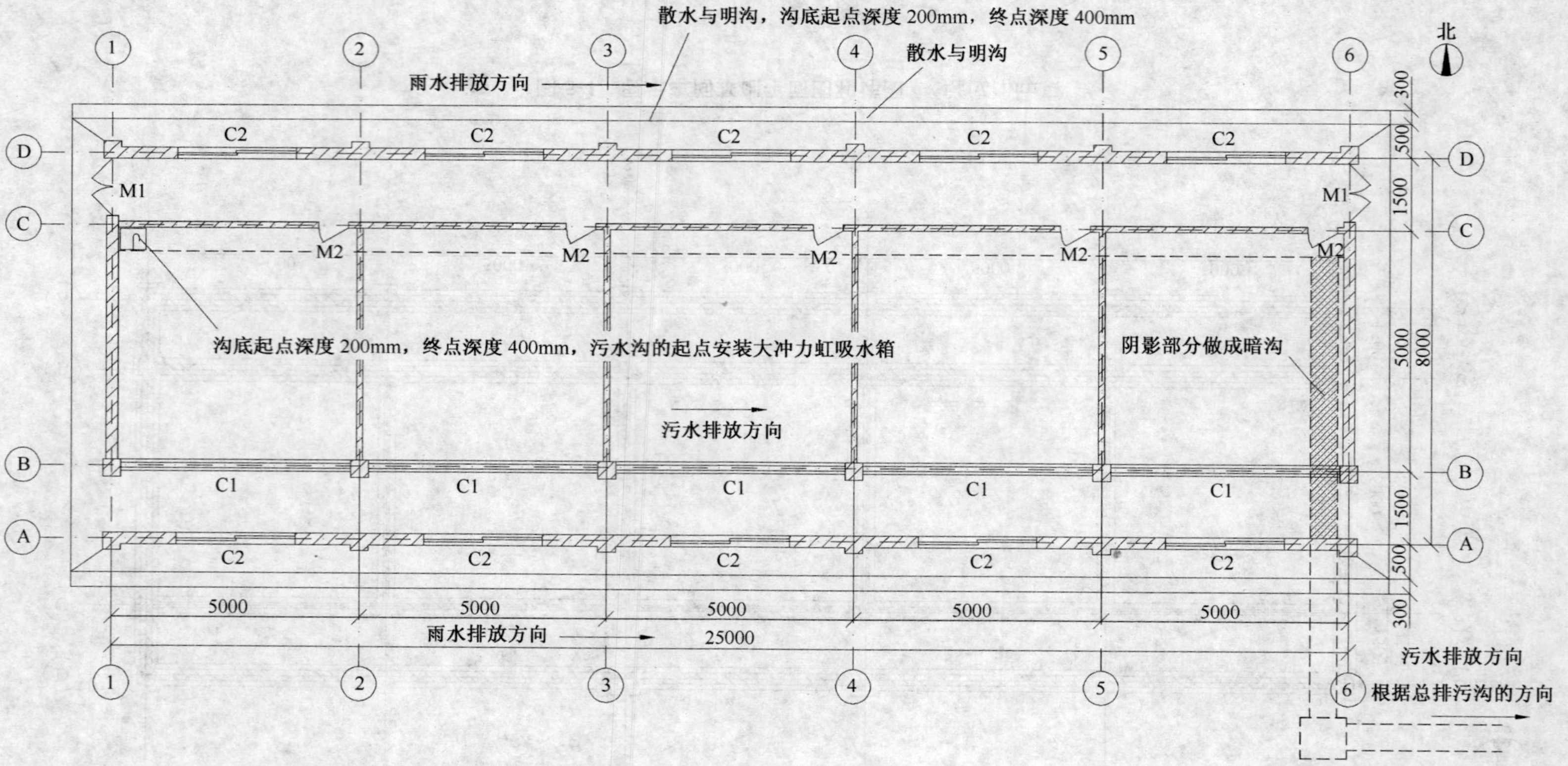
散水与明沟，沟底起点深度 200mm，终点深度 400mm
北
雨水排放方向
散水与明沟
M1
M2
沟底起点深度 200mm，终点深度 400mm，污水沟的起点安装大冲力虹吸水箱
阴影部分做成暗沟
污水排放方向
C1
C2
5000
25000
8000
1500
500
300
雨水排放方向
污水排放方向
根据总排污沟的方向

图 5-5　展示车间排水排污平面图　(单位：mm)

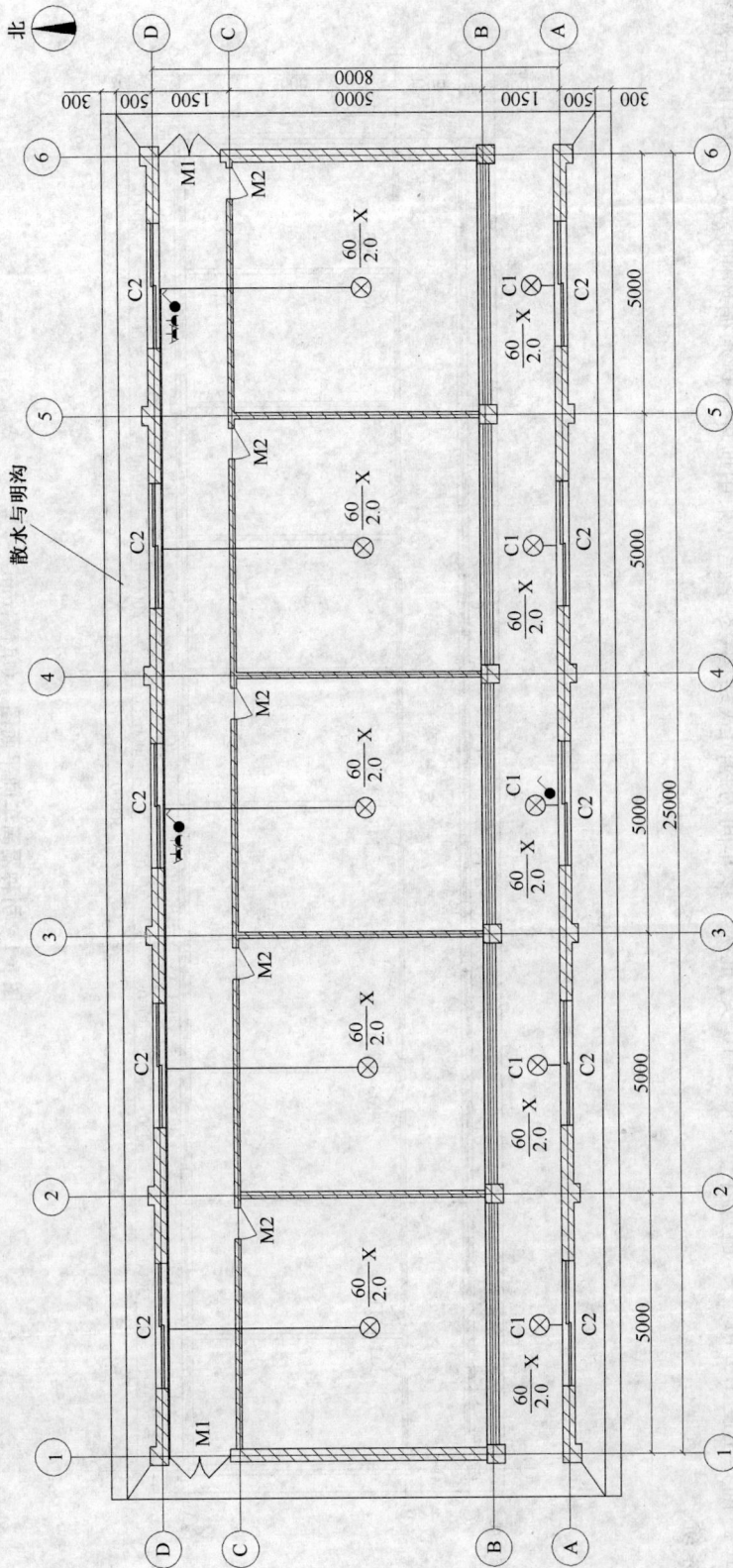

图 5-6 展示车间室内照明平面图 (单位:mm)

175

第六章 引种隔离车间工艺设计

坚持自繁自养原则，引进种猪时，应有专门的隔离车间对其进行隔离饲养至少30天，在此期间进行观察、检疫，确认为健康者方可并群饲养。如图6-1至图6-6所示，引种隔离车间规格为30m×6.5m×2.8m，车间面积为195m²。栏圈规格为5m×3m×0.9m，栏圈面积15m²。该车间为封闭式结构，冬季建议采用地坪下热水循环供暖，夏季采用负压湿帘降温系统。饲养密度1.2 m²/头，适宜容量100~110头/批次。

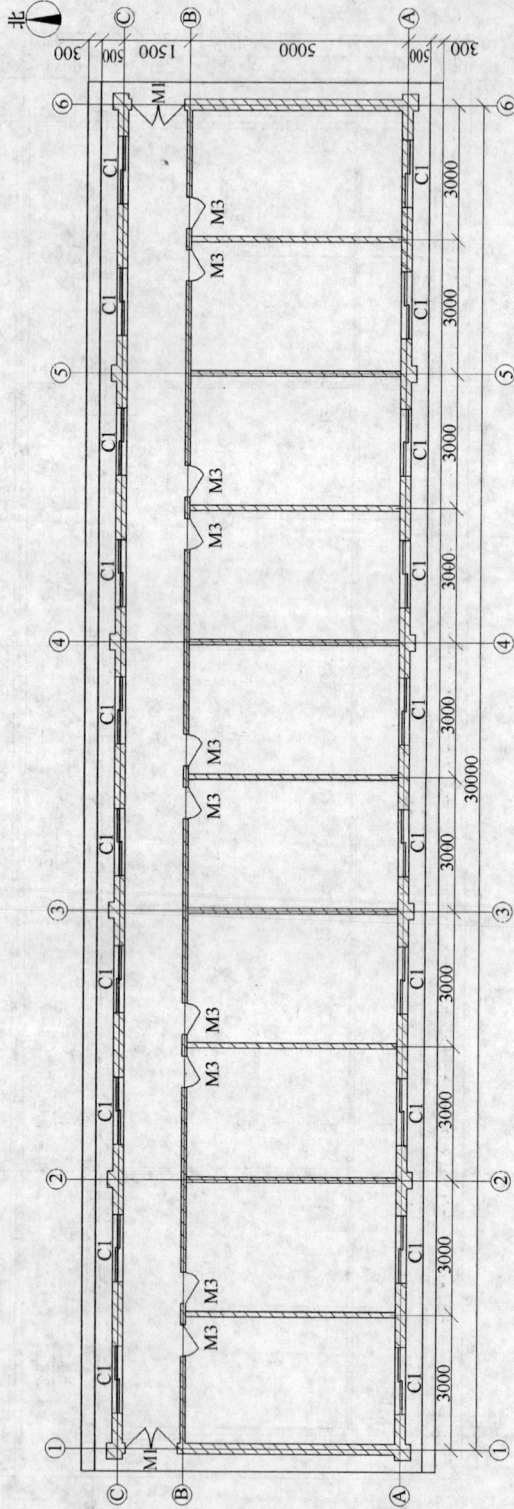

图6-1 引种隔离车间平面图 （单位：mm）

176

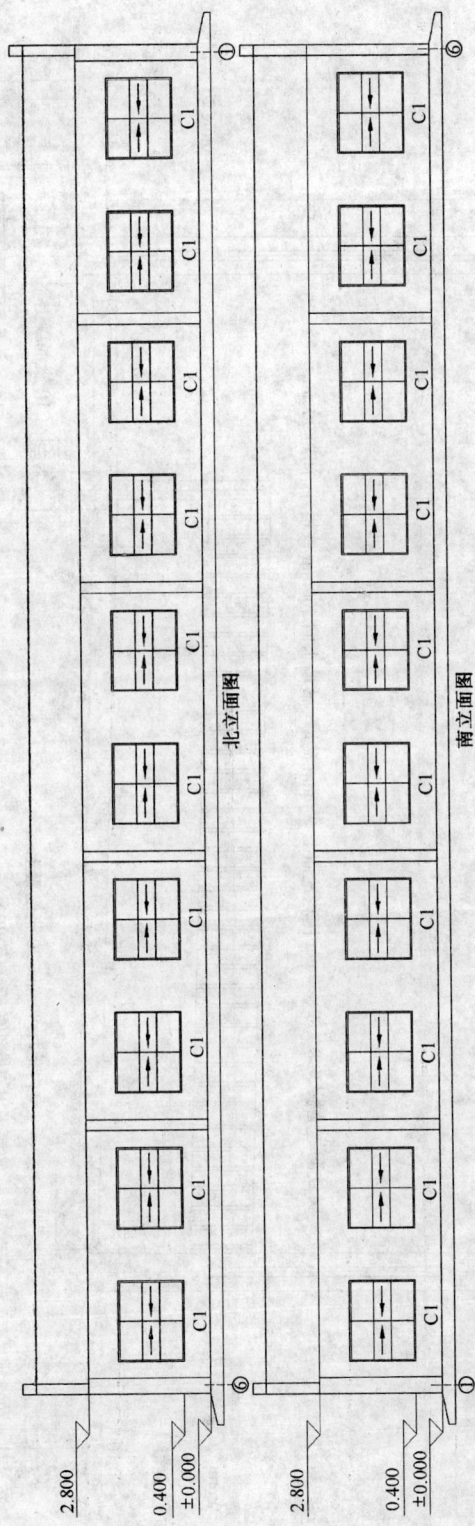

图 6-2　引种隔离车间立面图

北立面图

南立面图

C1

2.800

0.400
±0.000

2.800

0.400
±0.000

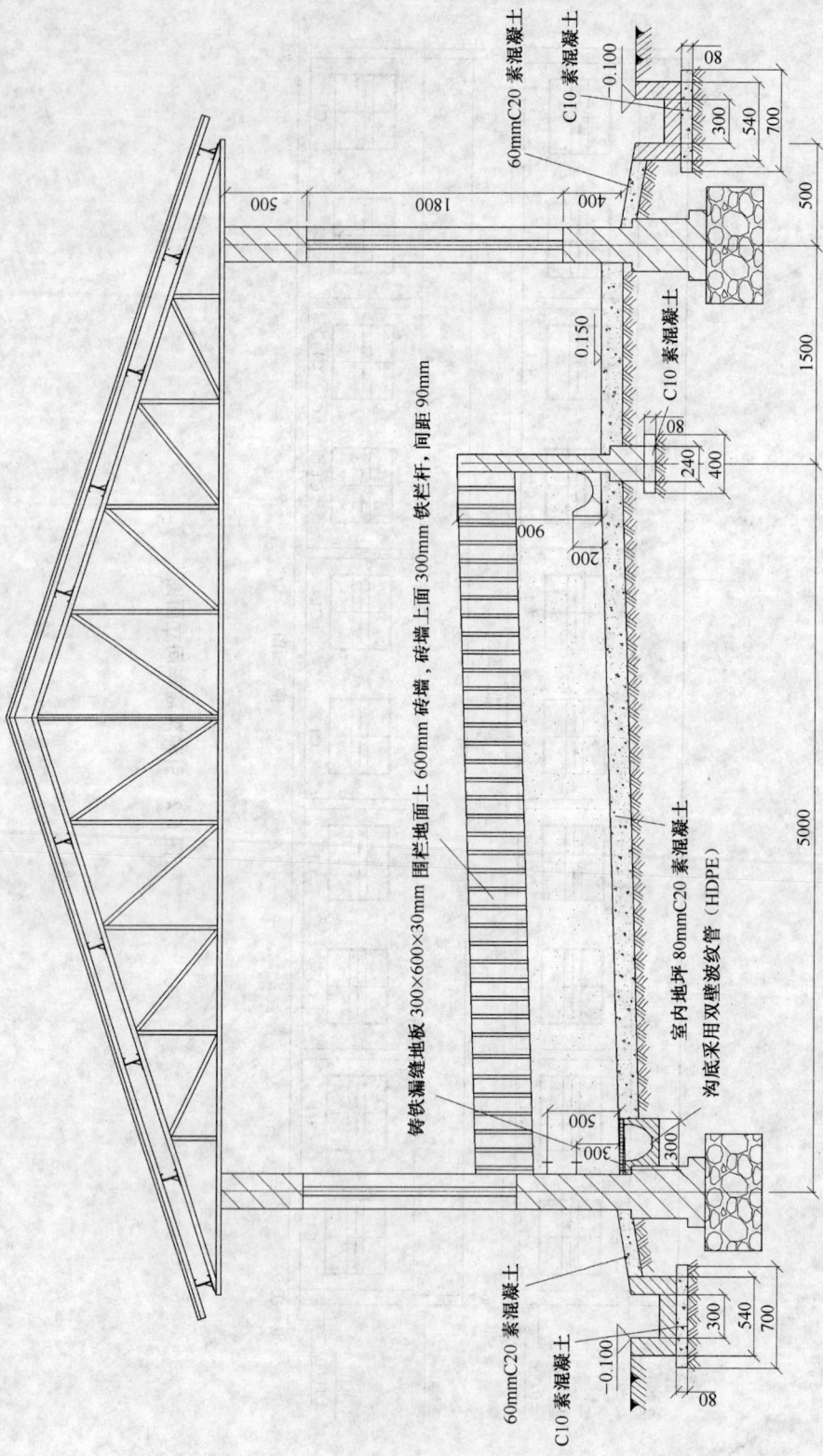

图 6-3 引种隔离车间剖面图 (单位：mm)

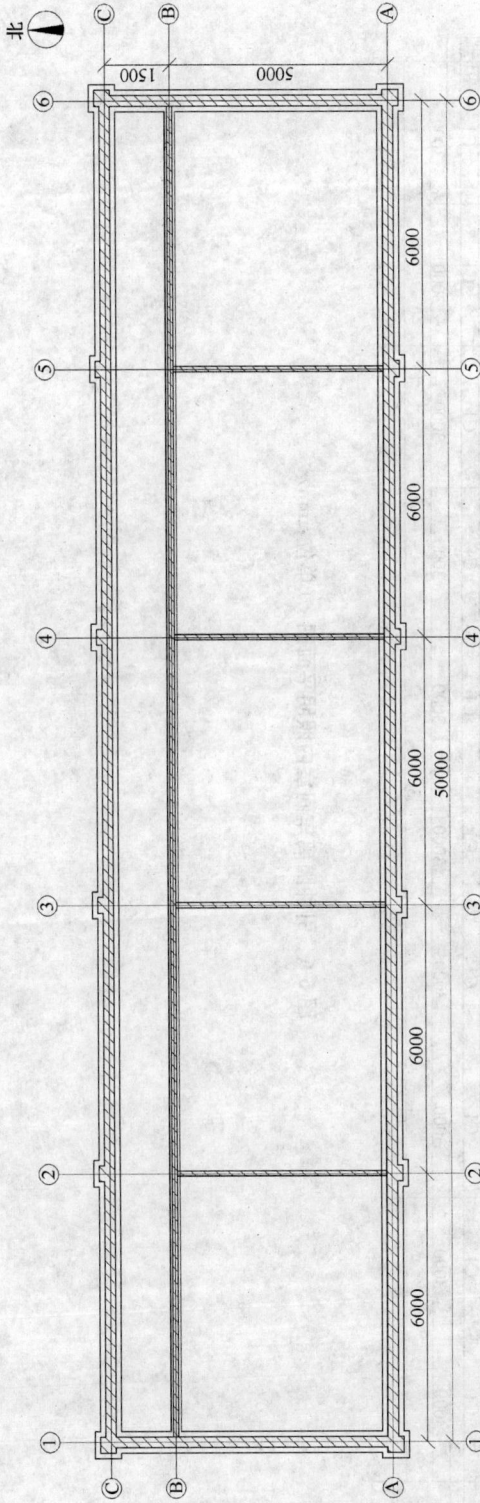

图 6-4 引种隔离车间基础平面图 （单位：mm）

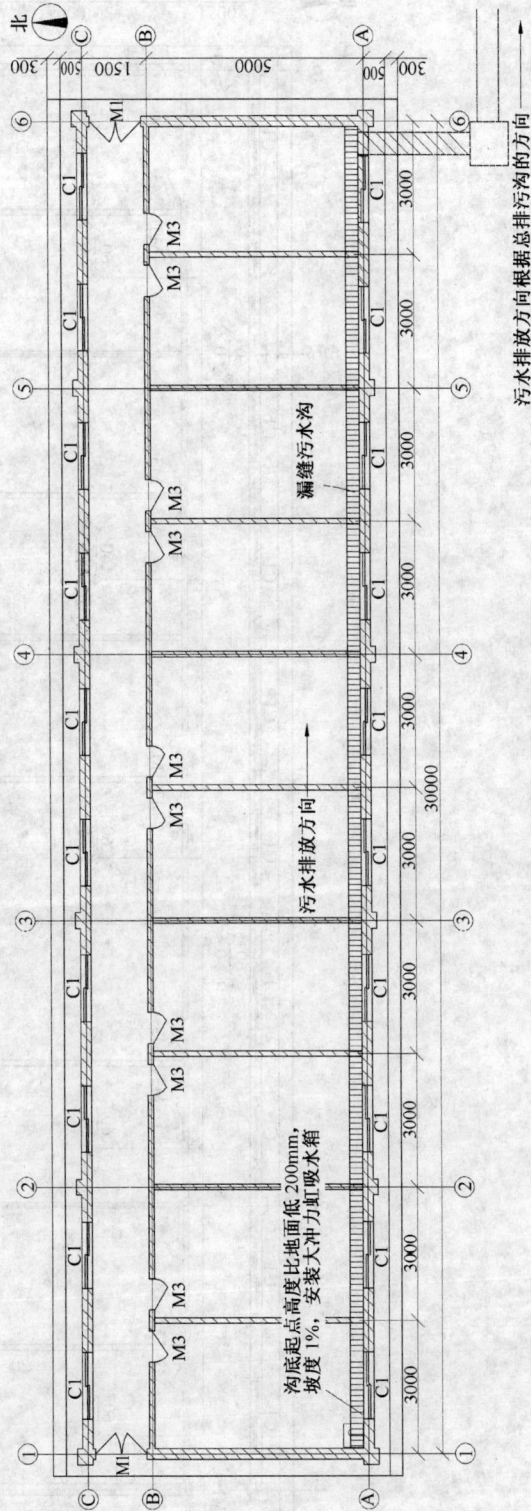

图 6-5 引种隔离车间排水排污平面图 （单位：mm）

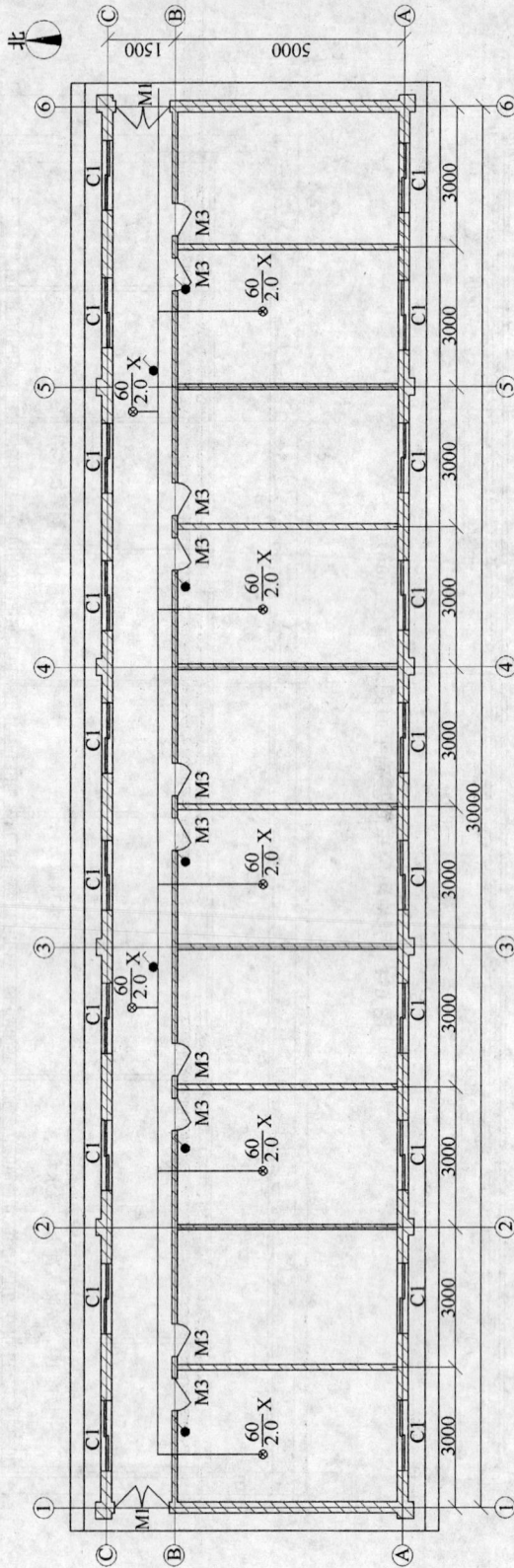

图 6-6 引种隔离车间室内照明平面图 （单位：mm）

第七章 隔离及无害化处理车间工艺设计

如图 7-1 至图 7-7 所示，车间规格为 24m×8.5m×2.8m，车间面积为 204m²。病死猪剖检操作台设立水泥预制的剖检操作台（规格为 1.2m×0.8m×0.7m），器具放置平台和清洗水槽，紫外线消毒设备，电光源等设备。死猪尸体无害化处理药液浸泡管规格为 5m×4.2m×2m，设置水泥盖板封顶，并预留活动盖板便于定期处理残留物。该车间为封闭式结构，冬季采用地坪下热水循环供暖，夏季采用负压湿帘降温方式。也可采用卷帘结构的半敞开式或全敞开式正压送风式压降温。

栏圈规格为 3m×7m×0.9m，栏圈面积为 21m²。采用室外运动场便于病猪接受阳光照射，外运动场采用钢构架支撑塑料棚或遮阳网。

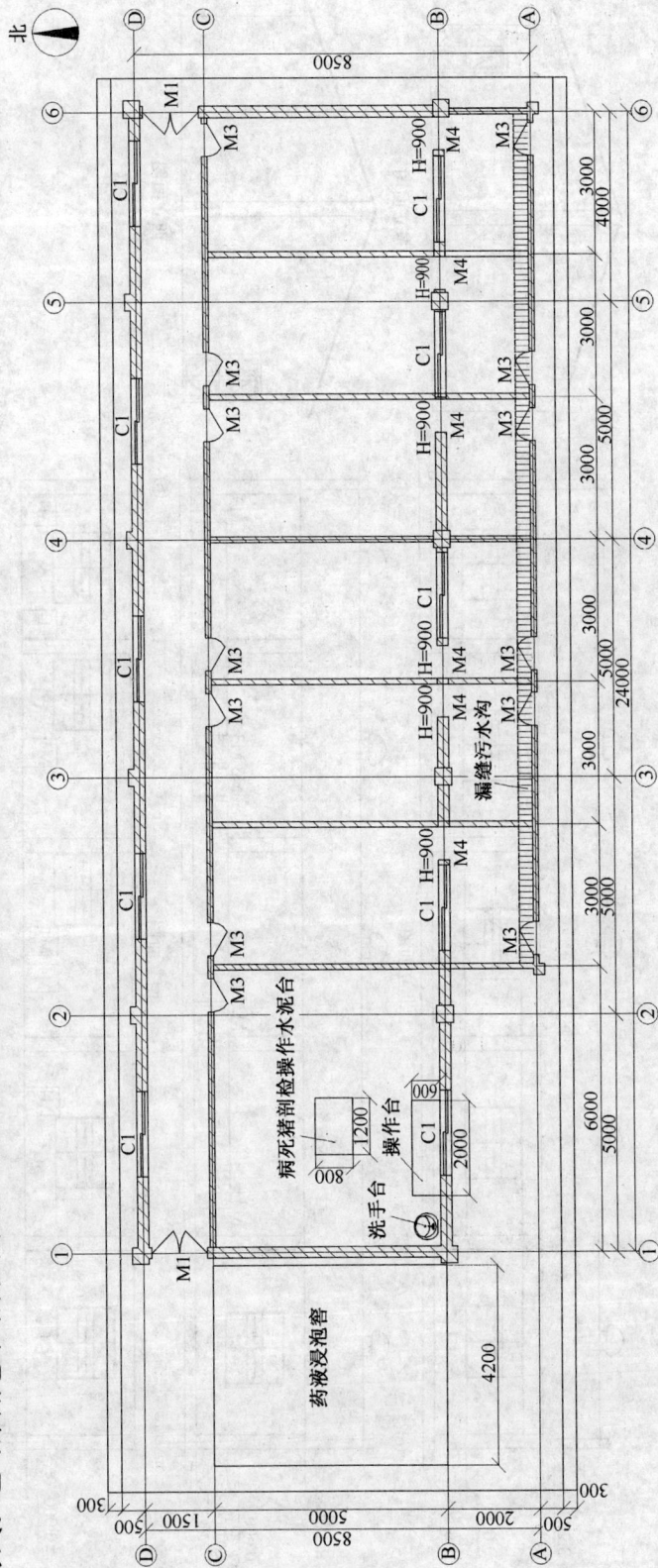

图 7-1 隔离及无害化处理车间平面图 （单位:mm）

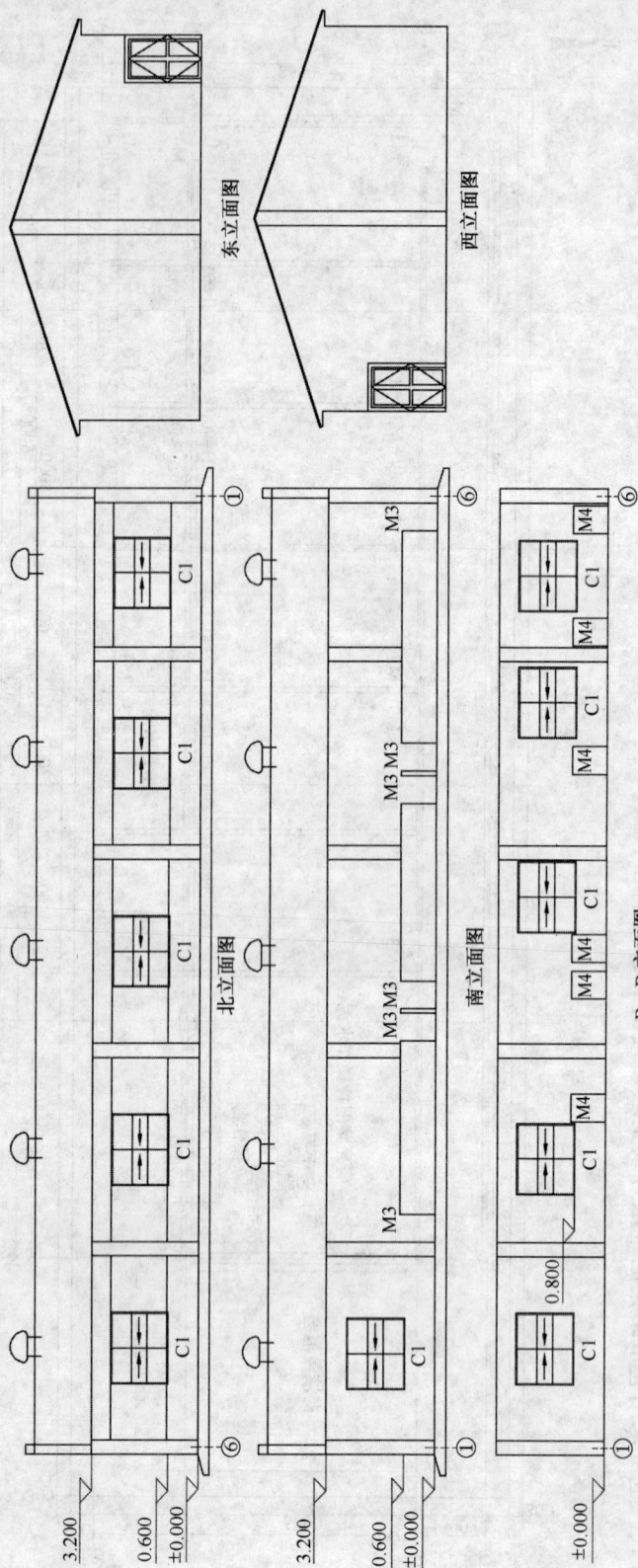

东立面图

西立面图

北立面图

C1　C1　C1　C1　C1

3.200
0.600
±0.000

⑥ ①

南立面图

M3　M3 M3　M3 M3　M3

C1

3.200
0.600
±0.000

① ⑥

B－B立面图

M3

M3

M3

M4　C1　M4　C1　M4　C1　M4　C1　M4

M4　C1

0.800

±0.000

⑥ ①

图例：

⊓ 无助力抽风机

图 7-2　隔离及无害化处理车间立面图

182

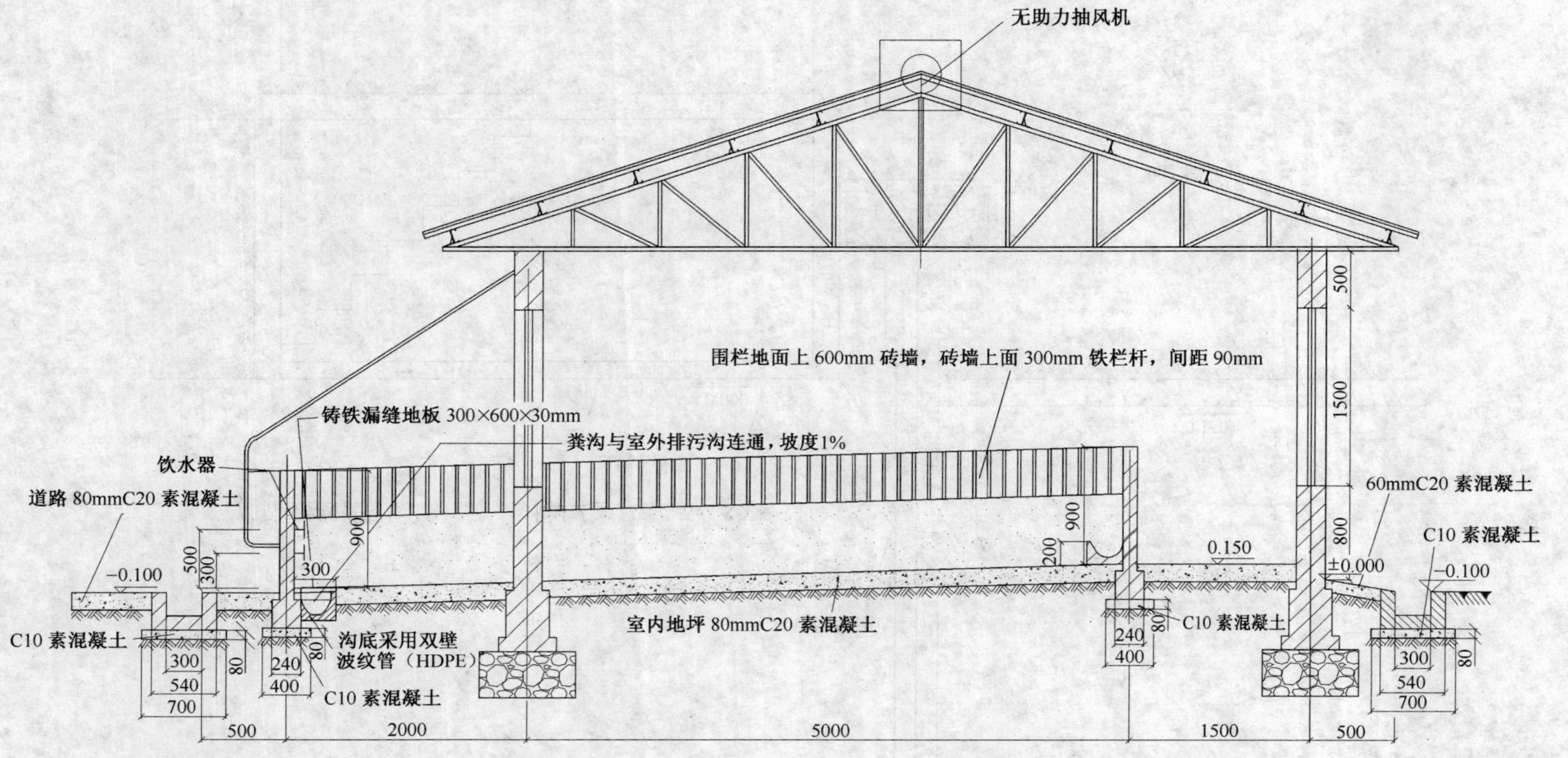

图 7-3 隔离及无害化处理车间剖面图 （单位：mm）

无助力抽风机

围栏地面上 600mm 砖墙，砖墙上面 300mm 铁栏杆，同距 90mm

粪沟与室外排污沟连通，坡度 1%

铸铁漏缝地板 300×600×30mm

饮水器

道路 80mm C20 素混凝土

C10 素混凝土

沟底采用双壁坡纹管 (HDPE)

C10 素混凝土

室内地坪 80mm C20 素混凝土

C10 素混凝土

60mm C20 素混凝土

C10 素混凝土

C10 素混凝土

183

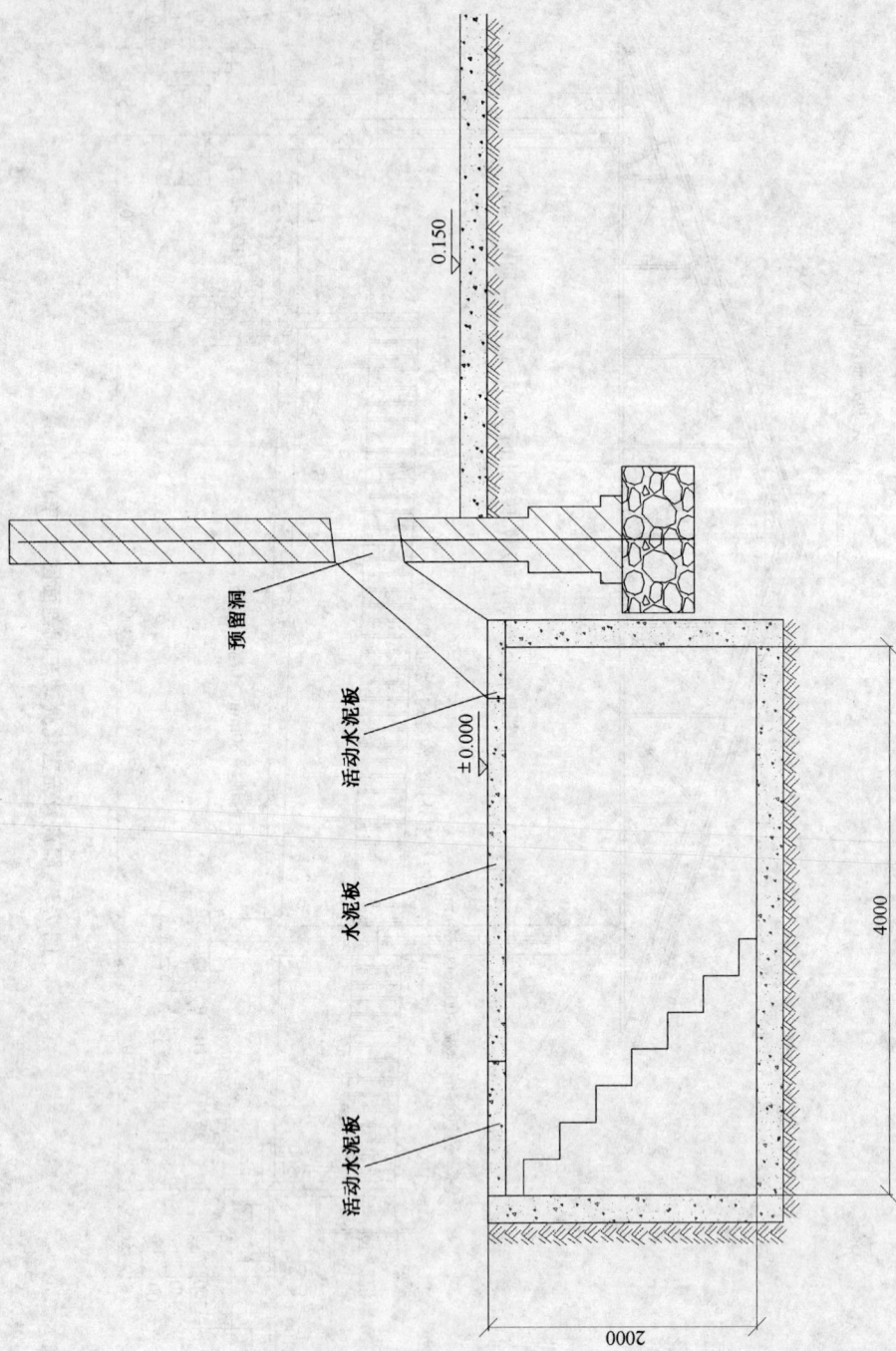

图 7-4　隔离及无害化处理车间药液浸泡窖剖面图（单位：mm）

预留洞

活动水泥板

水泥板

活动水泥板

0.150

±0.000

4000

2000

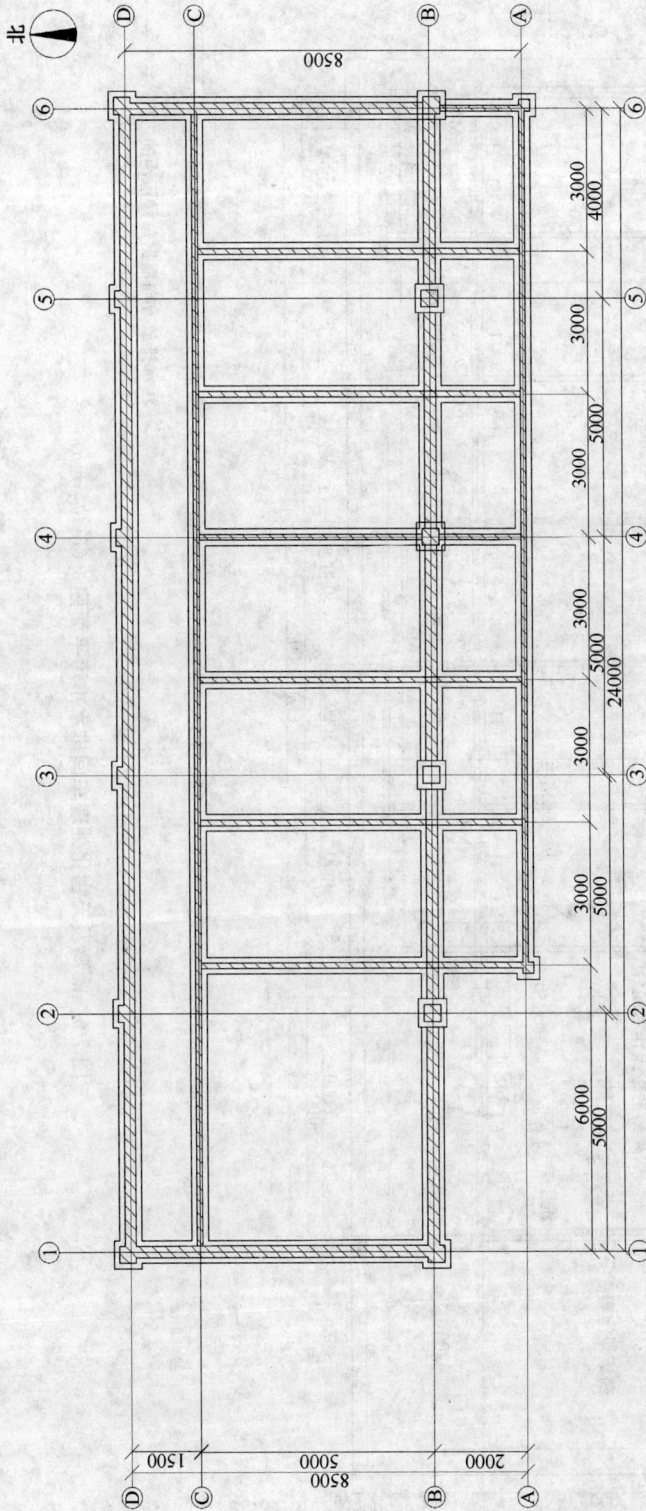

图 7-5 隔离及无害化处理车间基础平面图和详图 （单位：mm）

185

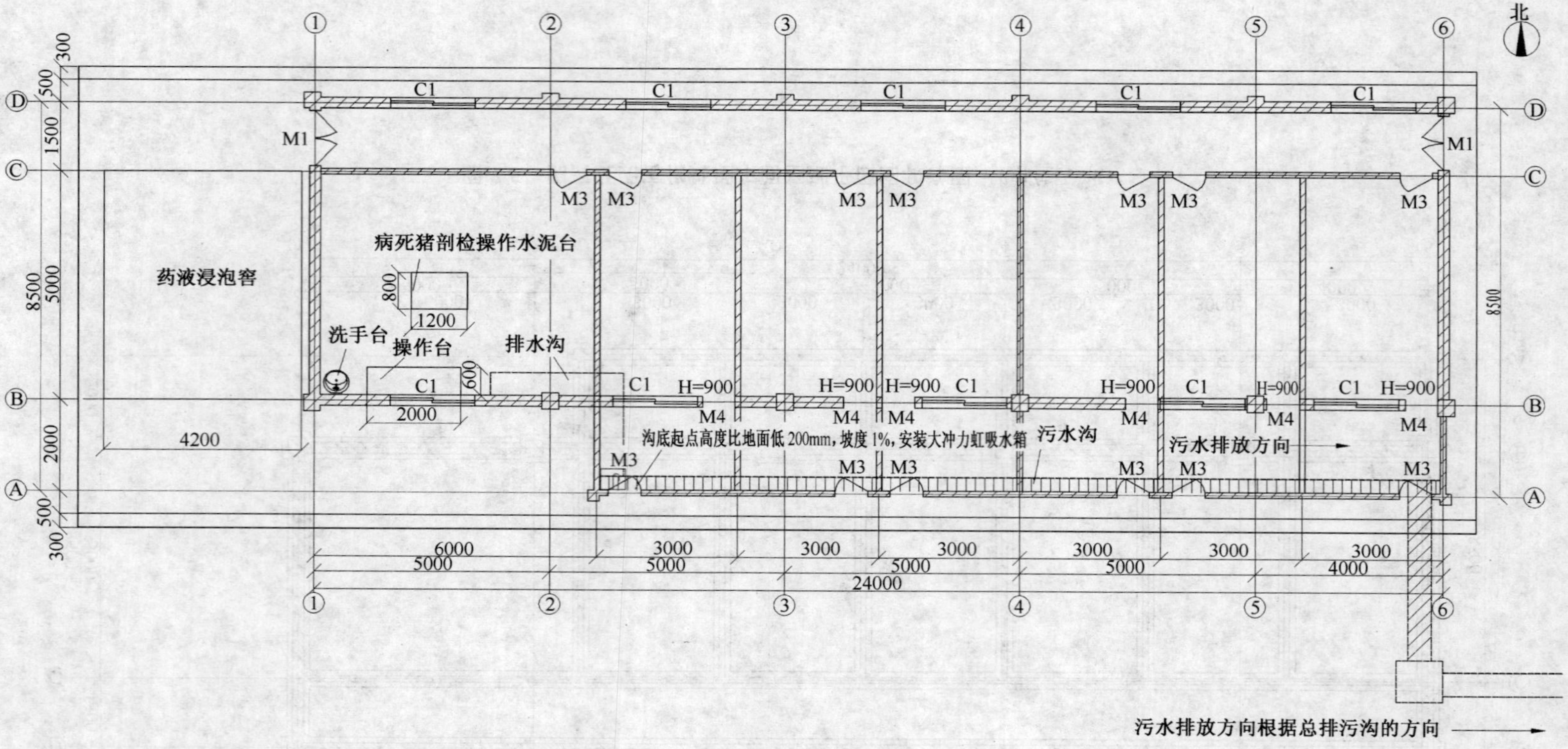

图 7-6 隔离及无害化处理车间排水排污平面图 （单位：mm）

186

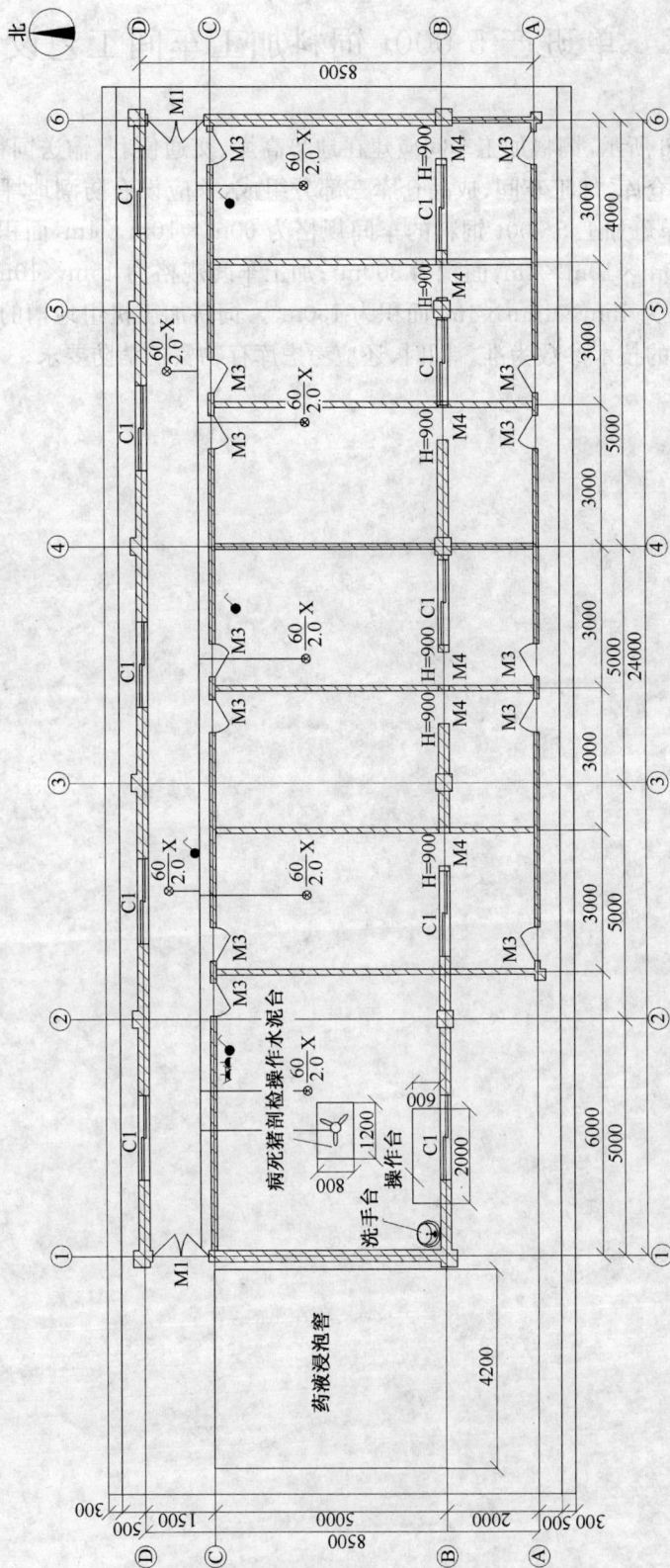

图 7-7　隔离及无害化处理车间室内照明平面图 （单位：mm）

第八章　单班产 5 000t 饲料加工车间工艺设计

　　如图 8-1 至图 8-6 所示,饲料加工车间应建在地势高燥、交通便利、输送饲料便捷的位置。饲料加工车间由原料仓库、加工车间、成品仓库三部分组成,并应设有防潮地坪和用于通风换气、防鸟的窗户。年单班加工 5 000t 饲料的车间规格为 60m×10m×4m,面积为 600m²。其中原料仓库规格为 30m×10m×4m,面积为 300m²;加工车间规格为 15m×10m×6m,面积为 150m²;成品仓库规格为 15m×10m×4m,面积为 150m²。饲料加工机组地槽的规格尺寸以饲料机械生产厂家提供的技术参数为准。同时,还应考虑库存物资的消防要求。

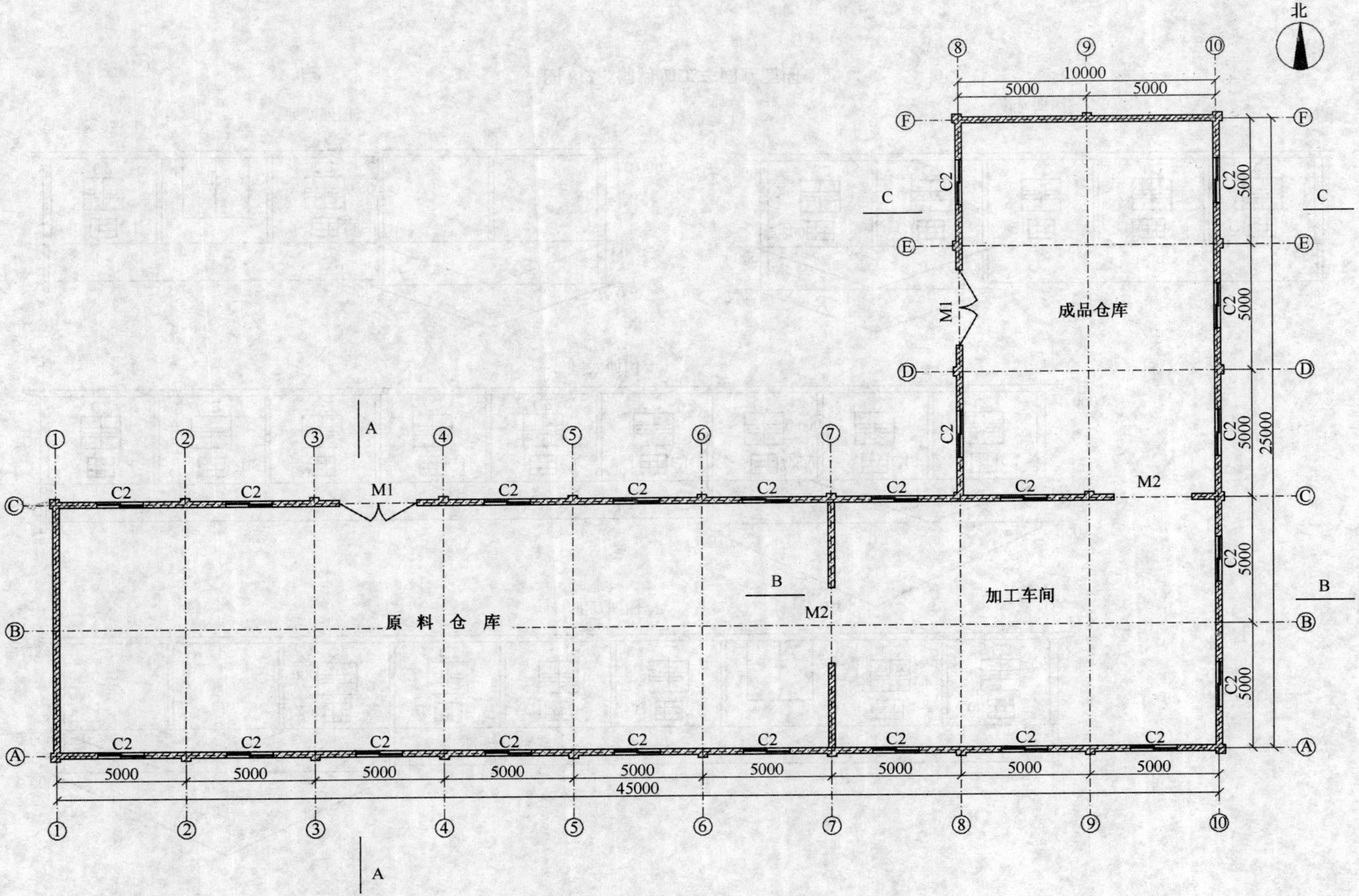

图 8-1　饲料加工车间平面图　(单位: mm)

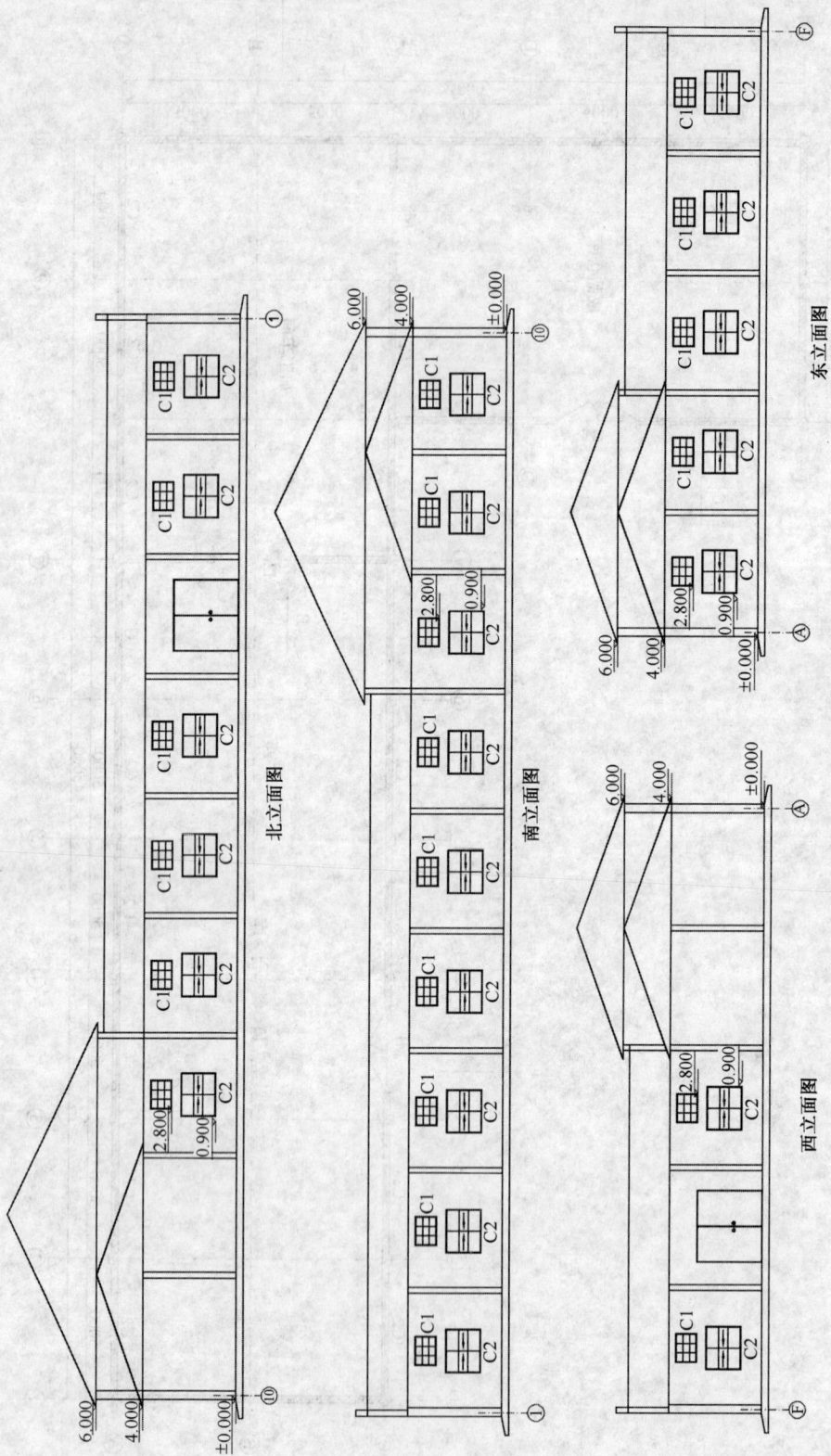

图 8-2 饲料加工车间立面图

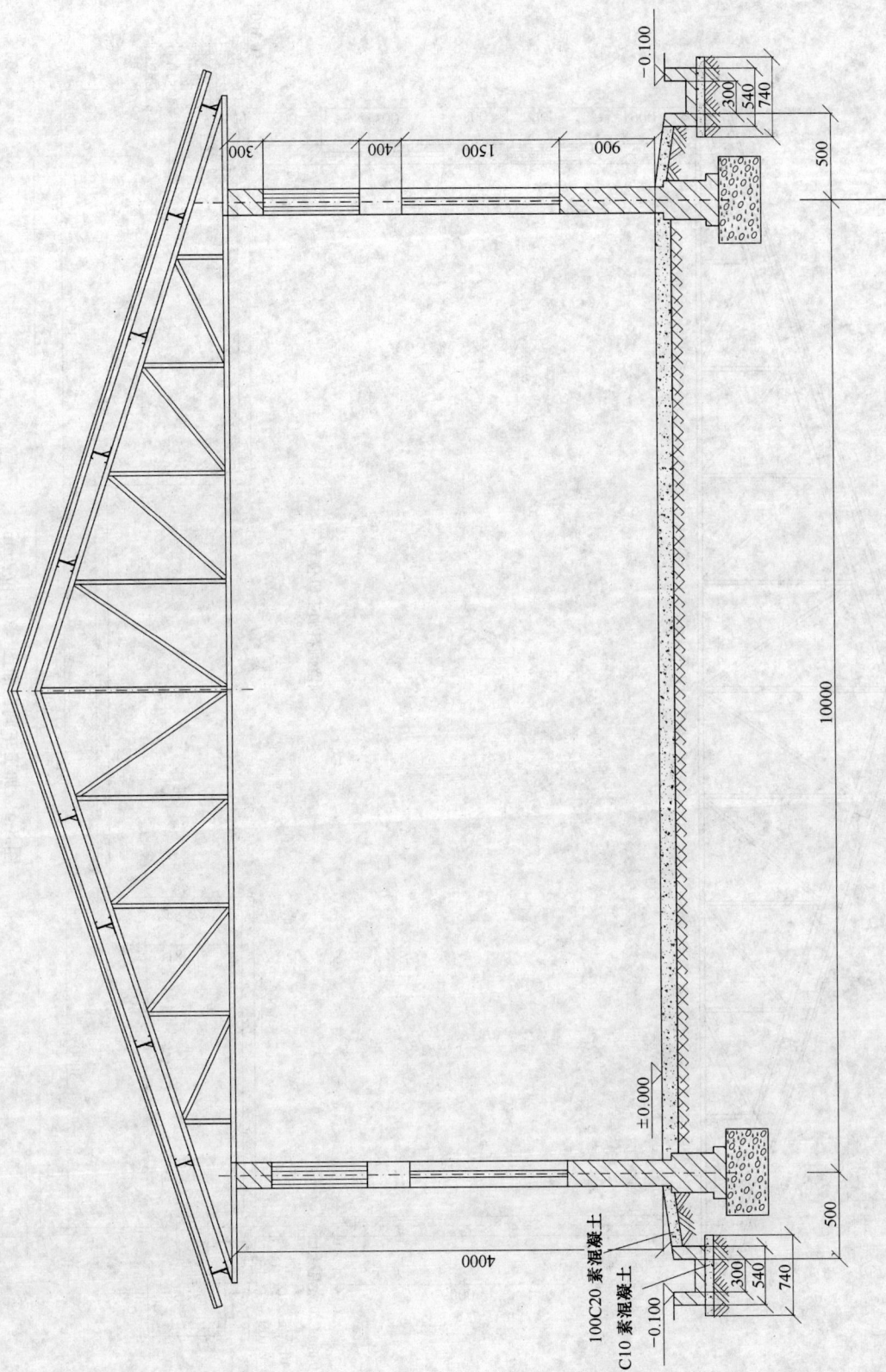

图 8-3　原料仓库剖面图　(单位：mm)

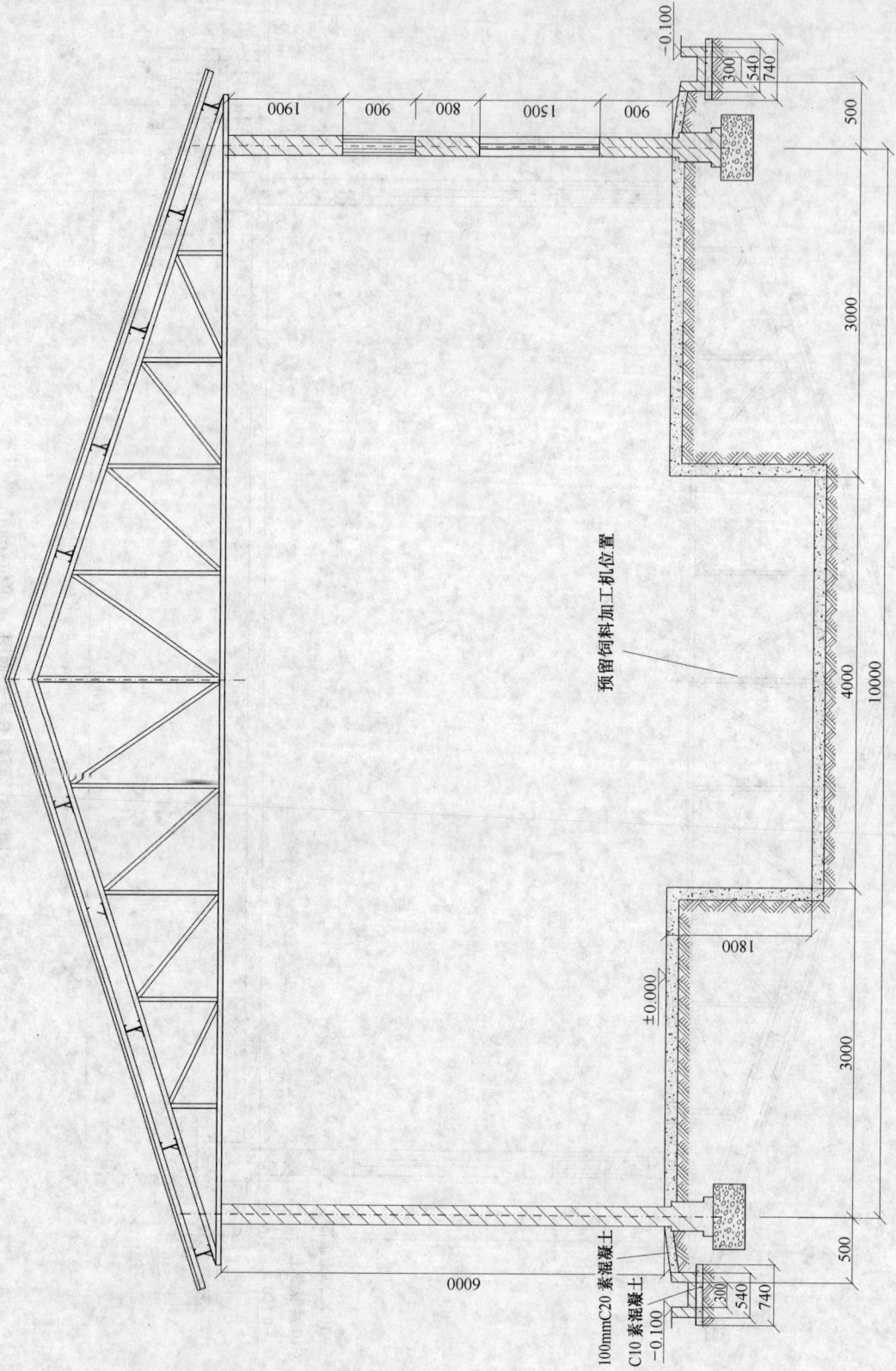

图 8-4 加工车间剖面图（单位：mm）

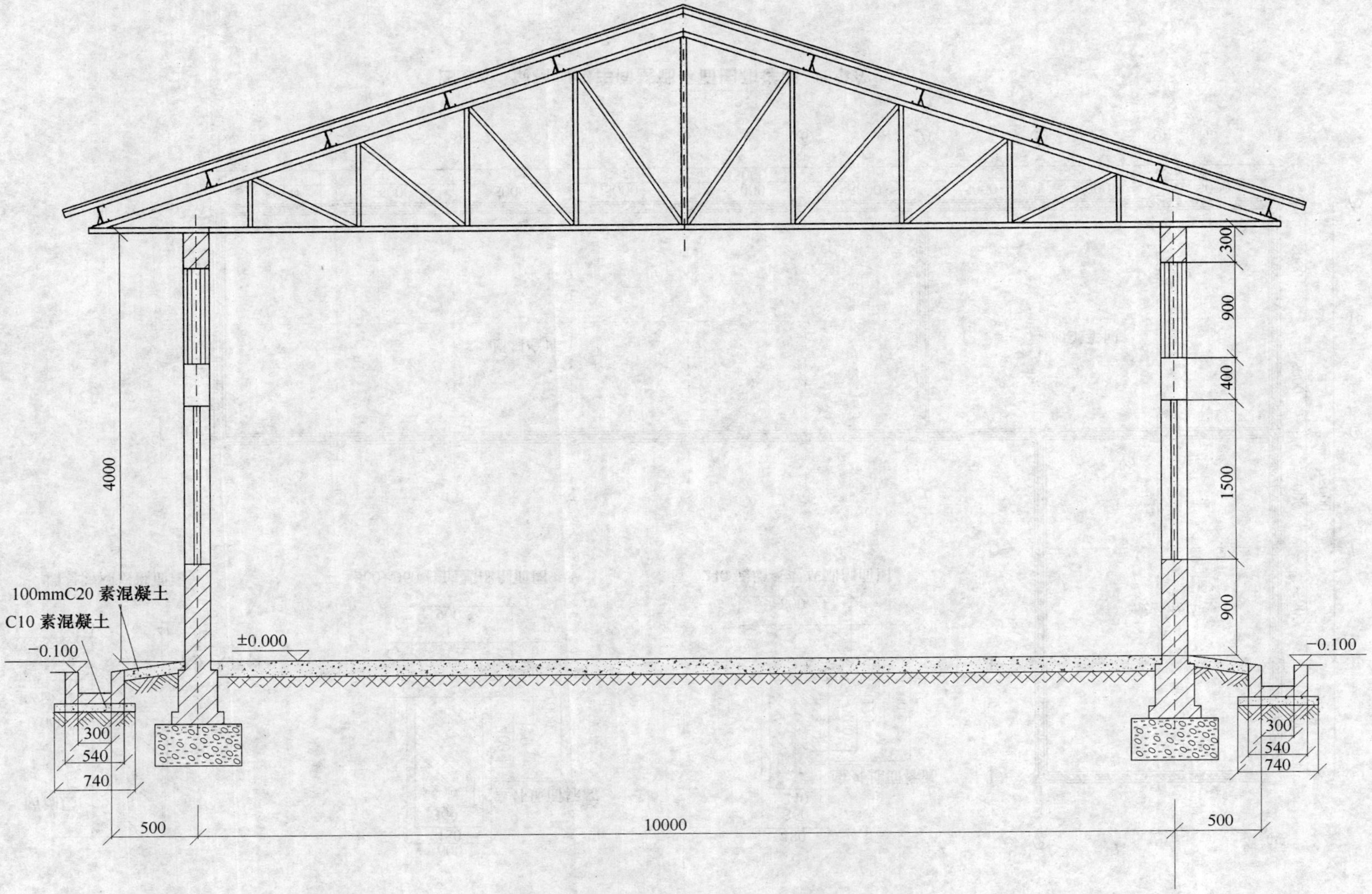

图 8-5 成品仓库剖面图 （单位：mm）

±0.000

−0.100

100mmC20素混凝土
C10素混凝土

−0.100

300
540
740

900

400

1500

900

300

500

10000

500

4000

300
540
740

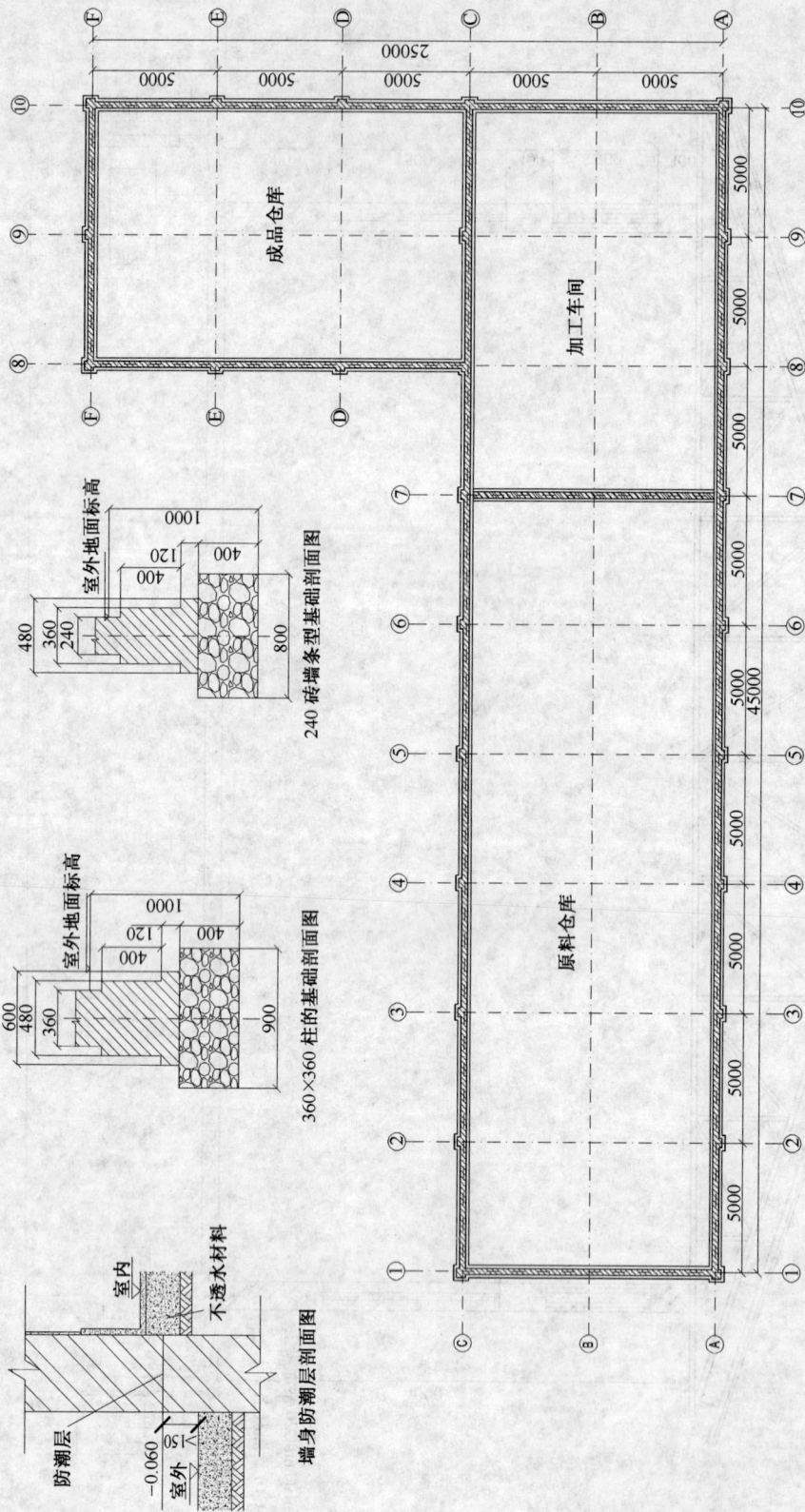

240 砖墙条型基础剖面图

360×360 柱的基础剖面图

墙身防潮层剖面图

图 8-6　饲料加工车间基础平面图和详图　(单位：mm)

第九章 供水设施工艺设计

如图 9-1 至图 9-2 所示,生猪养殖属于耗水型畜牧业,不仅要考虑水源充足能够满足饮用的需要,还应该保障水质符合生产无公害食品的要求。因此,新办生猪养殖小区时,在开工前应掘井取水送样到相关部门检测,并留下备案资料。年出栏 1 万头商品生猪养殖小区饮水量为 80~100t/d。一般情况下,应建造 300~500m³ 的贮水塔,备足可供 3~5d 使用的水,以备急用。水塔可为圆柱型或倒立锥形,供水管系可用铸铁管材或有机复合管材。

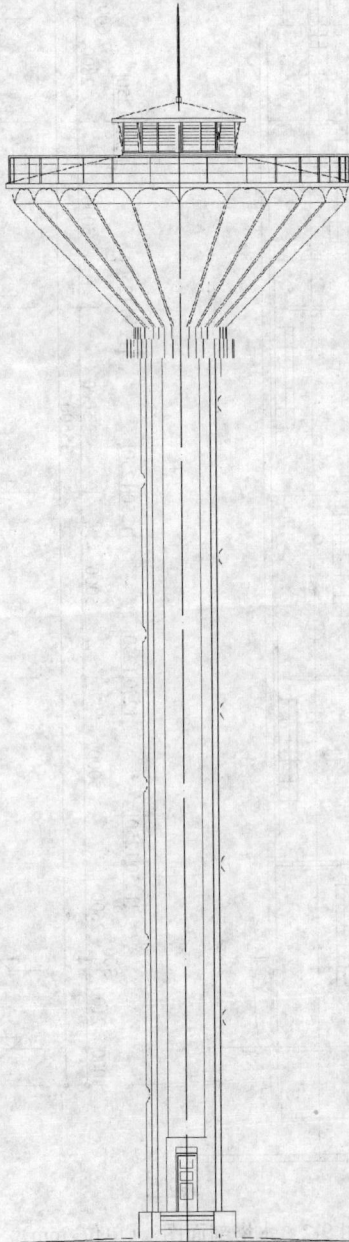

图 9-1　水塔立面图

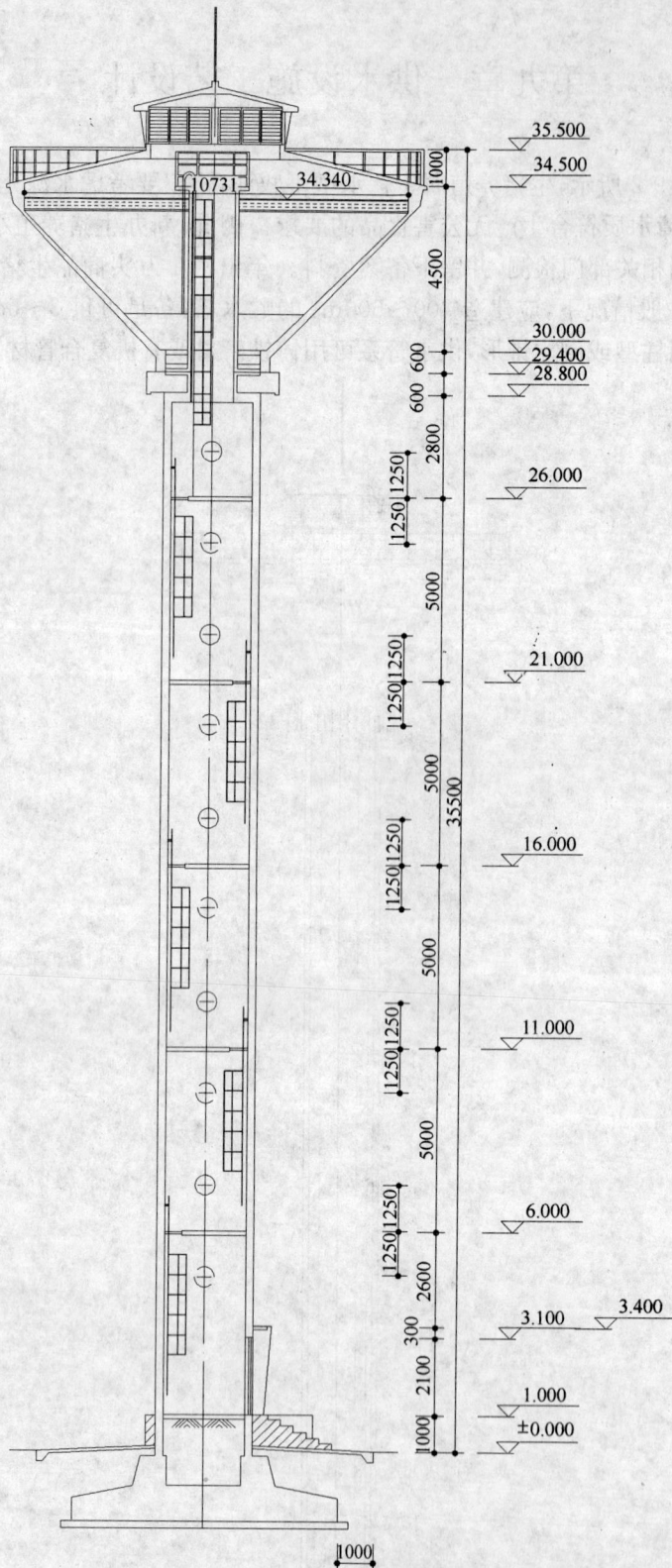

图 9-2　水塔剖面图　（单位：mm）

第十章　环境保护与 3 000t 有机复合肥厂工艺设计

随着我国畜禽养殖规模的不断扩大,养殖过程中排放的有机废物量大、成分复杂、有机质比例高、处理难度大。所以,养殖业所产生的大量有机排泄物给公共卫生和环境保护带来了很大压力。长期堆放的畜禽粪便孳生大量蚊蝇,传播各种病菌,也给养殖业生物安全和从业人员身体健康带来了严重影响;另一方面,化肥在农业生产中的长期过度使用,虽然使农产品产量有了一定的提高,但也带来了诸如农产品品质严重下降、土壤板结、污染水源等问题。要解决这些问题最根本的办法是减少化肥的使用量,增加土壤有机质。特别是随着我国人民物质生活水平的提高以及市场准入制度的建立,对于农产品品质提出了更高的要求,这些都给有机肥生产提供了巨大的市场空间。

根据行业内测算,年出栏 1 万头商品肉猪或出栏 60 万只肉鸡或存栏 30 万套蛋鸡的规模化畜禽养殖场,有机废弃物的日排放量基本相当。日消耗精饲料 8～10t,耗水量 100～150t,排放粪尿、污水、污物 30～50t,全年约为 11 000t。2003 年正式实施的中华人民共和国《畜禽养殖业污染物排放标准》(GB 18596—2001),标志着我国已经对畜禽养殖业污染物的排放有了严格的限制,实行"减量化、无害化、资源化、生态化"处理,已进入科学化、规范化、法制化程序。表明各级政府主管部门对集约化养殖企业和畜禽养殖小区带来的环境问题日渐重视,在一些地区和单位新建生猪养殖小区必须经过"环境影响综合评价"的评估,新建养殖场或老场技术改造必须有环境处理技术方案。根据适度养殖规模、板块区划和分点建设、分阶段控制的技术路线,倡导"种养结合、健康养殖、生态环保"的创新模式。各级政府也从政策、资金、技术和项目上给予养殖企业必要的支持,进行综合治理。

一、环境保护工艺设计

如图 10-1 至图 10-3 所示,配置日处理量 30～35t(时处理能力 8～10t)的固液分离机,从源头上减少污染源;引进台湾制造的细分式红泥塑料覆皮厌氧沼气工程系统设备 30 组及配套设施。设计独特沉砂池、沉淀调节池、干化场和仿生态氧化沟;配置红泥塑料贮气袋和恒压装置、脱硫装置、卸压阀等。配套供气系统包括增压装置、储压罐、减压装置、阻火净化分配装置、计量器设备等。通过"养殖—环保—治污—沼气—制肥"的"四品"发展模式,生产液、沼、电、肥,实现"无害化"与"资源化",构建"资源节约型"与"环境友好型"的"两型社会"。

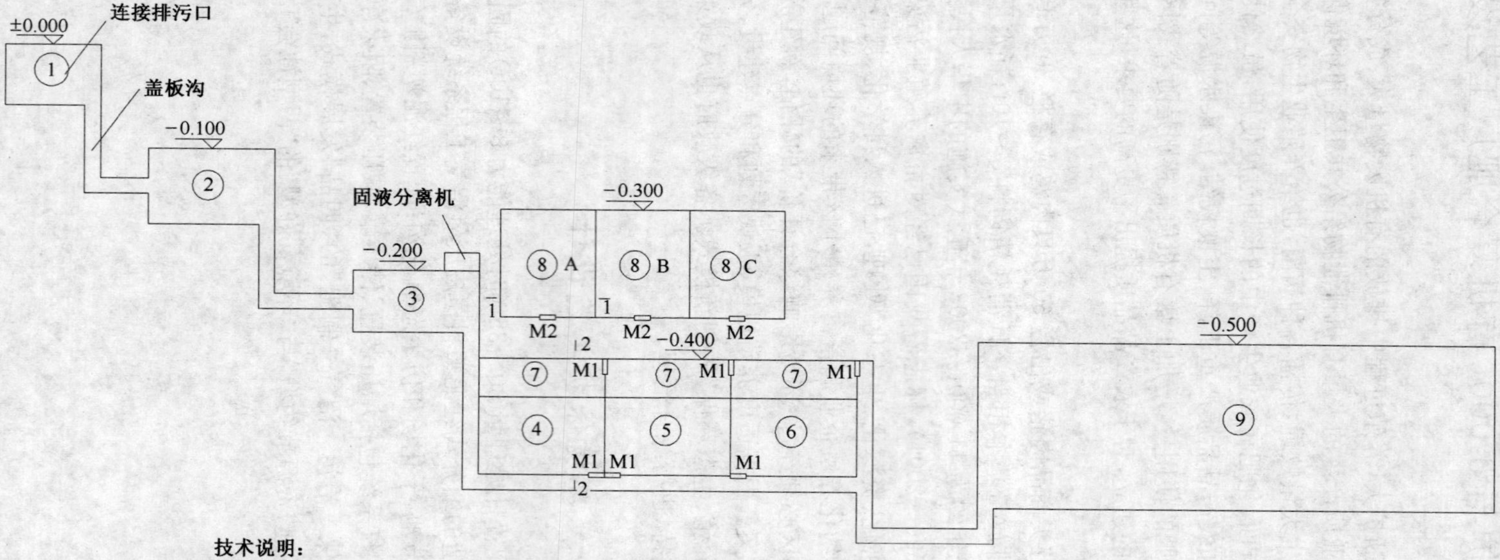
±0.000
连接排污口
盖板沟
−0.100
固液分离机
−0.200
−0.300
8 A
8 B
8 C
1
M2
2
−0.400
M1
−0.500
M1 M1

技术说明：
① 收集池：6×4×2m
② 沉淀池（撇渣池）：8×5×1.5m
③ 固液分离机：8×4×1.5m
④～⑥ 沉淀调节池：8×5×1.5m
盖板沟的尺寸：300×400mm
⑦ 底泥干化场和浮渣干化场：8×2.5×0.6m
⑧ A ～ C 沤肥发酵池：6×7×2m
⑨ 红泥塑料厌氧池 500～600m^2/万头
③ ～⑧ 必须搭盖天棚

图 10-1　污水处理场平面图

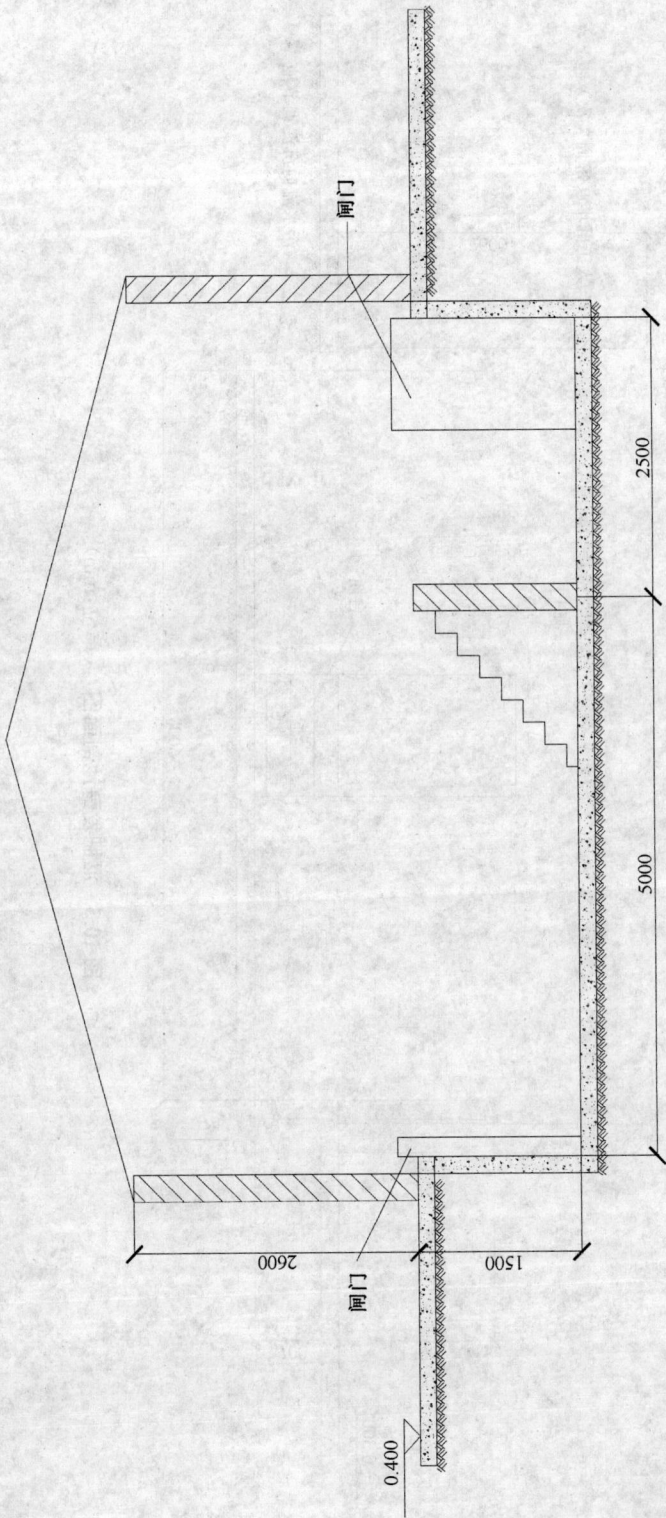

图 10-2　沉淀池和干化场剖面图（单位：mm）

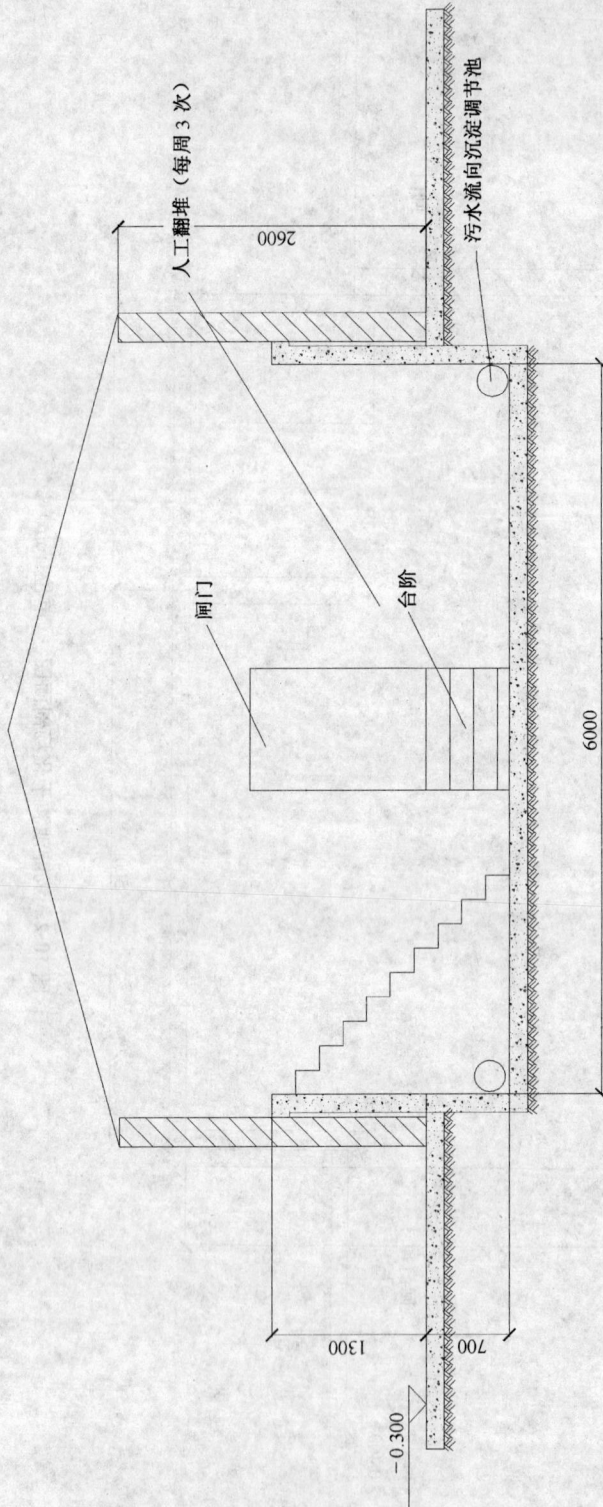

图 10-3 沤肥发酵池剖面图（单位：mm）

人工翻堆（每周 3 次）

2600

污水流向沉淀向沉淀调节池

闸门

台阶

6000

1300

700

−0.300

二、3 000t 有机复合肥厂工艺设计

如图 10-4 至图 10-16 所示,3 000t 有机复合肥厂分为主厂房、发酵车间和仓库三部分,总面积为 2 300～2 500m²。其中,主厂房规格为 40m×17.5m×5m,面积为 700m²;发酵车间规格为 50m×20m×4m,面积为 1 000m²;仓库规格为 40m×15m×4m,面积为 600m²。

有机肥厂所需主要设备设施包括:①有机肥生产主系统,包括打碎机、搅拌机、发酵塔、造粒机、干燥机、冷却机、成品分级筛、包装机械等;②有机复合肥生产辅助系统,包括除臭系统、发酵自动翻堆系统、喷液机、供氧系统、混合机等。另外,还包括原料处理场、生产车间、成品储藏车间等。

图 10-4　有机复合肥厂总体规划布局图　(单位:mm)

图 10-5 有机复合肥厂主厂房平面图 （单位：mm）

北立面图

南立面图

东、西立面图

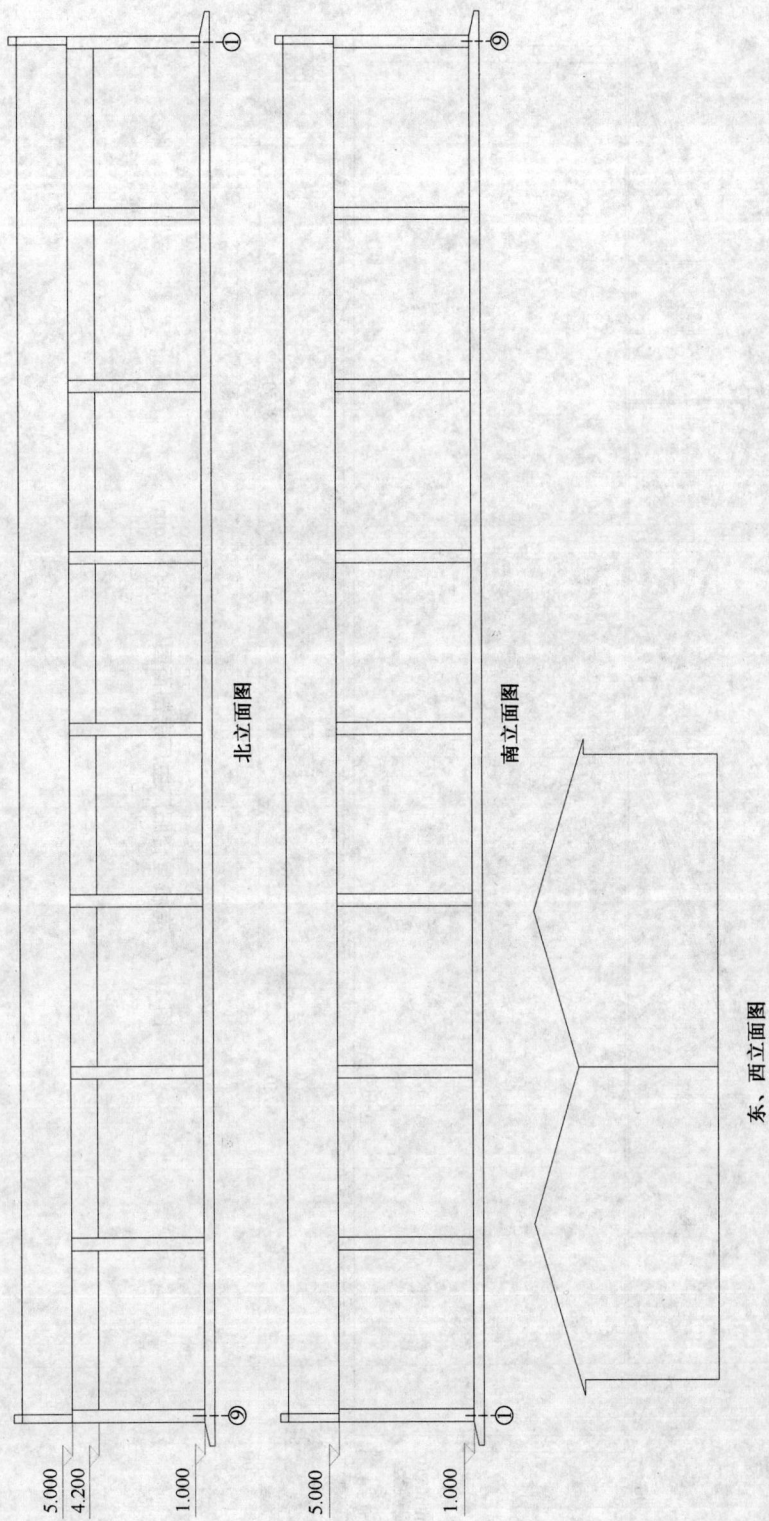

图 10-6　有机复合肥厂主厂房立面图

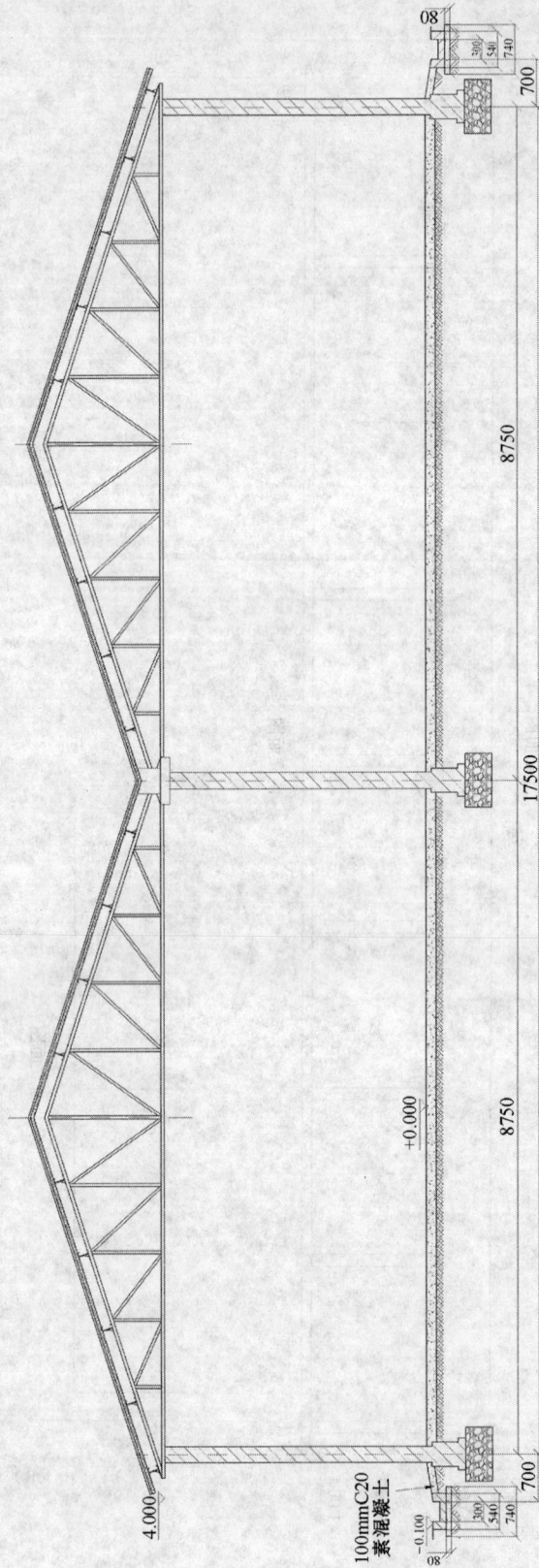

图 10-7　有机复合肥合肥厂主厂房剖面图　（单位：mm）

图10-8 有机复合肥厂主厂房基础平面图（单位：mm）

205

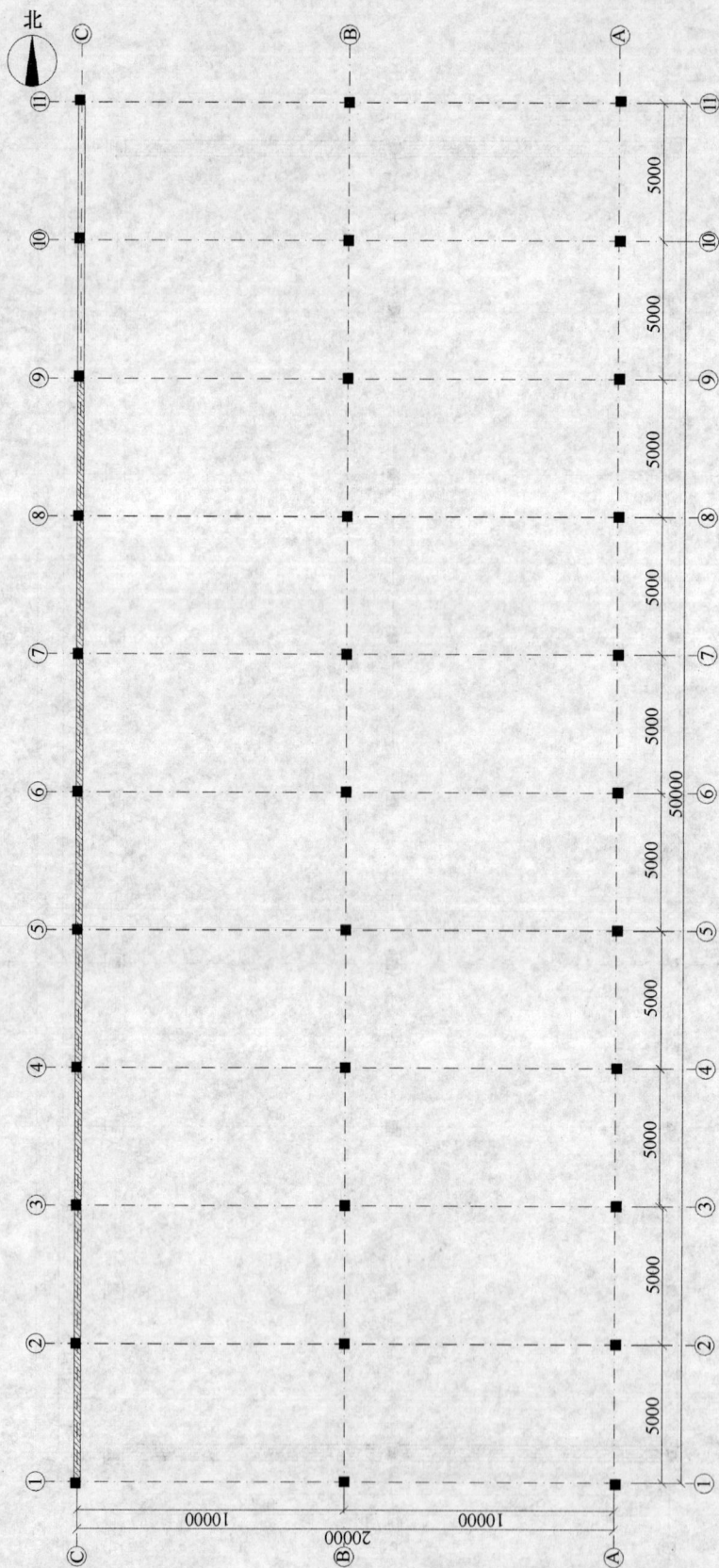

图 10-9　有机复合肥厂发酵车间平面图　（单位：mm）

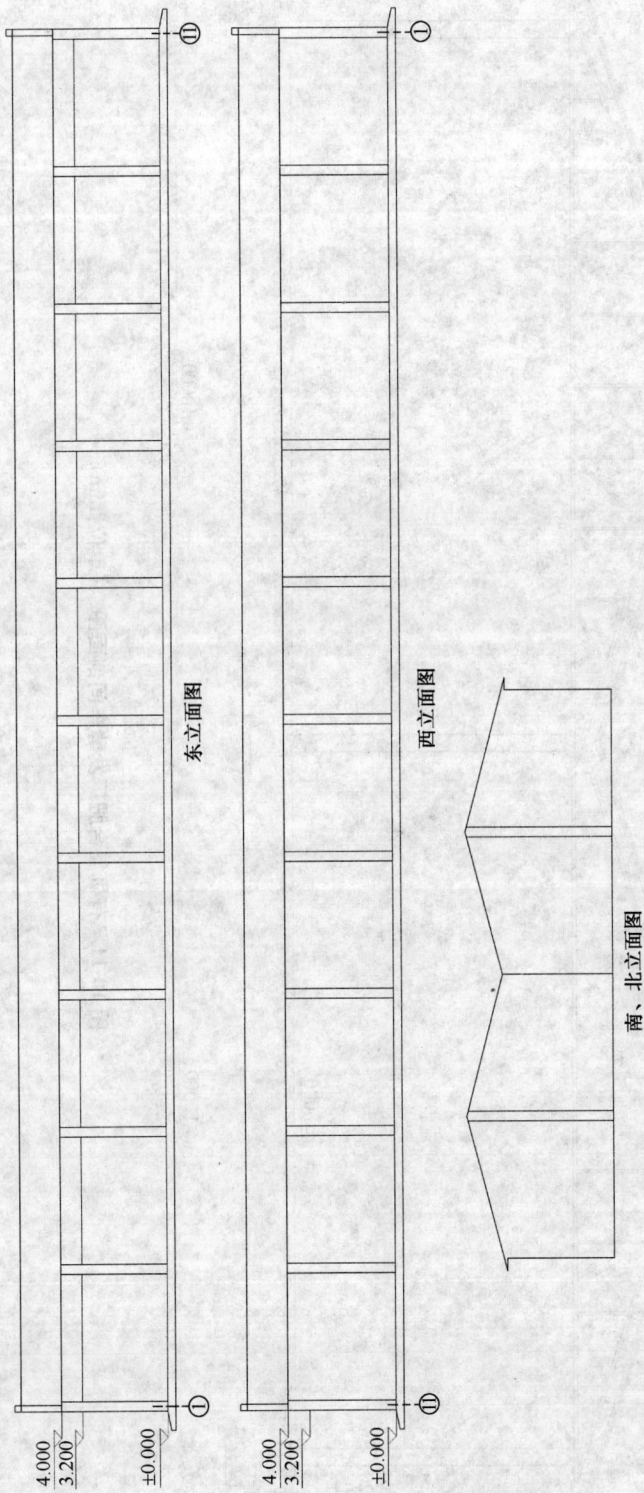

东立面图

西立面图

南、北立面图

图 10-10 有机复合肥厂发酵车间立面图

4.000
3.200
±0.000

4.000
3.200
±0.000

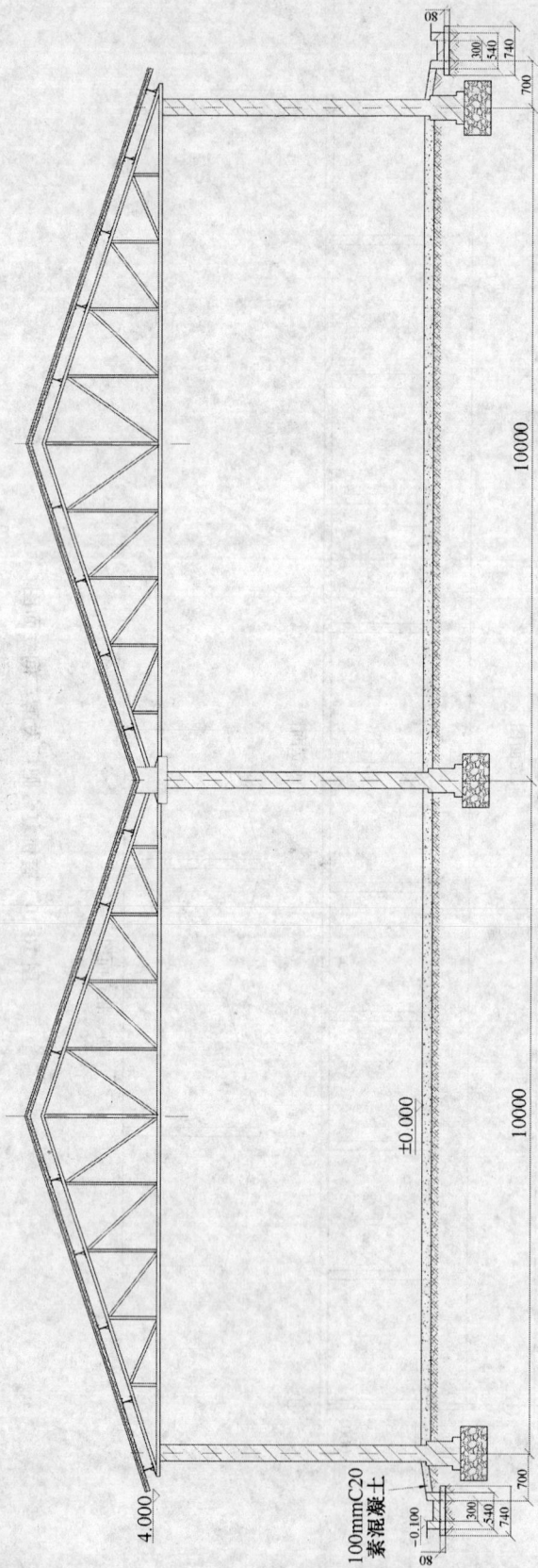

图 10-11 有机复合肥合肥厂发酵车间剖面图 （单位：mm）

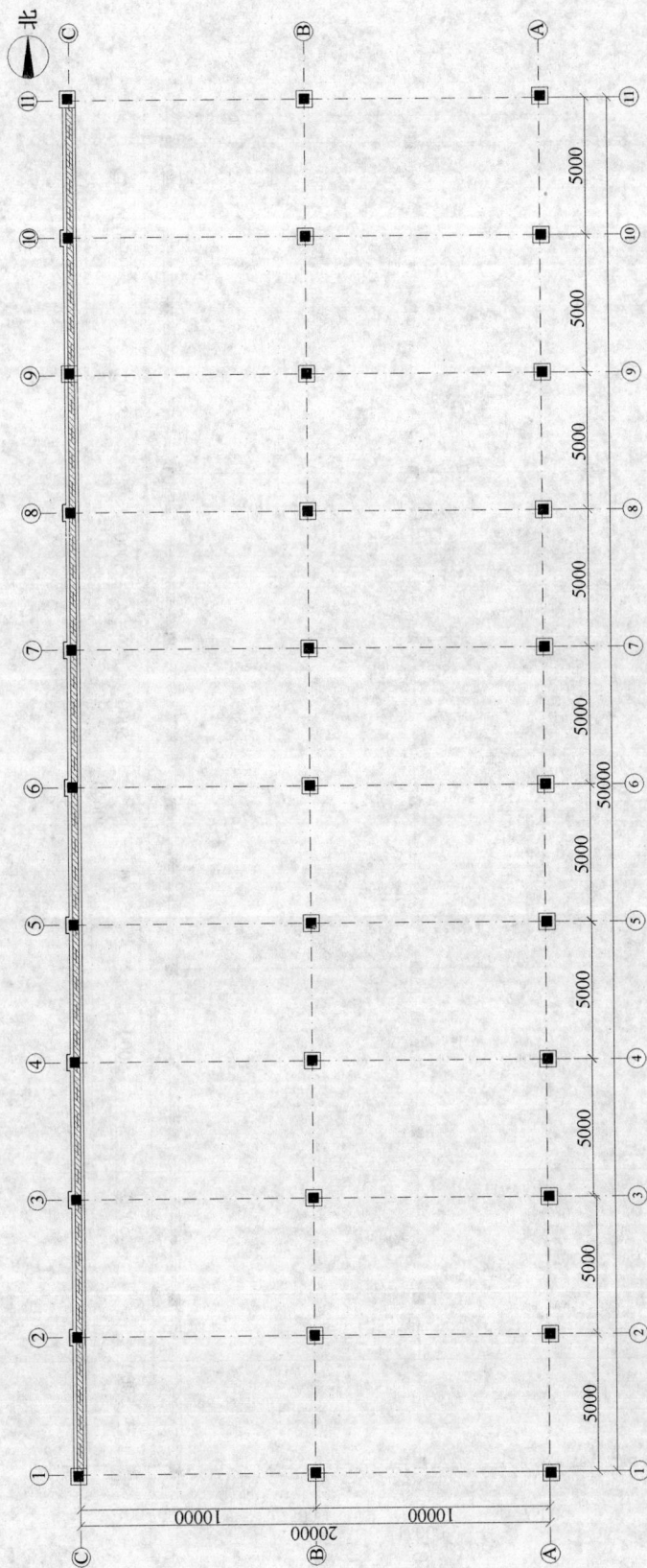

图 10-12 有机复合肥厂发酵车间基础平面图 （单位：mm）

209

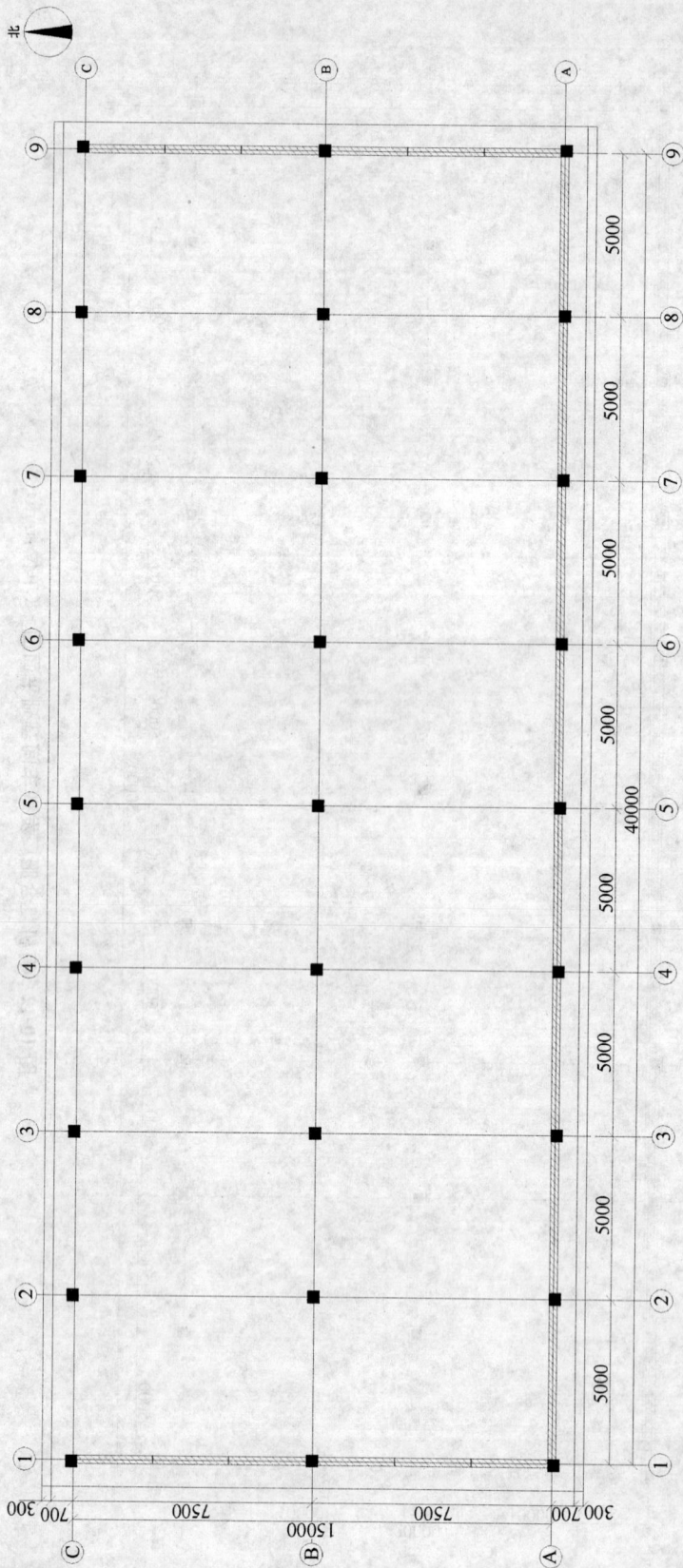

图 10-13 有机复合肥厂仓库平面图 （单位：mm）

210

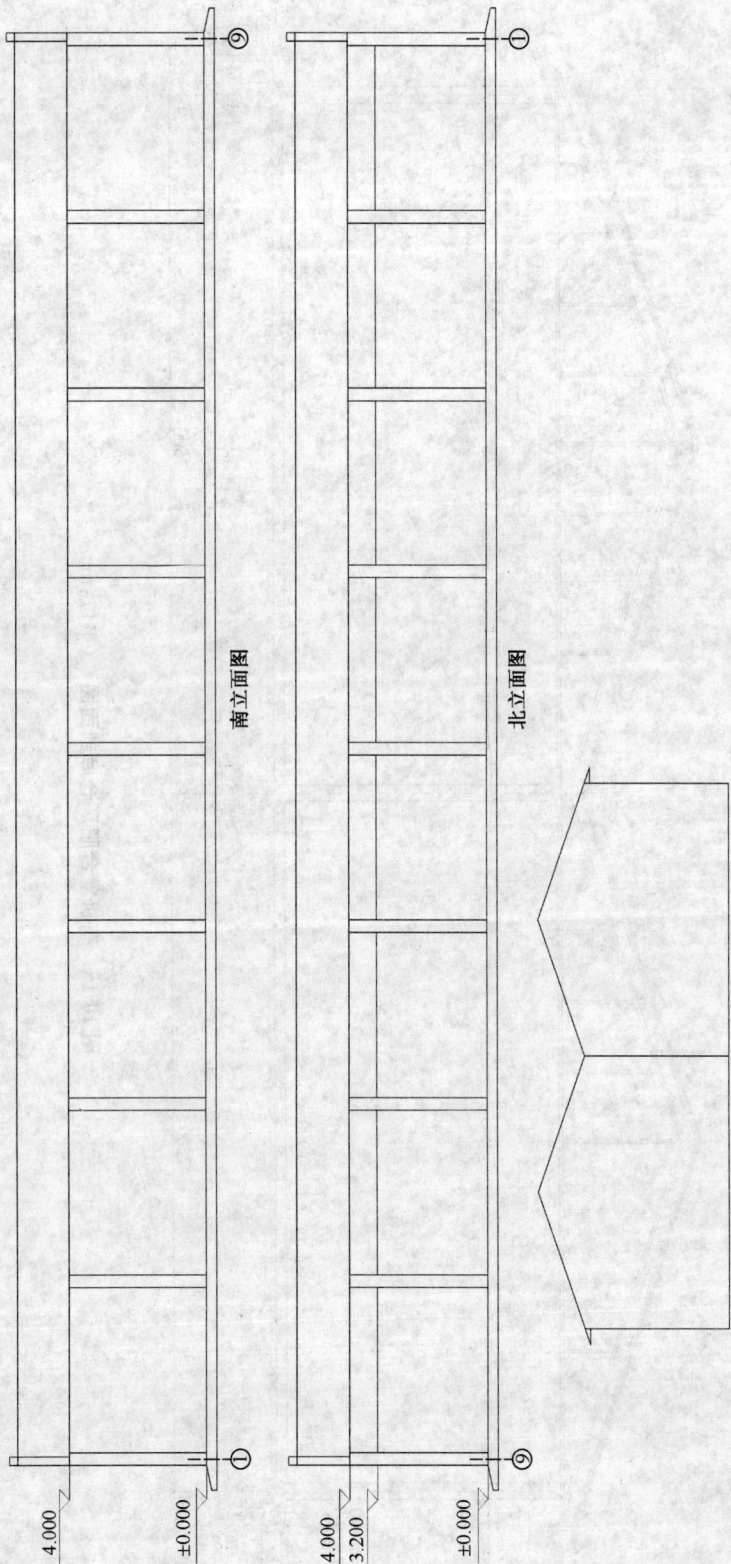

南立面图

北立面图

东、西立面图

4.000

±0.000

4.000
3.200

±0.000

图 10-14 有机复合肥厂仓库立面图

211

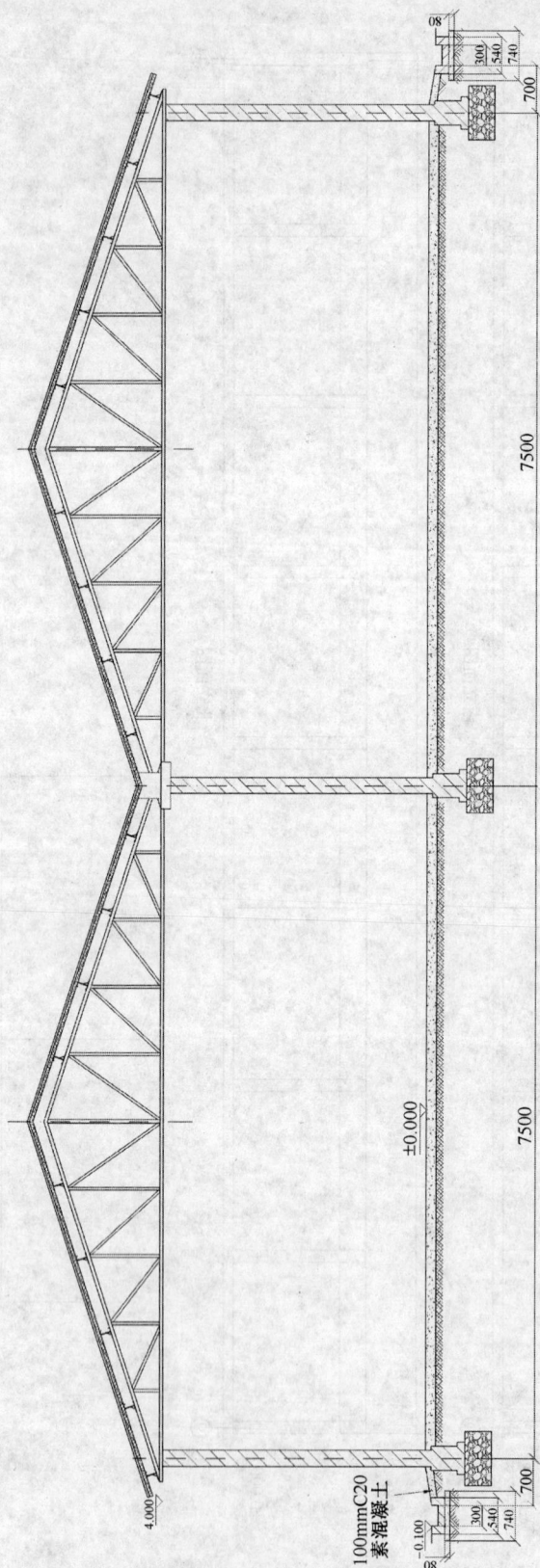

图 10-15　有机复合肥厂仓库剖面图　（单位：mm）

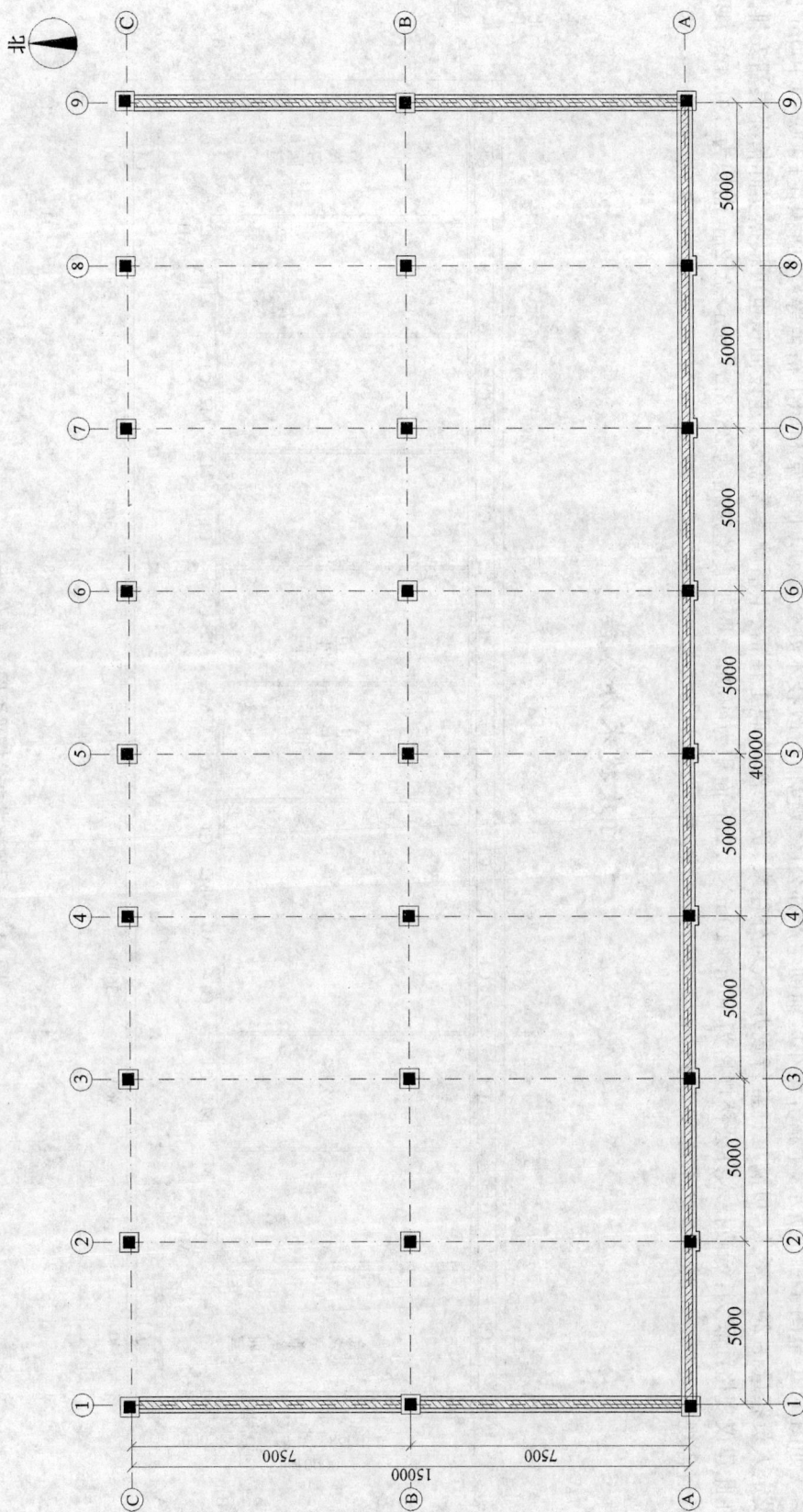

图 10-16 有机复合肥厂仓库基础平面图 （单位：mm）

213

第十一章 辅助生产及办公设施工艺设计

　　如图 11-1 至图 11-15 所示，生猪养殖小区辅助生产办公区域包括行政技术办公楼、职工宿舍等，职工食堂和职工宿舍等，总面积在 1 000~1 100m²。

　　设定人员容量在 20~25 人，可满足日常行政办公、对外往来、员工培训、职工住宿、生活就餐等需要。建设面积也可根据实际情况灵活安排。

　　在此建议规格为：行政技术办公楼规格为 40m×10m×3.2m，面积为 400m²；职工食堂规格为 28.8m×8m×3.2m，面积为 230.4m²；职工宿舍规格为 60m×8m×3.2m，面积为 480m²。

一、行政技术办公楼

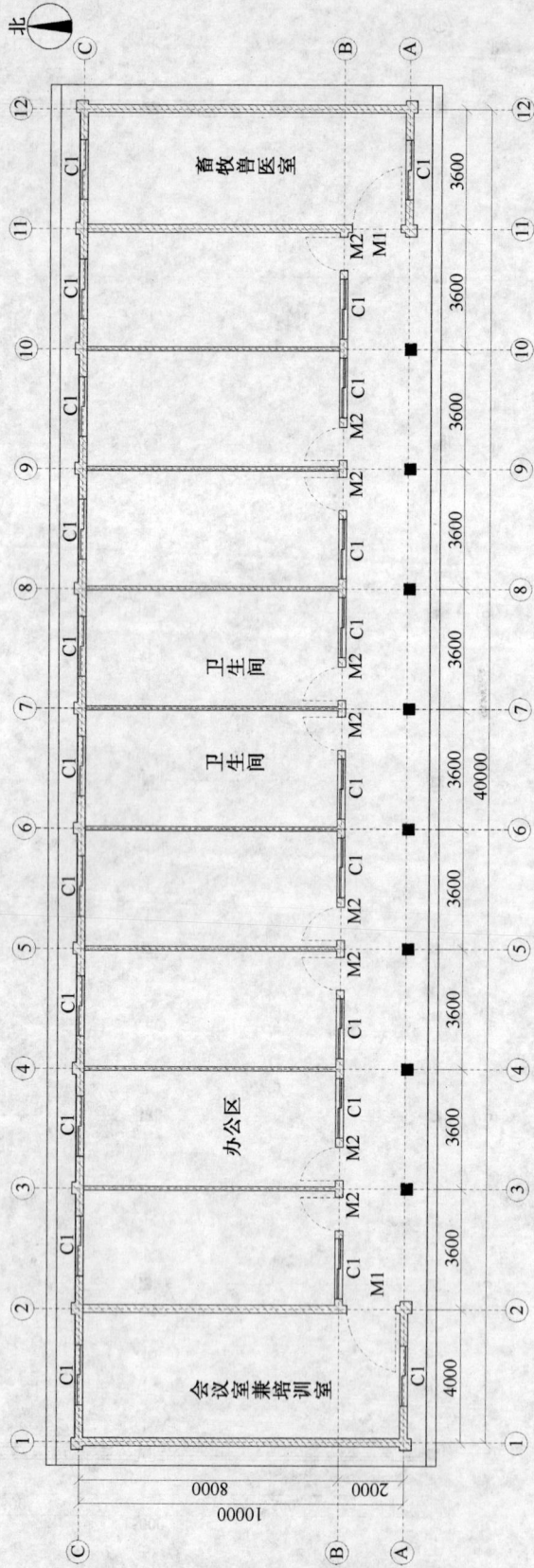

图 11-1　行政技术办公楼平面图　（单位：mm）

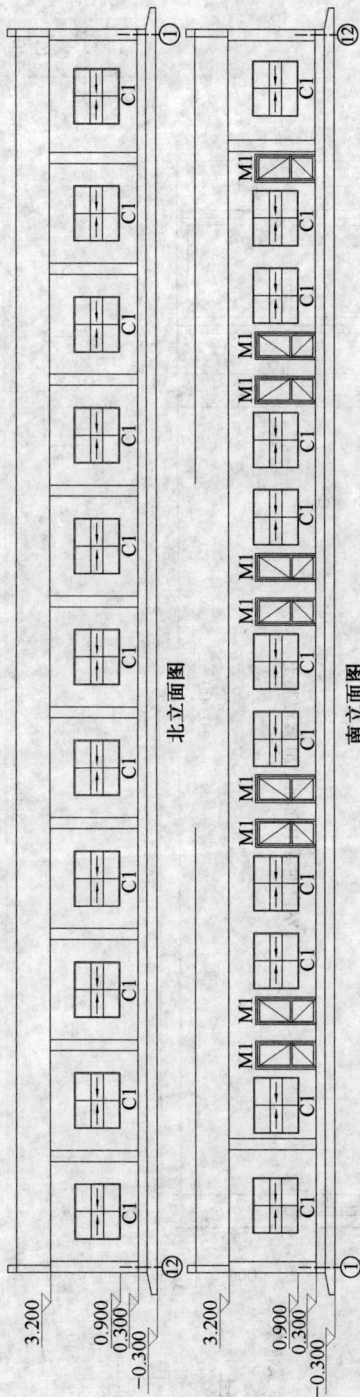

北立面图

南立面图

图 11-2 行政技术办公楼立面图

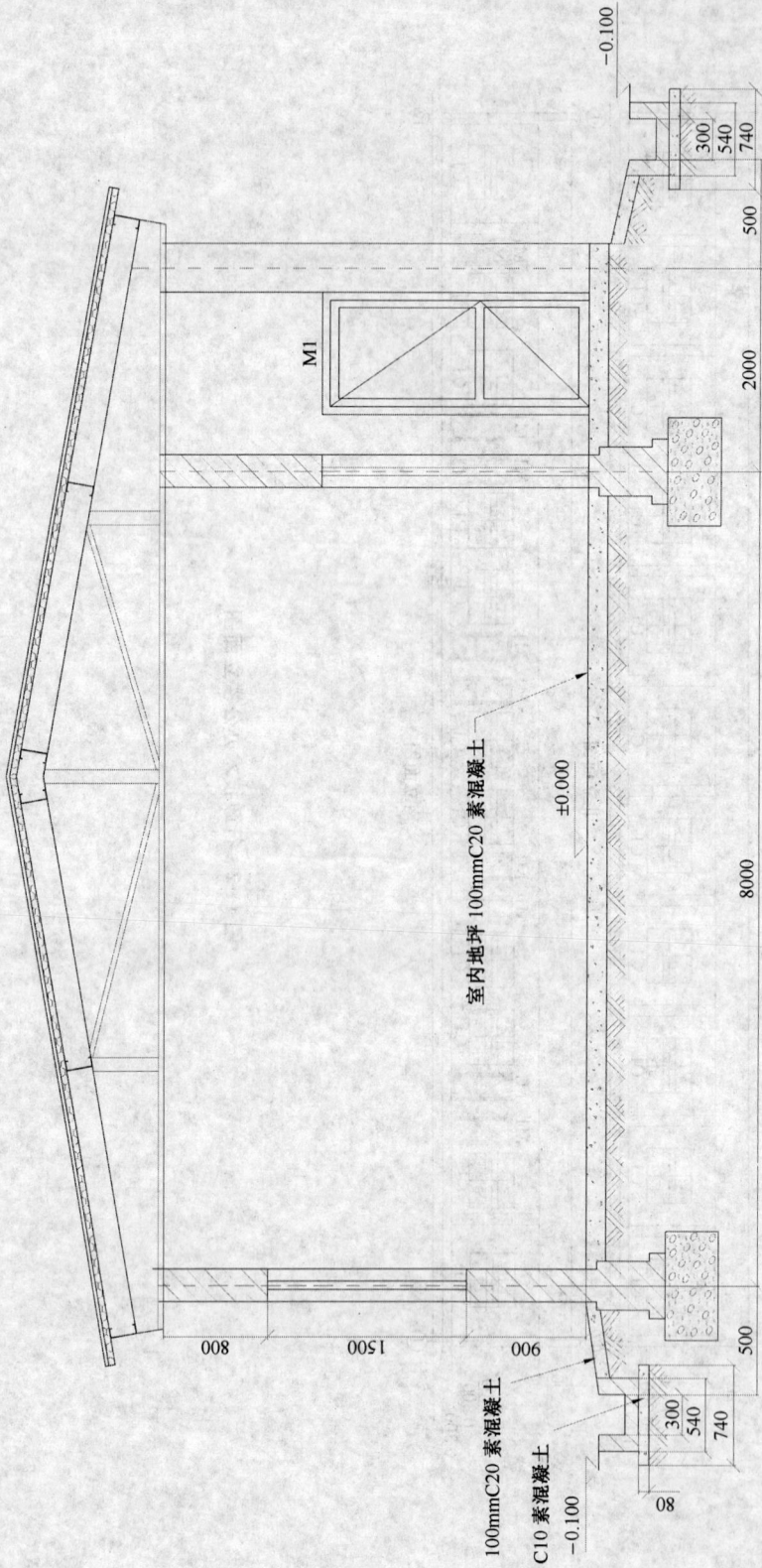

图 11-3　行政技术办公楼剖面图　（单位：mm）

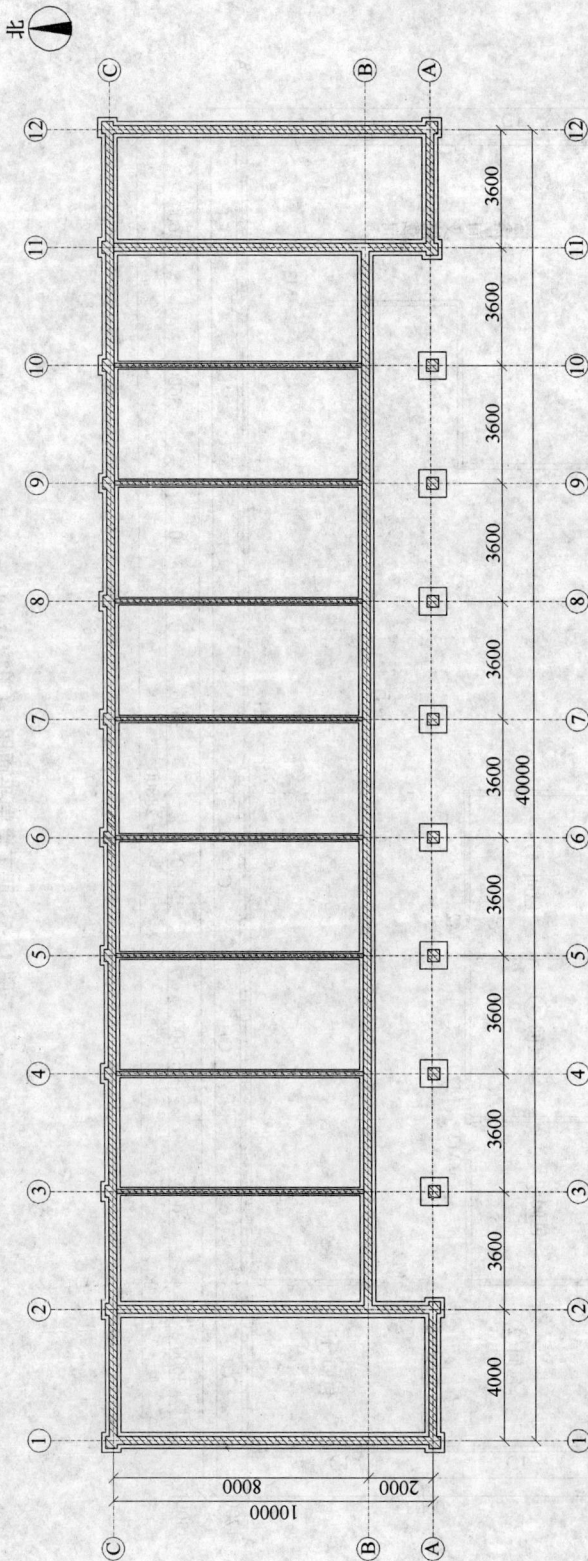

图 11-4 行政技术办公楼基础平面图 （单位：mm）

217

二、职工食堂

操作间及储藏间

餐厅

包间⑤

包间④

包间③

包间②

包间①

C1

M3

M1

M2

M2

M2

M2

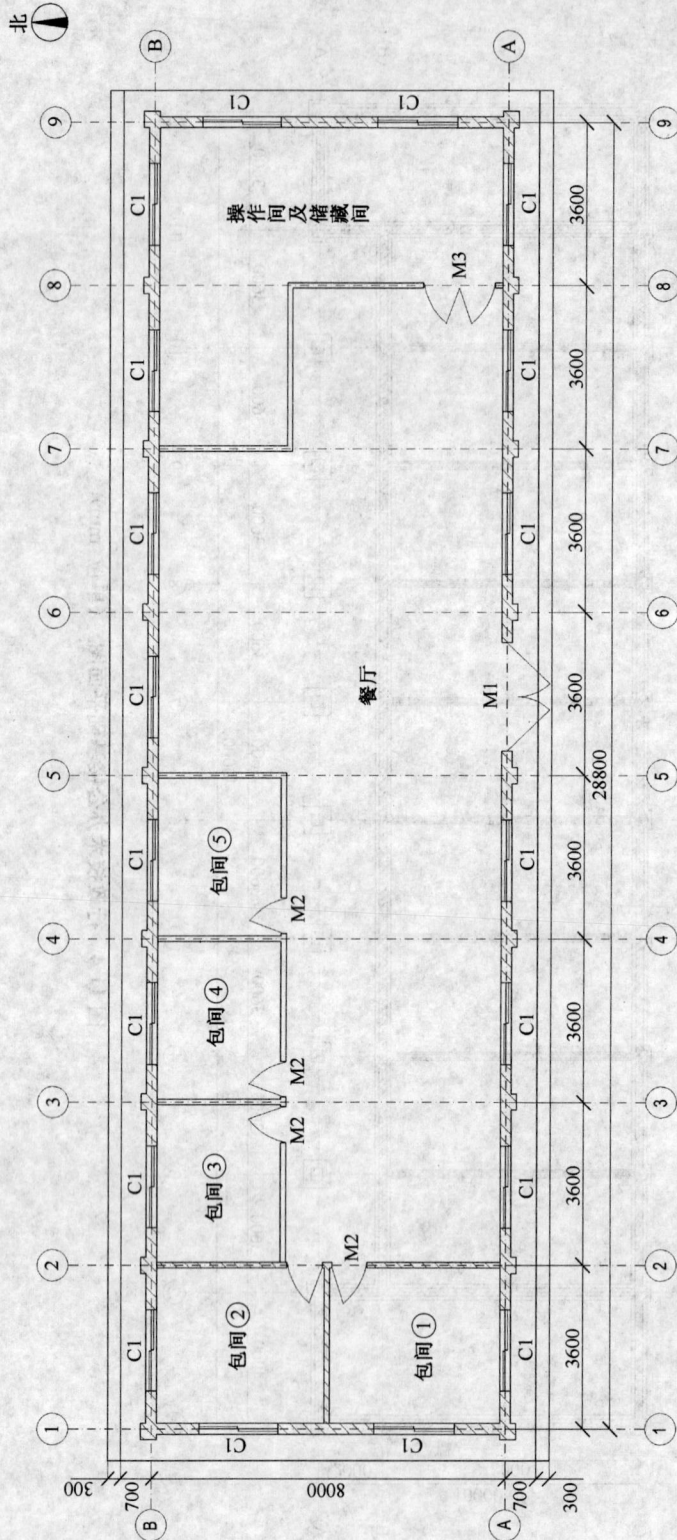

图 11-5 职工食堂平面图 （单位：mm）

3600 3600 3600 3600 3600 3600 3600 3600

28800

300 700 8000 700 300

北

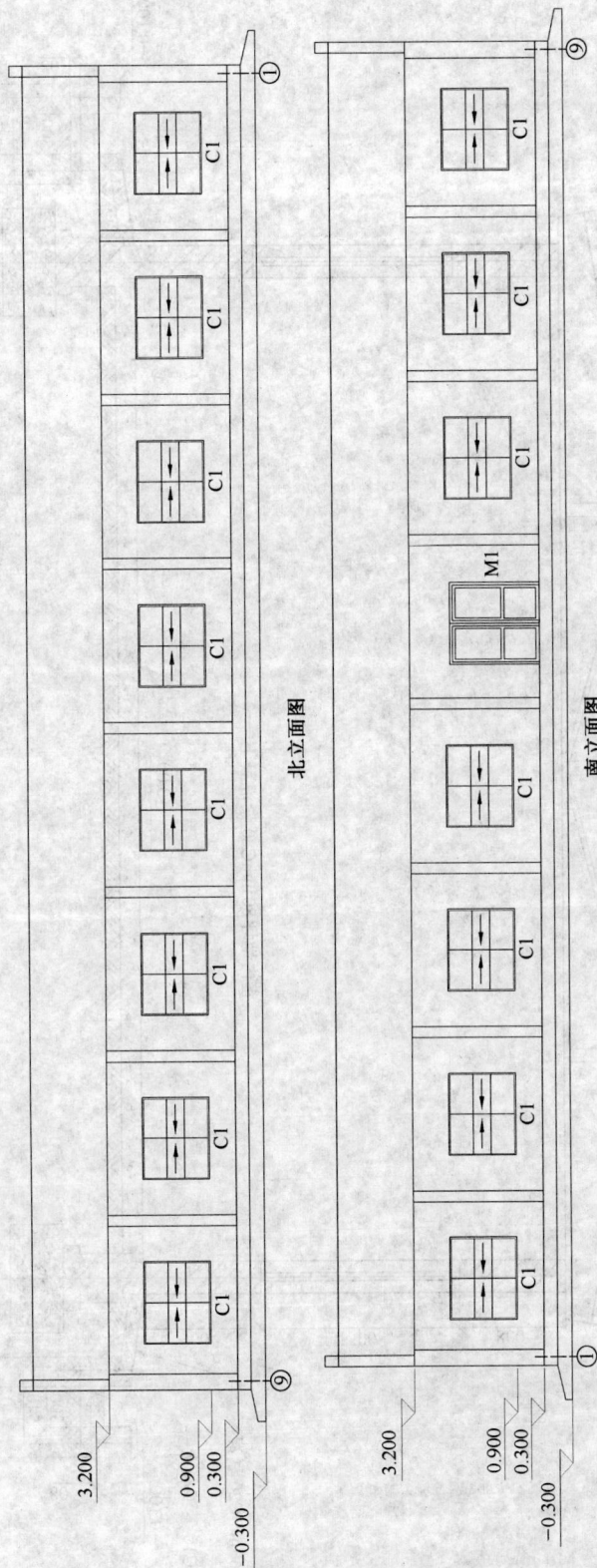

北立面图

南立面图

图 11-6　职工食堂立面图

3.200
0.900
0.300
−0.300

3.200
0.900
0.300
−0.300

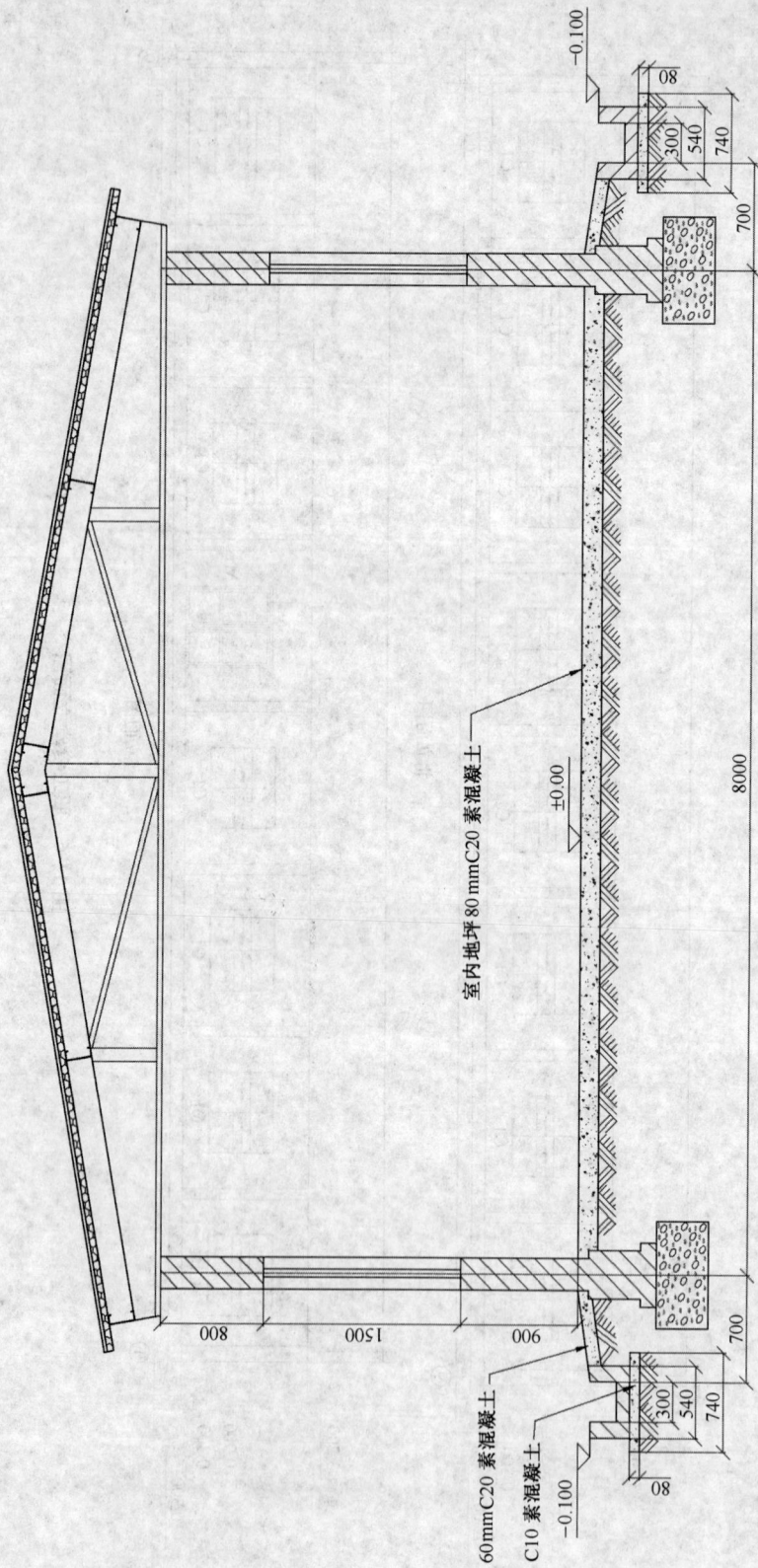

图 11-7 职工食堂剖面图 （单位：mm）

室内地坪 80 mm C20 素混凝土

±0.00

8000

800

1500

900

700

700

-0.100

740

540

300

08

740

540

300

08

-0.100

60mm C20 素混凝土

C10 素混凝土

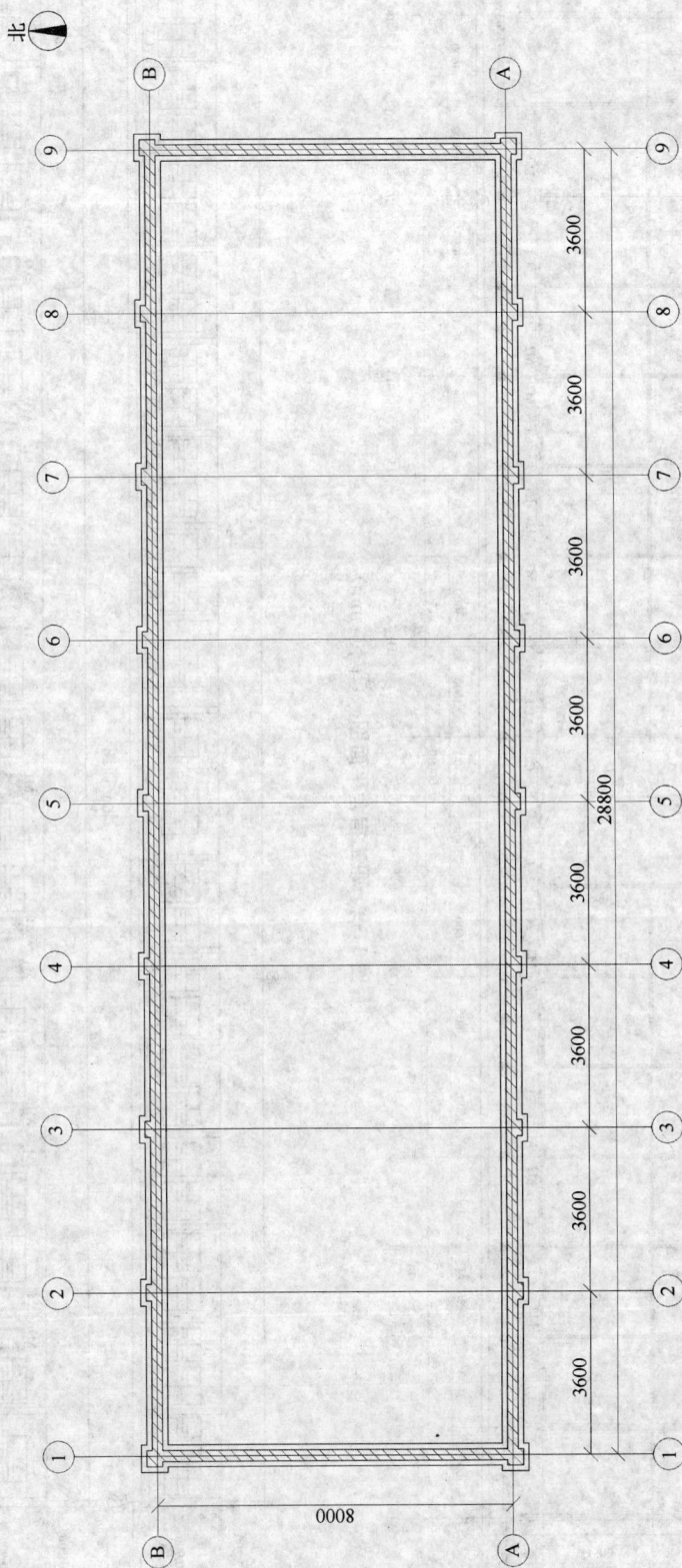

图 11-8 职工食堂基础平面图（单位：mm）

221

三、职工宿舍

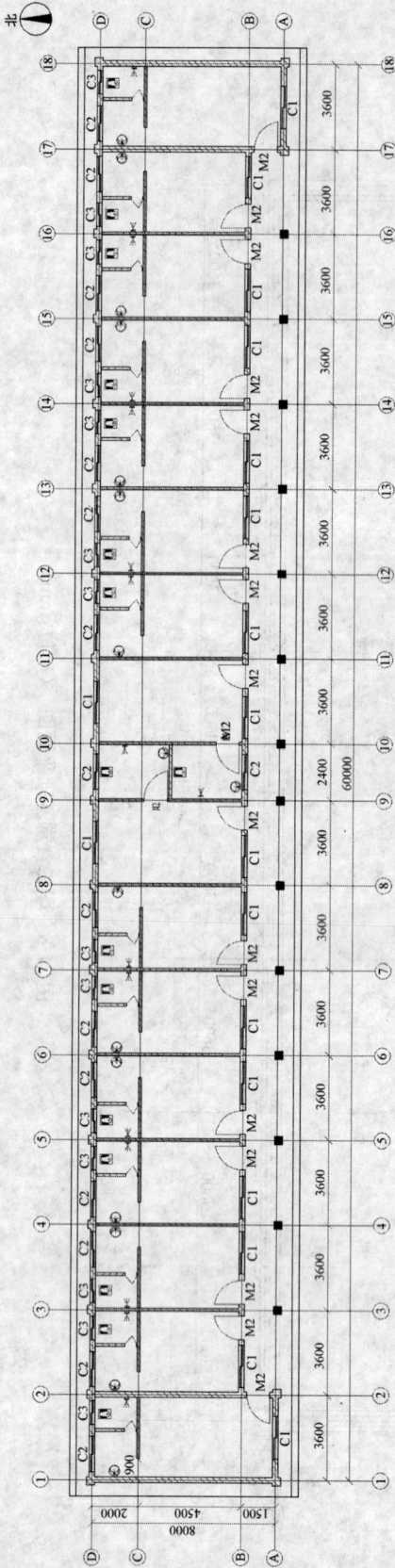

图 11-9 职工宿舍平面图 （单位：mm）

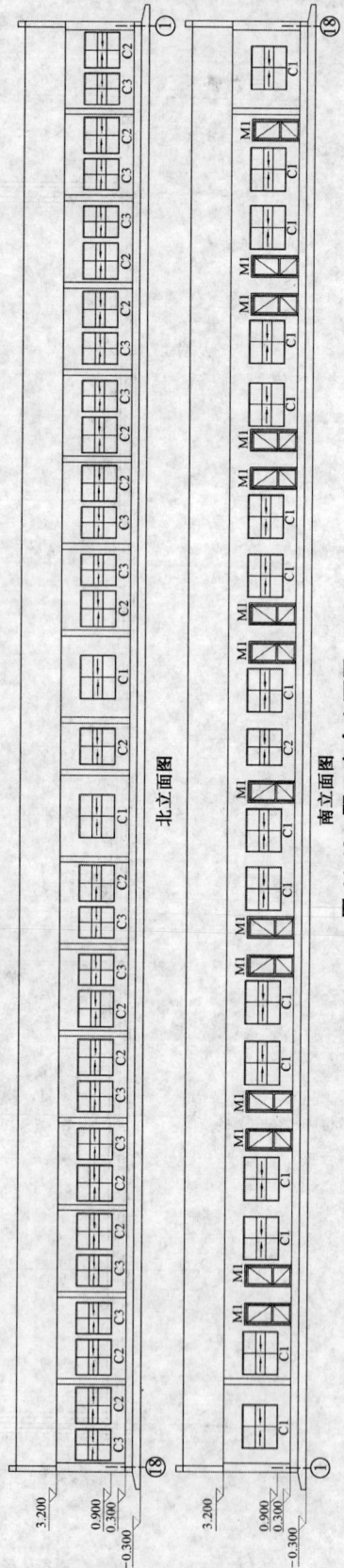

北立面图

南立面图

图 11-10 职工宿舍立面图

222

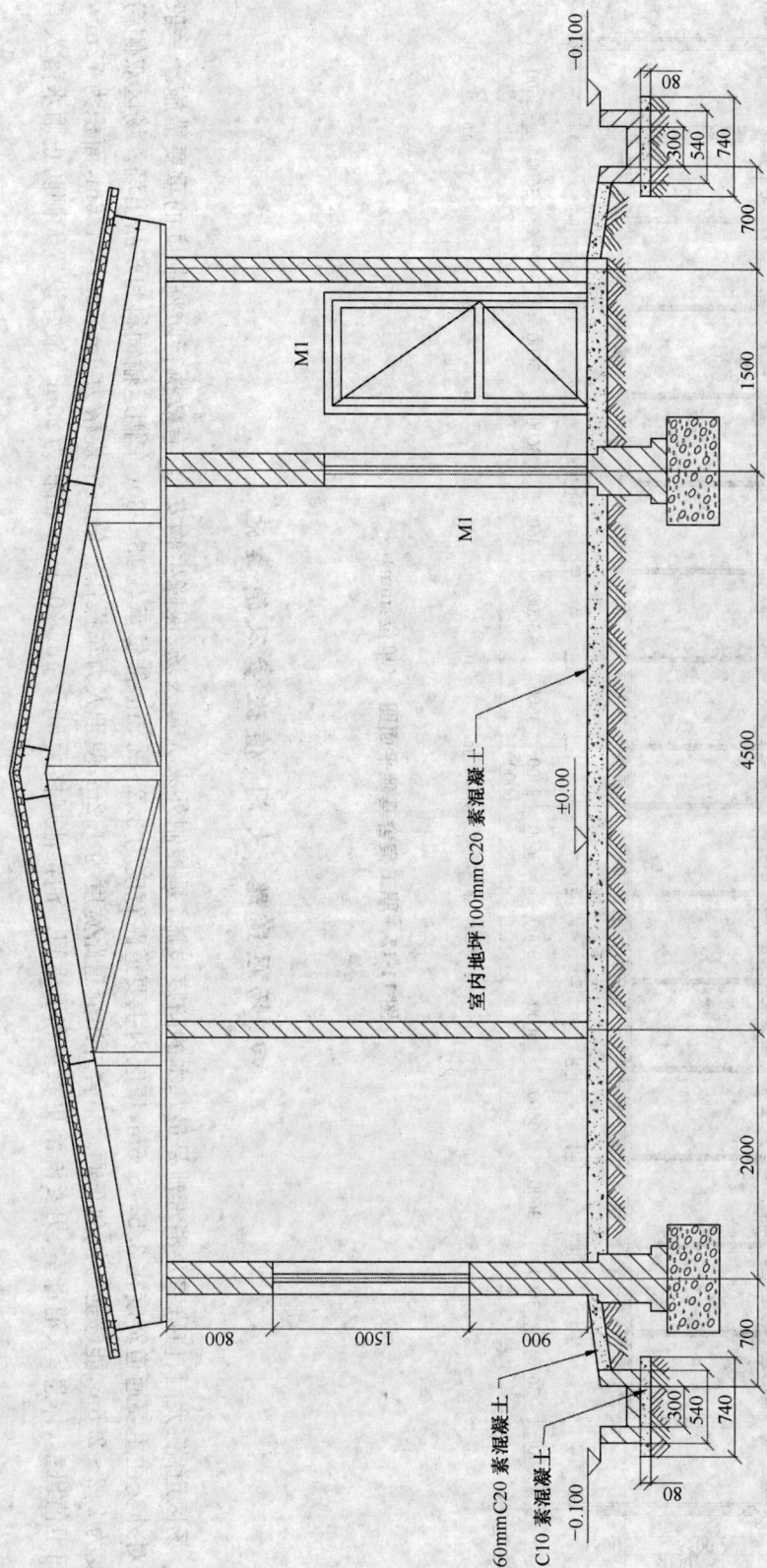

图 11-11 职工宿舍剖面图（单位：mm）

M1

M1

-0.100

08

300
540
740

700

1500

4500

2000

700

室内地坪 100mm C20 素混凝土

±0.00

60mm C20 素混凝土

C10 素混凝土
-0.100

08

300
540
740

008
1500
006

223

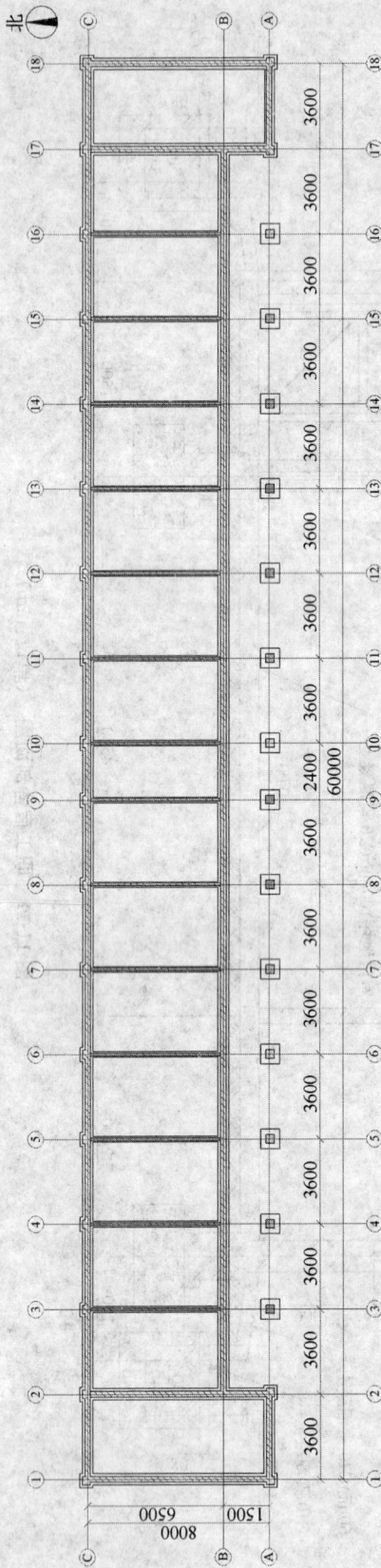

图 11-12 职工宿舍基础平面图 （单位：mm）

四、场区道路、大门、值班室及消毒池

场区道路、大门、值班室及消毒池是基本的防疫设施，是控制外来人员人场、保障生物安全、有效执行防疫制度的重要措施。一般来说，对外交往主要通道道宽度在 3.5~5.5m，厂区内主要道路宽度为 3.2~3.5m，能够承载 15~30t 车辆运输饲料和产品出场。场区双侧污道宽度为 2.2~2.5m，能够通行机动车辆。猪舍外出粪道通行道路宽度为 1.2m，便于人力车操作。值班室规格为 9m×8m×4.6m，面积为 72m²，包括门卫值班室、休息室、消毒室、男女淋浴更衣室和卫生间。消毒池规格为 5m×4m×0.18m，面积为 20m²，最好设置天棚防止雨水落人消毒池。

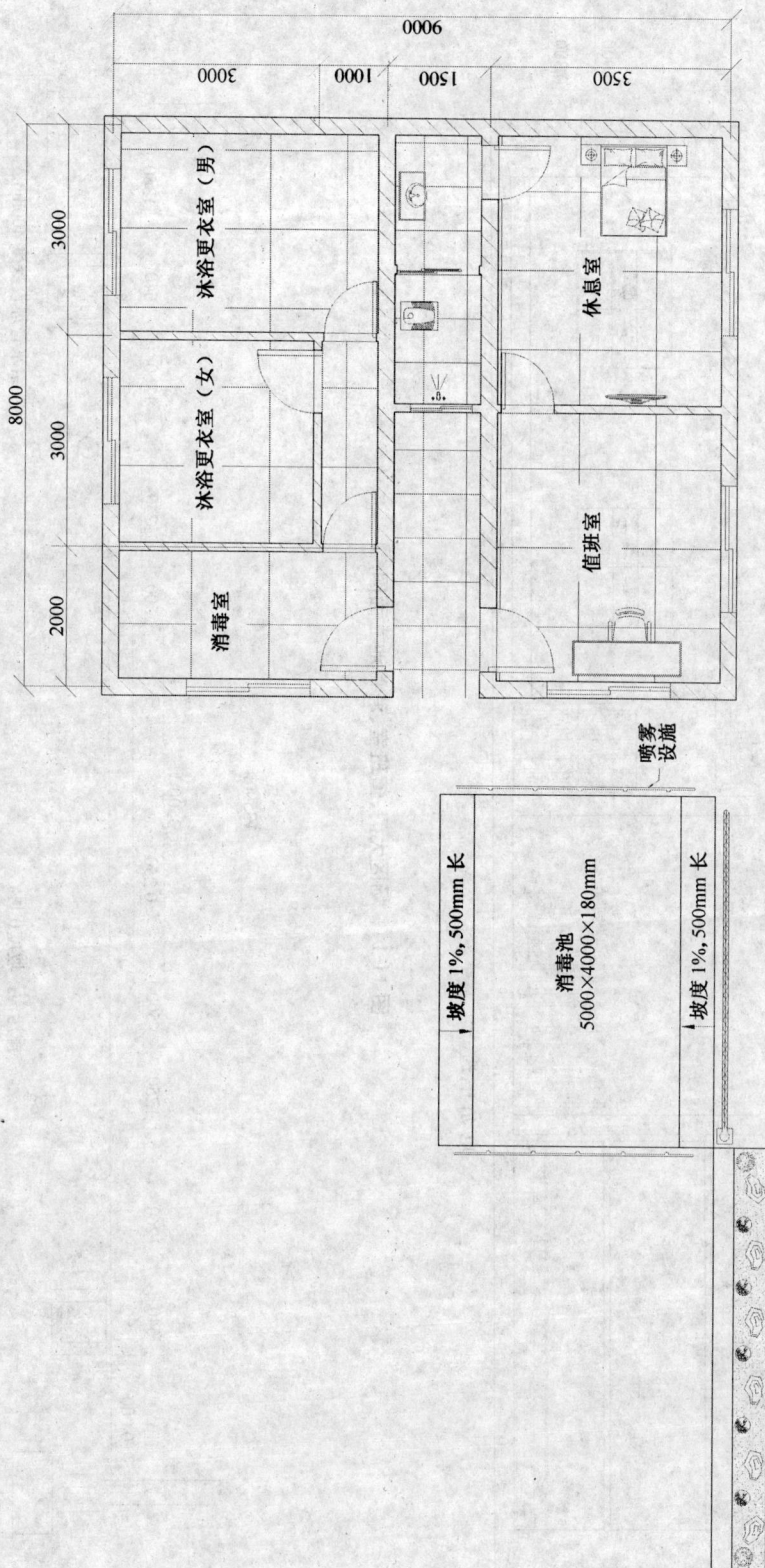

图 11-13 场区大门、值班室、消毒室、消毒池平面图（单位：mm）

冰浴更衣室（男）

冰浴更衣室（女）

消毒室

休息室

值班室

喷雾设施

坡度 1%，500mm 长

消毒池
5000×4000×180mm

坡度 1%，500mm 长

9000

3000

1000

1500

3500

8000

3000

3000

2000

电动门自选

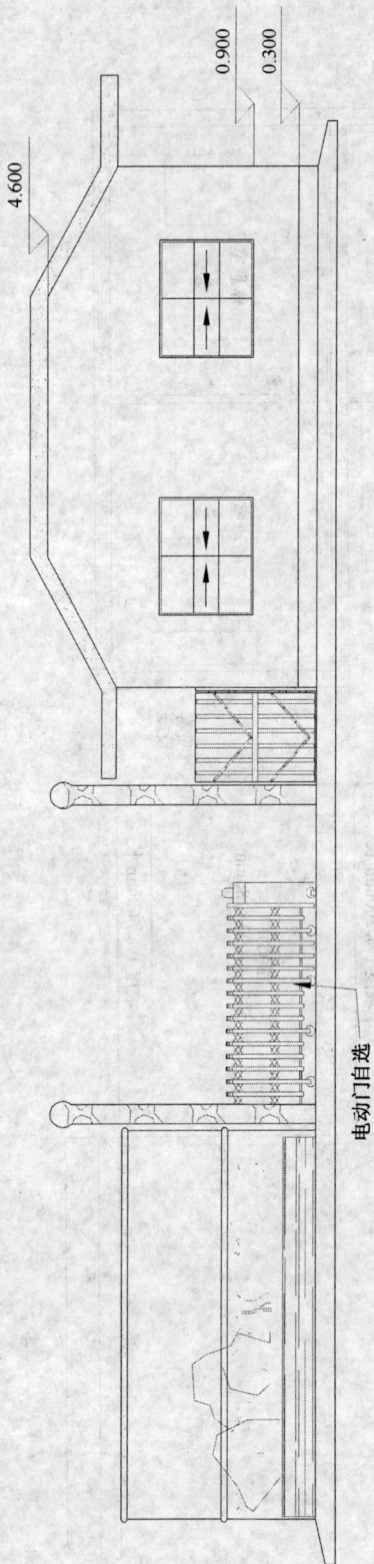

图 11-14 场区大门、值班室、消毒池立面图

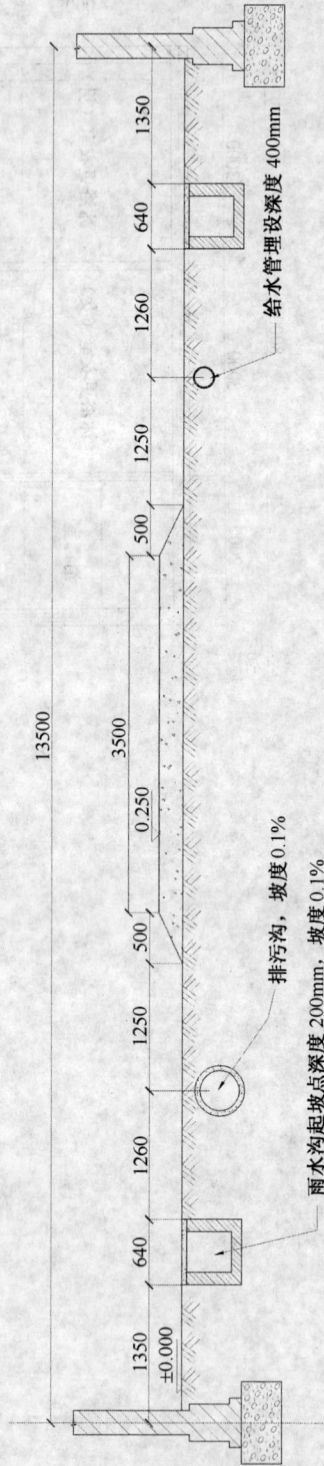

给水管埋设深度 400mm

排污沟，坡度 0.1%

雨水沟起坡点深度 200mm，坡度 0.1%

图 11-15 场区道路断面图（单位：mm）

第十二章　60系统小单元养殖模式工艺设计

如图12-1至图12-11所示,60系统小单元养殖模式为"四组合"车间结构,其规格为60m×10.5m×3.2m,总面积为630m²,其中空怀配种单元循环养殖存栏量为14头,单元规格为10m×10.5m×3.2m,单元面积为105m²。栏圈规格为4.5m×2.5mm,栏圈面积为11.25m²。饲养密度为2.81m²/头。养殖方式采用地面平养,舍内采用地坪下热水循环供暖,夏季采用正压雾化风机降温。

单体妊娠限位单元存栏量为36头,单元规格为15m×10.5m×3.2m,单元面积为157.5m²。栏圈规格为2.2m×0.65m,限位饲养密度1.43m²/头,养殖方式采用限位饲养,内环境控制采用地坪下热水循环供暖,夏季采用正压雾化风机降温。

产仔哺乳单元存栏量为16头(160头),单元规格为18.5m×10.5m×3.2m,单元面积为194.25m²。栏圈规格为2.2m×1.98m,栏圈面积为4.35m²。母猪饲养密度为1.43m²/头,仔猪饲养密度为0.22m²/头。采用高床饲养方式,内环境控制采用负压湿帘降温系统。

仔猪保育单元存栏量为130～140头,单元规格为16.5m×10.5m×3.2m,单元面积为173.25m²。栏圈规格为2.2m×1.98m,栏圈面积4.35m²。饲养密度0.43m²/头。采用高床饲养方式,车间或单元为封闭式结构,冬季采用地坪下热水循环供暖,夏季采用负压湿帘降温方式。空怀配种和妊娠限位单元亦可采用卷帘结构的半敞开或全敞开式正压送风雾化降温。

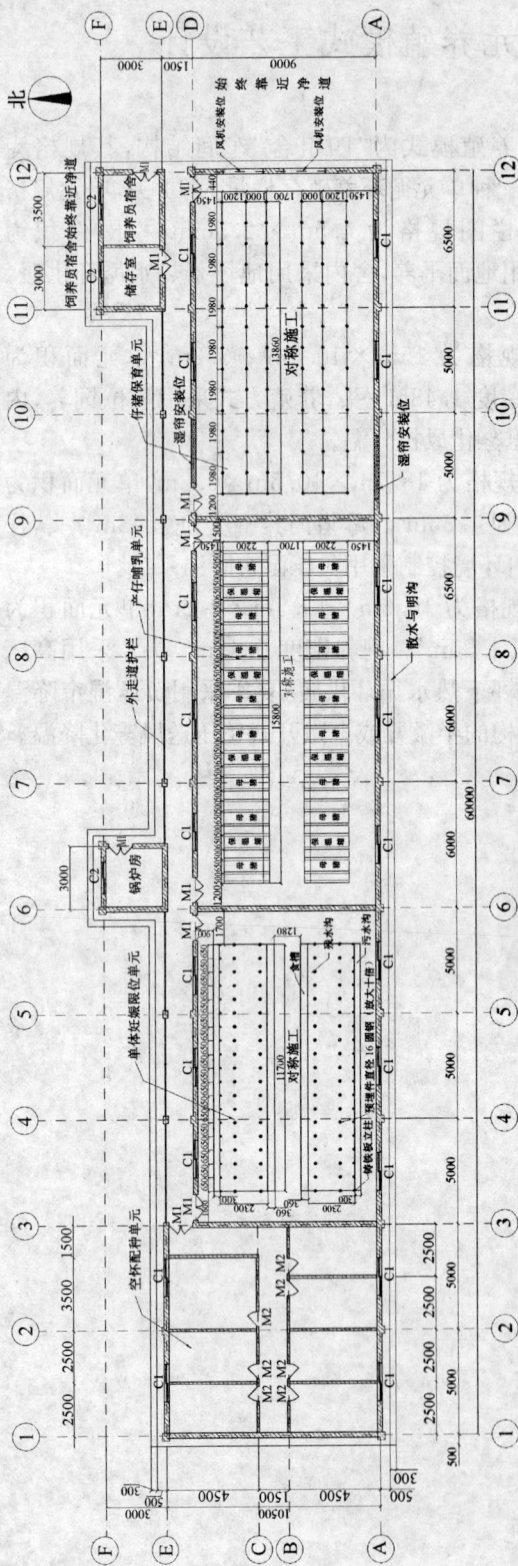

图 12-1　60 系统小单元养殖模式组合车间平面图　（单位：mm）

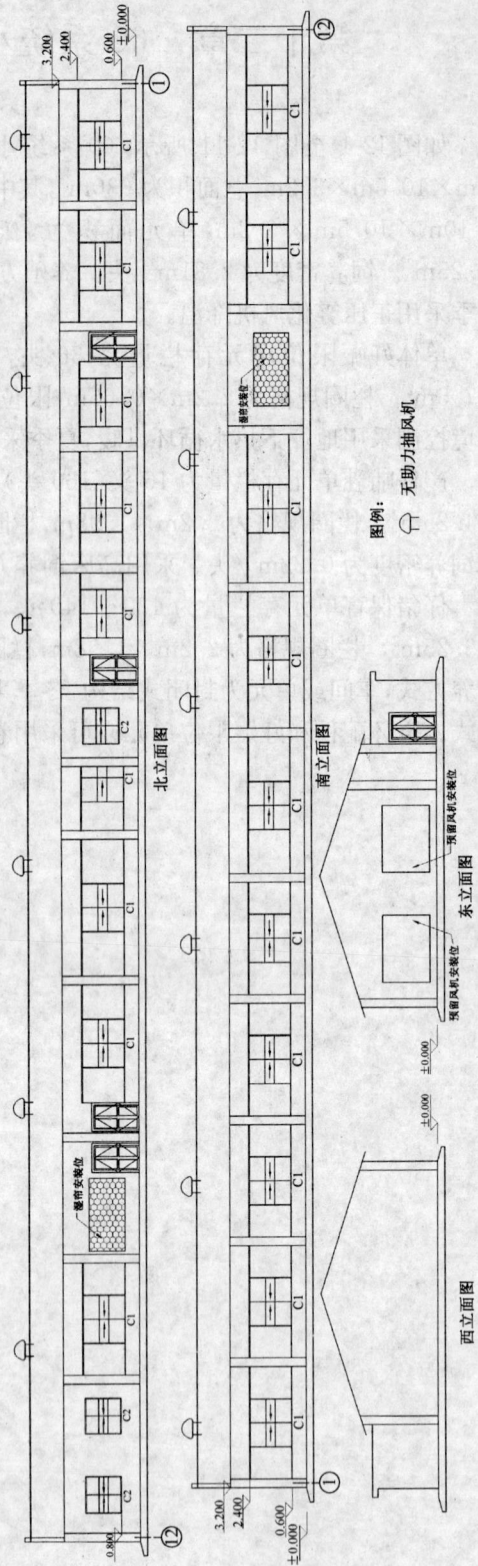

图 12-2　60 系统小单元养殖模式组合车间立面图

228

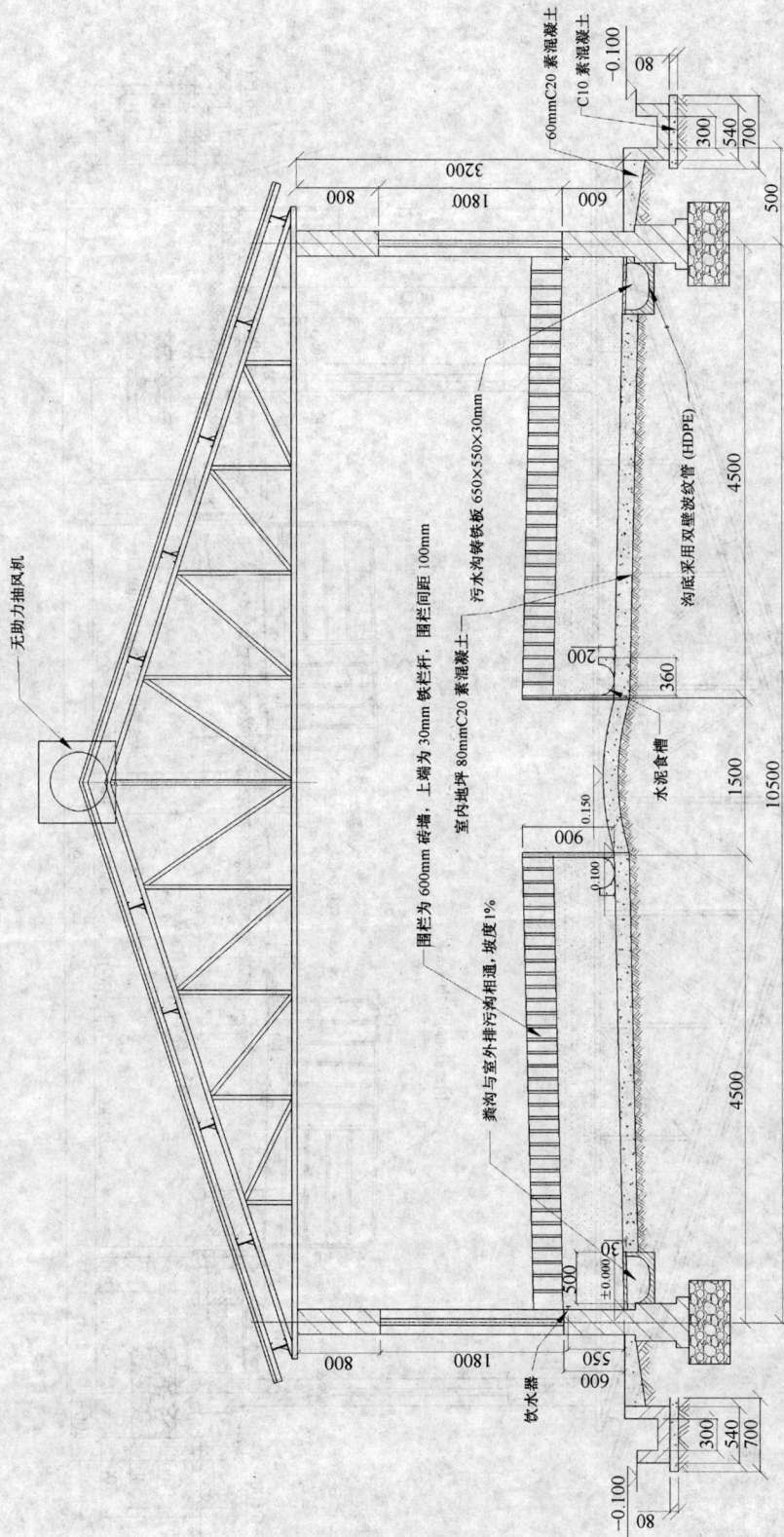

图 12-3 60 系统小单元养殖模式空怀配种单元剖面图 （单位：mm）

229

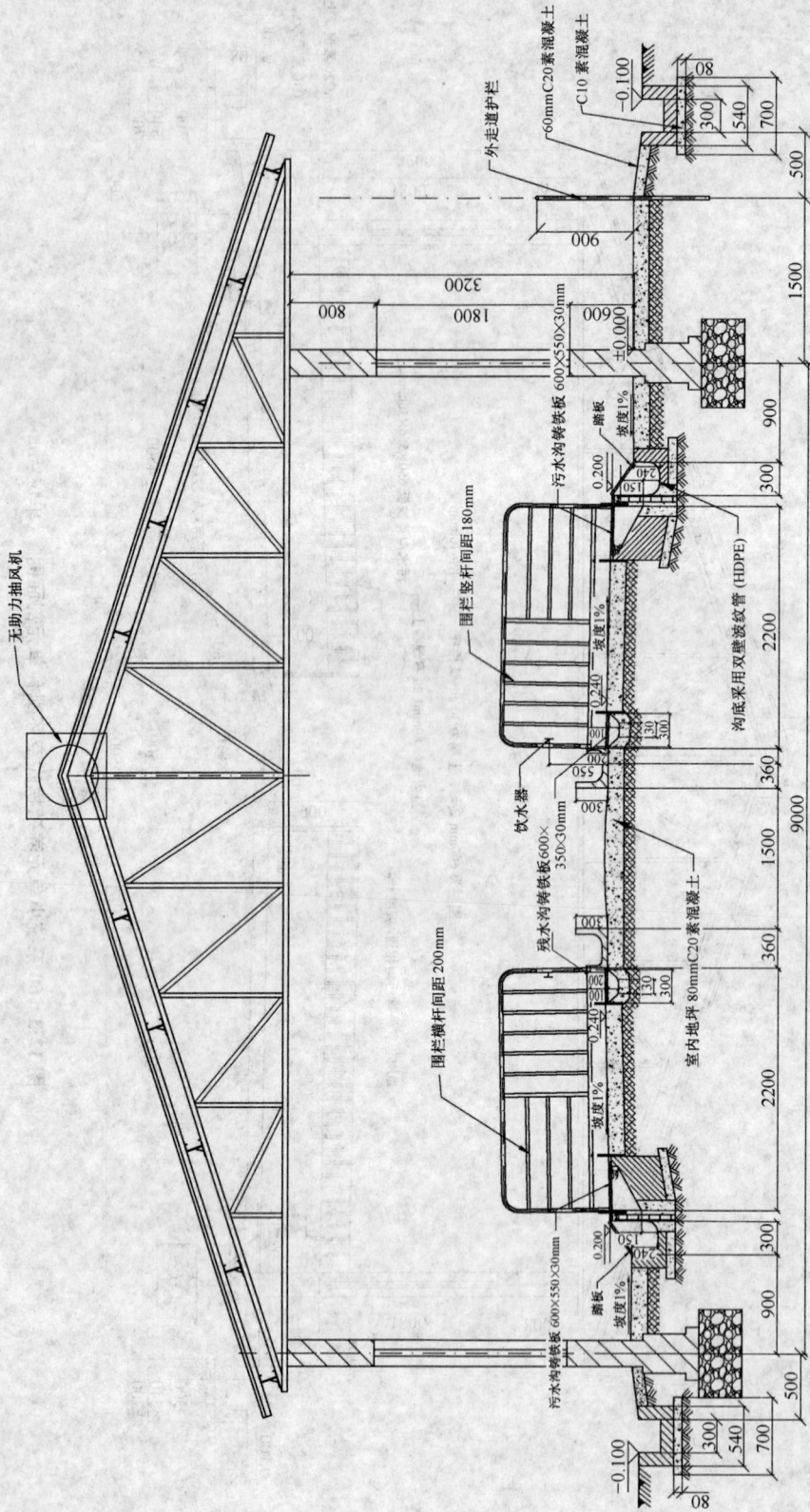

图 12-4 60 系统小单元养殖模式单体妊娠限位单元剖面图 (单位：mm)

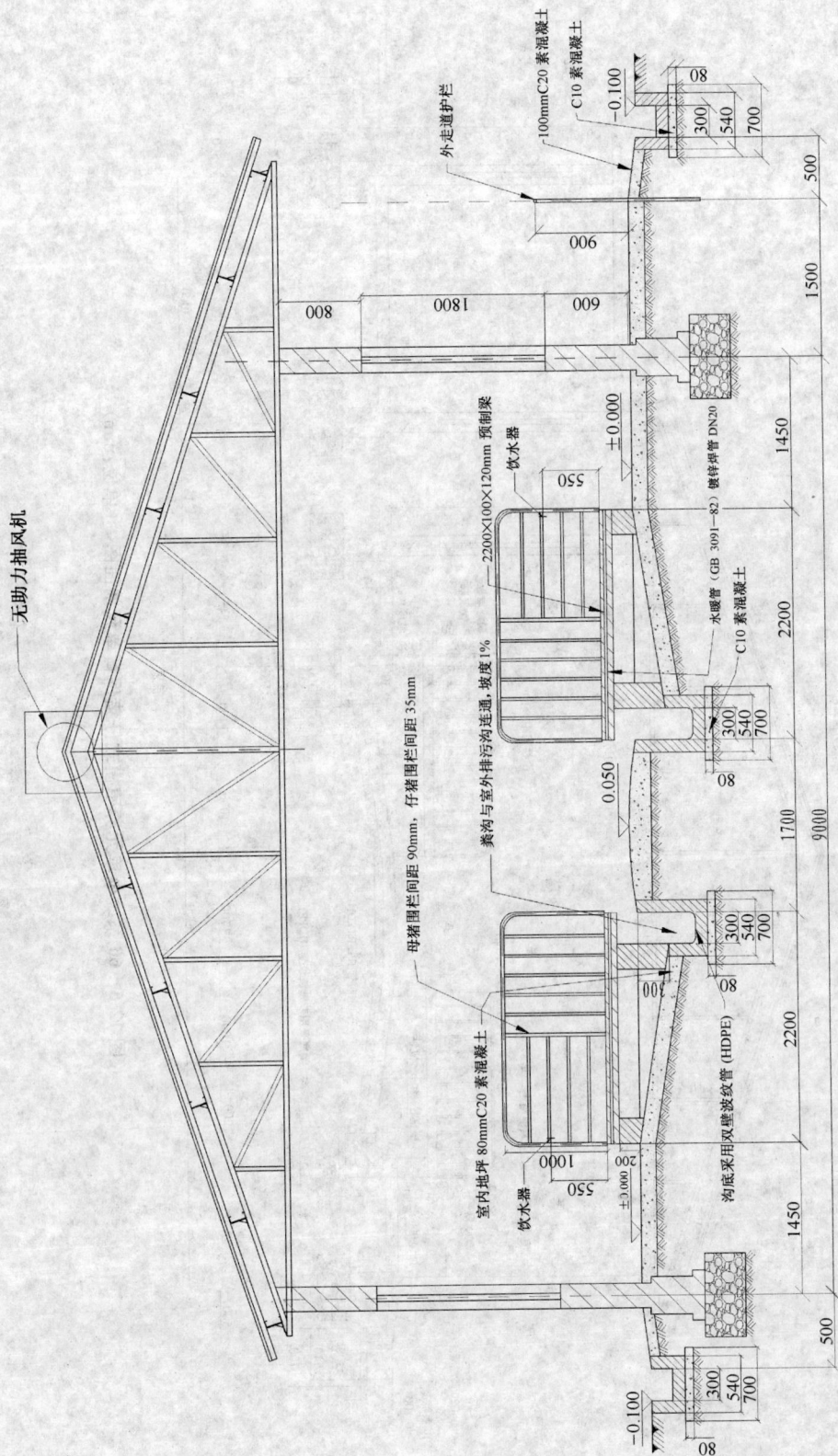

图 12-5　60 系统小单元养殖模式产仔哺乳单元剖面图　（单位：mm）

231

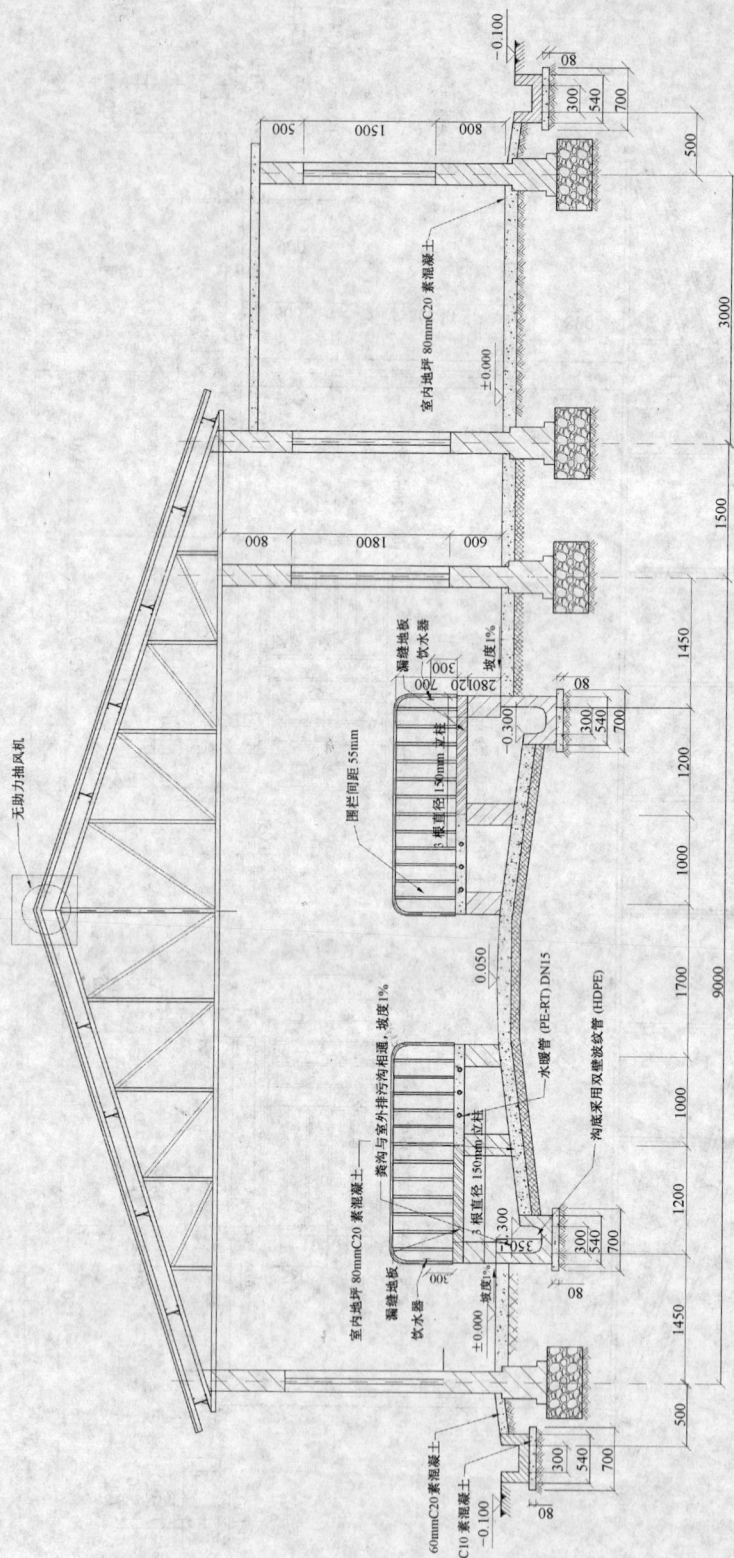

图 12-6 60 系统小单元养殖模式仔猪保育单元剖面图（单位：mm）

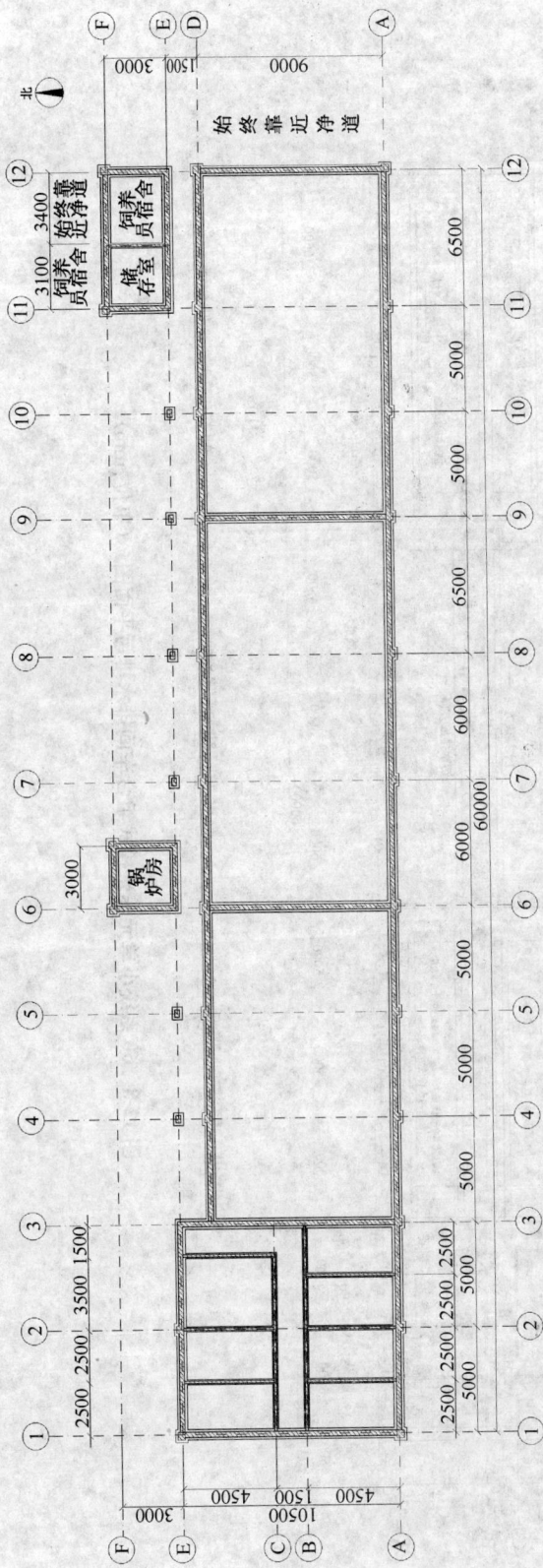

图 12-7　60 系统小单元养殖模式组合车间基础平面图（单位：mm）

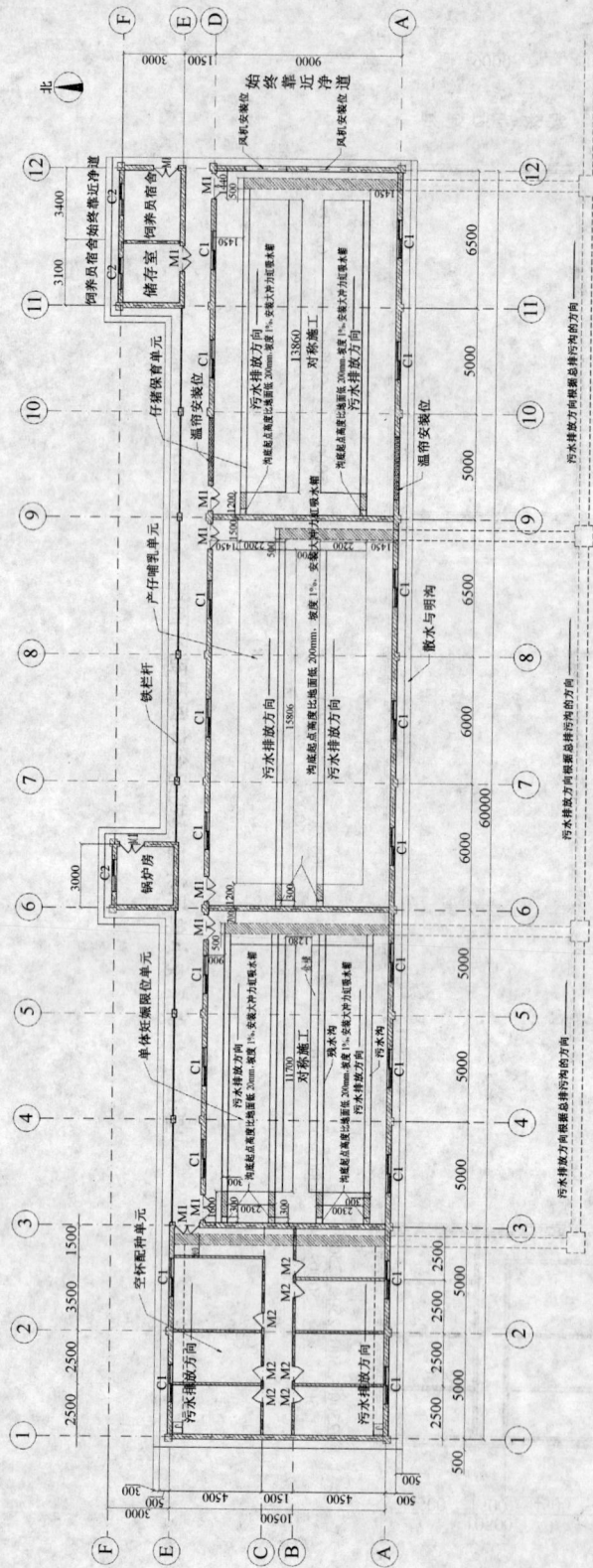

图 12-8 60 系统小单元养殖模式组合车间排水排污平面图 (单位:mm)

234

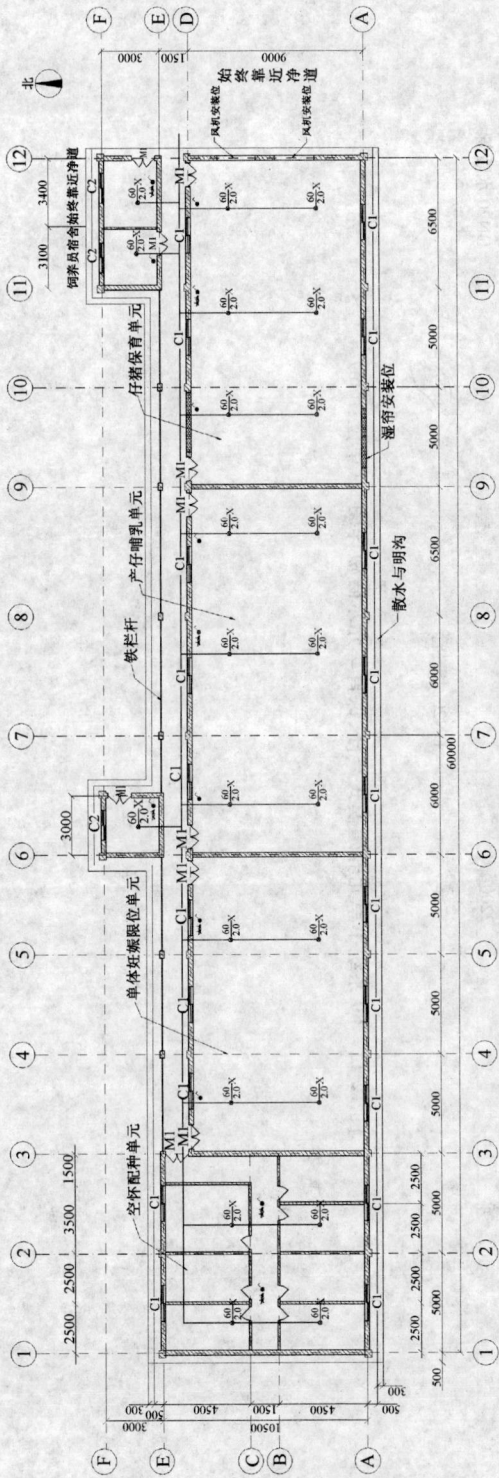

图 12-9　60 系统小单元养殖模式组合车间室内照明平面图（单位：mm）

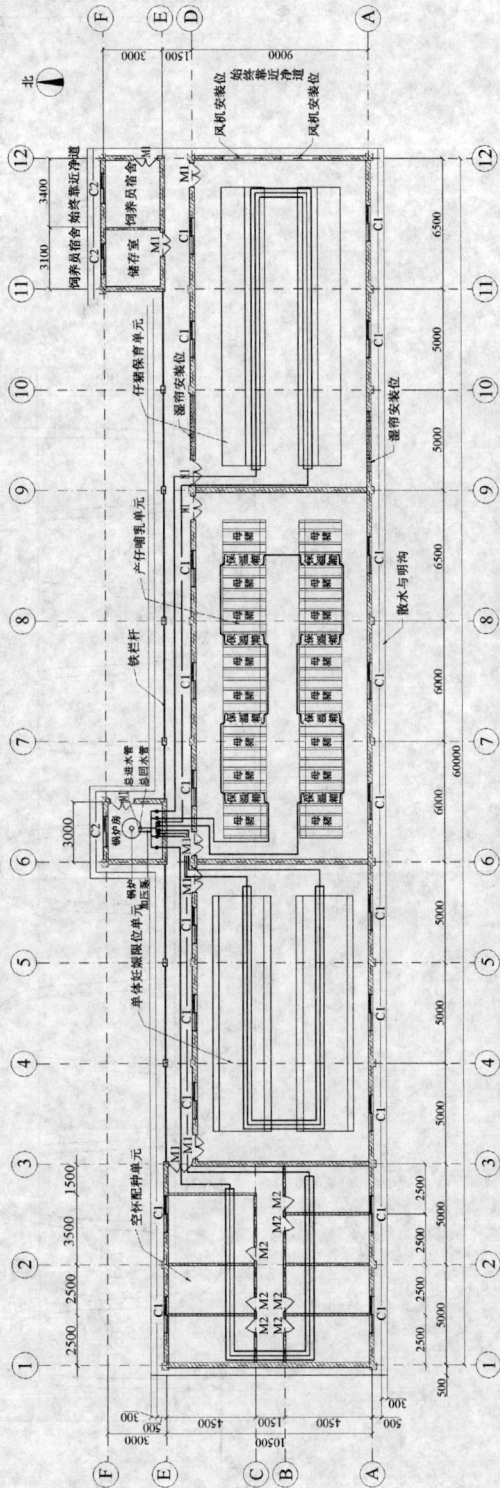

图 12-10　60 系统小单元养殖模式组合车间室内供暖平面图（单位：mm）

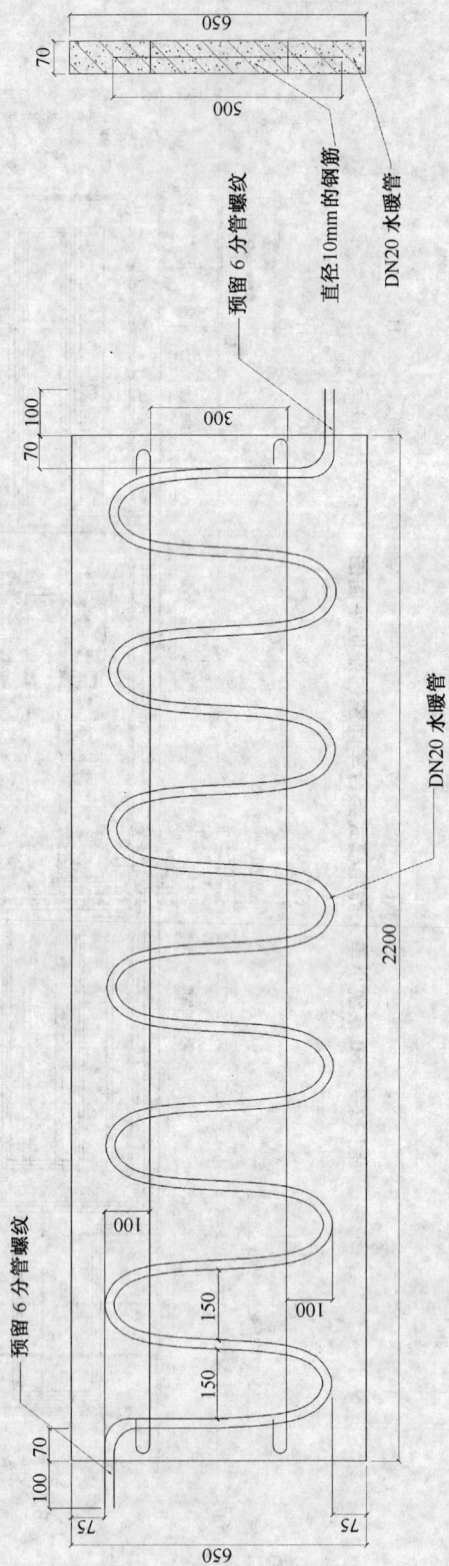

图 12-11　60 系统小单元养殖模式产仔、保育单元水暖板详图　（单位：mm）

预留 6 分管螺纹

直径 10mm 的钢筋

DN20 水暖管

650

500

70

100

70

300

2200

DN20 水暖管

预留 6 分管螺纹

100

150

150

100

100

70

75

75

650

第十三章 "厚垫料"养殖模式车间工艺设计

一、"厚垫料"养殖技术要求

(一) 技术来源

"厚垫料"养殖方法源于20世纪60~70年代日本、韩国的自然养猪法。1992年开始,日本鹿儿岛大学的专家教授对厚垫料发酵菌种和相关配套技术进行系统研究,建立了相应的技术规范,被广泛地称为"发酵床"养猪技术。近几年来,在我国部分地区和单位也相继应用该技术,并取得了初步成效。

随着我国养猪业快速发展,规模养殖逐渐由传统的自给自足、散养方式向规模化、现代化养殖方式转型,改革了传统单一的地面养殖,出现了高床养殖和"厚垫料"养殖模式。然而在养殖规模不断扩大的同时,随之出现了耗水量过大和资源浪费以及环境污染等诸多问题。在我国广泛推行的"厚垫料"养猪法,在于改善生猪养殖工艺及小气候环境,调控"厚垫料"温、湿度,实现生猪养殖的节能减排、降低污染、节水省料、省劳力、增强猪群抗病力,提高养殖生态效益。

为了实现上述要求,采用的主要技术步骤是:利用有机原料和无机原料建立"厚垫料",通过生物菌(芽孢杆菌、酵母菌、粪链球菌、纤维素酶等)对粪尿混合物中的有机质进行吸附、分解、转化。猪排泄出来的粪便被垫料掩埋,水分在发酵过程中产生热量蒸发,猪粪尿经生物菌发酵后得到分解和转化,达到无臭、无味、无害之目的。

(二)工艺特点

"厚垫料"养猪车间一般长60m,宽10m,檐高3.2m。坐北朝南,屋顶安装带盖无助力风机,保证舍内正常通风,南北墙体设大而低的玻璃窗,既保证通风又可使阳光照射整个猪床的每个角落,促进猪舍内部微生物的适宜生长繁殖;通常采用坑式厚垫料,在建筑物正负零面向下挖60~90cm深的地槽。多采用单列式饲养,北面背阴面预留宽1m的人工通道,紧挨人工通道设置3.5m的饲喂休闲水泥平台,其余向阳面5.5m为60~90cm深的垫料槽。栏位墙体安装鸭嘴式饮水器(高度为30cm或50cm),饮水器正下方设计碗式残水槽,残水穿过墙体直接排入舍外的雨水沟,以防止残水浸泡垫料影响其正常发酵。以肥育猪为例,每头猪占地1.2~1.3m²,单圈面积25~30m²,单圈厚垫料都应连在一起,各栏圈采用可拆装的铁栅栏分隔,铁栅栏深入垫料10cm,离地高度90cm。保育舍、种公猪舍、空怀配种猪舍和妊娠猪舍的设计在外观和结构上与肥育猪相似,不同的是分栏大小、垫料厚度和饲养密度。金属食槽固定在水泥平台边的金属铁栅栏上,距水泥平台高度15~20cm,便于残料的清扫。垫料槽铺成由净道向污道倾斜1‰缓坡,靠近污道墙角处设置50cm×60cm的蓄水池,以方便清除垫料槽内垫料残渣和污水。在栏圈上方安装一个雾化喷头,以定期地对垫料加湿。出料、进料采用挖掘机(U-15-S久保田无尾回转小型机)操作。

(三)技术要求

1."厚垫料"制作 "厚垫料"养猪技术的重要环节是垫料的制作,垫料的主要成分是锯末屑或粉碎后的秸秆纤维、无毒净土和粗盐，其质地轻松，吸收水分。加入少量秸秆或稻谷壳可蓬松透气，加入无毒净土可利用土中的天然微生物和矿物质，粗盐则降低垫料的 pH 值，并可防霉，最后还要加入专用生物肥发酵剂。

添加于"厚垫料"的生物菌种类很多，本书所举实例中是采用武汉天惠生物有限公司与华中农业大学联合研制生产的生物肥发酵剂，该生物肥发酵剂富含芽孢杆菌、酵母菌、粪链球菌、放线菌、纤维素酶、半纤维素酶等微生物菌群和高含量的酶制剂，其主要作用是使粪尿排泄物发酵，在常温（20℃）条件下经过 48h 物料温度可达 50℃，75h 可达 60℃～65℃。

2. "厚垫料"使用 "厚垫料"厚 60～90cm，每立方米约需垫料 130～160kg。先将发酵原料以一定比例混合，加入生物肥发酵剂，用搅拌机混合均匀，堆成 60～80cm 厚的长方形物料堆，用塑料布将垫料覆盖以保温、保湿，每间距 1m 压一重物，使膜内既通风又避免被大风吹起。堆沤发酵 2～4 天后，用挖掘机将垫料铺设在垫料槽。

3. "厚垫料"车间环境 肥育猪生长的适宜温度环境为 18℃～28℃，相对湿度为 40%～85%。厚垫料车间为封闭式结构，夏季采用负压湿帘降温方式，冬季需要注意保暖。

正常情况下，"厚垫料"表层温度为 18℃～25℃，内部温度为 50℃左右，核心层温度可达 60℃～65℃。因此，冬季供暖仅靠垫料自身产热可以解决。夏季当自然温度在 34℃ 以上时，"厚垫料"释放的热量增加了表层和空间温度。因此，夏季采用负压抽风＋湿帘降温系统，保证猪只安全度夏显得特别重要。该系统由两部分组成，一是湿帘与冷水循环管道部分，将地下水均匀注到湿帘蜂窝状组织表面产生水泡膜，湿帘与冷水循环管道部分安装在南北墙体上，湿帘底部距地面 400mm；二是负压抽风机安装在西侧墙体，安装高度距地面 400mm。负压抽风主要使车间内形成负压并加快风速，外界新鲜空气由湿帘进入猪舍，在经过湿帘过程中与蜂窝组织状表面水泡膜进行热量交换降低温度，从而达到以下 2 个目的：一是夏季高温时可使猪舍内温度在 15min 内下降，并保持在 28℃～32℃（低于自然温度 5℃～7℃），猪只感觉舒适，提高增重水平；二是及时将车间内有害气体排出，让猪只处于清新空气环境里。

此外，猪舍内设置双层活动区间（厚垫料、实体水泥地面），以辅助夏季降温：设置 3.5m 宽的水泥平台，混砼地面密度大、吸热快，猪只伏卧感觉清凉、舒适，饮水方便，渗透残水由暗管外排污水沟，不影响厚垫料发酵质量；设置 5.5m 宽的"厚垫料"，保证足够的排粪排尿以及活动空间。

4. "厚垫料"湿度调节 垫料中的微生物必须在一定湿度（40%～85%）下才能发挥作用，过于干燥（湿度＜40%）易引起微生物抑制，猪舍内扬尘，影响猪只呼吸。最佳的湿度是垫料含水量达到 50%～60%（手紧抓一把垫料，指缝见水不滴水为宜），这样能保证生物肥发酵剂充分发酵，也可使微生物菌体大量繁殖。可在车间内安装管线喷头定期加湿，当车间内水分过多时可打开窗户通风，利用空气流动调节湿度，另外可以添加锯末或稻壳降低湿度。

5. "厚垫料"技术控制 正常垫料下层物料颜色逐渐变深、变黑，无臭味而有淡淡的醇酯味，温度基本稳定，有时能见到白色菌丝。研究表明，生物肥发酵剂在温度为 15℃～25℃时生长繁殖最快，低于 15℃时则处于抑制或半休眠状态，10℃ 以下处于半休眠状态，0℃ 以下功能微生物菌种将处于完全休眠状态，无法正常工作。所以，在低于 15℃ 时，要采取人工升温（或增加生物肥发酵剂用量）的措施，打破微生物的休眠状态，进入快速繁殖期。

(四)养殖效果

"厚垫料"养殖法具有以下优点：①免去了人工清粪的操作，1 人可管理 600～800 头猪；而

238

常规养猪法 1 人仅能管理 400～500 头猪。②生产操作时免去了水冲洗的环节,节省 1/3 的人工,以 25m² 饲养 19 头猪计算,可节省单位饲养量人工费 400～500 元。③"厚垫料"养猪可节省饲养时间,使猪只提前 5～7 天出栏,每栏 19 头猪节省栏圈周转成本 133 元。④"厚垫料"同等体重出栏猪可节省饲料 3～5kg,猪只增重与现有养殖方式同期、同料型饲养相比提高了 5～6kg,节省生产成本 13～15 元/头。⑤"厚垫料"能维持环境温度保持在 18℃～20℃,冬天不用外源供暖,省去燃料费、设备费,每头猪可节约 3～4 元。此外,可提高猪只抵抗力,使猪群恢复自然习性,减少应激,增强抗病力,减少发病率,减少用药。实现粪污零排放,生猪养殖小区内外无异味,氨气含量显著降低,在养殖环节消除了污染源,达到"零排放"的要求。垫料和猪粪尿混合发酵后,直接变成了有机肥。

二、"厚垫料"养殖模式"三位一体"人工授精站

如图 13-1 至图 13-5 所示,车间规格为 30m×8.5m×4.2m,车间面积为 255m²。栏圈规格为 3m×3.5m×1.2m,栏圈面积为 10.5m²。附属设施面积为 31.5m²,其中实验室、值班室和采精室面积分别为 10.5m²、10.5m² 和 10.5m²。饲养密度为 8.75m²/头,适宜容量为 17头。适用于 2 万～3 万头规模生猪养殖小区配种或等规模的专业人工授精。该车间为封闭式结构,夏季必须采用负压湿帘降温系统,冬季注意车间保暖。其采精室内部结构与设施可参考"三位一体"人工授精站采精室的设置。

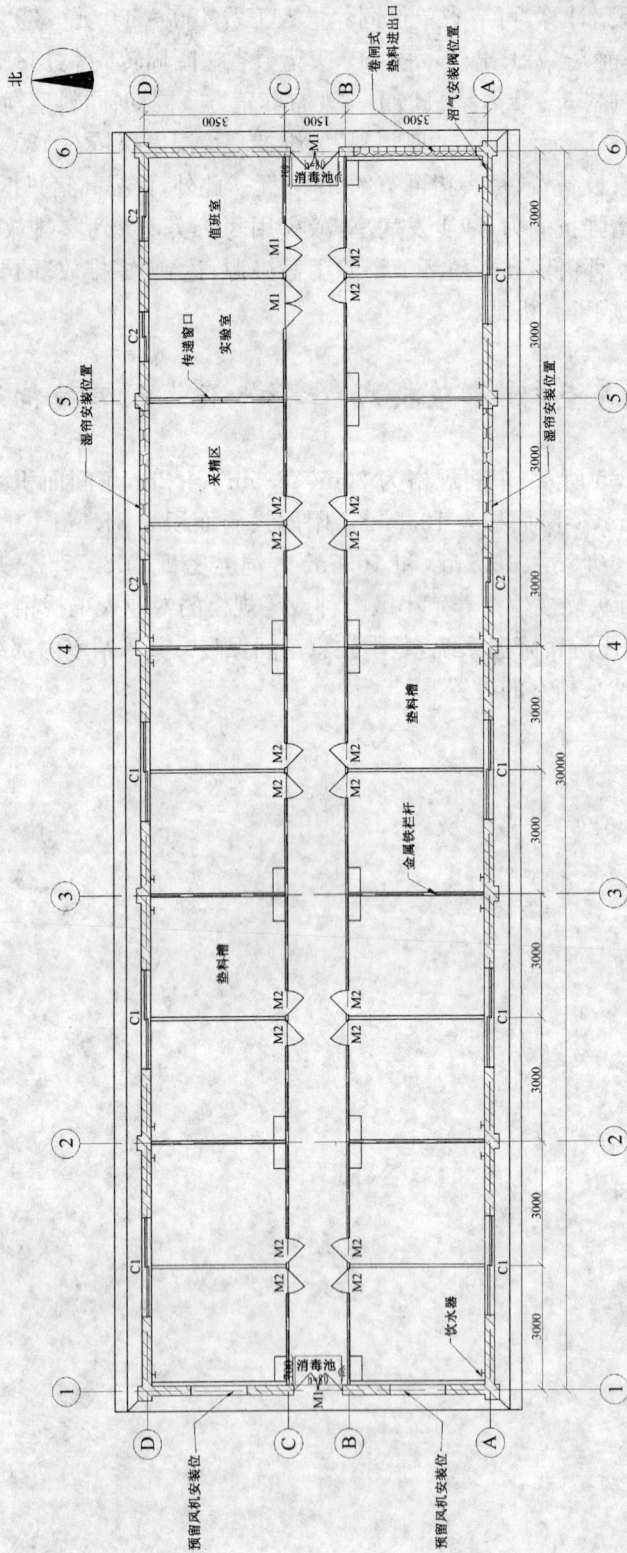

图 13-1　"厚垫料三位一体" 人工授精站平面图　(单位：mm)

240

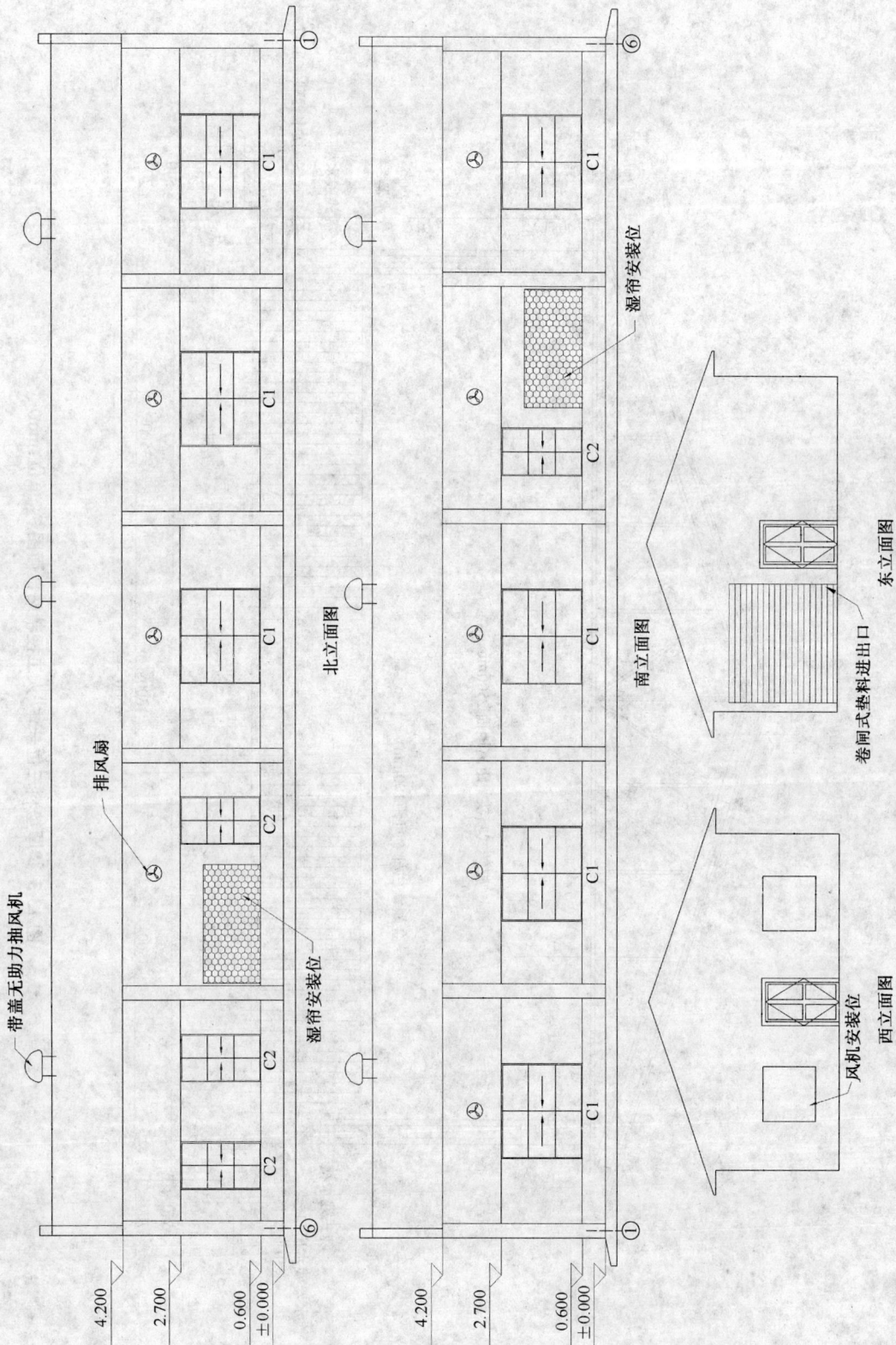

带盖无助力抽风机

排风扇

湿帘安装位

北立面图

湿帘安装位

C1 C1 C1 C2 C2

4.200
2.700
0.600
±0.000

南立面图

湿帘安装位

C1 C2 C1 C1 C1

卷闸式垫料进出口

东立面图

风机安装位

西立面图

4.200
2.700
0.600
±0.000

图 13-2 "厚垫料三位一体"人工授精站立面图

带盖无助力抽风机

旋转式喷头（距离地面 2500mm）

金属铁栏杆（间距100mm）

饮水器

碗式残水槽

饮水器残水出口
-0.100

08

300
540
700

饮水器

碗式残水槽

饮水器残水出口

600

1500

2100

垫料槽

3500

金属食槽

600

250

垫料槽

3500

1500

8500

08

300
540
700

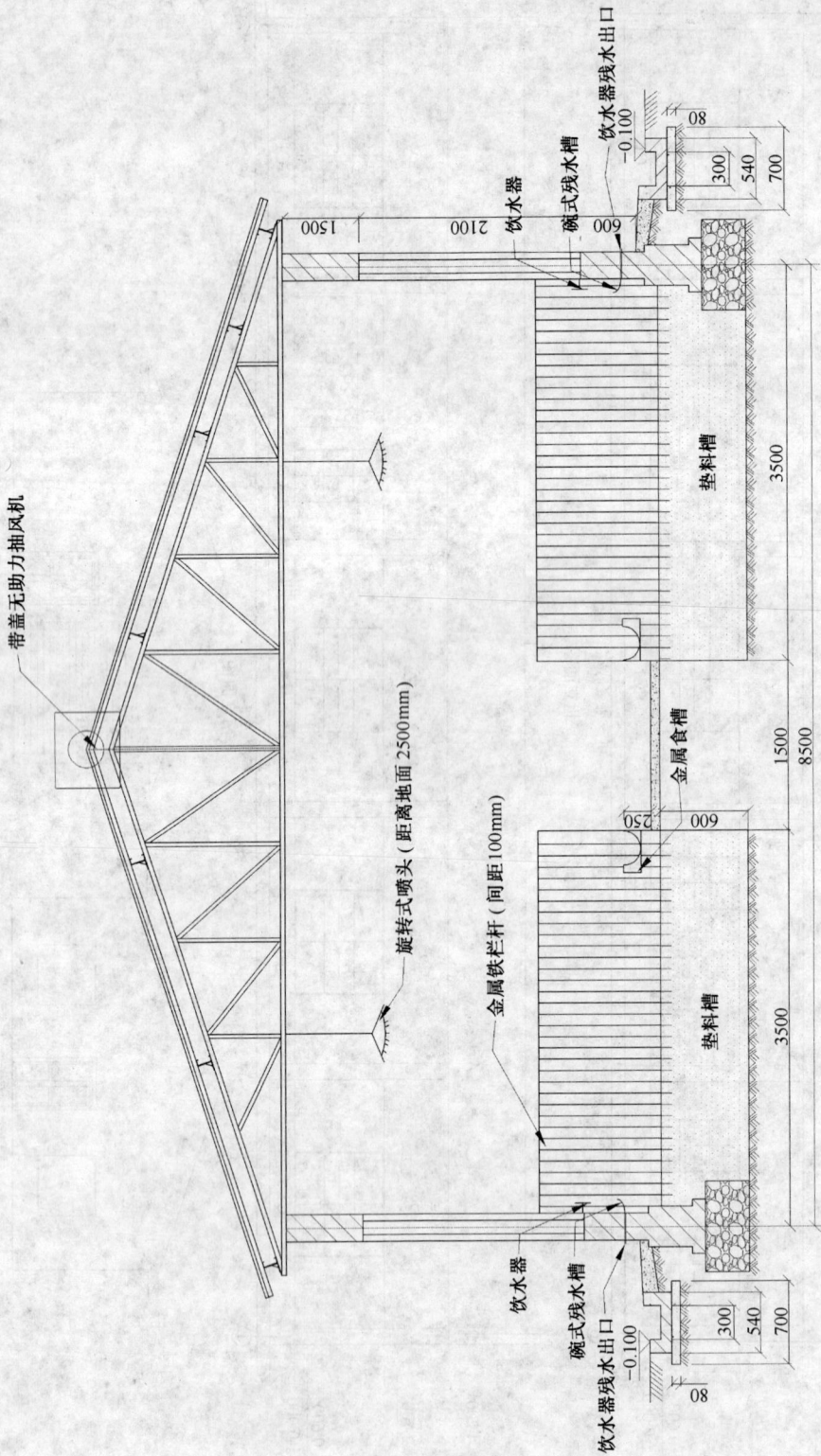

图 13-3　"厚垫料三位一体"人工授精站剖面图（单位：mm）

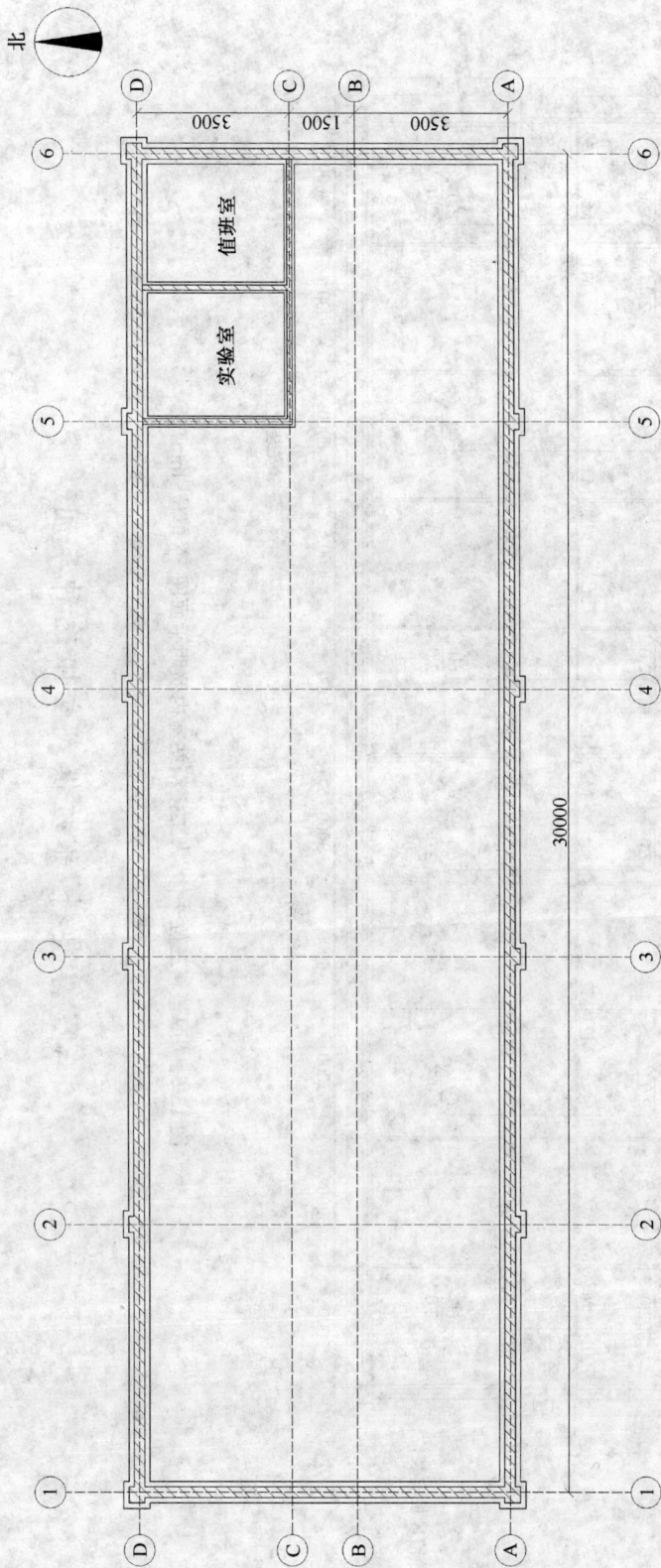

图 13-4 "厚垫料三位一体"人工授精站基础平面图和详图（单位：mm）

实验室

值班室

3500 1500 3500

30000

北

243

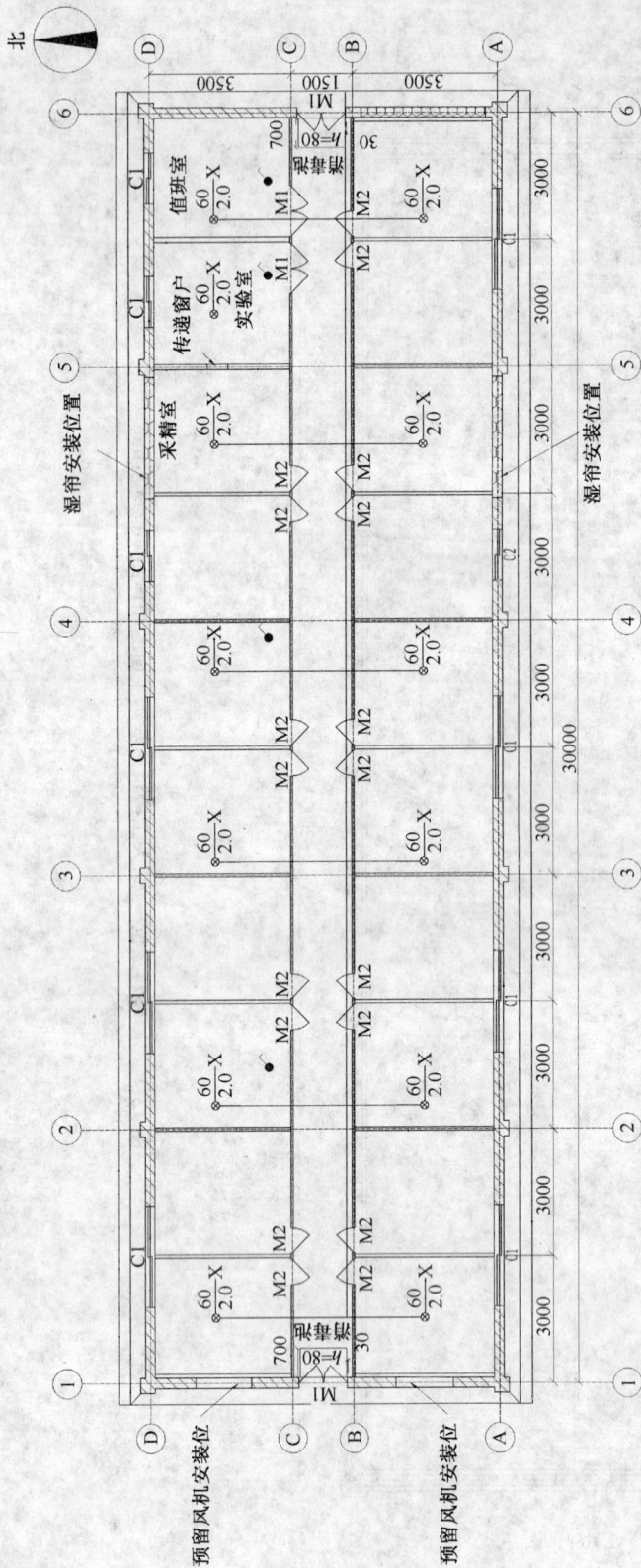

图 13-5 "厚垫料三位一体"人工授精站室内照明平面图 （单位：mm）

三、"厚垫料"养殖模式空怀配种车间

如图 13-6 至图 13-10 所示，车间规格为 60m×12.5m×4.2m，车间面积为 750m²。栏圈规格为 5.5m×3m×0.9m，栏圈面积为 16.5m²。适宜容量为 192 头/批，每批次饲养时间为"待配 1 周＋妊娠前期 4 周＋空栏消毒 1 周"＝6 周，年周转次数为 8.6 批次/年，年饲养周转量为 1 152 头。该车间为封闭式结构，夏季必须采用负压湿帘降温系统，冬季注意车间保暖。

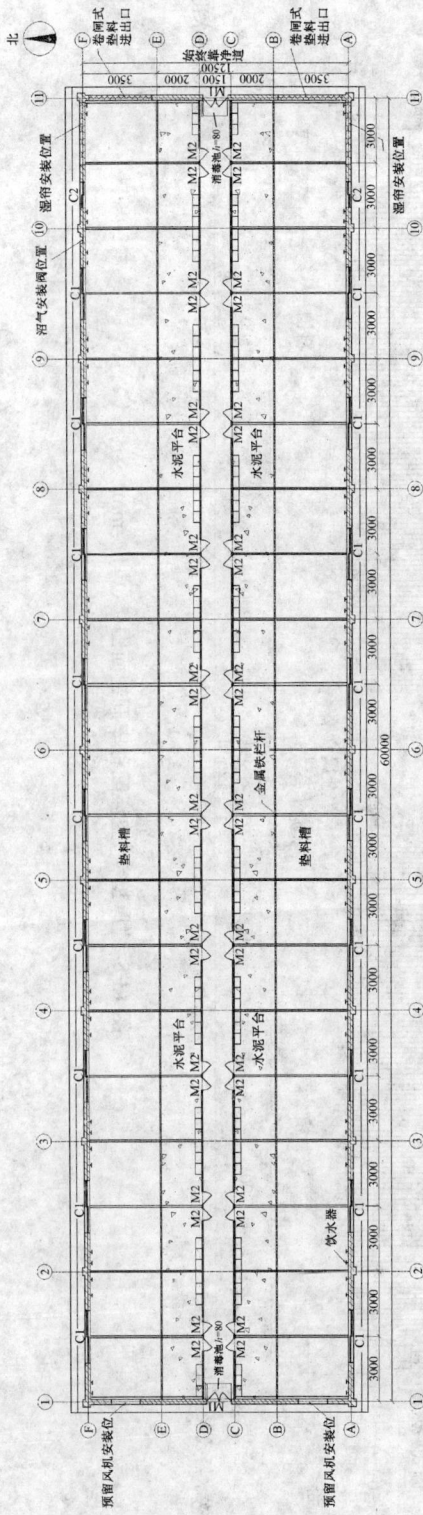

图 13-6 "厚垫料"空怀配种车间平面图 （单位：mm）

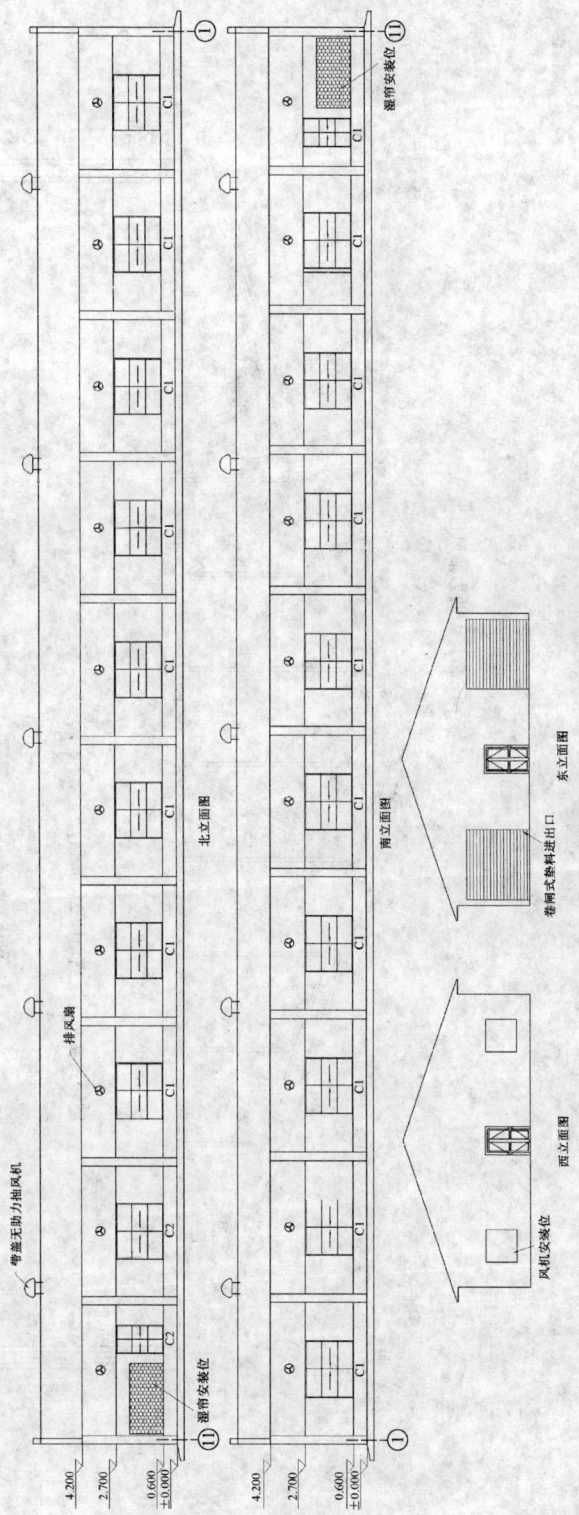

图 13-7 "厚垫料"空怀配种车间立面图

245

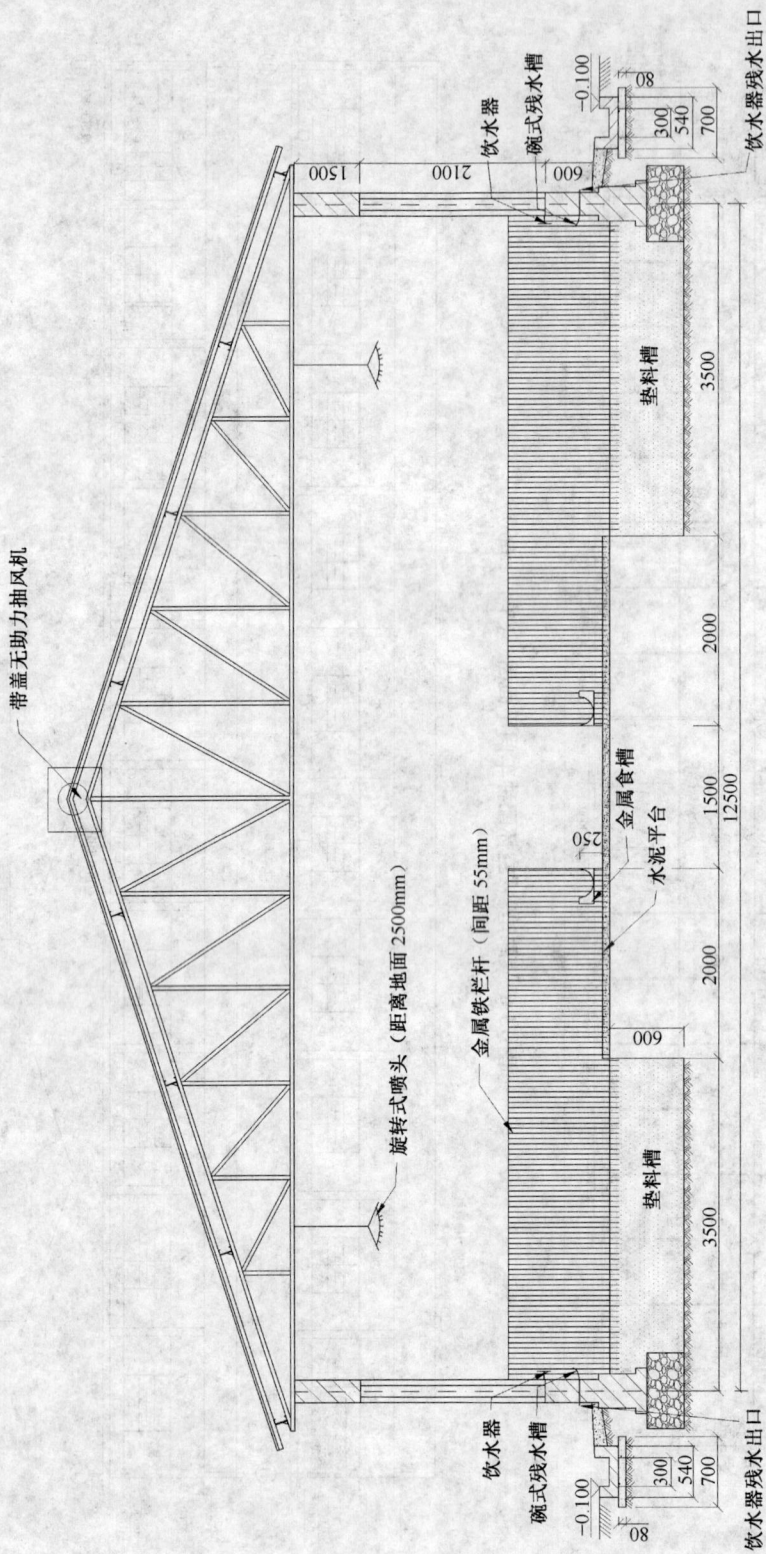

图 13-8 "厚垫料"空怀配种车间剖面图 (单位：mm)

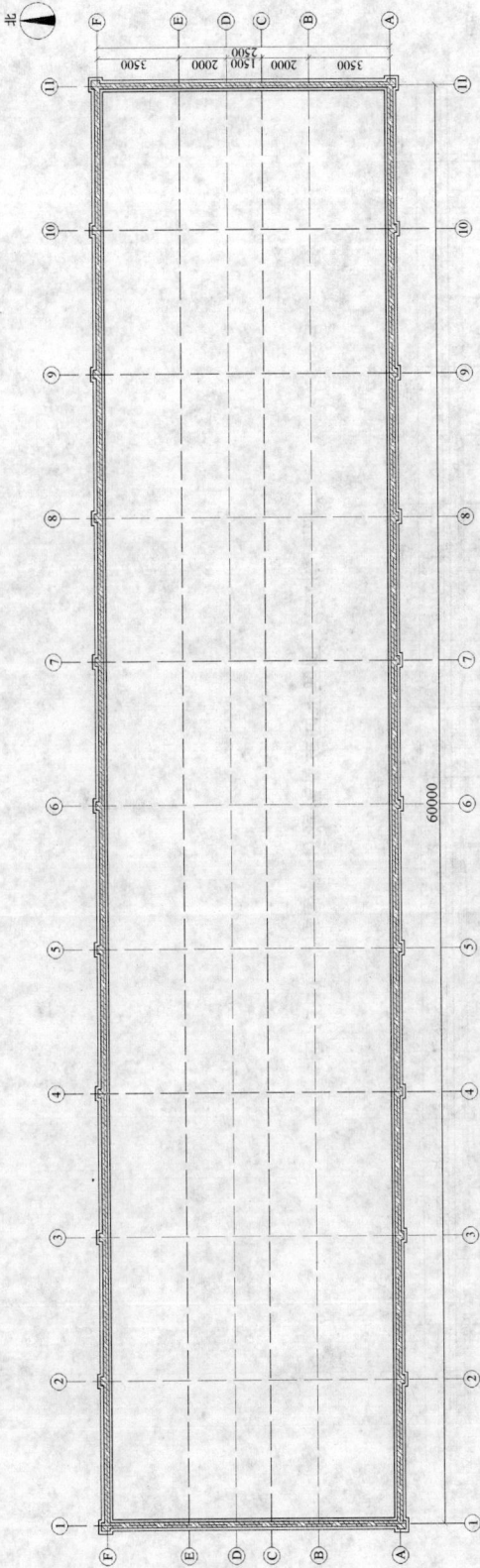

图 13-9 "厚垫料"空怀配种车间基础平面图（单位：mm）

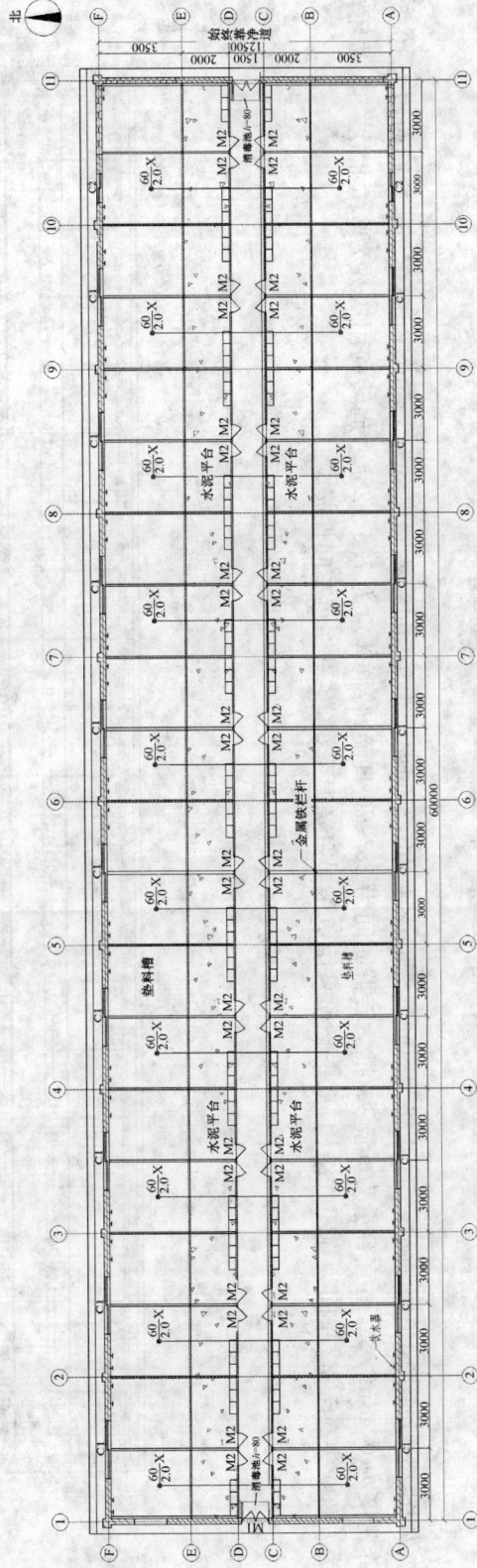

图 13-10 "厚垫料"空怀配种车间室内照明平面图（单位：mm）

247

四、"厚垫料"养殖模式仔猪保育车间

如图13-11至图13-15所示,车间规格为60m×8.5m×4.2m,车间面积为510m²。栏圈规格为3.5m×3m×0.9m,栏圈面积为10.5m²。饲养密度为0.43m²/头,适宜容量为960头/批。转群时间为28～70日龄,转群体重为7.5～28kg,周转利用次数为8.5批次/年,循环饲养量为6 800头/年。该车间为封闭式结构,夏季必须采用负压湿帘降温系统,冬季注意车间保暖。

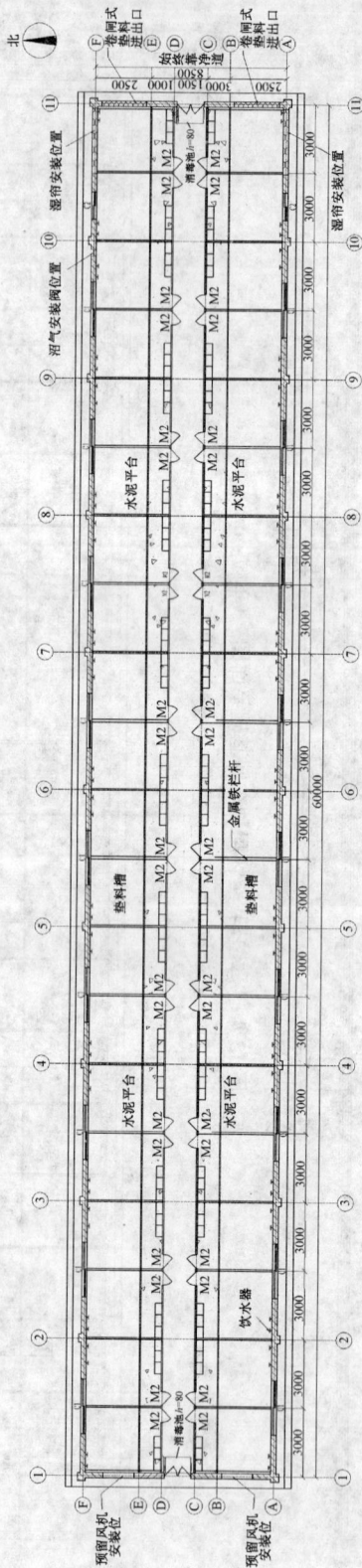

图13-11 "厚垫料"仔猪保育车间平面图 (单位:mm)

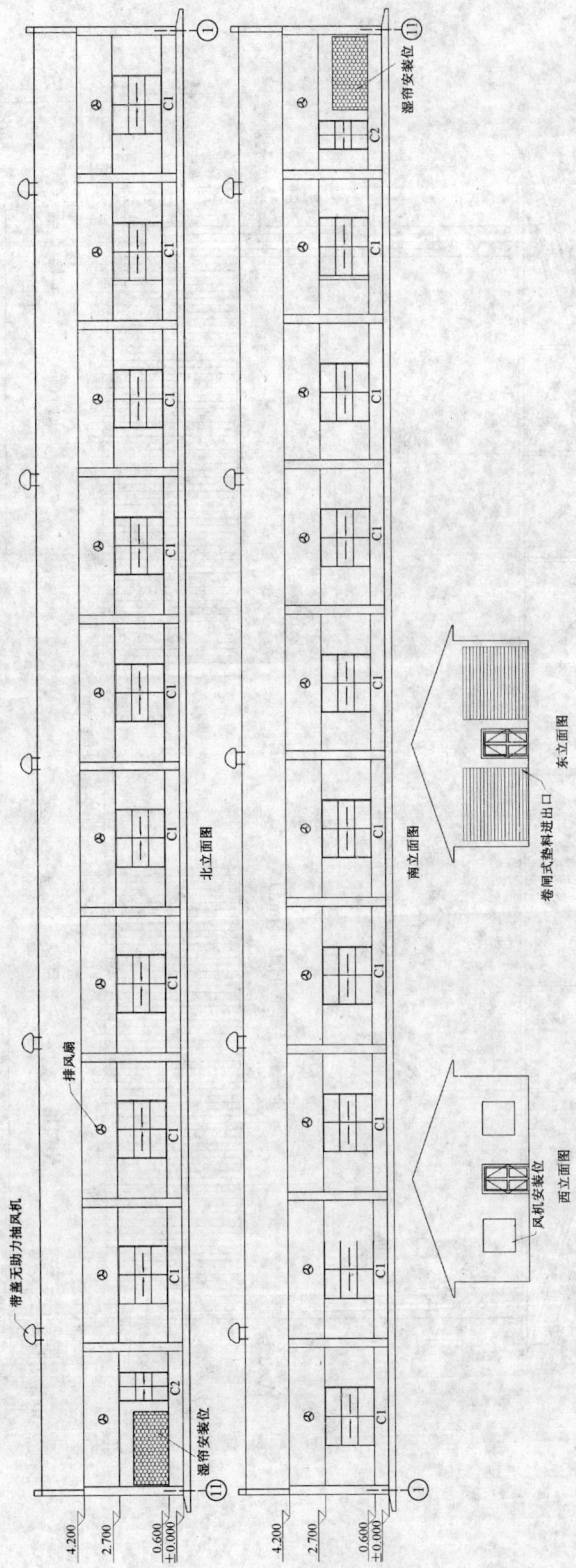

图 13-12 "厚垫料"仔猪保育车间立面图

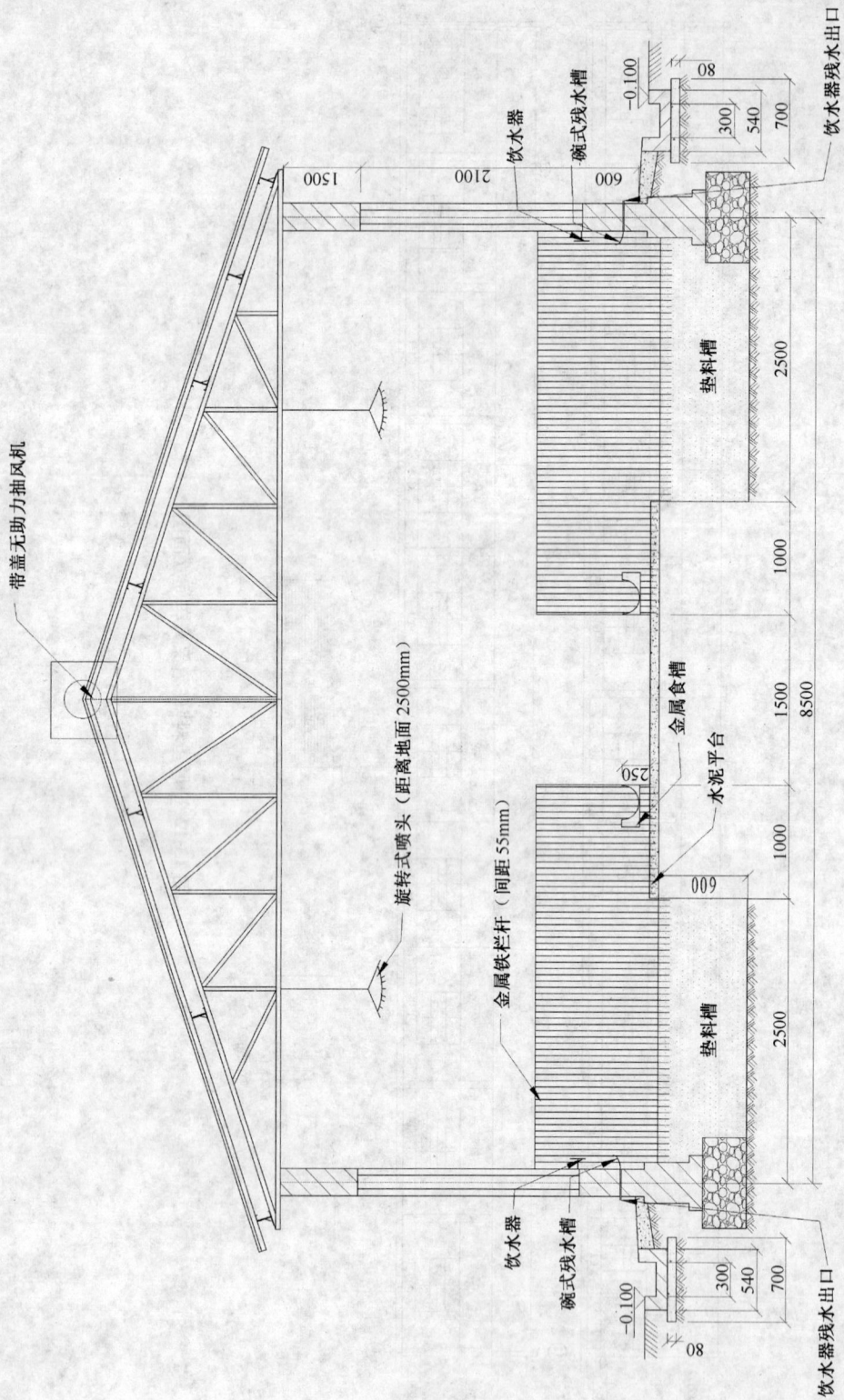

图 13-13 "厚垫料"仔猪保育车间剖面图 （单位：mm）

带盖无助力抽风机

旋转式喷头（距离地面 2500mm）

金属铁栏杆（间距 55mm）

饮水器

碗式残水槽

垫料槽

金属食槽

水泥平台

饮水器残水出口

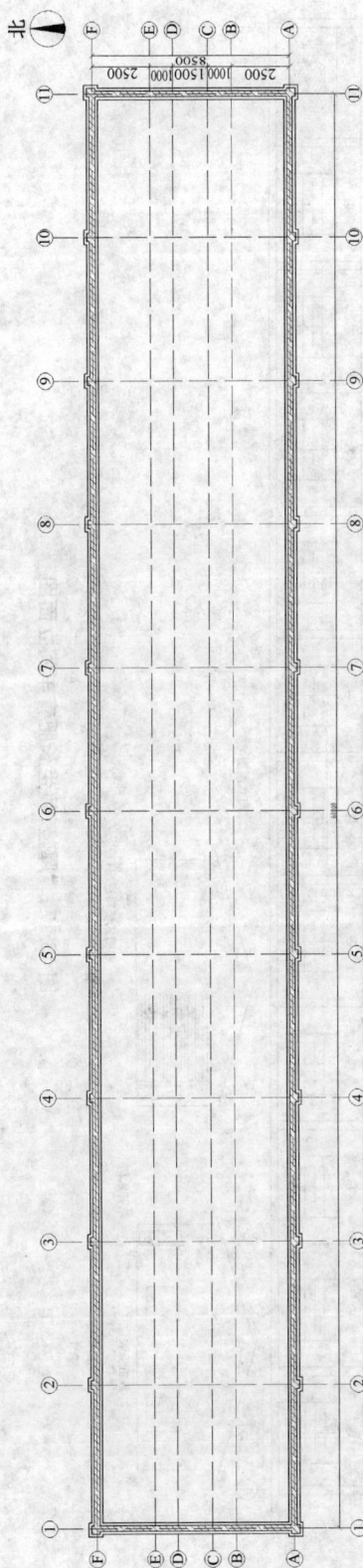

图 13-14 "厚垫料"仔猪保育车间基础平面图和详图 （单位：mm）

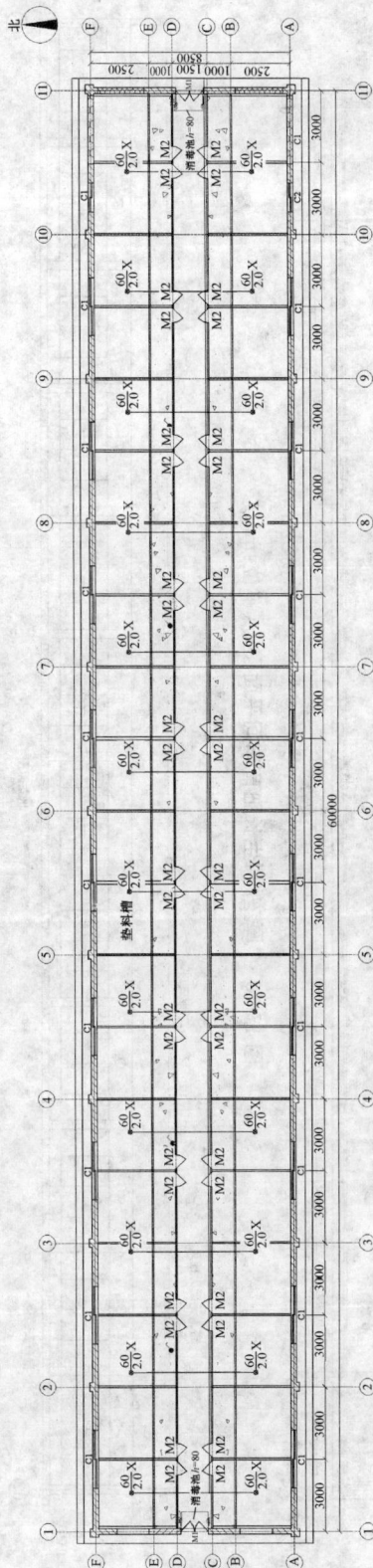

图 13-15 "厚垫料"仔猪保育车间室内照明平面图 （单位：mm）

五、"厚垫料"养殖模式生长肥育车间

如图 13-16 至图 13-20 所示，生长肥育车间规格为 60m×10m×4.2m，车间面积为 600m²。栏圈规格为 8.8m×5m×0.9m，栏圈面积为 44m²。饲养密度为 1.02m²/头，适宜容量为 384 头/批。转群时间为 70 日龄和 160 日龄，转群体重为 28～100kg。周转次数为 3.3 批次/年，年出栏量为 1 267 头。该车间为封闭式结构，夏季必须采用负压湿帘降温系统，冬季注意车间保暖。

251

北

沼气安装位置

风机安装位

风机安装位

湿帘安装位

湿帘安装位

M1

M2 M2

M2 M2

M2

垫料槽

走道

硬地平台

垫料槽

饮水器

金属铁栏杆

卷闸式垫料进出口

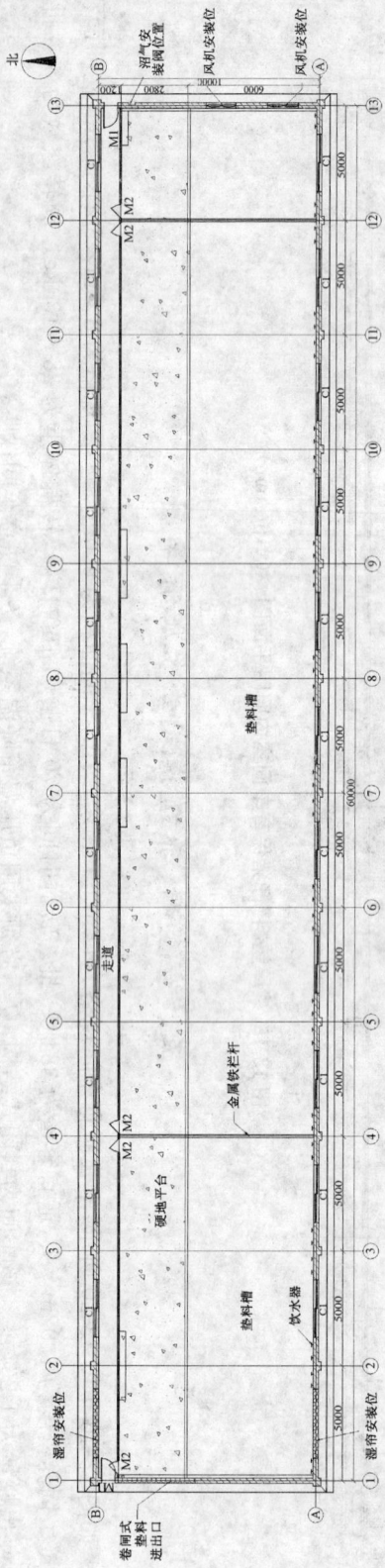

图 13-16 "厚垫料"生长肥育车间平面图 (单位：mm)

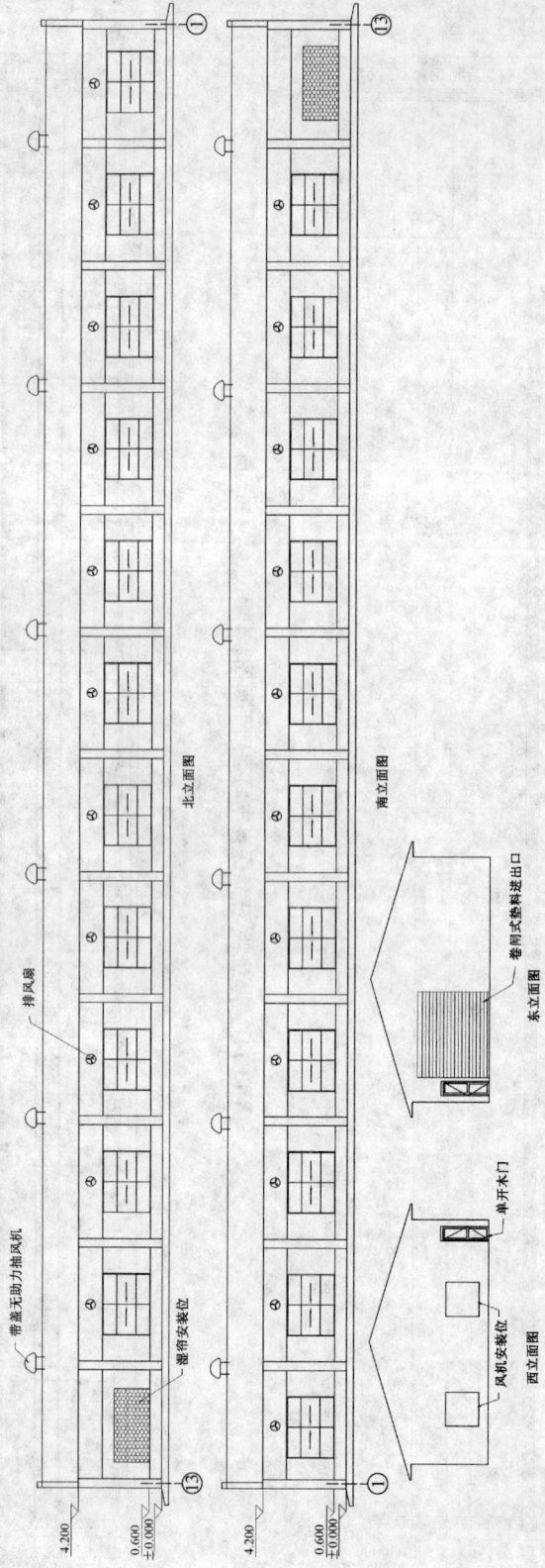

排风扇

带盖无助力抽风机

湿帘安装位

北立面图

南立面图

卷闸式垫料进出口

东立面图

单开木门

风机安装位

西立面图

图 13-17 "厚垫料"生长肥育车间立面图

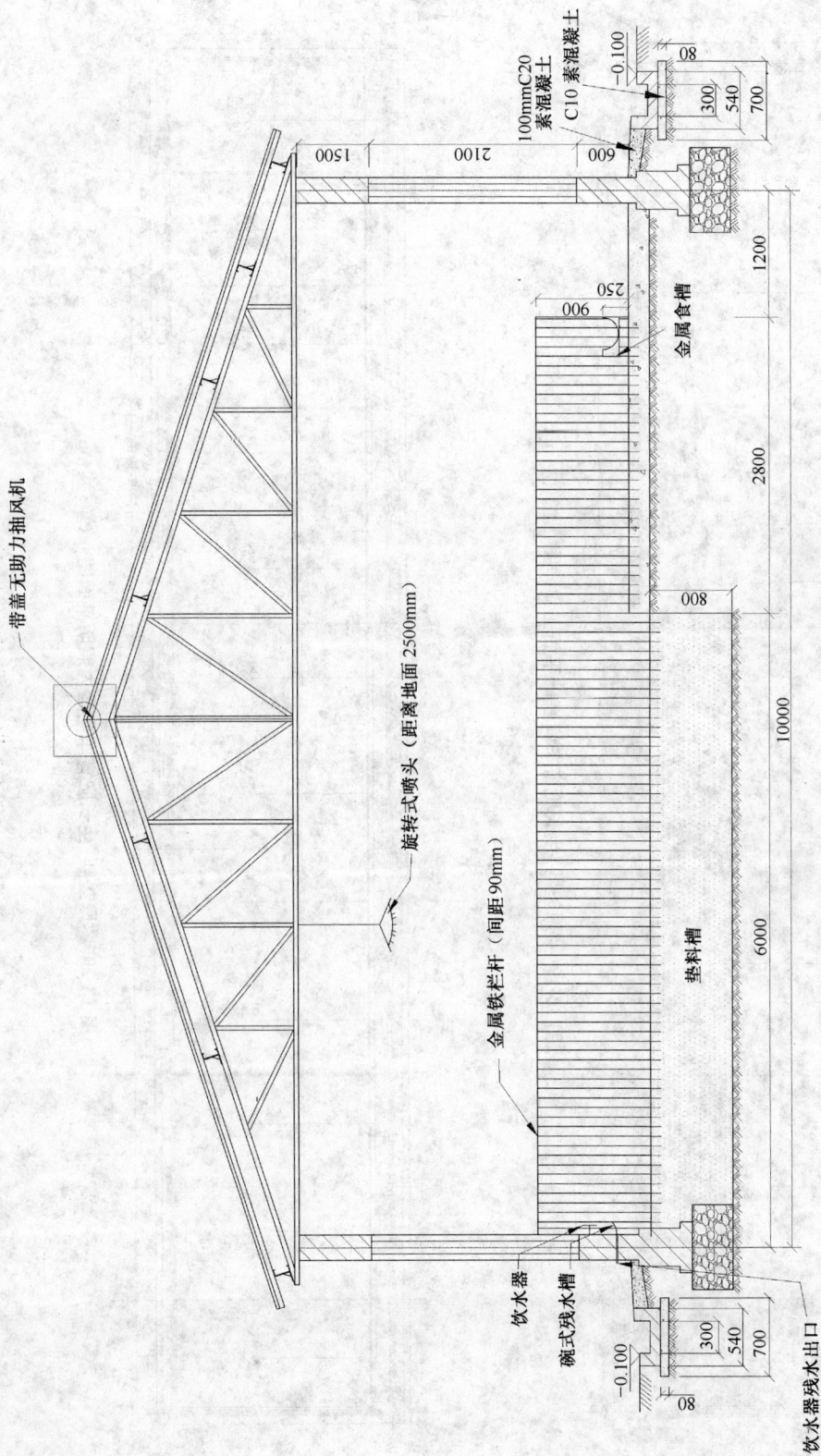

带盖无助力抽风机

旋转式喷头（距离地面 2500mm）

金属软栏杆（间距 90mm）

100mmC20
素混凝土

C10 素混凝土

素混凝土

-0.100

08

300
540
700

1500

2100

600

1200

250

900

金属食槽

2800

008

10000

6000

垫料槽

饮水器

碗式残水槽

-0.100

08

300
540
700

饮水器残水出口

图 13-18 "厚垫料"生长肥育车间剖面图 （单位：mm）

253

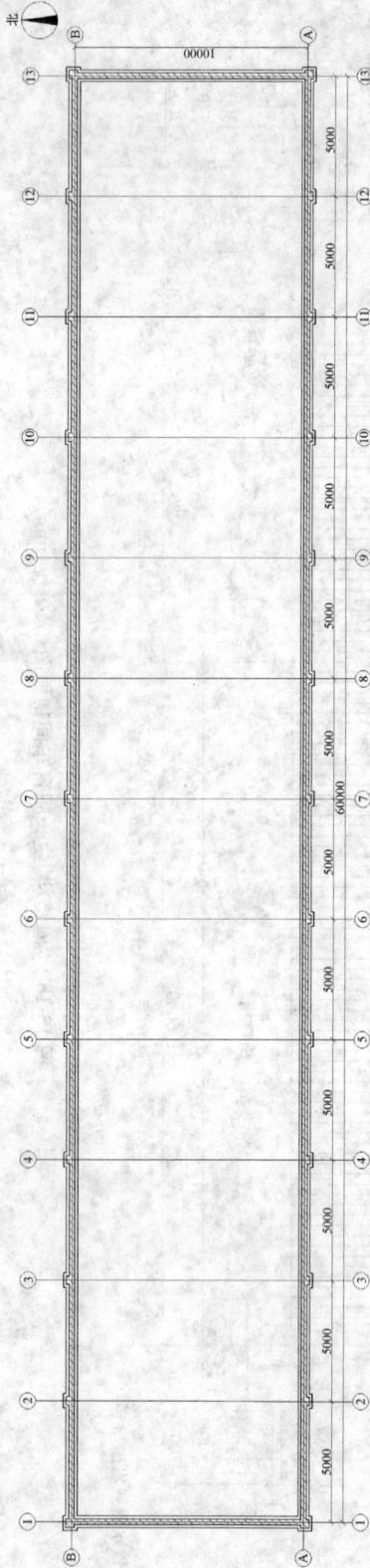

图 13-19 "厚垫料"生长肥育车间基础平面图和详图 （单位：mm）

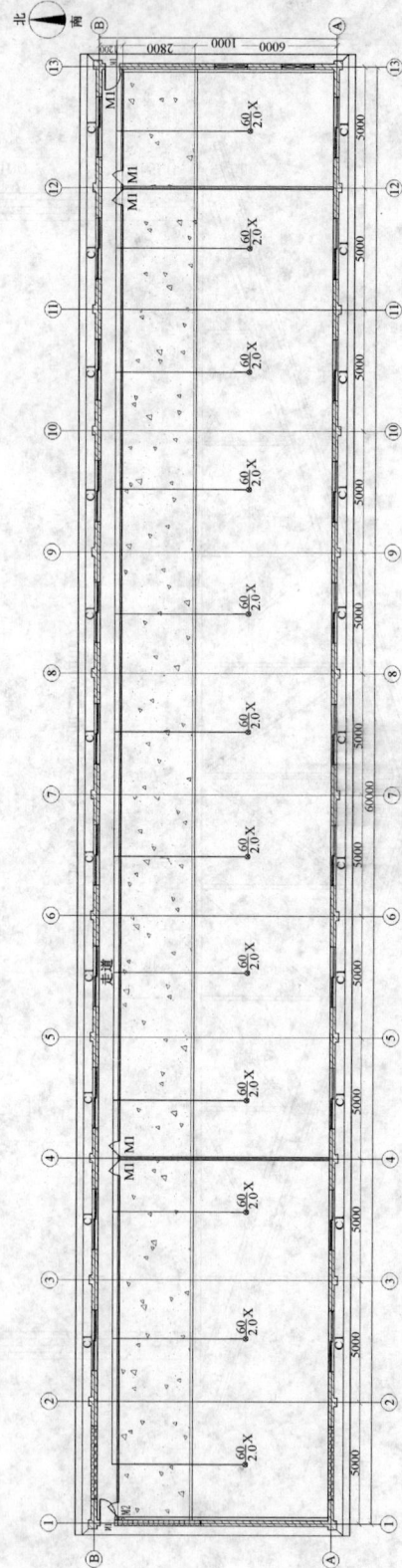

图 13-20 "厚垫料"生长肥育车间室内照明平面图 （单位：mm）

第十四章　养殖设备图例

一、母猪妊娠车间养殖设备

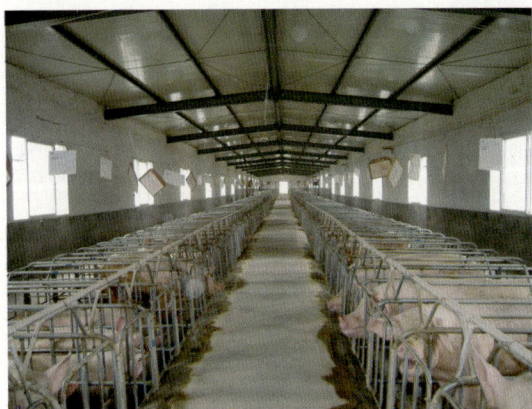

图 14-1　单体妊娠限位栏

图 14-2　母猪铸铁食槽（高 500mm，采食间隙 310mm）

图 14-3　150L 压差式虹吸水箱

净道安装蜂窝组织湿帘（小波纹厚度为 150mm）

污道安装负压风机，直径 1200mm，转速 400r/min，功率 0.75kW，外型尺寸 1350mm×1350mm×720mm

图 14-4　正压送风雾化降温系统

二、母猪产仔设备

图 14-5　母猪产仔高床（规格为
2200mm×1800mm×100mm）

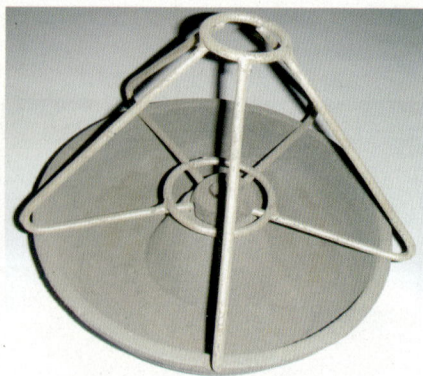

图 14-6　仔猪圆盘式
食槽（直径 300mm）

图 14-7　远红
外灯（功率有
250W、150W
和 100W3 种）

图 14-8　仔猪保温箱（长 1120mm，
宽 630mm，高 840mm）

三、仔猪保育设备

图 14-9　仔猪保育高床（规格为
3000mm×1600mm×600mm）

图 14-10　单面、双面箱式食槽（高620mm，采食间隙140mm）

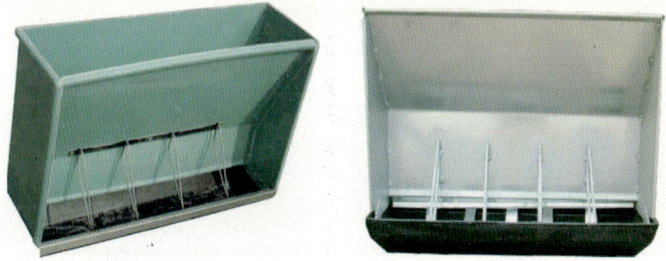

四、生长肥育设备

图 14-11　生长肥育猪栏

图 14-12　肥育猪箱式、圆盘式食槽（高度 1100mm，采食间隙 200～240mm）

五、"三位一体"人工授精站设备

图 14-13　公猪养殖车间内栏

图 14-14　双列式金属内栏

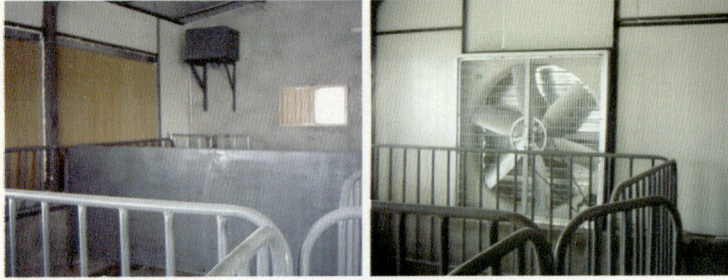

图 14-15　负压湿帘降温系统

图 14-16　公猪采精装置

图 14-17　采精实验室内景

六、生猪养殖小区常用设备

图 14-18　饲料贮存塔（料仓采用 1.2mm 厚热镀锌板组装而成，料塔容积大小根据舍内饲养猪的品种和数量确定）

图 14-19　喷雾消毒车

图 14-20　无助力风机（高500mm，涡轮外径 460mm，通风口径 360mm，底板孔径 360mm）